Die

Fortschritte der Physik

im Jahre 1849.

Dargestellt

von

der physikalischen Gesellschaft zu Berlin.

V. Jahrgang.

Redigirt von Prof. Dr. W. Beetz und Prof. Dr. G. Karsten.

Berlin.

Druck und Verlag von Georg Reimer.

1853.

Auszug aus dem Statut der physikalischen Gesellschaft zu Berlin vom 10ten November 1848.

§ 40. Sämmtliche hiesige Mitglieder, von denen zwei halbjährliche Beiträge von 3 Thalern geleistet worden sind, haben Anrecht auf ein Exemplar desjenigen Jahresberichtes, welcher zunächst nach ihrer zweiten Einzahlung erscheint. Ausgetretene Mitglieder haben spätestens binnen Jahresfrist unter Einsendung eines Empfangsscheines bei dem Rechnungsführer um das ihnen zustehende Exemplar des Jahresberichts einzukommen.

§. 41. Diejenigen auswärtigen Mitglieder, welche für einen Jahresbericht Beiträge geliefert haben, erhalten ein Exemplar desselben. Diejenigen, welche sich bei einem Jahresberichte nicht betheiligt haben, können ihn von der Gesellschaft zum Selbstkostenpreise beziehen.

Vorbericht.

Die Redaction des Jahresberichtes, welche bisher von Kiel aus durch Prof. Karsten geleitet wurde, ist für das Jahr 1849 von der physikalischen Gesellschaft dem Unterzeichneten in der Hoffnung übertragen, dafs ein am Druckorte befindlicher Redacteur einen schnelleren Fortgang des Werkes erreichen würde. Das nicht eben frühzeitigere Erscheinen dieses Jahrganges hat gezeigt, dafs auch diese Mafsregel noch nicht ausreichend ist, da die Entfernung der meisten Mitarbeiter von Berlin, und der Mangel jedes Mittels, um von einzelnen Säumigen die übernommenen Bearbeitungen zu erlangen, einem hier ansäfsigen Redacteur ebenso schmerzlich fühlbar werden müssen, als einem auswärtigen. Um daher endlich wieder den Bericht in angemessenerer Zeit erscheinen zu lassen, sollen die nächsten beiden Jahrgänge, 1850 und 1851 verschmolzen, und mit dem Druck sofort begonnen werden. Hoffentlich wird auf diesem Wege der gerechten Klage über das späte Erscheinen des Buches ein Ende gemacht werden.

Der Plan dieses Jahrganges ist im Allgemeinen der alte geblieben; nur ist ein neuer Abschnitt, die physikalische Geographie, hinzugefügt, welchem in den folgenden Jahrgängen eine möglichst noch gröfsere Sorgfalt gewidmet werden soll. Der Bericht über thierische Elektricität wird im nächsten Bande mitgegeben werden, da der Bearbeiter durch längere Abwesenheit von Berlin an der rechtzeitigen Einlieferung desselben verhindert wurde.

Nachrichten über die physikalische Gesellschaft.

Im Laufe des Jahres 1849 wurden folgende neue Mitglieder in die Gesellschaft aufgenommen:

Dr. Trautschold, Dr. Kessler, Dr. Hanstein, Dr. Cohn, Dr. Körte, Dr. Lieberkühn, Dr. A. Schlagintweit, Dr. H. Schlagintweit, Hr. v. Liebig, Hr. Fick, Dr. Bothe, Prof. Dr. Buys-Ballot in Utrecht.

Ausgeschieden sind:

Hr. Poselger, Dr. Trautschold, Dr. Weidenbusch, Mechaniker Duve (†), Prof. Dr. Virchow, so daſs am Ende des Jahres 1849 Mitglieder der Gesellschaft waren:

Hr. Dr. d'Arrest in Leipzig.
— Prof. Dr. W. Beetz.
— Mechaniker Bötticher.
— Dr. E. du Bois-Reymond.
— Prof. Dr. Buys-Ballot in Utrecht.
— Dr. Bothe.
— Dr. Brix.
— Prof. Dr. Brücke in Wien.
— Lieut. Dr. v. Bruchhausen.
— Dr. C. Brunner (Sohn) in Bern.
— Dr. Cohn.
— Dr. Eisenstein.
— Dr. J. Ewald.
— Prof. Dr. v. Feilitzsch in Greifswald.
— Fick.
— Dr. Grossmann.
— Dr. Hagen.
— Prof. Dr. Heintz.
— Prof. Dr. Helmholtz in Königsberg.

Hr. Mechaniker Halske.
— Dr. Hanstein.
— Dr. d'Heureuse.
— Jungk.
— Prof. Dr. G. Karsten in Kiel.
— Dr. Kessler.
— v. Kiréewsky in St. Petersburg.
— Prof. Dr. Kirchhoff in Breslau.
— Prof. Dr. Knoblauch in Marburg.
— Dr. Körte.
— Dr. A. Krönig.
— Prof. Dr. Kuhn in München.
— Prof. Dr. Langberg in Christiania.
— Conservator Dr. Lamont in München.
— Prof. Dr. Ludwig in Marburg.
— Dr. Lieberkühn.
— v. Liebig.

Hr. Lieut. Mensing.
— Lieut. v. Morozowicz.
— Müller.
— Direktor Dr. Quetelet in Brüssel.
— Medicinalrath Dr. Quincke.
— Prof. Dr. Radicke in Bonn.
— Rohrbeck.
— Dr. Roth.
— Lieut. Siemens.
Hr. Dr. A. Schlagintweit.
— Dr. H. Schlagintweit.
— Dr. Soltmann I.
— Soltmann II.
— Dr. G. Spörer in Anklam.
— Dr. Vögeli in Zürich.
— Dr. Wächter.
— Dr. Werther.
— Dr. Wiedemann.
— Dr. Wilhelmy in Heidelberg.

Im fünften Jahre des Bestehens der physikalischen Gesellschaft wurden folgende Originaluntersuchungen von Mitgliedern in den Sitzungen vorgetragen:

1849.

2. Febr. Wiedemann. Versuche über die ungleichartige Fortpflanzung der Elektricität auf der Oberfläche solcher Krystalle, welche nicht dem regulären System angehören.

16. Febr. Jungk. Theorie der Meeresströmungen auf Grund einer elektrodynamischen Hypothese.

2. März. Heintz. Versuche über die Zusammensetzung der Knochen, namentlich der darin enthaltenen phosphorsauren Kalkerde.

16. März. Helmholtz. Princip bei der Construction der Tangentenbussolen.

27. April. Knoblauch. Verhältnifs des Lichtes zur strahlenden Wärme.

11. Mai. Beetz. Versuche über die elektromotorische Kraft der Gase an Ketten, denen andere Metalle, als Platin, zu Grunde liegen.

11. Mai. Helmholtz. Optische Täuschung an Tapeten mit wiederholten Mustern.

8. Juni. Heintz. Historischer Ueberblick über die Ansichten von der freien Säure im Magensaft, und eigene Versuche darüber, welche dieselbe nicht als Salzsäure, sondern nur als Milchsäure zu erkennen geben.

— — Vorkommen des bernsteinsauren Natrons im thierischen Körper, und zwar in der Flüssigkeit der Echinocockenbälge.

22. Juni. du Bois-Reymond. Princip, mit dessen Hülfe sich ohne Messungen nachweisen läfst, dafs eine Stromeswirkung,

z. B. der im weichen Eisen erregte Magnetismus, der Stromstärke gerade proportional sei, und Anwendungen dieses Princips in seinen elektrophysiologischen Untersuchungen.

22. Juni. Wiedemann. Untersuchungen über das elektrische und diamagnetische Verhalten der Krystalle.

6. Juli. Beetz. Nachweisung, dafs die Maxima der Polarisation des Platins in Sauerstoff und Wasserstoff, bei Berücksichtigung aller Umstände, gleich sind.

6. Juli. H. Schlagintweit. Ueber den von ihm und seinem Bruder in den Alpen beobachteten Einflufs der Gebirge auf die Windesrichtung.

20. Octbr. Beetz. Einflufs des Erschütterns und Erwärmens der Elektroden auf die Stärke des galvanischen Stromes.

20. Octbr. Hagen und Heintz. Ueber eine, von beiden unabhängig von einander beobachtete Erscheinung beim Schmelzen des Stearins.

9. Novbr. Kirchhoff. Neue Ableitung des Ohmschen Gesetzes für die Fortpflanzung des galvanischen Stromes im Einklange mit der elektrostatischen Theorie.

9. Novbr. du Bois-Reymond. Eigenschaft des gewalzten Gutta-Percha, sich bei gewisser Temperaturerhöhung mit Aufhören der Molecularspannung in der Richtung der Walzung zusammen zu ziehen, in der darauf senkrechten sich auszudehnen.

23. Novbr. Werther. Uebersicht der Erscheinungen der Gletscher und der darüber aufgestellten Theorien.

7. Decbr. Roth. Ueber Pseudomorphosen und Metamorphismus.

7. Decbr. H. Schlagintweit. Einflufs gröfserer Erhebungen auf die absolute Menge und die Vertheilung des Regens.

7. Decbr. A. Schlagintweit. Untersuchungen über die Isogeothermen der Alpen.

21. Decbr. Ewald. Zusammenhang zwischen den krystallographischen und optischen Eigenschaften der optisch zweiaxigen Krystalle.

21. Decbr. H. Schlagintweit. Vorlegung des von ihm erfundenen Porrhometers (Distanzmesser mit constanten Winkeln).

1850.

4. Januar. Wiedemann. Uebersicht über die bisherigen Theorien des Diamagnetismus.

4. Januar. Heintz. Versuche über die Zusammensetzung des krystallisirten Cholesterins und dessen Destillationsprodukte.

— — Ueber die beim Schmelzen des Stearins eintretende Erscheinung.

Prof. Dr. ***W. Beetz.***

Inhalt.

Erster Abschnitt.

Allgemeine Physik.

Zweiter Abschnitt.

Akustik.

Dritter Abschnitt.

Optik.

Vierter Abschnitt.

Wärmelehre.

Fünfter Abschnitt.

Elektricitätslehre.

Sechster Abschnitt.

Meteorologie.

Siebenter Abschnitt.

Physikalische Geographie.

Erster Abschnitt.

Allgemeine Physik.

1. Molecularphysik.

Buys-Ballot. Schets eener physiologie van het onbewerktuigde ryk der natuur. Utrecht 1849. 8.

Wippermann. Ueber das Wesen der Imponderabilien. Utrecht 1849. 1sten Theiles 1ste Abth.: Materie und Stoff.

Estocqier. Sur la loi mathématique de l'attraction moléculaires. C. R. XXVIII. 358* (Titel).

Séguin. Considérations sur la loi qui maintient les molécule matérielles à distance. C. R. XXVIII. 97*; XXIX. 425*; Inst. N. 780. 25*; Fror. Not. X. 232*.

Arthur. Sur les actions moléculaires. C. R. XXIX. 23 (Titel).

Bravais. Application de la théorie des assemblages à la crystallographie. Inst. No. 794, 91*, 797, 117*; C. R. XXVIII. 289*, XXIX. 133, 143, 185*.

Cauchy. Rapport sur une mémoire de Mr. Bravais, sur certains systèmes ou assemblages de points matériels. C. R. XXIX. 133*. 143*.

de Boucheporn. Recherches sur les lois de physique considérées comme des conséquences des seules propriétés essentielles de la matière. C. R. XXIX. 107*; Inst. No. 815 p. 260*.

von Augustin. Veränderung in der Structur des Eisens. Erdm. und March. XLVI. 251*; Ber. der Freund. der Nat. in Wien. III.

[Die Arbeiten über den Zusammenhang der Form und Polarisation, welche im vorigen Bericht an dieser Stelle behandelt worden, siehe unter Polarisation des Lichtes.]

Schets eener physiologie van het onbewerktuigde ryk der Natuur.

Der Verfasser nimmt hier „Physiologie" in der Bedeutung einer Untersuchung des Wesens. Also haben wir eine Nachforschung nach den Kräften die den Körpern einwohnen. Er neigt sich zu der atomistischen Theorie, wenigstens glaubt er noch an diese halten zu müssen so lange wir keine bessere haben; die Wörter, welche in ihr gebraucht werden, werden sich ändern in einer andern Hypothese, aber nicht die Sachen selbst, die mit diesen Wörtern angedeutet sind. So sind die Accesse der Durchlassung und Zurückwerfung in der Emanationstheorie des Lichtes nunmehr durch andere Wörter ersetzt worden.

Nach der Hypothese werden also Atome angenommen und zwar von zweierlei Natur: Massenatome und Aetheratome. Die Massenatome haben verschiedene Form. Von den Aetheratomen ist bisher nichts über die Form vermuthet, sie sind beträchtlich, vielleicht unendlich kleiner. Vielleicht sind sie gar nicht da. Denn wenn wir mit dem Verf. anziehende Kräfte zwischen den Massenatomen und auch von ihnen zu den Aetheratomen annehmen, aber abstoſsende zwischen den Aetheratomen, so scheinen wir nur, wie er selbst bemerkt, der Ungereimtheit ausweichen zu wollen, daſs wir in einem und demselben Theilchen zugleich eine anziehende und abstoſsende Wirkung annehmen, ohne daſs uns dies gelänge. Auch können wir mit diesen Aetheratomen die leeren Räume nicht ausfüllen. Vielleicht also hat jedes Individuum, denn als solches ist jedes Atom zu betrachten, das Bestreben, sich auszubreiten, indem es andere Individuen an sich zieht. Aber wie dem auch sei, wir sind immer genöthigt, eine anziehende Kraft anzunehmen $f(x)$ und eine andere abstoſsende $\varphi(x)$ die mit zunehmendem Abstand abnimmt, da beide im Centrum der Atome angebracht gedacht werden können, und dann eine Resultante $fx - \varphi(x)$ von einem Theilchen zu einem andern geben und eine richtende Kraft, ein Kräftepaar. Die $f(x)$ oder $\varphi(x)$ werden wir nicht bald kennen lernen, aber von der Differenz ist doch wenigstens etwas bekannt. Die Körper sind im Gleichgewichte, wenn sie Null ist, und da es verschiedene Gleichgewichtszustände giebt, so wird sie mehrmals Null sein können. Für sehr groſse Abstände ist sie $= -\frac{f}{x^2}$ d. h. der Einfluſs der übrigen Formen ist bisher noch nicht wahrgenommen worden. Der Verf. meint die Function $F(x)$ sei von solcher Natur, daſs sie nach den negativen Potenzen des Abstandes geordnet werden könne, also hat sie die Form

$$F(x) = A + \frac{B}{x^1} + \frac{C}{x^2} + \frac{D}{x^3} + \frac{E}{x^4} + \frac{F}{x^5} + \text{u. s. w.}$$

aber da sie für die himmlischen Abstände $= -\frac{f}{x^2}$ ist so müssen A und $B = 0$ sein, $C = -f$, D, E und F müssen aus andern Umständen bestimmt werden. Ihr Einfluſs, insbesondere da sie von entgegengesetzten Zeichen sind, da anders die Function keine positiven Wurzeln liefern würde, ist so gering, daſs es bisher noch nicht bemerkt worden ist, wenn nicht vielleicht die Bewegung des Mondes oder der auf unserer Erde selbst fallenden Körper ihn verräth.

Die groſse Schwierigkeit ist nun, daſs die Wirkung auf einem Theilchen nicht von nur einem Theilchen, sondern von unendlich vielen in allen Richtungen verbreiteten ausgeübt wird, dadurch werden nämlich für den Gleichgewichtszustand der Körper die Constanten gänzlich umgeändert. Wohl kann man immer noch die Kraft, die auf einem Theilchen ausgeübt wird, ordnen nach den negativen Potenzen der Abstände, aber nun haben wir $F(x) = \frac{a}{x^2} + \frac{b}{x^3} + \frac{c}{x^4} +$ etc., wo a, b, c Functionen von den vorigen A, D, E u. s. w. sind, ohne daſs diese noch leicht bekannt werden. Kennte man C, D, E, so würde es noch schwer halten a, b, c zu berechnen, noch mehr umgekehrt, aber schon wenn wir a, b, c kennen lernen könnten, hätten wir viel gewonnen. Noch wird bemerkt, daſs die C, D, E und also auch die a, b, c von der Form der Atome abhängig sein müssen, da von jedem zu einem Atome gehörigen mathematischen Puncte aus nach der Theorie solche Kraft ausgeht. In der Form liegt denn auch die Ursache der Verschiedenheit der Stoffe, die chemische Heterogenität; die Gröſse kann sie dem Grade nach begreiflich noch etwas modificiren.

Man kann die Intensität der Kraft graphisch darstellen, sowie sie mit dem Abstande sich ändert. Die Abstände nehme man als Abscisse, die anziehenden Resultanten als positive Ordinate, so wird die Curve die Axe der X schneiden in den Gleichgewichtsabständen. Der Verf. hatte bei der Ausführung dieser ganzen

Idee übersehen, was Boscovich etwa vor hundert Jahren geleistet in seiner: „Philosophiae naturalis theoria reducta ad unicam legem in natura existentium". Viennae Austriae 1759 und war nun auch sehr überrascht als die Curve des Boscovich beinahe genau auf seiner idealen Curve paſste, so wie auch Belli: „Reflessioni sulla lege dell' attrazione moleculare" mit Worten das nämliche ausdrückte. Es scheinen diese Theorien zu wenig beachtet zu werden, denn neuerlich hat auch wieder Dr. Wilhelmi: „Versuch einer mathematisch-physikalischen Theorie der Wärme". Heidelberg 1851 genau das Nämliche geleistet, ohne das Frühere gekannt zu haben.

Bei gleichartigen Stoffen sind nun drei Gleichgewichtsabstände zu beachten, die des festen, des flüssigen und gasförmigen Aggregatszustandes, auch im unendlichen Abstande ist die Grenze der Resultante Null. Vielleicht giebt es noch einen näheren Gleichgewichtszustand, worin die Ursache der Allotropie zu suchen sei, in diesem würde dann mehr ein Theilchen mit einem oder jedenfalls mit wenigen andern im Gleichgewichte sein und die Molecüle wieder mit einander in dem gewöhnlichen.

Es muſs natürlich zwischen je zwei stabilen Gleichgewichtspuncten einen labilen geben. Das Verhältniſs zwischen der Zunahme der Kraft bei Verringerung oder Vermehrung des Abstandes bestimmt die Stabilität des Gleichgewichtes. Die Kraft, welche man braucht einen Körper auszudehnen oder zusammen zu drücken, ist das Maaſs dieses Verhältnisses und dergleichen Bestimmungen müssen zur Kenntniſs unserer Constanten führen. Besonders sind für feste Körper die Elasticitätsversuche des Herrn Wertheim geeignet, für Flüssigkeiten die neueren Bestimmungen der Zusammendrückbarkeit, obgleich diese noch nicht gut genug angestellt sind, oder nicht weit genug fortgesetzt wurden um zu lehren, daſs die Kraft wächst mit der gröſseren Zusammendrückung, so wie umgekehrt die Cohäsion abnimmt mit gröſserem Auseinanderrücken. Weiter ist eine Folgerung schon experimental nachgewiesen, daſs nämlich die Temperatur des Festwerdens vom Drucke abhänge.

Denn obgleich alle Körper in Ruhe sich im Gleichgewichte befinden, so ist dies doch nicht der Fall für sich selbst, sondern die Theilchen sind im Gleichgewichte mit den Kräften des Systems und mit denen, welche von den umgebenden Theilchen ausgehen. Aendern sich die letztern, so müssen auch die ersten, oder die sie bedingenden Abstände, sich ändern, damit das Gleichgewicht fortbestehe. Hierin ist auch der Grund der Contactelectricität. Brächte man zwei Systeme beisammen die für sich im Gleichgewichte wären, so würde dieses nicht gestört werden; allein wenn sie nur unter Einwirkung der Umgebung im Gleichgewichte sind, so mufs dieser Zustand gestört werden, sobald die Umgebung für jeden Körper sich durch dieses Nebeneinanderstellen ändert; die beiden Systeme müssen in Schwingungen gerathen, die von uns als Electricität erkannt werden, und die, falls sie stark sind, ein Theilchen des einen Systems in das andere hinüberführen, und zwei heterogene Theilchen mit einander in Gleichgewicht bringen, d. h. eine chemische Verbindung darstellen.

Der Gleichgewichtszustand, wo wir sagen, es sei eine chemische Verbindung eingetreten, ist der nächste, er kommt zu Stande, wenn eine Function $\varphi'(x)$ welche die Wirkung zwischen zwei heterogenen Theilchen ausdrückt und nothwendig ganz von den Functionen $F(x)$ und $F'(x)$, die für die zwei Componenten gelten, bedingt ist, Null wird. Im Allgemeinen kann ja die Function $\varphi(x)$ gleichviele Wurzeln haben als die $F(x)$ und $F'(x)$ und wirklich sind auch die Auflösungen und andere Verbindungen als die gröfseren Gleichgewichtsabstände zu betrachten, aber es scheinen doch dann viele Wurzeln imaginär zu werden. Auch für homogene Theilchen sind nicht immer alle Gleichgewichtsabstände da (alle Wurzeln reell), denn einige können ja fest sein, nicht aber flüssig, sie werden auf einmal gasförmig, andere sind nicht in festem Zustande bekannt.

Ich habe schon erwähnt, dafs es wenigstens vier verschiedene stabile Gleichgewichtsabstände gebe. In der Nähe überwiegt die abstofsende Kraft, in der Entfernung p stabiles Gleichgewicht; nun fängt die anziehende Kraft an zu siegen bis zu der Entfernung q, labilen Gleichgewichtsabstandes; nun ist wieder die abstofsende Kraft die stärkere bis r; zwischen r und s überwiegt die anziehende Kraft, von s bis t trägt die abstofsende den Sieg davon und weiter als t, die anziehende aber immer weniger, nach dem NEWTONischen Gesetze, bis in der Unendlichkeit die Null als Grenze erreicht werden würde.

Ein Theilchen sei in einem der labilen Abstände und werde gestört, das nicht ausbleiben kann, so wird es augenblicklich zur Rechten oder Linken sich bleibend fortbewegen und endlich in den nächsten stabilen Gleichgewichtspuncten oscilliren, es sei in *q*, so wird es lieber einen festen Körper darstellen, wenn es um *p*, einen flüssigen, wenn es um *r* oscillirt. War es in *s* so würde es einen flüssigen oder einen gasförmigen, (wenn es um *t* zu oscilliren anfing), Körper darstellen. Wäre es jedoch in *p*, *r* oder *t*, so würde es immer zu diesen Puncten zurückkehren, den Aggregatzustand nicht ändern, wenn nicht die Bewegung zu grofs wäre. Denn wenn es von *r* aus selbst bis über *q* gebracht würde, so würde der erste Fall eintreten, es würde durch Reibung soviel Quantität von Bewegung einbüfsen, dafs es endlich um *p* oscilliren bliebe, oder wenn es über *s* hinaus geführt würde, so würde es bis *t* fortschreiten und um diesen Punct oscilliren. So kann bisweilen durch mitgetheilte Bewegung, Störung des Gleichgewichts und Veränderung des Aggregatzustandes hervorgerufen werden. Aber so kann auch eine chemische Verbindung eintreten, wenn zwei verschiedene heterogene Körper einander nahe gebracht werden, und wenn eine Verbindung zwischen zwei Theilchen nur einmal angefangen hat, wird nach dem herrlichen Principe von LIEBIG (molécule en mouvement) die Bewegung auf andere Theilchen übertragen werden und alle insgesammt eine Verbindung eingehen. Anleitung zu einer solchen Bewegung geben nun im schwachen Grade die einfache Berührung, die Störung des Gleichgewichts der Grenze, zweitens aber das Licht, und mehr direkt die Wärme die nichts anders, als stehende transversale Schwingungen der einzelnen Atome mit gröfserer Amplitude, je nachdem die Wärme, stärker ist, drittens die Electricität, d. h. stehende, longitudinale Schwingungen, vielleicht auch der Schall, d. h. wenn der Körper in tönende Schwingungen versetzt wird. Den Einflufs des letzteren hat aber die Beobachtung noch nicht gelehrt.

Auch wird noch wohl eine katalytische Kraft genannt, welche meistens so definirt wird, dafs sie ein ungereimtes wird; es solle eine Substanz eine Wirkung ausüben, ohne selbst solche zu erfahren. Diese ist von uns schon angeführt und erklärt: kein Körper kann einem andern recht nahe gebracht werden ohne dafs in einem von diesen der Gleichgewichtszustand gestört werde und es hängt nur von der Gröfse der Schwingungen und dem Abstande des Statt findenden stabilen Gleichgewichtsabstandes zu dem nächstliegenden labilen ab, ob eine chemische Verbindung oder Trennung folgen wird. Auch wird etwas anderes eintreten können, wenn ein fester Körper einem luftförmigen genähert wird. Eine Quantität von diesem letzteren wird sich ins Gleichgewicht setzen und so einen dicken Ueberzug bilden, der bei dem Ueberschufs der Anziehung des festen Körpers der abstofsenden Kraft zwischen den gasförmigen Theilchen das Gleichgewicht hält. Ich führe dieses Beispiel an, weil es gar leicht zu beobachten ist, wenn man Tabaksrauch vorsichtig über die Ebene einer Tafel, einer Glasplatte, irgend eines Körpers bläst; es haftet eine sichtbare Schicht daran. Bei sehr geringer Erschütterung schwankt sie hin und her, aber ist die Erschütterung zu grofs, so gehen die Rauchtheilchen mit einem male fort, so wie das Oxygenium des $Os\,O^5$, AgO, HgO, HO^2, BaO^2 u. s w. und wie es bei allen chemischen Trennungen und Veränderungen des Aggregatzustandes eintrifft. Denn man mufs nie vergessen, dafs unserem Beweise zufolge diese Agentien auch eben so gut die Verbindung wieder aufheben müssen, wenigstens wenn nicht die Verbindung gasförmig ist, weil dann die Theilchen zusammen schwingen können, als sie sie verursachen.

Da die Beobachtung gelehrt hat, dafs die Quantität der Wärme welche die Temperatur eines Atoms um einen Grad erhöht, nahe dieselbe ist, ist die Amplitude von ungleich schweren Atomen ungleich und wird desto eher die Verbindung aufgehoben werden müssen, je nachdem die Atome der Componente mehr in Masse verschieden sind.

Dann sieht man die Wirkung der Schwingungen und zugleich des molécule en mouvement des genialen Liebig's, dessen Aussprüche uns immer desto merkwürdiger und tiefer vorkommen, je öfter man sie berücksichtigt. Die Wirkung im Statu nascendi wird wohl ebenfalls aus der Bewegung beim Losreifsen aus dem früheren Gleichgewichtszustande, oder vielleicht noch aus einer gewissen Polarität her zu leiten sein.

Der Verf. schliefst sich übrigens in seiner Betrachtung der chemischen Verbindung sehr an BERTHOLLET an. Wir können nicht einen Auszug des Werkchens geben, da es so kurz wie möglich abgefafst ist, es waren die kurzen Sätze von Vorlesungen im Jahre 1846 gehalten, und ohne schriftliche Anführung der bestätigenden Beobachtungen. Ueber Constitution der chemischen Stoffe ist er von der Ansicht LIEBIG's und BERZELIUS und beruft er sich auf die Gründe, die Dr. VERLOREN in seiner doctoralen Schrift: „De constitutione corporum chemicorum organicorum" wider DUMAS und GERHARD angeführt hat. Es müssen immer zwei nähere Bestandtheile der Stoffe da sein, die selbst wieder aus zwei Bestandtheilen bestehen können und so fort. Man weifs wie sehr die neuesten Untersuchungen diese Ansicht begünstigen. Nun folgt ein Kapitel über Stöchiometrie, die möglichst einfachsten Berechnungsweisen von allen chemischen Fragen und Versuchen vorstellend. Das vierte Kapitel spricht über die Form, jeder Stoff mufs dem Principe zufolge eine eigene Form haben, wenn jedenfalls die Form der Atome ungleichartiger Stoffe verschieden ist. Es werden diese Folgerungen gemacht: 1), dafs die regelmäfsige Stellung der Theilchen in dem geringsten Abstande Statt finden mufs, also ein Körper krystallisirt dichter und weil er stabiler ist auch härter als im amorphen Zustande sein mufs: 2), dafs dieser Zustand leichter eintreten mufs bei langsamer als bei schneller Hinzufügung der Theilchen: 3), dafs in verschiedenen Umständen wirklich eine verschiedene regelmäfsige Form kann entstehen, obgleich seltsam bei einfachen Stoffen: 4), dafs eine eingeleitete Schwingung wieder den Körper von dem einen in den andern krystallisirten Zustand wird überführen können, so wie von dem amorphen in den krystallisirten, aber nicht umgekehrt.

Wenn zwei Stoffe sich chemisch vereinigen, wird für die äufsere Form, die Form der zusammenstellenden Theilchen nur soweit in Betracht kommen, als die Form der kleinsten zusammengesetzten Theilchen hierdurch ein wenig bestimmt ist. Rückwärts zu schliefsen ist noch schwerer. Indessen wird gefolgert: 1) je regelmäfsiger die Form der Componenten ist, desto regelmäfsiger wird die Form des Compositums sein: 2) aus einer grofsen Anzahl von Verbindungen, worin ein nämliches Element vorkommt, wird man auf die Form des Elementes schliefsen können: 3) je einfacher und je festerer ein Körper ist in chemischer Hinsicht, desto leichter wird er sich in der regelmäfsigen Form zeigen.

Noch wird die Falschheit der Schlüsse dargethan, wodurch man das von Mitscherlich entdeckte Gesetz umkehrte. Das fünfte Kapitel geht über die Gröfse der Atome. Es wird hier die Willkür auseinandergesetzt, die in den, von verschiedenen Autoren gegebenen Gesetzen durchstrahlt, mit Anerkennung jedoch von der Wahrheit, die in jedem Gesetze ist. Das Folgende ist wahr. Strenge isomorphe Stoffe müssen strenge gleiches Atomvolumen haben in entsprechenden Temperaturen, die hier nicht weit von einander abstehen; und das Atomvolumen V eines zusammengesetzten Stoffes wird aus dem Atomvolumen V_a und V_b, wenn sich selbige Atomen zu den Zahlen p und q vereinigen, gefunden durch die Formel

$$V = (pV_a x + qV_b y)z,$$

x, y, z müssen aus der Beobachtung bestimmt werden, je fester die Verbindung, je kleiner x und y, die z ist hiervon unabhängig, und von allen übersehen, ausgenommen von Berzelius. Die z ist für isomorphe Stoffe gleich, weil sie aber nicht von der chemischen Natur der zusammenstellenden Elemente abhängt oder lieber nicht direkt abhängt, denn am Ende ist die Wirkung der zusammengesetzten Molecüle von den Wirkungen der Zusammensetzenden bedingt, so ist es nicht erlaubt zu schreiben $V = (pV_a xz + qV_b yz) = (pV_a v + qV_b w)$. Einigermafsen sind die x und y auch von den Zahlen p und q abhängig. Aufs neue mufs diese schwierige Untersuchung nach dieser Regel angefangen werden; denn durch zu viel Rücksicht zu nehmen auf die partiell wahre Theorieen sind nicht alle Beobachtungen gehörig gewürdigt und jedenfalls die Abweichungen nicht gehörig bemerkt und notirt und doch kann man so wenig in der Physik wie in der Meteorologie oder in irgend einer Wissenschaft, ohne auf Abweichungen zu achten, vorwärts schreiten.

Was damals vorhanden war über die Dichtigkeit der Lösungen wird angeführt. Die Auflösung ist ein Zustand, worin ein Theilchen mit mehreren heterogenen im Gleichgewichte ist, eine grofse Molecüle darstellt, die vielleicht wieder mit einer noch gröfseren

Masse des Menstruums, Mutterlauge, in eben derselben Weise zusammenhängt.

Nachdem so einiges über das Wesen der Körper mitgetheilt war, handelt nun die zweite Abtheilung über die Zustände, über Wärme im Kapitel I, über Licht in II, über Electricität in III, über Magnetismus, Diamagnetismus in IV, und über den Zusammenhang von Allen, über die Ueberführung von dem einen in den andern in V.

Ueber die Wärme werden folgende Hypothesen aufgestellt. Es sei der Zustand der Körper, wobei ihre Theilchen in transversale stehende Schwingungen versetzt sind. Im Aether sind diese Schwingungen fortschreitend, in diesem Falle ist auch die Wärme strahlend. Die Intensität der Wärme ist der lebenden Kraft proportional Σv^2, denn die höheren Temperaturgrade erhalten mehr Kraft, zugleich sind aber für höhere Temperaturen auch neue Schwingungen von kürzerer Wellenlänge dazugekommen, oder jede Welle verkürzt sich beim Steigen der Temperatur. Ein absoluter Nullpunct von Temperatur ist ein ungereimtes Ding, die Schwingungen können wohl in einer gewissen Temperatur unmerklich werden, aber das kann man nicht einen Nullpunct heifsen. Ruhe giebt es nicht in der Natur.

Die Beobachtung scheint zu lehren, dafs die Constanten lineare Functionen der Temperatur seien, und sind sie das, so können auch Wurzeln der Gleichung durch Erhöhung der Temperatur imaginär werden. Sicherlich ist es unbegreiflich, wie ein Zustand eine Kraft würde vermehren können, und darum wünschte der Verf. sich nur mit der Gröfse der Schwingungen zu helfen. Die Wärme, welche ein Körper bedarf, um eine höhere Temperatur anzunehmen, wird auf gewöhnliche Art bestimmt; theoretisch werden zwei Theile in ihr unterschieden. Die Ausdehnung, welche die Temperaturerhöhung immer begleitet, hat eine Verminderung der Elasticität zum Erfolge und wo die Elasticität geringer wird, da werden die Wellen der Schwingungen länger. Die erste Quantität der Wärme wird also verbraucht, um die ursprüngliche Wellenlänge wieder herzustellen, es ist die latente Wärme, die nicht nur im grofsen Mafsstabe an den Puncten, wo der Aggregatzustand sich ändert, hervortritt, sondern auch an jedem Puncte der Temperatur, wenn auch in geringerem Grade. Die zweite Quantität ist nöthig, um die hinzukommende Welle zu erzeugen. Die specifische Wärme der Atome wird als nahe constant angemerkt, und die Abweichungen gröfstentheils den Umständen zugeschrieben, so dafs aus ihr am besten die Regel abzuleiten scheine über Verdoppelung oder Halbirung eines Atoms. Von neuem und nun aus einem ganz anderen Standpuncte, dringt der Verf. auf die Verdoppelung des Kohlenstoffatoms an. Ueber Siedepuncte und Quantitäten der latenten Wärme werden die vorhandenen Beobachtungen und Theorieen mitgetheilt und die Einseitigkeit der letzten angewiesen. Wärme mufs überall da eintreten, wo die Elasticität zunimmt, und also wo die Dichtigkeit vermehrt.

Das Kapitel über das Licht könnte ganz analog behandelt werden. Der Verf. dringt darauf in allen Paragraphen nur das Wort Wärme mit Licht zu verwechseln, Temperatur mit Farbe u. s. w. Nur fehlen die Untersuchungen ganz über eigenes Licht; sie werden analogès geben, sobald sie angestellt sein werden. Die Physiker werden getadelt, dafs sie Moser's latentes Licht getadelt haben. Es sei nur die Benennung unglücklich gewählt, auch will er nicht Widerlegung von Waidele's bestreiten, aber an der Sache sei Wahrheit, denn es ist wohl gar willkürlich anzunehmen, dafs keine transversalen Schwingungen desselben Stoffs und von demselben Timbre da seien, als welche grade unserem Auge anthun. Es wird, da der Verf. die Versuche Melloni's nicht meinte bezweifeln zu dürfen, noch ein geringer Unterschied zwischen Licht und Wärme angenommen, nämlich im Timbre, so gering als möglich, aber er wagte es nicht wider die Beobachtungen sich zu erheben; wohl hatte er hier, wie schon früher, ausgesprochen, dafs man kein Recht habe, einiges über Versuche mit Wärmestrahlen zu veröffentlichen, so lange man nur mit einem Bündel von verschiedener Brechbarkeit experimentirt hatte, mit einem Gemische. Er hatte mehrere Physiker aufgefordert, erst die Strahlen zu sondern und dann die Versuche anzustellen. Da keiner aber dieses that, so blieben die Versuche von Melloni, die Knoblauch noch obendrein befestigt hatte, unangefochten, und so glaubte er auf den Grund der Beobachtungen einen Unterschied annehmen zu müssen. Der Unterschied konnte nicht sein im fortpflanzenden Mittel, nicht in der Fortpflanzungsweise, in der Art der Schwingungen, denn sie seien beiden transversal; so konnte denn der Unterschied nur im Timbre liegen. Aber seitdem FIZEAU wirklich die angedeuteten Versuche angestellt hat und die Grundversuche MELLONI's falsch befunden hat, fällt auch mit den Versuchen der Unterschied.

Im Kapitel III. wird die Electricität betrachtet als der Zustand der Körper, wo ihre Theilchen longitudinale Schwingungen ausführen. Im Aether seien die longitudinalen Schwingungen strahlende Electricität. Die Lehre der Electricität wird sehr oberflächlich, oder eigentlich nicht behandelt. Der Verf. erkennt nur eine Electricität, der scheinbare Unterschied ist vielleicht darin gelegen, daſs nach der einen Seite hin die verdickende, nach der andern Seite die verdünnende Welle vorangeht. Sie muſs überall entstehen wo verschiedene Körper einander berühren. Es kann nicht die Electricität nur auf der Oberfläche des Körpers sich ausbreiten; auch im Innern muſs sie anwesend sein. Der Schluſs ist irrig: sie war bisher nicht merkbar, also sei sie auch nicht anwesend. Auch dieses scheinen nachher die Versuche bestätigend ausgemacht zu haben. Electricität muſs auch eben wie die Wärme, und stärker als diese, weil es longitudinale Schwingungen sind, Veränderungen des Aggregatzustandes einleiten und Lösung der chemischen Verbindungen.

Bei der Betrachtung der galvanischen Ströme muſs man zwei Dinge unterscheiden. Die treibende Kraft des Stroms ist die Neigung der Bestandtheile der Flüssigkeit zu den Theilchen der Metallplatte. Die regulirende Kraft ist proportional der Gröſse des gestörten Gleichgewichtes an allen Stellen, wo heterogene Theilchen einander berühren. Wo Metalle und Flüssigkeiten, oder diese unter sich in Berührung sind, wird hauptsächlich nur die Gelegenheit zu einem Strome leichter gemacht, da die Theilchen, so zu sagen, ein wenig praedisponirt werden. Die Berührungsstelle der Metalle aber giebt für den gröſsten Theil die Möglichkeit des Stromes. Gleich bei der Berührung von Kupfer *Cu* und Zink *Zn* schreitet, um concrete Beispiele zu wählen, die positive Welle durch das Zink, die negative durch das Kupfer, die Wassertheilchen drehen sich nach der Theorie von GROTHUSS und alles geräth in Schwingung. Aber bei dieser Schwingung treten einige Theilchen über einen labilen Gleichgewichtsabstand, desto mehr, je stärker die Schwingung ist, und diese verbinden sich sogleich: Zinktheilchen mit O Theilchen:

Wasserstoff mit Kupfer, aber hier giebt es keinen Gleichgewichtszustand, also entweicht der Wasserstoff, wenn nicht ein Salz anwesig ist, etwa SO^3, *Cu* woraus er dann im Statu nascendi *Cu* abscheidet, das sich auf dem Kupfer praecipitirt. Bei diesem Verbinden wird nun der neutrale Zustand in der ganzen Kette wieder eingeleitet, denn bei chemischen Verbindungen wird, wie wir wissen, der elektrische Gegensatz immer wieder aufgehoben. Dies kann aber hier nicht so bleiben, denn Kupfer und Zink können nicht in Berührung mit einander im Gleichgewichte beharren, also geht es aufs neue wieder fort. Man sieht die Einwendung, dafs der Contact nicht eine bleibende Quelle einer Kraftäufserung sein kann, wird hierdurch beseitigt; denn z. B. die Haarröhrchenkraft kann auch nicht immerfort Wasser aufführen, es tröpfelt nicht aus dem umgebogenen Haarröhrchen wieder nach unten. Aber wenn man nun immerfort, sobald sich am Ende des Röhrchens ein Tropfen gebildet hat, diesen wegwischte, so würde ein neues hervortreten, und dieses würde sich immerfort wiederholen. So wird auch bei der chemischen Verbindung die Electricität der übergeführten Theilchen in dem Leiter immer wieder weggewischt, und der Vorgang geht wieder von neuem an. Das Pendel kann auch nicht die Uhr treiben, es ist die regulirende Kraft, gleich wie die Contactkraft, aber die Schwere ist die treibende Kraft, sie versetzt das Pendel immer wieder in eine Lage, worin es nicht bleiben kann; so die chemische Verbindung, die durch den Strom entsteht, bringt die ganze Kette wieder in den neutralen Zustand, worin sie nicht bleiben kann. Prof. Doppler hat nachher eine im Wesentlichen ähnliche Theorie vorgetragen.

Es wird weiter vorgestellt, dafs im galvanischen Strome ein Theil der Electricität in Wärme und wenn diese sehr steigt, in Licht umgesetzt werde, auch in Magnetismus; dieser Umänderung, wodurch dieser Theil als Electricität verloren gegangen, wird der, unphilosophisch so genannte, Leitungswiderstand zugeschrieben. Die Verzögerungskraft wird nicht als bewiesen angemerkt, auch der Versuch von Peltier in Zweifel gezogen, d. h. die Deutung des Versuches. Im vierten Kapitel über Magnetismus, Diamagnetismus und andere Zustände wird nichts Auffallendes gesagt. Nur spricht der Verf. deutlich und bestimmt aus, dafs die damalige Polarkraft der Krystalle in dem Unterschiede der Dichtigkeit und Elasticität liegt, welche die Richtung der Pole von anderen Richtungen unterscheidet. KNOBLAUCH und TYNDAL haben es bewiesen. Das fünfte Kapitel erhält alle bekannten Beispiele von Ueberführung eines jeglichen Zustandes in einen jeglichen andern die Stellung, welche der Verf. ausführlicher entwickelt hatte in einer Rede, womit er die Lehrerstelle an der Universität zu Utrecht im Jahre 1847 eröffnete, dafs die Erhaltung der Kraft nothwendig gedacht werden mufs, sobald man der Materie Inertie zuschreibt, d. h. einen Willen ableugnet.

Erläuterung.

Im folgenden ist die gerade Linie Ox die Linie der Abscissen der Abstände, die senkrechten darauf, die Ordinaten, deuten die Gröfse der Kräfte an in dem Werthe von $f(x) - \varphi(x)$ in den Abständen wo sie errichtet sind.

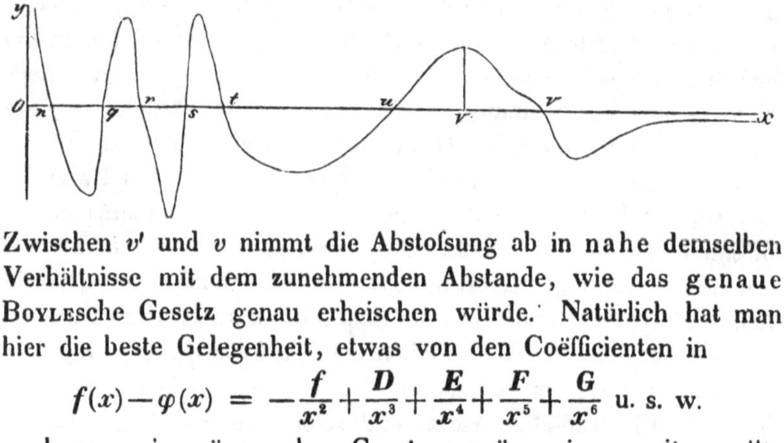

Zwischen v' und v nimmt die Abstofsung ab in nahe demselben Verhältnisse mit dem zunehmenden Abstande, wie das genaue BOYLEsche Gesetz genau erheischen würde. Natürlich hat man hier die beste Gelegenheit, etwas von den Coëfficienten in

$$f(x) - \varphi(x) = -\frac{f}{x^2} + \frac{D}{x^3} + \frac{E}{x^4} + \frac{F}{x^5} + \frac{G}{x^6} \text{ u. s. w.}$$

zu lernen; sie müssen dem Gesetze genügen in soweit es gilt; also müssen sie den REGNAULTschen Versuchen genügen.

Prof. Dr. *Buys-Ballot.*

Herr SEGUIN [1]) theilt mit, dafs er in zwei Aufsätzen versucht habe zu zeigen, wie man sich von der Cohäsion der festen Körper und ihrem innern Gleichgewichte Rechenschaft geben könne.

[1]) C. R. XXVIII. 97*.

Nach dem Mitgetheilten ist es aber schwer, sich nur einigermafsen ein treues Bild seiner Theorie zu machen, und es mufs gehofft werden, dafs wir durch den Bericht der Commission, welcher der Aufsatz zur Beurtheilung vorliegt, etwas Ausführlicheres erfahren werden. Dr. *Grofsmann.*

Von der Ansicht Haüy's ausgehend, dafs die Krystalle das Product der Nebeneinanderlagerung einzelner gleichgestalteter Molecüle seien, betrachtet Herr Bravais [1]) die Verschiedenheit der Form, welche aus einer verschiedenen, aber doch immer noch symmetrischen Lage der Mittelpuncte dieser Molecüle resultirt. Diese einzelnen Mittelpuncte werden dadurch erhalten, dafs drei Systeme paralleler, gleich weit abstehender Ebenen sich schneiden. Jeder Punct, in welchem drei Ebenen sich schneiden, kann zugleich der Durchschnittspunct einer grofsen Anzahl anderer Ebenen sein, daher jeder dieser Puncte ein Punct vieler verschiedener körperlicher Netze sein kann. Die durch die Maschen dieses Netzes abgegränzten Räume sind räumlich stets gleich, so lange sie in gleicher Anzahl vorhanden sind. Unter der Axe eines solchen Systems versteht Herr Bravais eine Linie, welche in dem körperlichen Netze so liegt, dafs durch dessen Umdrehung jeder Punct desselben in die Stelle eines vorhergehenden tritt. Je nachdem dies während einer ganzen Umdrehung 2, 3, 4 oder mehrmal der Fall ist, ist die Axe 2, 3, 4 oder mehrfach symmetrisch. Eine solche Axe kann natürlich durch jeden Punct gelegt werden und fällt dieselbe daher zusammen entweder mit der Kante eines durch das Netz gebildeten Elementarparallelepipeds oder mit seiner Diagonale oder endlich mit der einer seiner Gränzflächen. Je nach der Zahl und der Natur der Axen, welche durch einen Punct gelegt werden können, unterscheidet Herr Bravais sieben Gruppirungen, welche die sämmtlichen Krystallisationssysteme einschliefsen. Was das Einzelne dieser Gruppirungen betrifft, so möchte eine kürzere Darstellung schwerlich auszuführen sein, daher ich auf die Abhandlung selbst hinweisen mufs.

In einer später eingereichten Arbeit betrachtet Herr Bravais [2]) die

[1]) Compt. rend. XXIX. 133.

[2]) Compt. rend. XXIX. 143.

Krystallform, welche aus einer gegebenen Symmetrie resultirt. Er kommt dabei zu dem Schlusse, dafs die Zahl der möglichen Hemiedrien die der wirklich bekannten bei weitem übertrifft und dafs unstreitig die Theorie der getrennten Molecüle weit mehr Phänomene der Krystallographie erklärt, als die ältere Theorie der unmittelbar zusammenhängenden.

Nach Herrn de Boucheporn [1]) ist es der unmittelbare Stofs eines Körpers gegen den andern, des einmal bewegten Aethers gegen die Himmelskörper, und umgekehrt, welcher, verbunden mit der Undurchdringlichkeit und Trägheit der Materie, die Bewegung der Himmelskörper verursachen soll. Die allgemeine Anziehungskraft wird als überflüssig entfernt und an ihre Stelle treten zwei andere Elemente, nämlich das Volum eines Körpers und das Maafs seiner Bewegung. Ein näheres Eingehen auf die für diese Ansicht beigebrachten Beweise möchte indefs schon darum überflüssig sein, weil dieselbe nicht mehr neu ist, dann aber auch, weil sie der Materie etwas raubt, was allein nur eine Harmonie bedingen kann.

Dr. *P. Kremers.*

Den bereits ziemlich zahlreichen Erfahrungen, dafs Structurveränderungen im Innern eines festen Körpers vor sich gehen, fügt Herr v. Augustin [2]) eine interessante neue Wahrnehmung hinzu; er bemerkt nämlich, dafs Gewehrläufe, welche längere Zeit im Gebrauch gewesen waren, eine vollkommen krystallinische Structur angenommen hatten; und dafs ein Stück besonders schöne Hexaederflächen auf dem Bruche zeigte.

Dr. *Grofsmann.*

[1]) Compt. rend. XXIX. 107.
[2]) Erdm. und March. XLVI. p. 251*.

2. Cohäsion und Adhäsion.

Frankenheim. Note zu den Versuchen über die Synaphie mit der Temperatur. Pogg. Ann. LXXVII. 441*.

Buff. Erläuterung zu einer Notiz des Herrn Frankenheim. Pogg. Ann. LXXVIII. 278*.

Brunner, Sohn. Bericht über neue Untersuchungen der Cohäsion der Flüssigkeiten. Mitth. d. naturf. Ges. in Bern. 1847, No. 105 und 106. p. 145; Neue Denkschr. d. schweiz. Ges. X.; Pogg. Ann. LXX. 481*.

C. Brunner. Untersuchungen über die Cohäsion der Flüssigkeiten.[1])

Die Resultate dieser Arbeit, wenn auch schon durch frühere Untersuchungen von Sondhaus und Frankenheim zum Theil bekannt, möchten insofern manches Interesse gewähren, als sie, mit Hülfe einer andern Methode erlangt, eine Vergleichung mit den früheren zulassen. Die Methode der Untersuchung war ähnlich der, welche schon früher Gay-Lussac anwandte. Die zu untersuchende Flüssigkeit befindet sich in einem Cylinderglase, welches selbst wieder in einem Oelbade steht. Die Capillarröhre, durch Salpetersäure gereinigt und von überall gleichem inneren Durchmesser, ist in einer Messingplatte befestigt, welche auf dem Cylinderglase aufruht. Zugleich ist neben der Capillarröhre ein Stahlstift angebracht, welcher bis an die Oberfläche der zu untersuchenden Flüssigkeit reicht. Da das Cylinderglas bis über den höchsten Punct der Capillarerhebung vom Oel umgeben war, so wurde durch ein passend angebrachtes Diopter die Capillarhöhe mit Hülfe eines in einiger Entfernung aufgestellten Kathetometers gemessen. Die Versuche wurden angestellt mit Wasser, Aether und Olivenöl. Bei allen drei Flüssigkeiten zeigte sich, in Uebereinstimmung mit den Versuchen von Frankenheim, dafs bei zunehmender Temperatur die Capillarhöhe abnimmt. Da die bei

[1]) Neue Denkschriften der allg. schweiz. Gesellschaft für die ges. Naturwiss., Bd. X. Pogg. Ann. LXX. 481.

den einzelnen Versuchen angewandten Capillarröhren nicht immer gleiche innere Weite hatten, so wurden alle gefundenen Höhen auf die Länge eines Cylinders von Flüssigkeit reducirt, der in einer Capillarröhre von 1^{mm} Radius getragen wird und zwar mit Hülfe der POISSONschen Formel $h = \frac{a^2}{\alpha} - \frac{\alpha}{3} + \frac{\alpha^3}{3a^2}(\log 4 - 1)$, wo h die Capillarhöhe, a^2 eine Constante und α der Radius der Capillarröhre ist. Der Meniskus ist hier mit in Rechnung gebracht als entsprechend einem Cylinder, dessen Radius gleich α und dessen Höhe gleich $\frac{\alpha}{3}$ ist, was bei engen Röhren wohl zulässig ist. Diese als reducirte Höhe bezeichnete Gröfse fand BRUNNER für Wasser bei 0° gleich 15^{mm} 338. Bei steigender Temperatur nimmt dieselbe ab, bis sie zuletzt bei einer Temperatur von 82° C. nur noch 12^{mm} 917 beträgt. Bei Aether war die reducirte Höhe bei 0° gleich 5^{mm} 335, bei 35° C. nur 4^{mm} 372. Bei Olivenöl war sie bei 15° C. gleich 7^{mm} 343, bei 150° C. nur 5^{mm} 945.

Diese gröfsere Reihe von Beobachtungen dient alsdann als Prüfstein des LAPLACE-POISSONschen Gesetzes, wonach die Capillarhöhe ein und desselben Körpers mit steigender Dichtigkeit zunehmen soll. Es zeigt sich hierbei, was namentlich für Wasser gilt, dafs dies keineswegs der Fall ist, sondern dafs die Capillarhöhe mit Erhöhung der Temperatur viel schneller abnimmt, als der Verminderung der Dichtigkeit entspricht. BRUNNER glaubt dagegen, dafs die Abnahme der Capillarhöhe mit der Zunahme der Temperatur proportional sei und giebt auch für jede der oben untersuchten Flüssigkeiten eine Formel, mittelst welcher für jede Temperatur die Capillarhöhe berechnet werden kann. So ist

1) für Wasser $h = 15{,}33215 - 0{,}0286396\,t$
2) für Aether $h = 5{,}3536 - 0{,}028012\,t$
3) für Olivenöl $h = 7{,}4640 - 0{,}010486\,t$.

Zu diesen Formeln ist h die gesuchte Höhe des Flüssigkeitscylinders und t die Temperatur in Graden der hunderttheiligen Skala ausgedrückt.

Schliefslich betrachtet BRUNNER noch einige Relationen, in welchen die Cohäsion mit andern Kräften steht. Es widerlegt sich der von FRANKENHEIM aufgestellte Satz, dafs das Licht um so stärker gebrochen werde, je kleiner die Synaphie sei, dadurch, dafs die lichtbrechende Kraft bei ein und derselben Substanz mit Temperaturerhöhung zugleich mit der Synaphie abnimmt. Ebensowenig konnte ein Zusammenhang zwischen Electricität und Cohäsion aufgefunden werden.

M. L. FRANKENHEIM. Note zu meinen Versuchen über die Veränderung der Synaphie mit der Temperatur [1]).

Eine Bemerkung im LIEBIG-KOPP'schen Jahresberichte [2]), in welcher darauf hingewiesen wird, dafs FRANKENHEIMS Berechnungen der Dicke und des Gewichts einer gehobenen flüssigen Schichte im Augenblicke des Abreifsens der Adhäsionsplatte nicht auf völlige Genauigkeit Anspruch machen können, weil in der POISSONschen Formel $p = \pi r^2 \mu \sqrt{2a^2} - \frac{\mu r \mu a^2}{3}$ der zweite Theilsatz $\frac{\pi r \mu a^2}{3}$ vernachläfsigt wurde, veranlafste diese Note, in welcher FRANKENHEIM zeigt, dafs er seinen Zahlen nur die Bedeutung von Gränzwerthen unterlegt habe und dafs sie als solche zulässig sind, was denn auch von dem Referenten an einer spätern Stelle [3]) zugestanden wird.

Dr. *P. Kremers.*

---

3. Capillarität.

DAVIDOFF. Considérations sur la théorie des phénomènes capillaires analysés par MM. les académiciens OSTROGRADSKY et LENZ. Bull. d. St. P. VII. Supplément.

Herr DAVIDOFF beginnt seine Abhandlung mit historischen Betrachtungen über die Theorie der Capillarerscheinungen. Er gedenkt der ersten Versuche DANIEL BERNOULLI's, und der Ar-

[1]) POGG. Ann. LXXVII. 445.
[2]) 1848 d. J.
[3]) POGG. Ann. LXXVIII. 578.

beiten von Clairant und Segner. Dieser letztere scheint einigermaſsen vergessen zu sein, aber nach Herrn Davidoff verdient er ein besseres Loos. Der Verfasser schildert darauf die Versuche von Young über die Adhäsion der Flüssigkeiten, welche unzweifelhaft die Aufmerksamkeit der gelehrten Welt lebhaft auf sich gezogen haben würden, wenn ihrer Veröffentlichung nicht die unsterblichen Arbeiten des Verf. der mécanique céleste über denselben Gegenstand gefolgt wären. Auf diese Zeit (1806) muſs man die Anfänge der Theorie der Capillarität zurückführen, welche übrigens in der Folge eine groſse Vervollkommnung durch Laplace selbst, dann durch Gauss und Poisson erfuhr. Der Hauptfehler der ersten Arbeit von Laplace ist der mangelnde Beweis für die Unveränderlichkeit des Winkels, den die Capillarfläche mit den Wänden der Röhren, welche die Flüssigkeiten enthalten, bilden. Laplace überwand leicht unwichtigere Unvollkommenheiten der von ihm geschaffenen Theorie, aber in dieser Beziehung blieben alle seine Anstrengungen fruchtlos. Erst 1840 glückte es dem berühmten Göttinger Mathematiker, diese groſse Schwierigkeit der Capillartheorie zu bewältigen. Nach Gauss und Poisson, der diesem Gegenstand einen ganzen Band mit Untersuchungen widmete, war Herr Davidoff der erste, welcher die Capillarerscheinungen mit der Genauigkeit und Bestimmtheit entwickelte, welche der Gegenstand verdient. Er geht von denselben Grundlagen aus wie Gauss, aber er hat seine Aufmerksamkeit mehr auf die schnelle Dichtigkeitsveränderung gerichtet, welche in sehr geringem Abstande von der Flüssigkeitsoberfläche Statt hat, eine Erscheinung, welche seinem gelehrten Vorgänger entgangen war. Die Beobachtung der physikalischen Erscheinungen, deren keine der genauen Beobachtung des Herrn Davidoff entgangen ist, hat auf diese Frage ein sehr helles Licht geworfen. Seine Resultate, auf die allgemeine Theorie des Gleichgewichts der Flüssigkeiten gestützt, sind scharf und bestimmt, mit Urtheil dargestellt, und mit vorwufsrsfrei gewählten Beispielen belegt. Der Akademiker Ostrogradsky hat einige Randbemerkungen zur Arbeit des Herrn Davidoff gemacht, welche der Verf. gewiſs benutzen wird, ehe er sein Werk dem Druck übergiebt. Der letzte Theil des Manuscripts enthält Versuche, das Gesetz der Molecularwirkungen zu bestimmen. Hier können die Voraussetzungen des Verf. nicht wohl besprochen werden; übrigens ist Herr Ostrogradsky weit entfernt, sie zu verwerfen, er findet im Gegentheil darin sehr löbliche Versuche, diese wichtige Frage der Wissenschaft aufzuklären.

Herr Lenz hat es übernommen, den experimentellen Theil der Arbeit zu prüfen. Er hat darin eine kritische und gewissenhafte Vereinigung aller in diesem Zweig der Physik bekannten Experimente gefunden. Er läfst der richtigen Wahl des Verf. Gerechtigkeit widerfahren, welcher die einzigen Versuche zu wählen gewufst hat, auf welche man eine rationelle Theorie begründen kann. Wenn daher auch dieser Theil der Arbeit keine neue Versuche des Verfassers enthält, so ist ihm die Wissenschaft doch für diese Zusammenstellung aller glaubwürdigen Versuche über diesen Gegenstand Dank schuldig.

Die Akademie hat Herrn Davidoff einen zweiten Démidoff-schen Preis von 714 Silberrubel bewilligt, und 500 Rubel zum Druck seiner Arbeit.

v. Kirèewski, Officier der russischen Garde.

---

4. Diffusion.

Liebig. Recherches sur quelquesunes des causes du mouvement des liquides dans l'organisme animal. Ann. d. chim. et d. phys. XXV. 367*. S. Berl. Ber. IV. 35*.

Jolly. Experimentaluntersuchungen über Endosmose. Pogg. Ann. LXXVIII. 261*; Henle und Pfeuffer, Zeitschr. f. rat. Med.

Ludwig. Ueber endosmotische Aequivalente und die endosmotische Theorie. Pogg. Ann. LXXVIII. 307*; Henle und Pfeufer, Zeitschr. VIII. H. 1.

Louyet. Passage du gaz hydrogène à travers les corps solides. Mon. idustr. 1848, No. 1309; Bull. de Brux. 1848. II. 297. Inst. XVII. 7*; Pharm. Centralbl. 1849. p. 364*; Dingl. pol. J. CXI. 158*; Erdm. u. March. LXVI. 189*; Pogg. Ann. LXXVIII. 287*; Phil. Mag. XXXV. 545*; Sill. J. VIII. 272*. IX. 421*.

In dem vorigen Jahresberichte (Seite 25) ist eine Arbeit von Herrn Jolly besprochen worden, in welcher derselbe folgenden Satz ausspricht: Wenn die Lösung irgend eines Körpers der Diffusion gegen Wasser ausgesetzt ist, so tritt bei gleicher Temperatur für jede Gewichtseinheit des gelösten Körpers, welche an das Wasser übergeht, ein und dasselbe Quantum Wasser in die Lösung ein. Dieses Quantum in Gewichts-Einheiten ausgedrückt, nennt Herr Jolly das endosmotische Aequivalent des gelösten Körpers.

Herr Ludwig hat zunächst die betreffenden Versuche in sehr sorgfältiger Weise wiederholt und ist zu einem ganz andern Resultate gekommen, indem es sich zeigte, dafs jenes sogenannte Aequivalent selbst für ein und dieselbe Temperatur noch veränderlich ist, je nachdem man eine mehr oder weniger concentrirte Lösung anwendet. Die Art der Abhängigkeit von der Concentration ist bei verschiedenen Stoffen verschieden. Herr Jolly hat sich über dieses Verhältnifs getäuscht, weil er die Concentration seiner Lösungen nicht innerhalb hinreichend weiter Gränzen veränderte. Mit dem Lehrsatze von den endosmotischen Aequivalenten fallen auch die factischen Grundlagen der von Herrn Jolly aufgestellten Formeln und seiner theoretischen Anschauungen vom Diffusionsvorgange.

Herr Ludwig wendet sich deshalb wieder der Vorstellungsweise zu, welche ich vor neun Jahren in meiner Inauguraldissertation (De diffusione humorum per septa mortua et viva. Berolini 1842 bei E. H. Schroeder, im Auszug in Pogg. Ann. Bd. 58, S. 77) in die wissenschaftliche Betrachtung des fraglichen Gegenstandes eingeführt habe, und unterstützt dieselbe durch eine Reihe von schönen und lehrreichen Versuchen. Er weist zunächst nach, dafs wenn man eine trockene Blase in eine Salzlösung legt, diese sich immer mit einer Flüssigkeit imbibirt, welche weniger concentrirt ist, als eben jene Salzlösung. Dies gelingt ihm auf zwei Arten. Erstens bestimmte er das Gleichgewicht (*a*) eines wohl ausgewaschenen und bei 100° getrockneten Blasenstücks, dann legte er dasselbe in Salzlösung, trocknete es nach vollendeter Imbibition mit Löschpapier ab und bestimmte wiederum sein Gewicht (*b*), endlich trocknete er es wiederum bei 100° und bestimmte das Gewicht (*c*) zum dritten Male. Indem er nun die Menge der imbibirten Flüssigkeit gleich *b*—*a*, die des darin enthaltenen Satzes gleich *c*—*a* hatte, so konnte er leicht ihre Concentrationen berechnen und mit der der angewendeten Imbibitionsflüssigkeit vergleichen. Ueber die bei diesen Operationen beobachteten Vorsichtsmafsregeln ist die Abhandlung selbst einzusehen. Die zweite Art der Beweisführung bestand einfach darin, dafs Herr Ludwig ein Stück lufttrockener Blase in ein Glas mit concentrirter Kochsalzlösung legte und dieses dann hermetisch verschlofs. Sobald die Blase anfing Flüssigkeit einzusaugen, krystallisirte Kochsalz aus der Lösung heraus.

Ferner zeigt Herr Ludwig, dafs diese imbibirte Flüssigkeit nicht in gleichmäfsiger Concentration in der Blase vertheilt ist, sondern dafs der Substanz der Membran unmittelbar Wasser oder doch eine viel weniger concentrirte Lösung adhärirt, indem die Flüssigkeit, welche man mit einer stählernen Handpresse aus der imbibirten und mit Löschpapier abgetrockneten Blase prefste, die Concentration der angewendeten Imbibitionsflüssigkeit hatte. Ebenso zeigte es sich, dafs eine Salzlösung, welche mittelst Druckes durch die membrana elastica einer Schweinsaorta filtrirt wurde, dadurch nichts an ihrer Concentration verlor.

Hiernach erklärt Herr Ludwig seine Vorstellung von dem innern Hergange des Diffusionsprocesses dahin, dafs die Substanz der Blase sich unmittelbar mit einer Schicht von Wasser benetzt, die Mitte der Poren aber von Salzwasser angefüllt wird und das Wasser auf der einen Seite der Blase die Salzlösung der Mittelschicht zu sich hinüberzieht, während gleichzeitig durch die Salzlösung auf der andern Seite der Blase das Wasser der Wandschicht hinübergeführt wird.

„Von geringerer Bedeutung", sagt schliefslich Herr Ludwig, „erscheint mir der zweite Theil der Hypothese von Bruecke, wonach die Anziehungen nicht zwischen dünnem und dichtem Salzwasser, sondern zwischen Salz- und Wasserarten vor sich gehen sollen. So richtig dies für Verbindungen mit atomistischer Constitution, für Niederschläge u. s. w. sein mag: für Lösungen wird das schwerlich Geltung haben. Lösungen, welche selbst nicht nach Aequivalenten geschehen, müssen unter die adhäsiven Verbindungen, unter die Imbibitionserscheinungen gebracht werden, bei denen die Cohäsion der imbibirenden Theile sehr gering geworden ist. Nun zeigen in der That die dichten Lösungen ein ebenso grofses Imbibitionsvermögen in die noch krystallisirten Salze gleicher Natur, wie verdünnte, so dafs unter diesem Gesichtspunct die Annahme der Mischung von Salzlösungen wenigstens ihr Abenteuerliches verliert. Ich hatte Hoffnung, durch eine Untersuchung des Ganges der Flüssigkeiten in mehreren aufeinander geschichteten Blasen, welche Glaubersalz und Wasser trennten, etwas darüber zu erfahren. Es ergab sich, dafs in den Poren der Blase die Dichtigkeit in gerader Linie gegen das Wasser abnimmt. Es geht also die Mischung in den Poren wie aufserhalb vor sich, was schwerlich eintreten dürfte, wenn hier bei fast aufgehobener Schwere nur eine Anziehung nach Lösungsäquivalenten vorkäme. Ueberhaupt müfste das endosmotische und das Lösungsäquivalent in gewisser Beziehung stehen, es müfste wenigstens, wie Liebig richtig bemerkt, das endosmotische Aequivalent nicht unterhalb des niedrigsten Lösungsäquivalentes zu stehen kommen. Dieses bestätigt aber weder Jolly's, noch meine Untersuchung."

Diese Bemerkungen meines hochgeehrten Freundes sind gewifs sehr richtig, in so weit es sich darum handelt, dafs die Salzatome sich nicht isolirt nach einer Seite hinbewegen, während alles Wasser in entgegengesetzter Richtung fortschreitet; die Vorstellung aber, dafs die anziehenden Kräfte, welche die Bewegungen bedingen, nicht zwischen den Lösungen als solchen, sondern zwischen Salzatomen und Wasseratomen wirksam sind, glaube ich als richtig festhalten zu müssen. Der Grund hierfür ist kein anderer als der, dafs jegliche Kraft, welche ich mir zwischen den Lösungen als solchen wirksam denke, immer nur wieder die Resultante von Kräften sein würde, welche von Atom zu Atom wirken, und dafs man mit der Analyse von Bewegungserscheinungen niemals zu Ende kommt, ehe man zu diesen Kräften aufgestiegen ist, da wir ja eben Atome im physikalischen Sinne des Wortes diejenigen Theile der Materie nennen, welche ihre Gröfse und Gestalt nicht ändern, so dafs nicht in ihnen, sondern nur mit ihnen Bewegungen vorgehen. Die der Wirklichkeit adäquateste Vorstellung scheint mir die zu sein, dafs sich jedes kleinste

Salztheilchen in der Lösung gleichsam mit einer Wasseratmosphäre umgiebt, d. h. dafs es vermöge seiner stärkeren Anziehung das Wasser, von welchem es zunächst umgeben wird, in der Weise verändert, dafs die Theile desselben schwerer als die des übrigen Wassers gegen einander verschiebbar werden, und es deshalb die Bewegungen des Salztheilchens mitmacht, wie die Atmosphäre die Bewegungen der Erde mitmacht. Diese Vorstellung scheint mir erstens aus der Anwendung mechanischer Principien mit Nothwendigkeit zu folgen, und zweitens scheint es mir, als ob durch sie auch die oben erwähnten Schwierigkeiten vollständig gehoben wären, indem durchaus keine Nothwendigkeit mehr vorhanden ist, dafs das Diffusionsäquivalent gröfser sei als das Lösungsäquivalent. Auch das Eindringen von concentrirter Mutterlauge in die capillaren Räume der Krystalle erklärt sich leicht, indem in jeder noch so concentrirten Salzlösung ein Wassertheilchen von dem ungelösten Salze eben so stark angezogen wird, als von dem gelösten und stärker als vom Wasser selbst, während die Anziehung der Wand zur Flüssigkeit nur mehr als die Hälfte von der Anziehung der Flüssigkeitstheile unter sich zu betragen braucht, um ein Eindringen in den capillaren Raum zu veranlassen. Endlich glaube ich noch, dafs die Vorstellung von den obbesagten Wasseratmosphären von besonderer Fruchtbarkeit für die Betrachtung der umgekehrten Diffusionsströme der Säuren werden wird, über welche ich eben jetzt eine Abhandlung vorbereite, und welche bis jetzt völlig aufserhalb aller Theorien gelegen haben.

Prof. Dr. *E. Brücke.*

Louyet. Vom Durchgange des Wasserstoffgases durch starre Körper[1].

Herr Louyet hat die Beobachtung gemacht, dafs ein Wasserstoffstrom durch ein Blatt Papier, ja sogar durch Blattgold und Blattsilber hindurchgeht und zwar ohne sich dabei auszubreiten, so dafs man nahe hinter den starren Körpern einen Platinschwamm

[1]) Pogg. Ann. LXXVIII. 287*.

zum Glühen bringen kann, fast wie wenn dieselben gar nicht vorhanden wären. Hinter Zinnfolie erhitzt sich der Platinschwamm, ohne aber zu glühen. Das Gas geht auch durch Guttaperchahäute, wie man sie aus Lösungen in Chloroform erhält, aber nur unmerklich durch noch so dünne Glashäute.

Prof. Dr. *Beetz.*

5. Dichtigkeit und Ausdehnung.

SCHUMACHER, POHRT und MORITZ. On the dilatation of ice by increase of temperature. James; n. Edinb. J. XLVII. 373*; Pharm. Centralbl. XX. 845*; Arch. d. sc. ph. et nat. X. p. 47*; Arch. für wissensch. Kunde v. Rufsl. VII. 333.

BINEAU. Note additionnel au mémoire sur les combinaisons de l'acide sulphurique avec l'eau. Ann. de ch. et de ph. XXVII. 123*.

TABORIÉ. Alcoholomètre. C. R. XXVIII. 18*.

STOCKES. On the variation of gravity on the surface of the earth. Phil. Mag. XXXV. 228*; Fror. Tagesb. 1850. No. 118. p. 80*.

ROCHE. Pesanteur à la surface d'un ellipsoïde à trois axes. Inst. XVII. No. 814, p. 252.

Von drei Physikern, SCHUMACHER sen., MORITZ und POHRT, deren Beobachtungen gänzlich unabhängig von einander in Poulkowa geschahen, ist die Längenausdehnung, welche das Eis durch die Wärme erleidet, gemessen worden. Sie wurden zu folgenden Zahlen geführt:

	Ausdehnung des Eises durch eine Temperaturerhöhung von 100° C.
SCHUMACHER sen.	9,0052356,
POHRT	0,0051270,
MORITZ	0,0051813.

Aufserdem stellt sich durch die erwähnten Versuche heraus, dafs die Ausdehnung des Eises lineare Function der Temperatur und nach allen Richtungen gleich ist.

Herr BINEAU [1]) hat eine neue Tabelle aufgestellt, welche die correspondirenden Aräometergrade, Dichtigkeit und Concentrationsgrade verschiedener Mischungen von reiner Schwefelsäure mit destillirtem Wasser angiebt. Sie weicht nur in so fern von der früher von ihm gegebenen Tabelle ab, als sie vollständiger ist und sich nicht auf die käufliche, sondern nur auf die chemisch reine Schwefelsäure bezieht.

Die neue Tabelle ist folgende:

Aräometergrade	spec. Gew.	Gehalt in Procenten an			
		dem ersten Hydrat der Säure		wasserfreier Säure	
		bei 0° C.	bei 15° C.	bei 0° C.	bei 15° C.
5°	1,036	5,1	5,4	4,2	4,5
10°	1,075	10,3	10,9	8,4	8,9
15°	1,116	15,5	16,3	12,7	13,3
20°	1,161	21,2	22,4	17,3	18,3
25°	1,209	27,2	28,3	22,2	23,1
30°	1,262	33,6	34,8	27,4	28,4
33°	1,296	37,6	38,9	30,7	31,8
35°	1,320	40,4	41,6	33,0	34,0
36°	1,332	41,7	43,0	34,1	35,1
37°	1,345	43,1	44,3	35,2	36,2
38°	1,357	44,5	45,5	36,3	37,2
39°	1,370	45,9	46,9	37,5	38,3
40°	1,383	47,3	48,4	38,6	39,5
41°	1,397	48,7	49,9	39,7	40,7
42°	1,410	50,0	51,2	40,8	41,8
43°	1,424	51,4	52,5	41,9	42,9
44°	1,435	52,8	54,0	43,1	44,1
45°	1,453	54,3	55,4	44,3	45,2
46°	1,468	55,7	56,9	45,5	46,4
47°	1,483	57,1	58,2	46,6	47,5
48°	1,498	58,5	59,6	47,8	48,7
49°	1,514	60,0	61,1	49,0	50,0
50°	1,530	61,4	62,6	50,1	51,1

[1]) Ann. d. Ch. et d. Ph. XXVI. p. 123*.

Aräometer-grade	spec. Gew.	Gehalt in Procenten an dem ersten Hydrat der Säure bei 0° C.	bei 15° C.	wasserfreier Säure bei 0° C.	bei 15° C.
51°	1,546	62,9	63,9	51,3	52,2
52°	1,563	64,4	65,4	52,6	53,4
53°	1,580	65,9	66,9	53,8	54,6
54°	1,597	67,4	68,4	55,0	55,8
55°	1,615	68,9	70,0	56,2	57,1
56°	1,634	70,5	71,6	57,5	58,4
57°	1,652	72,1	73,2	58,8	59,7
58°	1,671	73,6	74,7	60,1	61,0
59°	1,691	75,2	76,3	61,4	62,3
60°	1,711	76,9	80,0	62,8	63,6
61°	1,732	78,6	79,8	64,2	65,1
62°	1,753	80,4	81,7	65,7	66,7
63°	1,774	82,4	83,9	67,2	68,5
64°	1,796	84,6	86,3	69,0	70,4
65°	1,819	87,4	89,5	71,3	73,0
65°,5	1,830	89,1	91,8	71,2 (?)	74,9
65°,8	1,837	90,4	94,5	73,8	77,1
66°	1,842	91,3	100,0	74,5	81,6
66°,2	1,846	92,5	—	75,5	—
66°,4	1,852	95,0	—	77,5	—
66°,6	1,857	100,0	—	81,6	—

Herr Taborié [1]) erinnert daran, dafs er schon im Jahre 1833 einen Apparat zur Bestimmung des Alkoholgehaltes des Weins construirt habe, der wie die von Brossard, Vidal und Ciraty. (Dieser Bericht Jahrg. IV. S. 44) angegebenen, auf die Bestimmung des Kochpuncts dieser Flüssigkeiten gegründet ist.

Prof. Dr. *W. Heintz.*

[1]) Compt. rend. XXVIII*. p. 18.

Stokes. Abweichungen in der Schwerkraft an der Erdoberfläche [1]).

Die Betrachtungen des Herrn Srokes beziehen sich auf die Veränderungen, welche die Schwerkraft auf der Erdoberfläche durch die ungleiche Vertheilung von Land und Meer erfährt. Die Erscheinung, daſs die Schwere auf dem Festlande geringer ist, als auf kleinen, mitten im Meere liegenden Inseln, wird dadurch erklärt, daſs das Niveau des Meeres durch die Anziehung des Festlandes erhöht werde, weshalb ein Standpunct auf dem Festlande weiter vom Mittelpunct der Erde entfernt sei, als er es zu sein scheine. Der Verf. zeigt ferner, daſs der aus Pendelversuchen berechnete Werth für die Ellipticität der Erde zu groſs sei, weil unter den Beobachtungen zu viele Meerstandpuncte benutzt sind.

Roche. Ueber die Schwerkraft auf der Oberfläche eines Ellipsoïds mit drei ungleichen Axen [2]).

Herr Roche hat sich fortgesetzt mit dem Zustande elliptischer Massen beschäftigt; zum Theil gehören seine Arbeiten einem späteren Abschnitte, der Hydrostatik, an, zum Theil beziehen sie sich auf die Schwere an der Oberfläche eines Ellipsoïds. Die Schwere in irgend einem Puncte dieser Oberfläche ist proportional der Länge der Normale in diesem Punct, welche verlängert ist, bis sie einen der drei Hauptschnitte des Ellipsoïds trifft; und umgekehrt proportional dem Quadrat der auf diesem Schnitte senkrechten Axe. Diese Eigenschaft findet Statt in Bezug auf jeden der drei Hauptschnitte, und daraus entspringen drei verschiedene Ausdrücke, welche einander gleich sein müssen. Hieraus folgt der Satz: Wenn man die Normale des Ellipsoïds bis zu den drei Hauptschnitten desselben verlängert, so erhält man drei Längen, welche bezüglich den Quadraten der auf diesen Ebenen senkrechten Axen proportional sind. Bei einem Rotationsellipsoïd schneidet die Normale zwei Ebenen in demselben Puncte, nämlich

[1]) Fror. Tagesb. 1850. 118, p. 80*.

[2]) Inst. 814. 252*

in der Rotationsaxe. Dann ist die Schwere proportional der Länge der Normale bis zur Rotationsaxe, und umgekehrt proportional dem Durchmesser des Aequators, wie LAPLACE bemerkt hat. An den verschiedenen Puncten einer, vom Mittelpunct des Ellipsoïds nach der Oberfläche gezogenen Linie behält die Schwere, oder die Resultante aller, auf einen Punct wirkenden Kräfte, parallele Richtungen, und ist den Abständen vom Mittelpuncte proportional.

Prof. Dr. *Beetz.*

---

6. Maaſs und Messen.

GERLING. Ueber deutsches Münz-, Maaſs- und Gewichtswesen. GRUNERT Archiv XIII. Anlage, p. 51*.

HANSTEEN. Kunsten at veje. Nyt Mag. VI. 1*.

STEINHEIL. Ueber seine neuen Arbeiten zur Erzielung genauer Normalgewichte. Wiener Sitzungsb. 1849. Hft. 4, p. 276* (Titel).

H. SCHLAGINTWEIT. Meſsinstrumente mit constanten Winkeln. DINGL. pol. J. CXII. 420*.

ROMERSHAUSEN. Instrument zur Distancemessung. DINGL. pol. J. CXIV. 34*.

DIXONS. Patent velocimeter. Mech. Mag. LI. 169*.

REGNAULT. Rapport sur un cathétomètre de M. PERREAUX. C. R. XXVIII. 528*; Inst. No. 805. 178*.

BABINET. Rapport sur un sphèromètre à pieds mobiles de Mr. PERREAUX. C. R. XXVIII. 282*; Inst. XVII. p. 65*.

BRETON. Mémoire sur une modification du niveau à bulle d'air. C. R. XXVIII. 356*.

ARAGO. Micromètre construit d'après ses indications par Mr. FROMENT. C. R. XXVIII. 561*; Inst. XVII. p. 157*.

REGNAULT. Rapport sur une machine à diviser la ligne droite, et sur une machine à diviser le cercle prèsentées par M. PERREAUX. C. R. XXVIII. 529*; Inst. No. 805. 178*.

SÉGUIER. Rapport sur la méthode de division de feu M. GAMBEY. C. R. XXVIII. 831*.

OEHLSCHLÄGER. HIPPS Chronoscop zur Messung der Fallzeit eines Körpers. DINGL. pol. J. CXIV. 255*.

BESSEL. Construction eines symmetrisch geformten Pendels mit reciproken Axen. SCHUM. Astr. No. XXX. 1*.

Hansteen. En simpel methode til nöjagligt at regulere et astronomiskt Pendeluhr. Nyt. Mag. VI. 30*.

Gaunery. Chronomètre. C. R. XXVIII. 285*.

Devison. On clock-escapements. Phil. Mag. XXXIV. 455*.

Herr Dr. Romershausen [1]) zu Halle a. S. theilt in diesem Aufsatze die Construktion verschiedener Meſsinstrumente seiner Erfindung mit.

1. Der Längenmesser (Diastimeter) zur Messung von Linien und Distanzen aus einer Station.

Dieses Instrument miſst die den Distanzmessungen zu Grunde liegenden kleinen Winkel nicht am Limbus eines Kreisbogens, sondern durch das Verhältniſs eines veränderlichen Radius zu einer constanten Tangente, und giebt ohne weitere Rechnung die entsprechende trigonometrische Linie. Das Instrumunt gleicht einem kleinen Taschenfernrohre, dessen hinterer Auszug die Scale des veränderlichen Radius enthält. Das Objectiv bildet die constante Tangente mittelst sehr feiner Stahlspitzen, die ein scharfes Einvisiren möglich machen.

Das Einvisiren des Objectes wird durch das Herausziehen des hinteren Auszuges hervorgebracht, wodurch der Sehwinkel verkleinert wird.

Ist demnach die Scalenzahl des Radius n die zu messende Entfernung mit e und die zu beobachtende Gröſse mit s bezeichnet, so ist

$$e = n . s \quad \text{und} \quad s = \frac{e}{n}.$$

In diesem Falle ist s oder e bekannt. Sind aber beide unbekannt, so werden in derselben Linie zwei etwas entfernte Beobachtungen gemacht und aus der dabei gefundenen Differenz der Scalenzahl n wird die Länge der Linie wie auch die Gröſse des beobachteten entfernten Gegenstandes gefunden.

2. Das Militärfernrohr, zur Distanzmessung und militärischen Aufnahme.

[1]) Dingl. pol. J. CXIV. p. 39*.

Ihm liegt dasselbe Princip zu Grunde wie dem Längenmesser oder Diastimeter; bei dem Militärfernrohr ist jedoch der Radius constant und die Tangente veränderlich. Es wird nemlich an die Stelle des Fadenkreuzes im Fernrohre eine Glasplatte eingesetzt, auf welcher eine Reihe paralleler Striche mit gleichem gegenseitigen Abstande eingeritzt sind. Der Winkelwerth dieser Theilung wird empirisch bestimmt; und dient dann sehr bequem zur Distanzmessung.

Es kann diese Vorrichtung in jedem Fernrohre angebracht werden. Ich darf vielleicht hier erwähnen, dafs ich selbst Gelegenheit hatte, mich von der Brauchbarkeit eines solchen Apparates durch mehrfache Anwendung zu überzeugen [1]).

3. Das Spiegeldiopter, in der Form eines kleinen Taschenfernrohres, enthält im Inneren der geschwärzten Röhre zwei feststehende Metallspiegel, wovon der eine einen Strahl ins Auge des Beobachters sendet, wenn derselbe mit der directen Visirlinie einen Winkel von 90° bildet; der zweite Spiegel läfst einen Strahl sehen, wenn er einen Winkel von 45° mit der directen Visirlinie, d. h. mit der Achse des Rohres, bildet. Es läfst sich daher gebrauchen einen Perpendikel zu errichten, um sich zwischen zwei Puncten und ihrem Alignement aufzustellen etc.

4. Das Spiegelniveau. Das reflectirte Bild der Luftblase einer Libelle, die in dem Rohre eines Fernrohres angebracht ist, wird in einem Spiegel gesehen, der das Sehfeld des Fernrohres halbirt; dieses Bild fällt mit dem direct gesehenen Puncte einer Nivellirlatte etc. zusammen, welcher mit dem Auge des Beobachters in gleicher Reihe ist. Eine feine Stahlspitze, welche ebenfalls im Fernrohre im Focus des Oculars sich befindet, erleichtert die scharfe Einstellung.

5. Das Reductionsniveau. Es dient dazu, die in unebenem Terrain gemessenen Linien unmittelbar auf dem Felde auf den Horizont zu reduciren. Es besteht aus drei mit einer Theilung versehenen Linealen, an denen Diopter und Wasserwage ange-

[1]) Das Micrometer welches ich benützt, enthält 40 Striche; es ist an einem Fraunhoferschen Zugfernrohre von 19 Linien Oeffnung und 20 Zoll Brennweite angebracht; Preis (im opt. Institute von Merz in München) 4 Thlr. Die Distanz der Striche entspricht einem Winkel von 1′ 14,8″

gebracht ist, und aus einem getheilten Kreisbogen. Die Lineale werden so vertheilt, dafs sie ein rechtwinkliges Dreieck darstellen, was jenem ähnlich ist, dessen Hypotenuse die zu reducirende Linie bildet. Ist diese Hypotenuse gemessen, so läfst sich am Apparate die Gröfse ihrer Projection auf eine horizontale Ebene ablesen [1]).

An zwei kleinen Instrumenten, dem Linsen- und Prismenporrhometer versuchte ich [2]) statt einer gewöhnlichen Kreistheilung einige unveränderliche, aber sorgfältig bestimmte Winkel anzuwenden. Ich glaubte so, durch die Beschränkung auf wenige Winkel eine gröfsere Genauigkeit in der Herstellung jedes einzelnen, und durch die Wahl der Gröfse dieser Winkel zugleich einige Bequemlichkeit für den Gebrauch bei kleineren Aufnahmen etc. zu erhalten.

Den gewählten Winkeln entspricht in einem rechtwinkligen Dreiecke ein sehr einfaches Verhältnifs der Catheten: nemlich wie 1: $\frac{1}{4}$, $\frac{1}{2}$, 1, 2, 3, 4, 8, 10. Entfernt man sich demnach rechtwinklig [3]) von einem Gegenstande so weit, bis er genau unter einem der angebrachten Winkel erscheint, so ist die Gröfse des Gegenstandes (Nähe eines Thurmes, Breite eines Baches) etc. das $n$fache unserer Entfernung, wobei n der zum betreffenden Winkel gehörige Coëfficient ist.

Die Herstellung dieser Winkel ist für beide Instrumente sehr verschieden.

Am Linsenporrhometer ist die Gröfse des Winkels durch die Entfernung des Auges von einem Planglase bedingt, auf dem

[1]) Herr ROMERSHÄUSEN hat über seine Instrumente folgende Beschreibungen veröffentlicht: Das Spiegelniveau, ein neues und vollkommen sicheres Instrument zum Wasserwägen, Leipzig 1842. Das Spiegeldiopter, der hülfreichste und bequemste Mefsapparat und Längenmesser, Halle 1845. Das Militärfernrohr zur Distanzmessung und militärischen Aufnahme, Halle 1848. Theorie des Diastimeters, Berlin, Mittler, vergl. HELMUTH, die Distanzmessung der Artillerie und das militärische Croquiren mit Hülfe des ROMERHAUSENschen Längenmessers, Halle 1848. Das Reductionsniveau, Halle 1848.

[2]) DINGL. pol. J. CXII. 420*.

[3]) Mit jedem dieser Instrumente ist es möglich Perpendikel zu construiren.

Kreise von verschiedenen Durchmessern angebracht sind. Um hinlänglich groſse Winkel übersehen zu können ist eine Concavlinse vor das Planglas gestellt. Da die Entfernung der Kreise vom Auge nicht sehr bedeutend sein kann, ohne die Dimensionen des Instrumentes merklich zu vergröſsern, so ist es für Weitsichtige etwas anstrengend.

Das Prismenporrhometer ist ein kleines Reflexionsinstrument von 2,5 P. Z. Durchmesser, bei welchem, nach STEINHEILS [1]) Methode, statt der Spiegel die Prismen die Reflexion hervorbringen. Das eine Prisma ist fest, das andere um seine vertikale Axe beweglich. Das letztere ist mit einem Nonius verbunden, der auf einem getheilten Kreise 4' ablesen läſst.

Zugleich trägt jedoch dieser Nonius auf seinem inneren Rande einen Einstellungsstrich, dessen Coincidenz mit einzelnen Marken die „constanten Winkel" hervorbringt, und auf diesen mit einer Loupe eingestellt wird.

Da das Prismenporrhometer nur als kleines Tascheninstrument dienen soll, wurde kein Fernrohr damit verbunden. Die Höhe des Instrumentes beträgt mit Futteral etwa 3 Z. Durch die auf gewöhnliche Weise getheilte Scale läſst es sich zugleich als Sextant benützen [2]).

Dr. *Hermann Schlagintweit.*

---

7. Statik und Dynamik.

BRASSEUR. Transformation du principe des moments en celui des vitesses virtuelles et note sur une construction géometrique de la surface d'élasticité. Mém. d. l. Soc. d. Liège. IV. 379*.

ETTINGSHAUSEN. Beitrag zum Beweis der Lehre vom Parallelogramm der Kräfte. Wien. Sitzungsb. 1849. Hft. 2 p. 155*.

[1]) Vergl. STEINHEIL, Neue Reflexionskreise. Astron. Nachrichten 1834, Bd. XI. S. 43 und BESSEL, Theorie des Prismenkreises. Ebd. S. 229.

[2]) Preis bei ERTL in München 20 Thlr.

Jacobi. Neue, das Problem der Rotation der Körper betreffende Formeln. Berlin. Monatsb. 1849. 226*; C. R. XXIX. 97*. Crelle J. XXIX. 293*.

Sonnet. Mémoire sur les lois géométriques du mouvement d'un corps solide. C. R. XXVII. 43*; Inst. N. 784, p. 9*.

Passot. Sur les forces centrales. C. R. XXVII. 366*. (Titel).

Hirns. Nouvelles recherches sur le frottement des corps. C. R. XXVIII. 290*. (Titel).

Schiele. Antifrictionscurve. Pol. Centralbl. 1849. 970*: pract. Mech. J. 1849. Juni, p. 50.

Angewandte Mechanik.

Smith. Impact, its relation to statical pressure. Mech. Mag. L. 58*.

Dredge. On impact, as exemplified in pile driving. Mech. Mag. L. 174*.

Steinheil. Ueber das Centrifugalwurfgeschofs. Wien. Sitzungsb. 1849. Hft. 4, p. 276*. (Titel).

Lechatelier. Études sur les conditions de stabilité des machines locomotives en mouvement. C. R. XXVIII. 151*; Inst. No. 797 p. 113*.

Combes. Rapport sur ce mémoir. C. R. XXVIII. 466*.

J. B. Brasseur. Transformation du principe des moments en celui des vitesses virtuelles et note sur une construction géometrique de la surface d'élasticité. Mém. d. l. Soc. d. Liège. IV. 379.

Die Identität beider Grundsätze beweist Herr Brasseur nur für den Fall, wenn die wirkenden Kräfte in einer Ebene liegen, und nimmt nun zuerst an, dafs die einem System von Puncten mitgetheilte Bewegung eine Rotation um ein Centrum O sei; es sei dabei die Bewegung unendlich klein, um die kleinen beschriebenen Bogen als grade Linien ansehen zu können, die wirkenden Kräfte seien $P, P', P'' \ldots, r, r', r''$ die Radienvectoren von O aus zu den Angriffspuncten $m, m', m'' \ldots, b, b', b''$ die Hebelsarme der Kräfte, $\alpha, \alpha', \alpha'' \ldots$, die von ihnen mit $r, r', r'' \ldots$ gebildeten Winkel, dann ist bekanntlich für das Gleichgewicht nöthig, dafs:

$$(1.) \quad \Sigma Pb = 0,$$

Nun ist aber $b = r\cos\alpha$, $b' = r'\cos\alpha' \ldots$, also auch:

$$(2.) \quad \Sigma Pr\cos\alpha = 0.$$

Dreht sich nun das System unendlich wenig, so beschreiben

m, *m'*, *m''*, ... kleine zu demselben Winkel ω gehörige Bogen e, e', e'', die resp. $= r\omega$, $r'\omega$, $r''\omega$, ... sind; man erhält daher aus Gleichung (2.), wenn man diese vorher mit ω multiplicirt, als Bedingung:

$$(3.) \quad \Sigma Pe \cos\alpha = 0.$$

Die Winkel α, α', α'' sind aber auch gleich den Winkeln zwischen jeder Kraft aus dem beschriebenen Bogen e ihres Angriffspunctes; es ist also $e\cos\alpha$ die Projection des Weges e auf die Richtung der Kraft und $Pe\cos\alpha$ die Elementarwirkung der Kraft P. Bezeichnet man daher die Projectionen der Bogen e, e', e'' auf die Richtungen der Kräfte mit ε, ε', ε'', so wird Gleichung (3.)

$$(4.) \quad P\varepsilon + P'\varepsilon' + P''\varepsilon'' \ldots = 0 \quad \text{oder} \quad \Sigma P\varepsilon = 0,$$

d. h. man erhält die Gleichung, welche das Princip der virtuellen Geschwindigkeiten darstellt.

Die Allgemeinheit des Ueberganges des einen Princips in das andere, geht dann aus einem schönen, von Chasles gegebenen Satze hervor, der indefs auch als Zusatz aus einem von Herrn Brasseur aufgestellten und bewiesenen Theorem folgt, nach welchem es, wenn in einer Ebene zwei congruente Polygone gegeben sind, in dieser immer einen Punct giebt, um welchen man das eine derselben drehen kann, um es mit dem andern zum decken zu bringen. Ist die Lage beider Polygone unendlich wenig verschieden, so sind die kleinen Bogen, die sämmtliche Puncte beschreiben, um aus einer Lage in die andere zu kommen, grade Linien und kann umgekehrt die gradlinigte Fortbewegung der einzelnen Puncte als Folge einer unendlich kleinen Drehung um einen Punct in der Ebene angesehen werden.

Im Theil 2, S. 349 dieser Memoiren hat Herr Brasseur bewiesen, dafs Gleichgewicht zwischen Kräften vorhanden ist, wenn die Summe ihrer Momente in Bezug auf drei, nicht in einer graden Linie liegenden Puncte Null ist; man wird also hiernach auch sagen können, dafs das Gleichgewicht zwischen Kräften besteht, wenn die Summe ihrer Elementarwirkungen für drei beliebige, aber unendlich kleine Bewegungen Null ist, sobald die Centren der dafür zu substituirenden Rotationsbewegungen nicht in grader Linie liegen.

Um die Identität des Princips der virtuellen Geschwindigkeiten und des der Momente für den Raum zu beweisen, sagt Herr Brasseur, sei darzuthun:

1) Dafs aus dem Princip der Momente das der virtuellen Geschwindigkeiten bei einer unendlich kleinen Rotation um eine Axe folge.
2) Dafs es folge für jede kleine Verschiebung längs dieser Axe.
3) Dafs es ferner folge für jede aus den beiden vorigen resultirende Bewegung.
4) Dafs, wenn einem Körper eine unendlich kleine Bewegung irgend einer Art ertheilt wird, der unendlich kleine Weg jedes Punctes die Diagonale zweier rechtwinkligen Bewegungen ist, von denen die eine eine Drehung um eine Achse, die zweite eine Verschiebung längs dieser ist. Auch dieses ist von Chasles bewiesen, und wird von Herrn Brasseur wieder als Zusatz zu einem dem für eine Ebene aufgestellten Satze analogen gegeben.

In Bezug auf die von Fresnel gegebene Gleichung der Elasticitätsfläche:

$$a^2x^2+b^2y^2+c^2z^2 = (x^2+y^2+z^2)^2$$

sagt Herr Brasseur in einer Note, dafs sie der geometrische Ort sei für die Fufspuncte aller Senkrechten, die man vom Centrum eines Ellipsoïds, dessen Gleichung:

$$\frac{x^2}{a^2}+\frac{y^2}{b^2}+\frac{z^2}{c^2} = 1$$

auf die Tangentialebene fällt.

v. Morozowicz.

Ettingshausen. Beitrag zum Beweise des Lehrsatzes vom Parallelogramm der Kräfte. Wien. Sitzungsb. 1849. 2. Heft, p. 155.

Herr Ettingshausen giebt in seinem Lehrbuche „Anfangsgründe der Physik, §. 95.", als Einleitung zum Satz vom Parallelogramm der Kräfte eine Ableitung für die Richtung der Resultirenden zweier auf einen Punct unter einem rechten Winkel wirkenden Kräfte. Derselbe giebt jetzt hiefür eine Entwickelung unter Voraussetzung der Kenntnifs der Differential- und Integralrechnung, so dafs der Satz für ein Lehrbuch der Mechanik sich eigne.

Es seien P und Q die beiden unter rechtem Winkel auf den Punct A wirkenden Kräfte, R ihre Resultante, Winkel (R, P) $= \alpha$, so ist $\alpha = f\left(\frac{Q}{P}\right)$. Wirkt senkrecht auf R (nach der Seite von Q) die Kraft S, ist U die Resultante von R und S, Winkel $(U, R) = \beta$, so ist $\beta = f\left(\frac{S}{R}\right)$.

Wird nun S zerlegt in die beiden Kräfte Q' in der Richtung von Q und P' entgegengesetzt der Kraft P, so erscheint U als Resultante der Kräfte R, P' und Q' oder $P - P'$ und $Q + Q'$ daher $\alpha + \beta = f\left(\frac{Q+Q'}{P-P'}\right)$.

Die Richtungen der Kräfte S, Q' und P' bilden genau dieselben Winkel wie die Richtungen von R, P, Q, daher ist

$$P' : Q = Q' : P = S : R,$$

oder

$$P' = \frac{QS}{R}; \quad Q' = \frac{PS}{R},$$

folglich, wenn $\frac{Q}{P} = x$ und $\frac{S}{R} = y$ gesetzt wird:

$$\alpha = f(x); \quad \beta = f(y); \quad \alpha + \beta = f\left(\frac{x+y}{1-xy}\right);$$

$$f(x) + f(y) = f\left(\frac{x+y}{1-xy}\right);$$

durch Differentiation dieser Gleichung, indem einmal x, das andere Mal y als veränderlich angesehen wird, ergiebt sich

$$f'x = f'\left(\frac{x+y}{1-xy}\right) \cdot \frac{1+y^2}{(1-xy)^2};$$

$$f'y = f'\left(\frac{x+y}{1-xy}\right) \cdot \frac{1-x^2}{(1+xy)^2};$$

und hieraus

$$(1+x^2) f'(x) = (1+y^2) f'(y).$$

Da x und y von einander unabhängig sind, so mufs sich jede Seite auf dieselbe Constante reduciren lassen.

Es sei also

$$A = (1+x^2) f'x$$

mithin

$$f(x) = \int \frac{A dx}{1+x^2} = A.\operatorname{arctang} x + \text{const.}$$

Für $Q = 0$ ist $x = o$, α oder $f(x) = 0$, folglich

$$f(x) = A.\operatorname{arctang} x.$$

Für $P = 0$ ist $x = \infty$; α oder $f(x) = \frac{\pi}{2}$, folglich

$$\frac{\pi}{2} = A.\operatorname{arctang}\infty = A.\frac{\pi}{2}, \text{ also } A = 1,$$

daher endlich $f(x) = \operatorname{arctang} x$ oder $\operatorname{tang}\alpha = \frac{Q}{P}$.

C. G. J. JACOBI. Ueber die Rotation der Körper. C. R. XXIX. 97*; CRELLE J. XXXIX. 293*.

Herr JACOBI giebt eine neue Entwickelung für die Rotation der Körper durch Einführung der elliptischen Functionen.

Die vollständige Ableitung seiner Formeln, wobei sich der Verf. an POISSON Mech. Tom. II. anschliefst, theilt derselbe mit in CRELLE J. XXXIX. p. 299 und folg.

G. SONNET. C. R. XXVII. 43. Inst. No. 784. p. 9*.

Herr G. SONNET giebt eine Uebersicht des Resultats einer von ihm angestellten mathematischen Behandlung der Rotation zunächst einer ebenen Figur in ihrer Ebene, demnächst allgemein eines Körpers im Raume.

Dr. *G. Spörer.*

SCHIELE's Reibungscurve. DINGL. pol. J. CXII. 331. CXIII. 8*.

Die vom Mechaniker SCHIELE vorgeschlagene Curve soll die Gestalt von Hähnen und ähnlichen Maschinentheilen bestimmen, welche sich in einer Bohrung drehen. Beim conischen Hahn wird an jeder Stelle das Product des Druckes den sie erleidet, in den Weg, den der Punct zu durchlaufen hat, constant. Der Druck auf die dickeren Theile also geringer, und dadurch wird ein gröfserer Druck auf diese Theile nöthig gemacht, um sie doch zum festen Schlufs zu bringen. Herr Schiele will nun der Seite des Hahns eine schneller nach der Spitze zulaufende Krümmung geben, die Haupteigenschaft derselben ist, dafs alle Tangenten von der Curve nach der Axe des Hahns gezogen, einander gleich sind. An verschiedenen Beispielen sind in der ersten wie in der zweiten Abhandlung die Vorzüge dieser Curve besprochen.

Prof. Dr. *Beetz.*

---

8. Hydrostatik und Hydrodynamik.

Hagen. Ueber die Oberfläche der Flüssigkeiten. Pogg. Ann. LXXVII. 449*.

Plateau. Sur les figures d'équilibre d'une masse liquide sans pesanteur. Deuxième Mémoire. Mém. d. Brux. XXIII. 1*; Ann. d. chim. et d. ph. XXX. 203*; Krönig J. 1. 152*.

— — Théorie de la constitution des veines liquides lancées par des orifices circulaires. Bull. d. Brux. 1849. 4; Inst. No. 815 p. 262*; Pogg. Ann. LXXX. 566*.

Roche. Mémoire sur les figures ellipsoïdales qui conviennent à l'équilibre d'une masse fluide. C. R. XXVIII. 173*; Inst. 788 p. 41*.

Cauchy. Rapport sur le mémoire de M. Roche. C. R. XXIX. 376*.

Hagen. Ueber die Auflösung flüssiger Cylinder in Tropfen. Berl. Monatsb. 1849. 281*; Pogg. Ann. LXXX. 559*. Inst. No. 844 p. 76*

— — Ueber die Scheiben, welche sich beim Zusammenstofs zweier Wasserstrahlen bilden. Berl. Monatsb. 1849. 214*; Pogg. Ann. LXXVIII. 451*; Inst. No. 831 p. 389*.

Magnus. Ueber die Mischung einer sich bewegenden Flüssigkeit mit den daneben befindlichen Theilen derselben. Berl. Monatsb. 1849. 213. 277*.

Fauvel. Relation qui existe entre la hauteur des liquides et leur vitesse d'écoulement à l'orifice. C. R. XXVIII. 744*. (Titel).

d'Estocquier. Sur les équations différentielles du mouvement des fluides. C. R. XXIX. 172*.

Morin. Rapport sur deux mémoirs de M. Boileau intitulés: études sur les cours d'eau. C. R. XXVIII. 110; Inst. No. 786 p. 25*. C. R. XXVIII. 173; Inst. No. 788 p. 41*.

Rawson. On the friction of water. Brit. Ass. XIX. Not. 3*; Inst. No. 826 p. 350.

Rawson. On the oscillation of floating bodies. Brit. Ass. XIX. Not. 5*; Inst. No. 826 p. 351*.

Hydraulik.

Schubert. Berichtigung der Theorie des Segnerschen Wasserrades. Grun. Archiv. XII. 391*.

de Caligny. Roues hydrauliques. C. R. XXIX. 333*; Inst. No. 786 p. 31, No. 809 p. 214, No. 818 p. 276, No. 833 p. 404*.

Combes. Rapport sur une machine de l'invention de M. Girard, à laquelle celui-ci a donné le nom de moteur-pompe. C. R. XXVIII. 308*.

Girard. Mémoire sur un système de barrage hydropneumatique, et application du principe sur lequel il est fondé aux divers moteurs hydrauliques susceptibles d'être immergés dans l'eau du bief inférieur. C. R. XXIX. 737*; Inst. 833. p. 402*.

S. Zuszbiewicz. Description d'un horloge à eau désignée sous le nom de pendule polaire. C. R. XXVIII. 514*; Inst. No. 792 p. 74*.

Patrelli. Memoria sulle ruote idrauliche a sistema misto accompagnata da sperienze sugli effetti meccanici di esse. Rend. di Nap. No. 43 p. 18*.

Virdouvet. Modèle et description d'un appareil destiné à remplacer l'hélice dans les bateaux à vapeur. C. R. XXVIII. 268*.

Hagen. Ueber die Oberfläche der Flüssigkeiten. Pogg. Ann. LXXVII. 499.

Ders. Ueber die Scheiben, welche sich beim Zusammenstofsen von zwei gleichen Wasserstrahlen bilden, und über die Auflösung einzelner Wasserstrahlen in Tropfen. Monatsb. d. Berl. Akad. 1849. 281.

Ders. Ueber die Auflösung flüssiger Cylinder in Tropfen. Pogg. Ann. LXXVIII. 451. Monatsb. d. Berl. Akad. 1849. 214.

Herr Hagen fährt in seinen Untersuchungen über die Capillarerscheinungen fort, und publicirte genannte Abhandlungen. Die Theorie, auf welcher die hier enthaltenen Untersuchungen beruhen, ist in einer Abhandlung (Pogg. Ann. LXVII. 1. und 152.) „über die Oberfläche der Flüssigkeiten" enthalten und wurde in unserer Zeitschrift (Jahrg. 1845 S. 14) von einem anderen Herrn Referenten mitgetheilt. Herr Hagen leitet die Capillarerscheinungen von einer gröfseren Spannung derjenigen Flüssigkeitstheilchen ab, welche an der Oberfläche liegen, als derjenigen, welche sich unter derselben befinden, und verwirft die Theorie Laplace's, welche eine Anziehung der Flüssigkeitstheilchen unter einander und der Theilchen eines festen Körpers gegen die der Flüssigkeit voraussetzt. Mufs ich allerdings gestehen, dafs eine Attraction, qui n'est sensible qu'à des distances insensibles befremdlich sein dürfte, so ist mir die Annahme einer gröfseren Spannung der Oberfläche, ohne weitere Erklärung, viel weniger geläufig. Und bringen wir irgend eine Erklärung dieser Oberflächenspannung, so geben wir sie nur mittelst der verworfenen Molecularattraction. Ob mit Hülfe der neueren Hypothese „bekanntere und klarere Begriffe eingeführt werden", als mit Hülfe der älteren, will ich dahin gestellt sein lassen.

Diese wenigen Worte seien mir erlaubt, um meinen Standpunct den vorliegenden Untersuchungen gegenüber zu bezeichnen; es liegt mir hier ob, zu referiren, nicht eine Theorie zu entwickeln.

In der ersten Abhandlung bestimmt Herr Verf. die Spannung eines Streifens Oberfläche von einer par. Linie Breite in Gewichten für Wasser, Alkohol und Olivenöl. Die Bestimmung geschah durch drei von einander verschiedene Methoden:

1) Durch Messung der Erhebung der Flüssigkeit zwischen parallelen Planscheiben.
2) Durch die Gröfse der von kleinen Scheiben abfallenden Tropfen, und:
3) Durch die Kraft, welche erforderlich ist, um benetzte Scheiben über der Flüssigkeit schwebend und mit derselben in Berührung zu erhalten.

1) Die Erhebung der Flüssigkeiten zwischen parallelen Planscheiben wurde durch Annäherung einer Spitze gemessen, bis sie ihr Spiegelbild berührte. Es zeigte sich, dafs für Wasser, auch wenn es schon mehre Stunden gestanden hatte, die Spannung der Oberfläche nach und nach und zwar Anfangs sehr schnell sich verminderte, oder mit anderen Worten, dafs sich zwischen den Planscheiben dasselbe bei späteren Versuchen stets niedriger stellte. Die Mittel mehrer Versuche für Entfernung der Scheiben

von $1''',515$; $1''',175$; $0''',720$ par. geben die Spannung eines Streifens Oberfläche von der Breite einer Linie

$$T = 0{,}01059 \text{ Gramm.}$$

Aehnliche Beobachtungsreihen für Alkohol geben

$$T = 0{,}00523 \text{ Gr.}$$

und für Olivenöl

$$T = 0{,}00771 \text{ Gr.}$$

2) Herr Verf. hatte geglaubt, dafs die Gröfse der Tropfen, welche von scheibenförmig sich ausbreitenden Ansatzröhren abfallen, unmittelbar den Werth der Festigkeit der cylindrischen Oberfläche darstellen, fand aber verschiedene Werthe, einmal relativ zu dem Durchmesser der Scheiben und dann relativ zu dem oben gefundenen. Als Mittel aus allen Versuchen ergab sich

für Wasser $T = 0{,}0133$ Gr.
für Alkohol $T = 0{,}00435$ -
für Olivenöl $T = 0{,}00591$ Gr.

3) Es wurde die Kraft bestimmt, welche erforderlich ist, um eine horizontale Scheibe über der Flüssigkeit schwebend und mit derselben in Berührung zu erhalten. Die Scheibe wurde bis zu einer Höhe H erhoben, für welche der aufgebogene Rand der Flüssigkeit sich an den senkrechten Rand der Scheibe anschlofs, also die äufserste Tangente an der erzeugenden Curve des erhobenen Flüssigkeitsrandes vertical stand. Hing nun so die Scheibe horizontal an einer Seite einer empfindlichen Wage, so mufste die andere mit einer Gewichtsmenge G belastet werden, welche dem hydrostatischen Drucke der an der Basis der Scheibe haftenden Masse $Hr^2\pi k$ (wo k das Gewicht einer Cubiklinie der Flüssigkeit) und der Spannung der Oberfläche $2\pi rT$ das Gleichgewicht hält, so dafs

$$G = Hr^2\pi k + 2\pi rT.$$

Um das zweite Glied gegen das erste möglichst überwiegend zu machen, wurden Ringe statt der massiven Scheiben benutzt.

Die Gröfse H wurde in folgender Weise gefunden. Die Bedingungsgleichung für die erzeugende Curve der Oberfläche des erhabenen Randes ist (vergl. diese Zeitschr. Jahrg. 1845. S. 17)

$$y = m\left(\frac{1}{\varrho} - \frac{1}{\varrho'}\right),$$

wo y das Maafs der Erhebung eines Punctes über der allgemeinen Oberfläche ist, wo ϱ der Halbmesser der kleinsten Krümmung, ϱ' der Halbmesser der Scheibe und m ein constanter Coëfficient. Es bestätigte sich durch den Versuch die Voraussetzung, dafs die Krümmungshalbmesser ϱ an den oberen Enden der erzeugenden Curven in constantem Verhältnifs zu den Ordinaten $y = H$ dieser Endpuncte stehen, wenn Scheiben von verschiedenem Halbmesser genommen werden. Sonach ging obige Gleichung über in

$$H = m\left(\frac{1}{cH} - \frac{1}{r}\right),$$

oder

$$H^2 + \frac{m}{r} H = 2m$$

in dem $c = \frac{1}{2}$ für den Fall, dafs ϱ gegen ϱ' sehr klein ist. In dieser Gleichung wurde m wie oben (Fortschr. der Ph. Jahrg. 1845. S. 18 und 19) gefunden, und durch dieselbe H bestimmt.

Die Versuche mit einem Ring aus Guajakholz von 13,86 par. Linien äufserem Durchmesser und 1,64 Linien Wandstärcke ergaben

für Wasser das einige Stunden gestanden	$G = 1,809$ Gr.	$T = 0,01078$ Gr.
für Alkohol	$G = 1,006$ -	$T = 0,00528$ -
für Olivenöl	$G = 1,391$ -	$T = 0,00770$ -
für frisches Wasser .	$G = 1,912$ Gr.	$T = 0,01216$ Gr.

Endlich theilt Herr Verf. noch Beobachtungsreihen mit, welche ich nur den Resultaten nach wiederhole. Für Quecksilber ergab sich eine Spannung der Oberfläche

$$T = 0,0818 \text{ bis } 0,0928 \text{ Gr.}$$

Sehr auffallend ist es, dafs Zusätze von Stärkkleister und Gummi arabicum zu Wasser bis zu einem zähen Schleim, sowie Zusätze von Seifenlauge zu destillirtem Wasser, den Werth von T nur wenig erhöhten; er fand sich in den genannten Fällen $= 0,0117$ und $0,0125$. (Diese Versuche lockern meines Erachtens sehr den Zusammenhang der hier berechneten Oberflächenspannung mit der Blasenbildung.)

Die Resultate, welche Herr Verf. aus der Untersuchung zieht, bezeichnet er als folgende:

1) Der Grad der Flüssigkeit ist ohne Einflufs auf die Festigkeit der Oberfläche.

2) Die Festigkeit der Oberfläche, oder der Werth von T ist um so gröfser, je weniger die Flüssigkeit an anderen Körpern haftet, oder dieselben benetzt. Für Quecksilber ergab sich der Werth etwa 8mal so grofs als für Wasser, für Olivenöl war er dagegen kleiner und für Alkohol noch kleiner. Alkohol netzt aber besser als Oel: wenn man auf eine mit Oel bestrichene Platte Alkohol giefst, so zieht sich dieser, obgleich er specifisch leichter als Oel ist, unter dem Oele fort und entfernt dasselbe. Dafs Wasser weniger als Oel und Quecksilber weniger als Wasser netzt, bedarf keines Beweises. Aber selbst das Wasser scheint, wenn es frisch ist, weniger zu netzen, als später. Auf frischem Wasser sieht man nemlich oft einzelne kleine Tröpfchen einige Sekunden lang liegen, was auf einer älteren Oberfläche niemals geschieht. (Auf Alkohol tritt diese Erscheinung weit häufiger ein als auf Wasser, obschon Alkohol stärker netzt als Wasser.)

Die zweite der hier genannten Abhandlungen beschäftigt sich mit den von Savart experimental behandelten Scheiben, welche sich beim Zusammenstofsen von zwei gleichen Wasserstrahlen bilden. Savart stellte aus seinen Beobachtungen das Gesetz auf, dafs der Radius der Scheibe dem Querschnitt der erzeugenden Strahlen und zugleich der Druckhöhe proportional ist. Dieses Gesetz findet sich durch Annahme einer Oberflächenspannung, welche der Bewegung des Wassers innerhalb der Scheibe, in der Richtung des Radius entgegenwirkt, bestätigt. Zugleich ergiebt sich für die Spannung, d. i. für die Kraft, mit welcher eine Oberfläche von 1 Zoll rh. Breite dem Zerreifsen widersteht, dividirt durch das Gewicht eines Kubikzolles Wasser:

nach Savarts Beobachtungen . . . 0,0113,

nach des Herrn Verf. Beobachtungen 0,0119,

während Herr Verf. auf frühere Beobachtungen einen Werth $= 0{,}0112$ ableitete.

Bei verstärktem Drucke lösen sich die Scheiben in Tropfen

auf, welche Erscheinung weder durch Verminderung der Dicke der Scheiben noch durch die gröfsere Geschwindigkeit bedingt wird.

Der zweite Theil der zweiten Abhandlung, sowie die dritte, befassen sich mit der Auflösung eines Flüssigkeitsstrahles in Tropfen.

Beobachtungsreihen des Verf., sowie Reductionen der Savartschen Beobachtungen ergeben, dafs die Länge des zusammenhängenden Theiles eines flüssigen Cylinders durch zwei Glieder ausgedrückt wird, von denen das eine dem Quadrate des Radius der Ausflufsöffnung proportional ist und das andere dem Producte aus diesem Radius in die Druckhöhe.

Der Zahlencoëfficient des zweiten Gliedes scheint sowohl von der Richtung des Strahles, als von der Aufstellung des Apparates unabhängig zu sein und beträgt 14 bei Messungen in rh. Zollen. Der Coëfficient des ersten Gliedes ist bei vertical aufsteigenden Strahlen = 0 und vergröfsert sich, je mehr der Strahl der Richtung der Schwere folgt und je mehr der Apparat vor Schwingungen gesichert wird. Der Coëfficient dieses zweiten Gliedes beträgt bei horizontalen Strahlen 400, bei vertical fallenden etwa 1000 bis 3000.

Hieran schliefsen sich unmittelbar die theoretischen Untersuchungen über die Auflösungen flüssiger Cylinder in Tropfen an, sofern sie durch Versuche des Herrn Plateau (Schriften der Brüsseler Akad. Bd. 23) veranlafst wurden. Diese Versuche lehrten, dafs flüssige Cylinder, die mehr oder weniger der Einwirkung ihrer Umgebungen entzogen waren, nur dann dauernd ihre Form behielten, wenn die Länge des Cylinders ein bestimmtes Verhältnifs zum Durchmesser nicht überschritt.

Wenn durch zufällige äufsere Einwirkungen die Form eines flüssigen Cylinders geändert wird, so bilden sich abwechselnd Anschwellungen und Einschnürungen. Die Form des Cylinders wird durch den Druck, welchen die Spannung der Oberfläche normal zu derselben ausübt, bedingt. Sind Ausbauchungen und Einschnürungen entstanden, so werden beide zunehmen und den Cylinder in Tropfen auflösen, weil die Spannung sich mit der Einschnürung vergröfsert und mit der Ausbauchung vermindert.

Die Rechnung ergiebt dasselbe Resultat und mehr noch zeigt

sie, dafs eine Auflösung in Tropfen geschehen mufs, wenn die Entfernung zwischen einer Anschwellung und einer Einschnürung das 2,8284fache des Halbmessers nicht überschreitet. Herr Plateau hatte aber gefunden, dafs wenn sich ein Quecksilberfaden zwischen Glaswänden gebildet hatte und die Wände vorsichtig abgenommen wurden, sich Tropfen bildeten, die einer 6 bis 10fachen Länge des Fadens entsprachen. Ferner hatte derselbe eine Oelmasse, die sich in einer Lösung von Alkohol und Wasser von gleichem spec. Gewicht befand, zwischen zwei Metallplatten oder Ringen zu einem Cylinder ausgezogen, der sich noch stabil zeigte, wenn die Länge 3 bis 3,6mal gröfser war, als der Durchmesser. Diese Abweichungen der Beobachtung von der Rechnung erklärt Herr Verf. dadurch, dafs durch das Wegnehmen der Glaswände im ersten Falle gewaltsame Störungen eingetreten seien, und dafs im zweiten Falle die Trennungsfläche zwischen Wasser und Oel eine andere und zwar gegen 7mal geringere Spannung besitze als die Oberfläche des Wassers allein. Dieses letztere Resultat war aus Messungen hervorgegangen, welche mit der Erhebung von Brunnenwasser zwischen zwei Thonschieferplatten vorgenommen wurden, bevor und nachdem Oel auf das Wasser gegossen worden war.

J. Plateau. Experimentelle und theoretische Untersuchungen über die Gleichgewichtsfiguren einer flüssigen Masse ohne Schwere. Ann. chim. ph. XXX. 203. Mém. de l'acad. de Brux. XXIII. Pogg. Ann. LXXXII. 387*.

Die allgemeinste Formel für die Gestalt der Oberfläche einer flüssigen Masse ohne Schwere ist

$$\frac{1}{R}+\frac{1}{R'} = C,$$

wo R und R' den gröfsten und kleinsten Krümmungshalbmesser der Oberfläche in ein und demselben Puncte bezeichnen und C eine Constante ist, die positiv, negativ oder $= 0$ sein kann. Die unendlich vielen möglichen Figuren, welche so entstehen können, schliefsen namentlich: 1) die Kugel ein, wenn $R = R'$; 2) die Ebene, wenn R und $R' = \infty$ und: 3) den Cylinder, wenn R oder

$R' = \infty$. Der Herr Verf. beschäftigt sich nun in vorliegender Abhandlung damit, diese Figuren experimentell darzustellen und den bekannten Versuch SAVARTS zu erörtern, der die Zertheilung eines Flüssigkeitsstrahles in verschieden grofse Tropfen behandelt.

1) Eine Kugel läfst sich durch Oel nach schon bekannten Versuchen sehr leicht darstellen, wenn man das Oel in ein Gemenge aus Wasser und Alkohol bringt, das mit dem Oele gleiches specifisches Gewicht hat.

2) Bildet man durch Drath das Kantennetz einer von Ebenen eingeschlossenen Figur, hält dieses Netz in eine wie soeben dargestellte Kugel und nimmt das überschüssige Oel durch eine Pipette fort, so bleibt das Netz derart erfüllt, dafs die Flüssigkeit an den Drathen adhärirt und zwischen denselben vollkommene Umgrenzungsebenen darstellt.

3) Ein Cylinder läfst sich dadurch erlangen, dafs man eine wie in 1) gewonnene Oelmasse zwischen zwei Blechscheibchen oder zwei gleich grofse Drathringe fafst und dieselben von einander entfernt, oder aber zwischen ihnen so lange Oel wegnimmt, bis die cylindrische Form erlangt ist.

Nimmt man bei den unter 2) gebildeten Figuren noch mehr Oel weg, als dort geschah, so höhlen sich alle Ebenen zugleich aus und endlich entstehen Systeme von Flächen, welche von der Mitte des Polyëders sich nach den festen Kanten verbreiten. Bei einem Würfel entstanden 12 solcher Flächen entsprechend den 12 soliden Kanten des Drathnetzes.

Bei der Bildung von Cylindern sind besonders folgende Erscheinungen hervorzuheben: durch Oel wurden Cylinder von 7 Centimeter Durchmesser und 14 Ctmr. Höhe gebildet, so grofs als die Höhe des Gefäfses es erlaubte. Sobald die Cylinder ein gewisses Verhältnifs zwischen Durchmesser und Höhe überschritten, verlor diese Gleichgewichtsfigur ihre Stabilität. Verhielt sich die Höhe zum Durchmesser wie 3 : 1, so waren die Cylinder noch vollständig stabil; betrug aber das Verhältnifs 3,6 : 1, so waren sie schon instabil. Wird nun die Grenze der Stabilität überschritten, so erleidet der Cylinder meist an zwei Stellen Einschnürungen und in der Mitte eine Ausbauchung. Die Einschnürungen ziehen sich in dünne Fäden aus, die wiederum ähnliche Veränderungen erleiden, so dafs in kurzer Zeit sich der Cylinder in drei gröfsere und zwei dazwischen liegende kleinere Massen zertheilt hat, die in der umgebenden Flüssigkeit Kugelgestalt annehmen. Sehr lange flüssige Cylinder lassen sich dadurch bilden, dafs man einen Quecksilbertropfen, der auf einer Glasplatte liegt, durch zwei amalgamirte Kupferdrähte auseinanderzicht und ihn während dessen durch zwei seitlich liegende Glasstreifen vorsichtig einengt. Sobald die Glasstreifen weggenommen werden, zertheilt sich der Cylinder in sehr viele regelmäfsig von einander abstehende Tropfen, zwischen denen andere von kleinerem Durchmesser liegen. Aus der Beobachtung dieser und anderer Verwandelungen von Cylindern in Tropfen, stellt der Herr Verf. folgende allgemeine Sätze auf.

1) Zwei Cylinder von verschiedenem Durchmesser, aber aus gleicher Flüssigkeit gebildet, zertheilen sich in ähnlicher Weise, d. h. die verschiedene Länge der Abtheilungen verhalten sich zu einander, wie die Durchmesser dieser Cylinder. Mit anderen Worten, wenn sich die Natur der Flüssigkeit nicht ändert, ist die Länge der Abtheilungen eines Cylinders dem Durchmesser desselben proportional.

2) Ist Quecksilber die Flüssigkeit, so ist die Zeit zwischen dem Anfang der Umwandlung und dem Augenblick des Reifsens der Fäden genau oder beinahe proportional dem Durchmesser des Cylinders. Dieses Gesetz gilt auch wahrscheinlich für jede andere Flüssigkeit von geringerer Viscosität (z. B. Wasser).

Die hier gefundenen Thatsachen und Gesetze erklären nun vollständig die Ausbauchungen und Einschnürungen, sowie die Zertheilung in gröfsere und kleinere Tropfen einer ausfliefsenden Wasserader, auf welche SAVART zuerst aufmerksam gemacht hat (u. a. DOVE's Repertorium 1. 115). Wenn diese Ader auch der Wirkung der Schwere ausgesetzt ist, so müssen doch dieselben Erscheinungen, welche hier an unschweren Flüssigkeiten beobachtet wurden, auch dort sich äufsern, indem während des Falles der Flüssigkeit das Spiel der Capillarkräfte durch die Schwere nicht gestört wird.

J. Plateau. Ueber die Grenze der Stabilität eines flüssigen Cylinders. Inst. No. 815, 262. Pogg. Ann. LXXX. 566*.

Herr Plateau hatte nach einer früheren Mittheilung (Mém. de l'Acad. de Brux. XXIII.) auf experimentellem Wege gefunden, dafs ein Cylinder einer der Schwerkraft entzogenen Flüssigkeit noch stabil sei, wenn das Verhältnifs zwischen Länge und Durchmesser wie 3 : 1 sei, dafs aber die Grenze der Stabilität schon überschritten wäre bei einem Verhältnifs 3,6 : 1. Dahingegen hatte Herr Hagen auf theoretischem Wege gezeigt (u. a. Monatsber. der Berliner Akademie. Nov. 1849), dafs diese Grenze schon bei dem Verhältnifs $2\frac{5}{6}$: 1 oder 2,828 : 1 erreicht werde.

Der Zweck der vorliegenden Abhandlung ist nun, nachzuweisen, dafs eine Aenderung der theoretischen Anschauungen des Herrn Hagen eine Uebereinstimmung mit den Versuchen des Herrn Plateau herbeiführe. Wenn nämlich ein flüssiger Cylinder die Grenze der Stabilität überschritten hat, so bildet er abwechselnd Ausbauchungen und Einschnürungen. „Mit Recht betrachtet nun Herr Hagen die abwechselnd convexen und concaven Axen der Meridiancurve dieser Figur als vollkommen symmetrisch (congruent). Allein daraus leuchtet ein, dafs die Curve eine grofse Analogie mit der Sinusoïde haben mufs. Wenn man nun den von Herrn Hagen angewandten Krümmungshalbmesser ersetzt durch den des Scheitels von Bögen einer Sinusoïde, so findet man als Werth der Stabilitätsgrenze die Gröfse $\pi = 3{,}14$." Dieser Werth liegt aber wirklich zwischen 3 und 3,6, wie aus den Versuchen des Verf. hervorgegangen war.

Ed. Roche. Mémoires sur les figures ellipsoïdales qui conviennent à l'équilibre d'une masse fluide soumise à l'attraction d'un point éloigné; extrait par l'auteur. C. R. XXVIII. 762.

Rapport sur le mémoire précedent par le Verrier et Cauchy. C. R. XXIX. 376.

Verf. bestimmt auf analytischem Wege die verschiedenen ellipsoïdischen Gestalten, welche eine flüssige Masse (ein Planet) annehmen kann, wenn man den einzelnen Flüssigkeitstheilchen eine anziehende Kraft zu einander beilegt, und wenn die flüssige Masse von einem aufserhalb befindlichen Punct (Trabanten) angezogen wird, welcher mit derselben Winkelgeschwindigkeit um dieselbe kreist, unter welcher sie sich um ihre Axe dreht.

---

d'Estocquois. Mémoire sur les équations différentielles du mouvement des fluides considérés comme des systèmes de points matériels maintenus à distance par des forces moléculaires. C. R. XXIX. 172.

Verf. versichert in diesem Auszuge aus einer gröfseren der Akademie überreichten Abhandlung, dafs er nachgewiesen habe, wie die Principien der Hydrostatik und Hydrodynamik gefunden werden können, wenn man die Flüssigkeiten als Systeme von Molecülen betrachtet, die in gewissen Entfernungen von einander stehen.

Magnus. Ueber die Mischung einer sich bewegenden Flüssigkeit mit den sich daneben befindlichen Theilen derselben und Bemerkungen über ein in Frankreich gebräuchliches Wassertrommelgebläse. Monatsber. der Berl. Akad. 1849. 213 und 377.

Diese Mittheilungen sind blos dem Titel nach bekannt, wurden aber später (Pogg. Ann. LXXX. 1.) mit anderen Untersuchungen publicirt und werden an den geeigneten Stellen referirt werden.

Boileau. Études sur les cours d'eau.

Rapport sur le troisième mémoire par Poncelet, Combes, Morin. C. R. XXVIII. 110. Inst. No. 786, 25.

Rapport sur le quatrième mémoire par Poncelet, Robert, Morin. C. R. XXVIII. 173. Inst. No. 788, 41. Cinquième Mémoire C. R. XXIX. 517.

In vorliegenden Abhandlungen beschäftigt sich Herr Boileau mit einer Anzahl hydraulischer Probleme, bei denen er vorzüglich die technische Anwendung im Auge hat. Die Beobachtungen wurden auf einem in Metz erbauten hydraulischen Observatorium angestellt. In einem Zuflufskanal von 70 Meter Länge wurden nacheinander zwei verticale Querriegel mit Schutzbrettern angebracht. Die Breite der ersten Oeffnung war der des Kanales an dieser Stelle gleich und zwar 0,m9; die der zweiten nur um 32mm geringer als die des Kanales und betrug 1m,606. Die Höhe war veränderlich. Das aus der ersten Oeffnung ausfliefsende Wasser ging in die Fortsetzung des Kanales von geringem Gefäll und von der Breite der Oeffnung, das aus der zweiten kommende Wasser flofs in die freie Luft aus. Das ausgeflossene Wasser wurde in einem gemauerten Bassin von regelmäfsiger Form gemessen.

Der Untersuchung wurden folgende Fälle unterworfen: Eine Oeffnung ohne Zusammenziehung des Strahles an den Seiten und am Boden, aus welcher das Wasser sich in einen 11m,5 langen Abflufskanal bewegte; eine Oeffnung wie vorige, jedoch mit einem Abflufskanal von nur 0m,17 Länge; eine Oeffnung wie die erste, doch war der Abflufs durch ein 10 Meter entferntes Wehr gehindert, eine Oeffnung mit Contraction auf dem Boden und auf der Oberfläche des Strahles, die in freie Luft mündet; eine Oeffnung wie die vorige, aber in einer Entfernung von 3 Meter mit einem Wehr versehen.

Der Strahl zog sich im ersten Falle blos an der Oberfläche zusammen und bildete eine concave Vertiefung, so dafs in einiger Entfernung von der Oeffnung die Bewegung der Flüssigkeitstheilchen eine Weile horizontal und parallel zu einander ging. Die Gröfse dieser Einschnürung wurde gemessen und zwar fand sich dieselbe bei Druckhöhen über dem Gipfel der Oeffnung von 530—44mm und bei Höhen der Oeffnung von 99mm,7—48mm,5 fast nur abhängig von der Druckhöhe, nicht von der Höhe der Oeffnung. Das Verhältnifs der Einschnürung zur Ausflufsöffnung vergröfsert sich bis zu einer Druckhöhe von 575mm und vermindert sich alsdann wieder.

Das Verhältnifs der Dicken der contrahirten Strahlen zur Höhe der Oeffnung, nennt Herr Verf. Coëfficient der geometrischen Contraction.

Die vorigen Versuche wurden für einen Strahl wiederholt,

der in freie Luft ausflofs und weder am Boden noch an den Seiten, sondern nur von oben contrahirt wurde. Der Coëfficient der geometrischen Contraction fand sich wie früher unabhängig von der Weite der Oeffnung. Er betrug wie nach den Versuchen von BIDONE 0,66.

Ferner wurden bei einer Oeffnung von 50—60^{mm} Höhe und bei einer Druckhöhe von 450^{mm} Versuche angestellt über die Form der erzeugenden Curve des ausfliefsenden Strahles. In dem einen Falle war der Kanal so weit fortgesetzt, dafs die Flüssigkeitstheilchen innerhalb des kleinsten Querschnitts sich horizontal bewegten. Die Tangente an der Curve ist sonach beim Beginn derselben horizontal und die Messungen der Curve entsprechen der Formel

$$y = \frac{1}{4h} x^2,$$

wo h die Höhe des Niveaus über der Mitte der Oeffnung bedeutet. In dem andern Falle fehlte der Ansatz. Die Theilchen im zusammengezogenen Strahl hatten eine Neigung ϑ, welche gemessen werden konnte, da wo sie sich zueinander parallel bewegte. Die Curve entsprach der Gleichung

$$y = \frac{1}{4h \cos\vartheta} x^2 + x \operatorname{tang} \vartheta.$$

In Bezug auf das stromabwärts sich auf den ausfliefsenden Strahl rückwärts bewegende Wasser, sobald dasselbe durch ein Hindernifs aufgestaut wird, bemerkt Verf. eine dreifache Gestalt. Ist die Oeffnung sehr grofs oder das Wehr niedrig, so wird der ausfliefsende Strahl wenig geändert. Bei einer geringen Gröfse der Oeffnung erhebt sich das Thalwasser zu einer Welle gegen den zusammengezogenen Strahl und wirft Tropfen auf denselben zurück. Ist endlich die Oeffnung sehr klein, so bedeckt das rückwärts gehende Thalwasser den ganzen Strahl.

Nach diesen Voruntersuchungen befafst sich Herr BOILEAU damit, eine Formel aufzustellen, welche auf das Princip der lebendigen Kräfte gestützt, sogleich ohne empirischen Coëfficienten die Ausflufsmenge angiebt. In dieser Formel führt er den Werth der Dicke des zusammengezogenen Strahles und die Wasserhöhe in der Section initiale ein, und versteht unter Section initiale denjenigen Querschnitt der Flüssigkeitsmasse, in welchem vor dem Ausflufs die Flüssigkeitstheilchen sich noch parallel bewegen. Bezeichnet

q die Ausflufsmenge in Cubikmetern in 1 Sekunde,
L die Breite der Oeffnung,
e die Dicke des zusammengezogenen Strahles,
H die Druckhöhe über der Sohle der Oeffnung gemessen in der Section initiale,
H' die Wasserhöhe in der Section initiale,

dann ist der Werth der Ausflufsmenge ausgedrückt durch

$$q = Le\sqrt{2g\frac{H-e}{1-\left(\frac{e}{H'}\right)^2}}.$$

Wenn nun auch diese Formel ohne Anwendung eines empirischen Coëfficienten den Werth von q bis $\frac{1}{50}$ genau ergiebt, so ist sie für die Praxis kaum anzuwenden, indem ihr eine Messung des Strahles, da wo er am meisten eingeschnürt ist, vorangehen mufs.

Vergleicht man hingegen die Versuche des Verf. mit der gewöhnlichen Formel für die Ausflufsmenge $q = chE\sqrt{2gh}$, wo L die Breite der Oeffnung, E die Höhe derselben und h die Niveauhöhe über der Mitte der Oeffnung bedeutet, so ergeben sich folgende Coëfficienten c:

1) Wenn die Ausflufsöffnung in einen langen Kanal von geringem Gefäll mündet, so dafs blos an der Oberfläche eine Contraction Statt findet . . . . $q = 0{,}602\,LE\sqrt{2gh}$.
2) Ist die Ausflufsöffnung blos durch einen $0^m{,}17$ langen Kanal verlängert und sind die übrigen Bedingungen, wie soeben . $q = 0{,}680\,LE\sqrt{2gh}$.
3) Wenn die Bedingungen wie unter 1) Statt finden, aber das Thalwasser, durch ein Wehr aufgestaut, sich rückwärts über den ausfliefsenden Strahl bewegt, jedoch die Oeffnung noch nicht benetzt . . . $q = 0{,}602\,LE\sqrt{2gh}$.

Anm. Die aus der Oeffnung ausgeflossenen Flüssigkeitstheilchen setzen also den Gegendruck des Thalwassers nicht rückwärts fort, so lange als die Ausflufsöffnung selbst noch nicht benetzt wird.

4) Wenn das rückwärts gehende Thalwasser so weit aufgestaut ist, dafs es die Oeffnung vollständig bedeckt, ohne Contraction des Strahles auf dem Boden und an den Seiten . . . . $q = 0{,}700\,LE\sqrt{2gh}$.
   BIDONE fand . . . . $q = 0{,}663$ . . . .
5) Beim Ausflufs in die freie Luft aus viereckigen Oeffnungen, sobald auf der Sohle und an der Oberfläche, nicht aber an der Seite der Strahl contrahirt wurde . . $q = 0{,}654\,LE\sqrt{2gh}$.

Die zweite Abhandlung befafst sich mit Untersuchung über den Ausflufs aus Gerinnen, welche für gewerbliche Einrichtungen als Muster dienen können. Und zwar wurden Kanäle mit trapezoïdischem Querschnitt betrachtet, Wehre die durch das rückfliefsende Thalwasser bespült werden, Wehre, die schief gegen den Strom gerichtet sind (dachförmige), und Wehre an Kanälen mit veränderlicher Breite.

Zuvor wurden Untersuchungen über die Krümmung der Oberfläche des Wassers bei Ueberfällen angestellt und die Entfernung bestimmt, bei welcher diese oberhalb des Wassers beginnt. Diese Entfernung hängt ab von der Druckhöhe. Es beginnt z. B. die Senkung der Oberfläche bei einer Druckhöhe von $0^m{,}238$ in einer Entfernung $= 2^m{,}80$ von dem Wehre.

Bezüglich der Bewegung der Flüssigkeitsfäden bemerkt Verf., dafs sich dieselben sowohl vom Boden aus, als von der Oberfläche in hyperbolischen Curven dem Ueberfalle zu bewegen.

Was nun die Hauptuntersuchung anbetrifft, so findet sich aus den Beobachtungen, dafs der Werth des Verhältnisses $\frac{H}{e}$, d. i. der Niveauhöhe zur Dicke des überfallenden Wasserstrahles ein geringerer wird, wenn H wächst. Es bestätigen sich die Versuche der Herrn PONCELET und LESBROS, welche zeigten, dafs wenn man die Werthe von A zu Abscissen nimmt und die von $\frac{H}{e}$ zu Ordinaten, eine gleichseitige Hyperbel entstehe. Verf. erachtet es für die Praxis genau genug, den Werth $\frac{H}{e} = 1{,}20$ zu setzen, wenn man es mit vollkommenen Ueberfällen bei Druckhöhen von

60 bis 400^{mm} zu thun hat. Bei Ueberfällen jedoch, die sich zum Theil unter dem Thalwasser befinden, ergab sich eine raschere Abnahme von $\frac{H}{e}$, so daſs nur für Druckhöhe zwischen 30 und 250^{mm} $\frac{H}{e} = 1{,}20$ eine genugsam annähernde Geltung haben kann.

Die Formel, nach welcher Herr Boileau die Menge q des durch einen Ueberfall abflieſsenden Wassers berechnet, ist

$$q = \Omega \sqrt{2g \frac{H-e}{1-\frac{\Omega^2}{O^2}}} = \Omega \sqrt{1-k} \sqrt{\frac{2gM}{1-\frac{\Omega^2}{O^2}}},$$

in welcher

$\Omega = LH$ dem Product aus der Breite des Ueberfalles in die Niveauhöhe über dessen Sohle ist.

O der Querschnitt der Section initiale in dem Kanal, von welcher aus die Flüssigkeitstheilchen sich gegen den Ueberfall bewegen.

e die Dicke des überfallenden Wasserstrahles an der Kante des Wehres gemessen.

$k = \frac{H}{e}$ d. i. das Verhältniſs der Niveauhöhe zu der Dicke des Strahles.

Aus 16 Versuchen findet sich im Mittel

$$\sqrt{1-k} = \sqrt{\frac{H-e}{H}} = 0{,}417 \quad \text{oder} \quad \frac{H}{e} = 1{,}211.$$

Für den Fall, daſs die überflieſsende Wassermasse so dünn ist, daſs sie an den Wänden des Ueberfalls adhärirt, stellten 2 Versuche heraus, daſs

$$\frac{H}{e} = 1{,}280 \text{ und } 1{,}300 \text{ sei.}$$

Für Gewinne mit trapezoïdischem Querschnitt wichen die Erfahrungen von der theoretischen Formel um so mehr ab, als die Druckhöhe bedeutender wurde. Zwischen der Grenze der Druckhöhe von 75 und 288^{mm} ist jedoch der vorige Werth noch brauchbar.

Es folgen die Ergebnisse der Untersuchungen über den Einfluſs eines Hindernisses in einem rechtwinkligen Kanal, d. i. über unvollkommene Ueberfälle. Eine Erhöhung von der Breite des

Kanales und von 327^{mm} Höhe wurde angebracht. Strömte nun das rückwärtsgehende Thalwasser nur bis zu einer mäfsigen Höhe gegen den Ueberfall an (im Betrag von 150^{mm} oder $\frac{3}{4}$ der Druckhöhe), so thut es dem Abflufs keinen Eintrag. Uebersteigt es aber diese Höhe, so bilden sich kleine Wellen längs dem überstürzenden Wasser, welche auf einen Rückdruck deuten. Bei noch gröfserer Höhe entsteht nur eine Erniedrigung des Niveaus. Im ersten Falle ist die Berechnung der überfliefsenden Wassermenge gleich der für einen freien Ueberfall, im zweiten ist das Verhältnifs $\frac{H}{e} = 1{,}170$, im dritten ist $\frac{H}{e} = 1{,}029$.

Die Untersuchung ob eine dachförmige (à chevrons) Gestalt eines Wehres einen gröfseren Werth für die Menge des überfallenden Wassers ergebe, als wenn das Wehr blos senkrecht aufgebaut ist, zeigte, dafs eine Gleichwerthigkeit für die Praxis als genau genug angenommen werden könne. In der Formel $q = \Omega\sqrt{1-k}\sqrt{\dfrac{2gH}{1-\dfrac{\Omega^2}{O^2}}}$ ergab sich für den ersten Fall eines unter 45° geneigten dachförmigen Wehres $\sqrt{1-k} = 0{,}391$; für den Fall, dafs die Bedeckung so geneigt war, dafs die Höhe zwei, die horizontale Dimension eine betrug, war $\sqrt{1-k} = 0{,}385$, während für den Fall eines senkrechten Wehres der Werth $\sqrt{1-k} = 0{,}417$ angegeben wurde.

Für ein Wehr mit veränderlicher Breite fand Verf. den Werth des Coëfficienten $\sqrt{1-k} = 0{,}414$, also nahezu denselben für ein Wehr mit unveränderlicher Breite, wo sich 0,417 ergab.

In der dritten der genannten Abhandlungen beschreibt Herr BOILEAU ein Instrument, um die Geschwindigkeit des Wassers an irgend einer Stelle zu messen, ohne den Querschnitt des bewegten Strahles merklich zu beeinträchtigen. Es besteht dieses Instrument aus einer offenen Metallröhre, die in einen beweglichen Schlauch mündet, welcher bis an die Oberfläche des Wassers geht. Daselbst ist abermals eine Metallröhre angebracht, deren freie Oeffnung gleich der unteren der erstgenannten Röhre ist.

Die letztere ist aufwärts gekrümmt und mündet in ein flaches Gefäfs, das auf der Oberfläche des Wassers erhalten wird. Aus der in das letztere fliefsenden Wassermenge läfst sich die Geschwindigkeit derjenigen Schicht berechnen, welche gegen die untere Oeffnung stöfst.

Rawson. Sur le frottement de l'eau. Inst. 826, 350.

Um zu bestimmen, welchen Widerstand die Reibung des Wassers auf ein Fahrzeug oder einen andern schwimmenden Körper ausübt, der sich im Wasser wälzt (roule), bediente sich der Verf. eines Cylinders von 30 Zoll Länge, 26 Zoll Durchmesser und 255,43 Av. du poids Schwere, welcher auf Messerschneiden ruhte, die in der Verlängerung seiner Axe (?) lagen. Als er denselben in Luft und in Wasser oscilliren (?) liefs, fand er, dafs die Oscillationen in Wasser von gröfserer Dauer waren, als in Luft, was derselbe der Reibung des Wassers auf die Oberfläche des Cylinders zuschreibt. Da ihm aber diese Reibung mit der Tiefe zuzunehmen schien, supponirte er einen constanten Druck bei der Einheit der Tiefe, und indem er denselben mit der Tiefe irgend eines Punctes des eintauchenden Cylinders multiplicirte, erhielt er den Druck auf diesen Punct. Das Integral aus den so erhaltenen Kräften wurde der Summe der Momente gleichgesetzt, welche das Experiment gegeben hatte, und es fand sich die Zahl 0,0000469 für den Werth des constanten Druckes bei der Einheit der Tiefe.

Bei einem andern Versuche, wo der Cylinder nur 197 Pfd. wog, ergab sich 0,0000452 statt der obigen Zahl, welche geringe Differenz für die Richtigkeit der Hypothese zeugt.

Rawson. Sur les oscillations de corps flottants. Inst. 826, 351.

Zur Prüfung gewisser von Moseley aufgestellten Formeln, betreffend das Schlingern und Stampfen der Schiffe, wurden Versuche angestellt, welche diese Formeln bestätigten, und die Kraft bestimmten, die das Gleichgewicht eines schwimmenden Körpers zu stören im Stande ist. Zugleich bestätigten sie eine andere Formel, welche berechnet, ob ein aus der Gleichgewichtslage gebrachtes Fahrzeug sich rascher oder langsamer bewegt. Es ergab sich daraus namentlich folgendes: Wenn ein Windstofs die Segel eines Schiffes trifft, oder irgend eine Ursache während einer Oscillation wirkt, dann ist die letzte Amplitude dieser Oscillation doppelt so grofs, als wenn dieser Windstofs dauernd auf das Schiff gewirkt hätte.

J. A. SCHUBERT. Berichtigung der Theorie des SEGNERschen Wasserrades und seiner Würdigung für die Praxis. GRUNERTS Archiv XII. 391.

Die Berechnung des Nutzeffektes des SEGNERschen Wasserrades ging bisher von falschen Principien aus, deren Berichtigung Herr SCHUBERT liefert.

Die Reaction von m Pfunden Wasser, welche in 1 Sekunde durch eine Oeffnung des Rades mit der Geschwindigkeit C laufen, ist, wenn die Geschwindigkeit der rückwärts gehenden Oeffnung mit c bezeichnet wird,

$$= \frac{m}{g}\{C-c\}.$$

Sonach ist die mechanische Leistung der auf den Arm des Rades reactionsweise wirkenden m Pfunde

$$= \frac{mc}{g}\{C-c\}.$$

Die Geschwindigkeit C des ausströmenden Wassers hängt aber einmal von der Höhe h des Wasserspiegels über der Oeffnung ab und ist derselben zufolge

$$= \sqrt{2gh}.$$

Ferner erhält das Wasser, während es sich innerhalb des Armes bis zur Ausflufsöffnung bewegt, durch Mittheilung die Geschwindigkeit c derselben. Sonach ist die Ausflufsgeschwindigkeit

$$C = \sqrt{2gh+c^2}.$$

Wird dieser Werth in die vorige Formel eingesetzt, so ergiebt sich die Leistungsfähigkeit von m Pfunden Wasser

$$(1.)\quad E = \frac{mc}{g}\{\sqrt{2gh+c^2}-c\}.$$

In dieser Weise ist die Leistungsfähigkeit des Rades bisher berechnet worden. Die Rechnung stimmte aber nicht mit der Erfahrung und genaue Ueberlegung lehrt, dafs sie falsch ist. Das in den Armen des Rades sich bewegende, und mit denselben die Geschwindigkeit c annehmende Wasser hat sich selbst diese Bewegung zu verschaffen. Hierdurch geht aber an der Leistungsfähigkeit die Gröfse

$$\frac{mc^2}{2g}$$

verloren. Diese mufs aber von der unter (1.) fälschlich gefundenen Gröfse abgezogen werden und es ergiebt sich demnach ein Nutzeffekt des Segnerschen Rades

$$(2.)\quad e = \frac{mc}{g}\sqrt{\{2gh+c^2}-c\}-\frac{mc^2}{2g}$$

$$= \frac{m}{2g}\{2c\sqrt{2gh+c^2}-3c^2\}.$$

Zufolge dieser Gleichung wird die wahre Leistungsfähigkeit eines Segnerschen Rades für irgend eine Druckhöhe gleich Null,

wenn $c = 0$,

wenn $2c\sqrt{2gh+c^2} = 3c$ d. i.,

wenn $c = 0{,}8944\sqrt{2gh}$,

d. h. in Worten: im Leergange erreicht, wie auch die Erfahrung zeigt, die Geschwindigkeit der Ausflufsöffnungen noch nicht diejenige, die sie in Folge der Druckhöhe h haben müfsten.

Die Gleichung (2.) ergiebt ferner:

für $c = 0{,}3\ .\sqrt{2gh}$ ist $e = 0{,}356\ mh$,
- $c = 0{,}4\ .\sqrt{2gh}$ - $e = 0{,}376\ mh$,
- $c = 0{,}41.\sqrt{2gh}$ - $e = 0{,}38130\,mh$,
- $c = 0{,}42.\sqrt{2gh}$ - $e = 0{,}38136\,mh$,
- $c = 0{,}43.\sqrt{2gh}$ - $e = 0{,}38098\,mh$,
- $c = 0{,}44.\sqrt{2gh}$ - $e = 0{,}38016\,mh$,
- $c = 0{,}5\ .\sqrt{2gh}$ - $e = 0{,}368\ mh$,
- $c = 0{,}6\ .\sqrt{2gh}$ - $e = 0{,}319\ mh$.

Es geht hieraus hervor, dafs die gröfste Leistungsfähigkeit eines Segnerschen Rades bei einer Umdrehungsgeschwindigkeit der Ausflufsöffnungen von nahe

$$c = 0{,}42\sqrt{2gh}$$

sich herausstellt; und dafs dieselbe nahezu

$$e = 0{,}38136\,mh$$

beträgt. Die Erfahrung bestätigt dieses Ergebnifs der Rechnung möglichst vollständig. Aus beiden geht hervor:

Dafs das Segnersche Wasserrad keinen gröfseren Nutzeffekt als gegen 38% desjenigen, der dem verbrauchten Wasser entspricht, hervorbringt;

Dafs dieser Effekt nur bei einer Geschwindigkeit der Ausflufsöffnung besteht, die gegen $0{,}42\sqrt{2gh}$ beträgt.

Dafs die Ausflufsöffnungen des Segnerschen Rades im Leergange eine höchste Geschwindigkeit von gegen $0{,}8944\sqrt{2gh}$ annehmen; und:

Dafs das Segnersche Rad jenen Wasserrädern zugezählt werden mufs, die dem Betriebswasser eine nur geringe Nutzleistung entziehen.

Prof. Dr. v. *Feilitzsch.*

---

9. Aërostatik und Aërodynamik.

Schmidt. Gewicht und Gewichtsverhältnisse der Atmosphäre. Pogg. Ann. LXXVIII. 275*.

Graham. On the motion of gases. Phil. Trans. 1849. II. 349*.

Andraud. Siphon à jet continu. C. R. XXIX. 502*.

Bloch. Siphon à écoulement intermittant destiné au lavage des précipités. Ann d. chim. et d. ph. XXVI. 126*; Dingl. pol. J. CXII. 437*.

Dienger. Ueber den Heber. Grun. Arch. XIII. 297*.

Prechtl. Ueber sein Werk: Untersuchungen über den Flug der Vögel. Wien. Sitzungsb. 1849. Hft. 4, p. 273*.

Kummer. Ueber den Vogelflug. Verh. d. schweiz. Ges. 1849. p. 59*.

Perrot. Principes d'un arme à air comprimée. C. R. XXVIII. 790*.

Muenster. One rotierende blaesemaschine. Nyt. Mag. VI. 89*.

Aëronautik.

LEBIHAN. Moyen pour diriger les aërostats. C. R. XXVII. 236*.

FERDINAND. Sur l'emploie pratique de l'aërostat. C. R. XXVIII. 291*.

VAUSSIN-CHARDAUNE. Moyen pour diriger la nacelle d'un aërostat. C. R. XXVIII. p. 673*.

E. SCHMIDT aus Jena. Gewicht und Gewichtsverhältnisse der Atmosphäre. POGG. Ann. LXXVIII. 275.

Die mehrfach unternommenen Berechnungen des Gewichtes der Atmosphäre leiden an dem Fehler, dafs man, anstatt das Gewicht derselben direkt zu berechnen, das Gewicht einer Quecksilber- oder Wassermasse berechnete, welche die Erde in einer solchen Höhe umflösse, dafs dieselbe dem Druck der Atmosphäre das Gleichgewicht hielte. Oder man substituirt diesen Flüssigkeiten eine hypothetische Flüssigkeit, welcher durch ihre ganze Masse die Dichtigkeit der Atmosphäre an der Basis, und welcher eine Höhe beigelegt wurde, die man aus dem Barometerstand berechnete. Aber alle diese Werthe stimmen nicht überein, wie folgende Betrachtung zeigt. Bezeichnet

R den Erdhalbmesser,

h die Druckhöhe einer Flüssigkeit von der Dichte gleich Eins.

γ das Gewicht einer Volumeneinheit dieser Flüssigkeit (d. i. das spec. Gewicht),

so ist

$\frac{h}{n}$ die Druckhöhe und

$n\gamma$ das spec. Gewicht einer n mal dichteren Flüssigkeit.

Ferner ist das Gewicht P der Atmosphäre, wenn man die Druckhöhe h zu Grunde legt

$$P = \tfrac{4}{3}\pi\gamma(3R^2h+3Rh^2+h^3).$$

Wenn man aber die Druckhöhe $\frac{h}{n}$ zu Grunde legt, so fällt das Gewicht P' der Atmosphäre bedeutend geringer aus, nämlich:

$$P' = \tfrac{4}{3}\pi\gamma\left(3R^2h+3R\frac{h^2}{n}+\frac{h^3}{n^2}\right),$$

indem

$$P-P' = \tfrac{4}{3}\pi\gamma\{3Rh^2(n-1)+h^3(n^2-1)\}.$$

Nach diesen fehlerhaften Principien berechnete Herr Marchand das Gewicht der Atmosphäre zu ungefähr

5 263 623 000 000 000 000 Kilogramm.

Herr Schmidt berechnet es hingegen direkt, indem er den Druck auf einen Quadratfufs mifst, und diesen Werth mit der Anzahl von Quadratfufsen multiplicirt, welche die Oberfläche der Erde enthält. Er findet mit Zugrundelegung genauer Bestimmungen einen Gesammtdruck gleich

641 688 992 000 000 000 Kilogramm.

Dieses Gesammtgewicht repartirt er auf die Hauptbestandtheile der Atmosphäre und findet, dafs sie

147 460 130 000 000 000 Sauerstoff,
493 715 511 000 000 000 Stickstoff,
513 351 000 000 000 Kohlensäure,

d. i. die obige Summe in Kilogrammen enthält.

Th. Graham. Ueber die Bewegung der Gase. Phil. Trans. for 1849. 349.

Nachdem Herr Graham schon früher (vergl. Fortschritte d. Physik 1845. 30) gezeigt hatte, dafs die Ausströmungsgeschwindigkeit, Effusion, der Gase durch Oeffnungen in dünner Wand, verschiedene Gesetze befolge, als die Geschwindigkeit, mit welcher sie sich durch poröse Substanzen hindurchpressen lassen, Transspiration; nachdem er die Gesetze der Transspiration einer theoretischen Betrachtung unterworfen hatte, wendet er sich jetzt zu einer ausführlichen experimentellen Untersuchung dieser Gesetze.

Wenn nämlich verschiedene Gase durch eine Oeffnung in dünner Wand oder durch kurze Ansatzröhren effundiren, dann ist ihnen allen das gemeinsam, dafs sie sich mit einer Geschwindigkeit proportional der Quadratwurzel aus ihrer Dichtigkeit bewegen. Prefst man aber Gase verschiedener Natur durch Röhren, welche im Verhältnifs zu ihrer Weite sehr lang sind, dann ist das Gesetz ihrer Bewegung aufserdem auch noch von der Natur desjenigen Gases abhängig, das dem Versuche unterworfen wird. Werden nun verschiedene Gase unter sonst gleichen Bedingungen durch ein und dieselbe Röhre geprefst, dann eliminiren sich die

Faktoren für die Effusion, und aus der verschiedenen Zeit, welche die resp. Gase gebrauchen um in gleichen Volumen sich durch die Röhre zu bewegen, lassen sich Schlüsse ziehen bezüglich des Einflusses den die Natur des Gases auf die Bewegung ausübt.

Die Untersuchung wurde nun in folgender Weise bewerkstelligt: Eine groſse Anzahl von Gasen wurde mit aller Sorgfalt chemisch rein dargestellt und je nach der Beschaffenheit derselben über Wasser oder einer andern Flüssigkeit gesammelt, oder auch unmittelbar aus dem Entwicklungsapparat in die weiteren Vorrichtungen übergeführt. Von dem zum Auſsammeln besonders construirten Gasometer führte eine Capillarröhre nach der Glocke einer Luftpumpe, die von Luft entleert war, oder aber dieselbe mündete in freier Luft und das Gas befand sich im Gasometer unter höherem Druck. An der Luftpumpe, oder anderseits am Manometer, waren Barometerproben angebracht, um an denselben die Aenderungen des Druckes jeden Moment beobachten zu können. Diese Aenderungen wurden in gewissen Intervallen nach Sekunden bestimmt, und die verflossene Zeit T r a n s s p i r a t i o n s z e i t genannt. Die Einheit der Transspirationszeit war entweder diejenige Zeit, welche Sauerstoff, oder diejenige, welche atmosphärische Luft gebraucht, um, durch dieselbe Röhre transspirirend, die Barometerprobe um eine gleiche Gröſse sinken zu lassen. Auſser für permanente Gase wurde die Transspirationszeit auch für Dämpfe verschiedener Flüssigkeiten bestimmt, und zwar derart, daſs dieselben gemengt mit Sauerstoff, Wasserstoff oder atmosphärischer Luft zur Transspiration kamen. Gase und Dämpfe wurden, bevor sie die Capillarhöhe erreichten, mit geeigneten Mitteln (Schwefelsäure, Chlorkalcium, Kali u. s. w.) sorgfältig getrocknet. Die Transspirationsröhren waren Capillarröhren von Glas und hatten eine Länge von 22 und weniger Fuſsen, und einen Durchmesser von $\frac{1}{15}$ und weniger Zoll, waren jedoch nicht von genau gleicher Weite durch ihre ganze Länge. Eine andere Transspirationsvorrichtung wurde dadurch dargestellt, daſs eine sehr feine Capillarröhre vor der Glasbläserlampe um die 10—12fache Länge ausgezogen und in 30 Stücke geschnitten wurde. Diese sehr dünnen Röhrchen wurden durch Gips, der mit Wachs getränkt war, zu einem Bündel vereinigt und so zu Transspirationsversuchen benutzt.

Eine Versuchsreihe hatte den Zweck, den Widerstand der Bewegung zu erforschen, den verschieden lange und weite Röhren auf die Gase bei gleichem Thermometerstand und gleicher Druckdifferenz ausüben. Eine zweite Versuchsreihe wurde angestellt, um die Transspirationszeit der verschiedenen Gase und Gemenge von Gasen und Dämpfen zu ermitteln. Eine dritte Reihe bestimmt die Transspirationszeiten der atmosphärischen Luft und anderer Gase bei verschiedenen Dichtigkeiten, und eine vierte die Transspirationszeiten bei verschiedenen Temperaturen.

Es würde unzweckmäfsig sein, hier auf die Details der Versuche weiter einzugehen, vielmehr mag es genügen, die allgemeinen Resultate anzuführen, zu denen der Herr Verf. durch die ebenso umfangreichen wie sorgfältigen Versuche gelangt.

1) Die Geschwindigkeiten mit denen verschiedene Gase sich durch Capillarröhren bewegen, stehen in einem constanten Verhältnifs zu einander, und scheinen eine besondere und fundamentale Eigenthümlichkeit des gasförmigen Aggregatzustandes der Materie darzustellen, welche der Verf. Transspirabilität nennt. Die Constanz dieser Relationen, oder der Transspirationszeit, wurde für verschiedene Gase bei Widerständen der Röhren beobachtet, die von 1—1000 variirten. Es ist Grund anzunehmen, dafs diese Relationen einfachere Verhältnisse befolgen, als die Dichtigkeiten der Gase. Besonders bemerkenswerth sind folgende Relationen:

Die Geschwindigkeit des Wasserstoffs ist genau die doppelte von der des Stickstoffes und des Kohlenoxydgases.

Die Geschwindigkeit von Stickstoff und Sauerstoff verhalten sich umgekehrt wie ihre specifischen Gewichte.

Die Geschwindigkeit des Stickoxydgases ist dieselbe, als die des Stickstoffes und des Kohlenoxyds.

Die Geschwindigkeit des Stickoxyduls und der Kohlensäure sind gleich und verhalten sich im Vergleich mit Sauerstoff direkt wie die specifischen Gewichte.

Die Geschwindigkeit des ersten Kohlenwasserstoffes (CH_2) ist gleich 0,8, wenn die des Wasserstoffes = 1 ist.

Die Geschwindigkeit des Chlors scheint die $1\frac{1}{2}$fache von der des Sauerstoffs, und die der Brom- und Schwefelsäuredämpfe dieselbe als die des Sauerstoffs zu sein.

Aetherdämpfe scheinen mit Wasserstoff gleiche Geschwindigkeit zu haben.

Oelbildendes Gas, Ammoniak- und Cyangas haben gleiche oder nahe gleiche Geschwindigkeit, welche ungefähr der doppelten des Sauerstoffs gleichkommt.

Schwefelwasserstoff- und Schwefelkohlenstoffdämpfe (CS_2) scheinen gleiche oder nahe gleiche Geschwindigkeit zu haben.

Die Methylverbindungen scheinen eine gröfsere Geschwindigkeit zu haben, als die entsprechenden Aethylverbindungen, scheinen aber in einem gewissen constanten Verhältnifs zu stehen.

2) Der Widerstand einer Capillarröhre von gleichförmigem Kaliber gegen den Durchgang eines Gases ist direkt proportional der Länge derselben.

3) Die Durchgangsgeschwindigkeit gleicher Volumina atmosphärischer Luft bei derselben Temperatur, aber bei verschiedenen Dichtigkeiten oder Elasticitäten ist direkt proportional der Dichtigkeit.

4) Verdünnung durch Temperaturerhöhung hat einen ähnlichen oder nahe gleichen Einflufs auf die Transspirationsgeschwindigkeit gleicher Volumina atmosphärischer Luft, als eine Verminderung der Dichtigkeit und Elasticität durch verminderten Druck.

5) Um das dritte der aufgeführten Resultate, das Gesetz der Dichtigkeiten, zu erhalten, wurde ein gröfserer Widerstand in der Capillarröhre bedurft, als für das erste und zweite Resultat nothwendig erschien; ein noch gröfserer Widerstand, und zwar der gröfste von allen, war nothwendig, um das vierte Resultat, das Gesetz der Temperaturen zu erzielen.

6) Eine durchgehende Bemerkung ist endlich, dafs die Transspiration gefördert wird durch die Dichtigkeit, gleichviel ob sie von einem gröfseren Druck oder einer Temperaturverminderung oder aber daher rührt, dafs ein Element durch chemische Verbindung hinzutritt. So wächst die Geschwindigkeit des Sauerstoffs durch die Verbindung mit Kohle ohne Volumenvermehrung in der Kohlensäure.

N. Bloch. Heber mit intermittirendem Ausfluſs, bestimmt zum Waschen v. Niederschlägen. Ann. d. chim. et d. ph. Mai 1849. 126.

Verf. hat zum Auswaschen von chemischen Niederschlägen eine Vorrichtung construirt, die im Wesentlichen aus folgenden Theilen besteht. Neben dem Trichter, in welchem die Niederschläge ausgewaschen werden sollen, und etwas über demselben steht eine geräumige Flasche mit dem Waschwasser. Durch den Kork derselben gehen luftdicht zwei Heberröhren, von denen die eine unter dem Wasser, die andere über demselben in der Luft mündet. Die anderen Oeffnungen beider führen in den Trichter und werden beide in eine Höhe gestellt, bis zu welcher das Wasser in dem Trichter ansteigen soll. Wird der mit dem Wasser der Flasche communicirende Heber angesogen, so füllt er den Trichter bis das Niveau die Oeffnungen beider Heber berührt. Hiernach steigt das Wasser in dem anderen mit dem Luftraume in der Flasche communicirenden Heber an, und zwar genau bis zu dem Niveau des Wassers in der Flasche. Ist das Wasser aus dem Trichter abgeflossen, bis es die Oeffnungen der Heber nicht mehr sperrt, so beginnt der Wasserheber von neuem zu flieſsen u. s. f.

Verf. fügt beide Heber concentrisch ineinander, was mir kaum einen Vortheil zu haben scheint. Einen Nachtheil gegen die gewöhnlichen Vorrichtungen finde ich darin, daſs sehr leicht Theile von der auszuwaschenden Substanz in die Flasche geschleudert werden, wenn Luft in dieselbe von der Oberfläche des Trichters austritt.

Joh. Jos. Prechtl. Untersuchungen über den Flug der Vögel. Wien 1846 bei Gerold 8. Wien. Sitzungsb. 1849. Heft 4, 273.

Es mochte unbequem sein, einen ganzen Oktavband „über den Flug der Vögel" durchzulesen, noch dazu er viele Rechnungen enthielt, daher ich in dem Jahrgange für 1846 unserer „Fortschritte der Physik" S. 83 ff. einen Auszug aus demselben vermisse. Vor mir liegt ein solcher Auszug, aus welchem ich das wesentlichste in Folgendem entnehme.

Die Schrift behandelt in zwei Hauptabtheilungen, *A*) die Naturlehre und *B*) die Mechanik des Fluges. Der erstere enthält.

1) Die Beschreibung der Organe, welche beim Fluge gebraucht werden und die Art ihrer Wirksamkeit.

2) Die äufsere Gestaltung des Vogels in Beziehung auf das Fluggeschäft.

3) Die Art, wie die Organe, welche beim Fluge der Vögel thätig sind, in den verschiedenen Flugbewegungen zusammenwirken.

Der zweite Theil enthält in zwölf Kapiteln Folgendes:

1) Untersuchungen über die Lage des Widerstandpunctes einer um eine Axe sich drehenden widerstehenden Fläche, und über das Maafs des Luftwiderstandes, auf welchen sich die Hebung des Vogels durch den Flügelschlag gründet.

2) Gleichungen über die mechanische Wirkung des Flügelschlages zur Hebung des Vogels. Diese Gleichungen enthalten alle Bedingungen des Flügelschlages, und aus denselben lassen sich das Gewicht des Vogels, die Flügelfläche, die Anzahl der Flügelschläge in 1 Sekunde, die Gröfse des Schlagwinkels, das Verhältnifs der Zeit des Rückschlages zu der des Niederschlages, die Hebung u. s. w. durch Rechnung bestimmen, deren Resultate mit den Beobachtungen übereinstimmen.

3) Mechanische Wirkung des Flügelschlages zur Vorwärtsbewegung des Vogels. Der Flügel ist so eingerichtet, dafs während des Niederschlages nur ein Theil desselben als ebene Fläche zur Hebung, ein anderer mit ersterem einen Winkel bildender Theil jedoch zur Vorwärtsbewegung wirkt.

4) Form des Flügels. Dieselbe ist mit der Beobachtung übereinstimmend, eine Parabel, deren Parameter $= \frac{l^2}{b}$, wenn l die Länge und b die gröfste Breite des Flügels bezeichnet. Diese Fläche hat die Eigenschaft, dafs der Widerstandspunct derselben in der halben Länge des Flügels liegt.

5) Specielle Nachweisungen. Es enthält dieses Kapitel die numerischen Berechnungen zur Anwendung und Bestätigung der in den vorigen Kapiteln gegebenen Gleichungen, über Hebung und Geschwindigkeit von verschiedenen Vögeln. Es wurden hierzu

Vögel gewählt, die als Repräsentanten verschiedener Flugorganismen angesehen werden können. Die Rechnungen stimmen mit den Erfahrungen zur Genüge.

6) Schwerpunct des Vogelkörpers, und Einrichtungen, welche die Natur getroffen hat, um den Vögeln beim Fluge die möglichst genaue ihrer Bewegungsrichtung parallele Richtung ihrer Längenaxe möglich zu machen.

7) Untersuchungen über das Verhältnifs des Gewichtes der Flügel zu dem des Körpers.

8) Untersuchungen über die Flügellänge.

9) Ueber das Niedersinken und Schweben beim Fluge der Vögel.

10) Einflufs der Windströmung auf den Flug und die Hebung des Vogels.

11) Bedingungen des Fluges in höheren Luftrevieren. Es wird gezeigt, dafs bei demselben Kraftaufwande die Geschwindigkeit vorwärts, in der Höhe bedeutender werde, oder für dieselbe Geschwindigkeit wie in der unteren Region ein geringerer Kraftaufwand nöthig sei; wozu übrigens der in der dünneren Region verminderte Luftwiderstand auf den Vogelkörper nichts beiträgt, da die gleiche Verminderung unter dem Flügel beim Niederschlage desselben Statt findet. Die Vögel erheben sich daher jederzeit, wenn sie eine Reise zu machen haben, so hoch in die Luft, als es sonst die Verhältnisse ihrer Flugwerkzeuge gestatten.

12) Untersuchungen über die Muskelkraft, welche die Vögel in ihren Flugbewegungen aufzuwenden haben. Die Verhältnisse für den Adler sind numerisch berechnet. Es ergiebt sich die Unstatthaftigkeit der bisherigen Meinung, nach welcher die Vögel im Fluge eine ungeheure von jener der übrigen Thiere ganz abweichende Muskelkraft auszuüben hätten.

Prof. Dr. *v. Feilitzsch.*

Kummer. Beiträge zur Theorie des Vogelflugs. Verh. d. schweiz. naturf. Ges. 1849. p. 59*.

Herr Kummer zeigt in seiner, in der Naturforscherversammlung zu Frauenfeld vorgetragenen Abhandlung, dafs die auf- und abwärts gerichtete Flügelbewegung der Thiere allein zu deren Fortbewegung ausreichend sei. Bei allen Flügeln nämlich ist der Vorderrand steifer als der Hinterrand; beim Heben des Flügels geht daher der Vorderrand höher, der Hinterrand bleibt zurück, und der Flügel bildet so eine schiefe Ebene, welche durch eine Componente des Widerstandes, den sie erleidet, den Körper vorbewegt. Umgekehrt bleibt beim Niederdrücken des Flügels der weichere Hinterrand nach oben zurück, der Flügel nimmt also eine entgegengesetzte Neigung an, und treibt dadurch den Körper wieder vor. Bei den Schmetterlingen und den übrigen Thieren, deren Flügel zusammenhängende Flächen sind, geschieht diese Neigungsänderung mit dem ganzen Flügel, bei den Vögeln mit jeder einzelnen Feder. Die Wirkung des Schwanzes der Vögel ist weniger für die Flugrichtung nach rechts und links, als für das Auf- und Abwärtsfliegen von Bedeutung, da für die erstere Richtungsveränderung die Flügel allein ausreichen. Die schnellere Bewegung eines Flügels treibt die entsprechende Körperseite vor. Zum Belege seiner Ansicht hat Herr Kummer ein kleines auf dem Wasser schwimmendes Schiff durch die auf- und abwärts gerichteten Schläge eines am Vorderrande steiferen Flügelpaares, das durch ein Uhrwerk bewegt wurde, vorwärts getrieben, und nach den Seiten gelenkt, dann aber auch einen fliegenden Automaten in Form eines Schmetterlings construirt, der ebenfalls seine Flügelbewegung durch ein Uhrwerk bewirkte.

Prof. Dr. *Beetz.*

---

10. Elasticität fester Körper.

Kupffer. Recherches expérimentales relatives à l'élasticité des métaux. Bull. de St. Pet. VII. 289*; Mém. de l'Ac. de St. Pet. VI. ser. VII. pr. pt. V. 3. p. 233*; siehe diesen Bericht IV. 91.

Clausius. Ueber die Veränderungen, welche in den bisher gebräuchlichen Formeln für das Gleichgewicht und die Bewegung elastischer fester Körper durch neuere Beobachtungen nothwendig geworden sind. Pogg. Ann. LXXVI. 46*; Münch. gel. Anz. XXIX. 889*.

Werthheim. Mémoire sur les vibrations des plaques circulaires. C. R. XXIX. 361*.

de Saint-Venant. Mémoire sur les vibrations tournantes des verges élastiques. C. R. XXVIII. 69*.

Wertheim. Note sur les vibrations tournantes des verges carrées. C. R. XXVIII. 126*

Thomson. On the elasticity and strength of spiral springs, and of bars subjected to torsion. Mech. Mag. L. 160. 207*. Canterb. a. Dublin Math. J. Nov. 1848.

Durch seine Versuche über das Verhältnifs der linearen und räumlichen Ausdehnung eines durch ein Gewicht ausgedehnten Stabes hat Wertheim sich veranlafst gesehen, in den bisher angenommenen Gleichungen für das Gleichgewicht und die Bewegung eines elastischen Körpers eine Veränderung anzubringen [1]). Er hat die neuen Gleichungen einmal hergeleitet aus Formeln [2]), die Cauchy durch Schlüsse erhalten hat, bei denen er nicht auf die Betrachtung der Molecüle zurückgegangen ist, dann aber hat er dieselben auch aus Formeln [3]) zu begründen gesucht, die Cauchy aus Betrachtung der Molecularwirkungen gefunden hat. Herr Clausius weist das Unhaltbare dieser zweiten Herleitung nach, und sucht zu zeigen, dafs die Betrachtung der Molecularkräfte für homogene Körper, deren Elasticität nach verschiedenen Richtungen dieselbe ist, stets zu den bis jetzt angenommenen Gleichungen führen mufs, auch wenn man einige Voraussetzungen, die bei ihren bisherigen Ableitungen gemacht sind, und die Bedenken erregen können, fallen läfst, sobald nur die Annahme gemacht wird, dafs die Wirkung der äufseren Kräfte, denen man den Körper unterwirft, allein in einer Verschiebung der Molecüle besteht. Jede Folgerung aus den bisher angenommenen Gleichungen also, so schliefst Herr Clausius, die durch die Beobachtungen nicht bestätigt wird, beweist die Unzuläfsigkeit dieser

[1]) Berl. Ber. 1848. S. 88*.

[2]) Exerc. de math. III. 160.

[3]) Exerc. de math. III. 188 und 213.

Annahme. Jene Versuche von Wertheim über das Verhältnifs der linearen und räumlichen Ausdehnung beweisen daher, dafs die Wirkung äufserer Kräfte auf einen Körper noch in etwas Anderem als in einer Verschiebung der Molecüle bestehen müsse; dasselbe beweist die von Weber festgestellte elastische Nachwirkung, und die früher von Wertheim gemachte Bemerkung, dafs man für den Elasticitätscoëfficienten eines Stabes fast immer einen gröfseren Werth erhält, wenn man ihn aus dem Longitudinal- oder Transversalton herleitet, als wenn man ihn durch die Dehnung bestimmt [1]). Diese letzte Thatsache hat Wertheim allerdings aus der Wärme zu erklären gesucht, die in festen Körpern, wie in der Luft, bei der Wellenbewegung abwechselnd frei und gebunden werden, und die Fortsetzung des Schalles beschleunigen mufs; Herr Clausius weist indessen das Ungenügende dieser Erklärungsweise nach, indem er zeigt, dafs, wenn man aus der Wertheimschen Annahme das Verhältnifs der specifischen Wärmen bei constantem Volumen und bei constantem Druck berechnet, man für dieses für mehrere Stoffe Werthe enthält, die ihrer Gröfse wegen in hohem Grade unwahrscheinlich sind, und für einige sogar negative Werthe, sobald man an Stelle einer von Wertheim bei dieser Berechnung benutzten Formel, $k = 1{,}8\frac{v'^2}{v^2} - 0{,}8$, die sich auf die kugelförmige Ausbreitung der Schwingungen im Innern eines festen Körpers bezieht, die Formel $k = \frac{1}{6\frac{v^2}{v'^2} - 5}$ anwendet, die für die Wellenbewegung in einem dünnen Stabe gilt. Um einzusehen, welche Wirkung die Kräfte, denen ein fester Körper unterworfen wird, aufser einer Verschiebung der Molecüle, hervorbringen können, geht Herr Clausius von der Ansicht aus, die Poisson und Laplace über den Unterschied zwischen festen und flüssigen Körpern aufgestellt haben. Nach dieser Ansicht sind in den letzteren die Theilchen im Verhältnifs zu ihren Dimensionen so weit von einander entfernt, dafs man in Bezug auf die Wirkung, die sie auf einander äufsern, ihre ganzen Massen, sowie die dazu gehörigen Quantitäten Wärmestoffs, als von ihren Schwer-

[1]) Berl. Ber. 1845. S. 86*.

puncten aus wirkend ansehen kann, und die Gestaltung der Theilchen dabei ohne Einflufs ist; dagegen sind in festen Körpern die Theilchen einander hinreichend genähert, dafs die Wirkung ihrer einzelnen Puncte auf einander in Betracht gezogen werden mufs, dafs mithin ihre Wirkung auf einander verschieden wird, je nachdem sie sich diese oder jene Flächen zukehren, auch wenn der Abstand der Schwerpuncte dabei ungeändert bleibt [1]). Hat man dieses zugegeben, so liegt es nahe, noch weiter anzunehmen, dafs wenn ein solcher Körper fremden Kräften unterworfen wird, die von verschiedenen Seiten ungleich auf ihn wirken, er also z. B. nach einer Dimension gedehnt wird, während er nach anderen Dimensionen frei bleibt oder gar zusammengedrückt wird, dann die Molecüle neben ihrer Verschiebung sich auch etwas drehen können, indem sie in Bezug auf ihre Kraftrichtungen den ungleichen Spannungen etwas folgen. Eine solche Veränderung ist in den bisherigen Formeln nicht vorgesehn, und hebt sogar deren Anwendbarkeit auf; denn indem sie eine theilweise Gleichmäfsigkeit in der Lage der Molecüle hervorbringt, entstehen für den ganzen Körper gewisse Richtungen, in denen die Anziehung stärker oder schwächer ist, als in andern, wodurch dieser die Bedingungseigenschaft verliert, in allen Richtungen gleich elastisch zu sein. Nimmt man noch dazu an, dafs die Drehung der Molecüle und ihre nachherige Rückkehr in die alte Lage nicht, wie die blofsen Verschiebungen, unmittelbar beim Eintreten und Aufhören der Kraft erfolgen, sondern einer gewissen, wenn auch bei vielen Körpern nur geringen Zeit bedürfen, so ist die elastische Nachwirkung vollständig erklärt.

Bei solchen Betrachtungen mufs es zweifelhaft erscheinen, ob die Theorie des Herrn WERTHEIM in allen Fällen der Wirklichkeit besser entsprechen wird, als die ältere, wenngleich sie die Beobachtungen genauer darstellt, durch die Herr WERTHEIM auf sie geführt worden ist. Früher hat dieser nachgewiesen, dafs in Beziehung auf die Torsionsschwingungen eines cylindrischen Stabes dieses der Fall ist [2]); er hat jetzt in Bezug auf die Töne

[1]) Journ. de l'école polyt. CXX.

[2]) Berl. Ber. 1848. S. 91.

und die Kartenlinien einer, vom Mittelpuncte aus zu Schwingungen angeregten, kreisförmigen Scheibe die beiden Theorieen mit Beobachtungen verglichen, und hat gefunden, dafs seine Theorie sich besser, wenn auch nur wenig, an die Messungen anschliefst, als die ältere.

Dagegen hat Herr DE SAINT-VENANT auf einen Fall aufmerksam gemacht, in dem die ältere Theorie eine bessere Uebereinstimmung mit den Beobachtungen gewährt, als die veränderte; es ist dieses der Fall der Torsionsschwingungen eines quadratischen Stabes, der zuerst von ihm einer strengeren theoretischen Behandlung unterworfen worden ist.

Ist ein dünner Stab von beliebigem Querschnitt durch Kräfte, die auf seine Grundflächen wirken, tordirt, so ist der Drehungswinkel ψ eines seiner Querschnitte bestimmt durch die Gleichung

$$G.\mu_1 \frac{\partial \psi}{\partial x} = M.$$

Hier bedeutet x die Entfernung des Querschnittes, auf den sich ψ bezieht, von der einen Grundfläche, M das Drehungsmoment der Kräfte, die auf eine jede Grundfläche wirken, G den von Herrn DE SAINT-VENANT sogenannten Elasticitätscoëfficienten, de glissement, μ_1 eine gewisse von der Gestalt des Querschnitts abhängige Gröfse. Diese Gleichung wird für den Fall gültig, dafs auf alle Querschnitte des Stabes tordirende Kräfte wirken, wenn man unter M die Summe der Momente der tordirenden Kräfte, von $x = 0$ bis $x = x$ genommen, versteht. Von diesem Falle kann man leicht zum Falle der Torsionsschwingungen übergehn und man findet dadurch für diese die Gleichung:

$$\frac{G}{\varrho} \frac{\mu_1}{\mu} \frac{\partial^2 \psi}{\partial x^2} = \frac{\partial^2 \psi}{\partial t^2},$$

wenn man mit ϱ die Dichtigkeit bezeichnet, mit μ den Werth des Integrals

$$\int \partial y \, \partial z (y^2 + z^2),$$

bei dem x und y die Coordinaten eines Punctes des Querschnitts in Beziehung auf den Mittelpunct desselben bedeuten, und die Integration über den ganzen Querschnitt auszudehnen ist. Nennt man also die Anzahl der Schwingungen, die bei dem tiefsten

Tone in einer Sekunde vollführt werden n', und die Länge des Stabes l, so ist

$$n' = \frac{1}{2l}\sqrt{\frac{G}{\varrho}\cdot\frac{\mu'}{\mu}}.$$

Die Schwingungszahl des tiefsten Longitudinaltones des Stabes ist bestimmt durch die Gleichung

$$n = \frac{1}{2l}\sqrt{\frac{E}{\varrho}},$$

wo E den Elasticitätscoëfficienten bedeutet; es ergiebt sich also

$$\frac{n}{n'} = \sqrt{\frac{E}{G}\cdot\frac{\mu}{\mu_1}}.$$

Nun ist $\frac{E}{G}$ nach der bisher angenommenen Theorie $= \frac{5}{2}$, nach der Theorie von WERTHEIM $= \frac{8}{3}$; ferner hat für einen quadratischen Querschnitt des Stabes Herr DE SAINT-VENANT in einer früheren Abhandlung [1]) für μ' den Werth $0{,}841 . \mu$ durch Rechnung gefunden, und ihn durch Vergleichung mit Beobachtungen von DULEAU und SAVART bewährt. Es ist also nach der älteren Theorie $\frac{n}{n'} = 1{,}724$, nach der Theorie von WERTHEIM 1,780 [2]); Beobachtungen von Herrn WERTHEIM haben für dieses Verhältnifs den Werth 1,688 im Mittel ergeben.

Um diesen Unterschied zwischen der nach seiner Theorie berechneten und der von ihm beobachteten Zahl zu erklären, nimmt Herr WERTHEIM an, dafs der von SAINT-VENANT berechnete Werth von $\frac{\mu'}{\mu}$ nicht richtig ist. Zur Unterstützung dieser Ansicht führt er an, dafs wenn man die Beobachtungen von DULEAU und SAVART, mit denen SAINT-VENANT sein Rechnungsresultat verglichen hat, in der Weise combinirt, die die richtigste zu sein scheint, und dann aus ihnen $\frac{\mu'}{\mu}$ berechnet, man Werthe hierfür erhält, die alle kleiner als 0,841 sind; aus eigenen Beobachtungen hat er $\frac{\mu'}{\mu} = 0{,}716$ gefunden. Herr WERTHEIM scheint dabei aber

[1]) Berl. Ber. 1847. S. 41.

[2]) Herr WERTHEIM giebt statt dieser Zahlen wohl in Folge eines Fehlers, die anderen 1,7758 und 1,8341 an.

nicht bemerkt zu haben, dafs wenn man bei der Berechnung des Verhältnisses $\frac{n}{n'}$ für $\frac{\mu'}{\mu}$ eine Zahl anwendet, die kleiner als 0,841 ist, man einen Werth erhält, der von dem beobachteten noch mehr abweicht, als der mit dieser Zahl berechnete.

J. Thomson. Ueber die Elasticität und Kraft von Spiralfedern und Stäben, welche einer Torsion unterworfen werden. Mech. Mag. L. p. 160 und 207*.

Herr Thomson hat das Verhalten einer schraubenförmigen Springfeder gegen Druck- und Zugkräfte einer theoretischen Untersuchung unterworfen. Er denkt sich die Axe der Feder vertical gestellt, die Enden derselben in der Axe befindlich, das obere Ende befestigt, an das untere ein Gewicht gehängt; und ermittelt, wie grofs die Senkung des untern Endes ist, die das Gewicht hervorbringt; er findet diese Senkung:

$$e = \theta \frac{l w a^2}{r^4},$$

wo w das angehängte Gewicht, l die Länge, r den Radius des aufgewundenen Drahtes, a den Radius einer Windung, θ den Torsionscoëfficienten der Substanz des Drahtes bezeichnet. Der Weg, auf dem Herr Thomson zu dieser Formel gelangt, ist entsprechend demjenigen, auf dem Jacob Bernoulli die Gestalt eines gebogenen Stabes ermittelt hat; er ist im Wesentlichen der folgende: Man denke sich den ganzen Draht, mit Ausnahme eines Elementes, dessen Länge ds sei, als starr; auf das Ende dieses Elementes wirkt das Gewicht w an dem Hebelarme a, das Element mufs daher tordirt sein; ist φ der Torsionswinkel eines variablen Querschnitts, so mufs

$$\frac{d\varphi}{ds} = \theta \frac{a w}{r^4}$$

sein. Dadurch, dafs das Element ds um $d\varphi$ tordirt ist, haben alle folgenden Elemente eine Senkung erlitten, das Ende des

Drahtes eine Senkung, die $= ad\varphi$ oder

$$= \theta \frac{a^2 w\, ds}{r^4}$$

ist; für die ganze Senkung des Endes, b, folgt mithin der oben angegebene Ausdruck. Diesen Ausdruck discutirt Herr THOMSON, und wendet ihn an, um das gröfste Gewicht zu berechnen, das die Spiralfeder tragen, und die gröfste Senkung, die sie erleiden kann, ohne dafs die Grenze der vollkommnen Elasticität überschritten wird. In einer früheren Abhandlung „on the Strength of Materials" hat er gezeigt, dafs das gröfste Drehungsmoment, welches man zur Torsion eines Drahtes vom Radius r anwenden darf, $= \mu r^3$ ist, wo μ vom Stoffe des Drahtes abhängt; daraus ergiebt sich das gröfste Gewicht W, das an die Spirale gehängt werden darf:

$$W = \frac{\mu r^3}{a}$$

und die durch dieses hervorgebrachte Senkung E:

$$E = \theta \mu \frac{a l}{r}.$$

Die Arbeit, welche die Feder leisten kann, indem sie sich zusammenzieht, nachdem man ihr die Verlängerung E ertheilt hat, also das Maximum der Arbeit, das sie zu leisten im Stande ist, ist $= \frac{1}{2} WE$, d. h. $= \frac{1}{2}\theta\mu^2 lr^2$, mithin unabhängig von den Dimensionen. Bei einem Versuche mit Eisendraht ergab sich

$$\theta = 0{,}000\,000\,059, \quad \mu = 70\,000,$$

wenn Pfund und Zoll als Einheiten des Gewichts und der Länge angenommen werden.

Schliefslich macht Herr THOMSON noch darauf aufmerksam, dafs, nach seiner Entwickelung, der kreisförmige Querschnitt des Drahtes der günstigste bei Springfedern ist.

Prof. Dr. *Kirchhoff*.

---

11. Gase und Dämpfe.

REGNAULT. Relations des expériences enterprises dans le but de determiner les principales lois physiques et les donnés numeriques qui entrent dans le calcul des machines à vapeur. Mém. de l'Acad. des sciences. XXI. 162*; Arch. d. sc. ph. et nat. X. 265. XI. 5. XIII. 5. 89*. Inst. XVII. No. 812. p. 236. No. 813. p. 245*. Siehe diesen Bericht III. 77.

J. H. ALEXANDER. On a new table of the pressure of Steam at various temperatures. SILLIM. J. 1849. VII. 361*.

H. BRUCKNER. Nouvelle formule concernant l'élasticité de la vapeur d'eau. C. R. XXIX. 92*. Bull. d. Brux. XVI. 2. 253*.

VICTOR PIERRE. Ueber das Spannkraftsmaximum der Dämpfe in der Luft. Wien. Sitzungsb. 1849. Heft. 4, p. 267, Heft 6 und 7, p. 30*.

THOMAS PROSSER. On the physics of steam. Mech. Mag. LI. 437*. from the FRANKLIN Journal.

CH. BRAME. Sur la vapeur du mercure à la temperature ordinaire. l'Inst. No. 833. p. 403*.

DOPPLER. Ueber die Mittel, die Spannkraft des Wasserdampfes der comprimirten Luft oder der erwärmten Luft durch das Gehör zu bestimmen. Wien. Sitzungsber. 1849. Heft VIII. 156*.

STEICHEN. Essais sur la théorie mathématique des machines à vapeur. Mém. de la Soc. de Liège. IV. 402*.

DUNA. Bestimmung der Temperatur und Spannung der Flüssigkeiten. Pol. Centralbl. 1849. 1395*; Rep. of Pat. Inv. June 1849. 352.

Herr ALEXANDER theilt eine Tafel der Spannkräfte des Wasserdampfes mit, die nach seiner, im vorigen Jahresberichte besprochenen Formel $e = \left(\frac{t_1}{180} + \frac{990}{1695}\right)^b$ berechnet ist. Die Tafel umfafst das Temperaturintervall von 0° F. bis 365° F. und schreitet in ihrem gröfsten Theile von 1° zu 1° FAHRENHEIT fort.

Die Formel für die Spannkräfte der Wasserdämpfe, welche Herr H. BRUCKNER der Pariser und der Brüsseler Akademie vorgelegt hat, ist noch nicht veröffentlicht. Nach dem Berichte des Herrn TIMMERMANN an die Brüsseler Akademie, soll diese Formel wesentlich auf theoretischen Betrachtungen basirt sein; sie soll sich bei allen Temperaturen den Beobachtungen, soweit deren vorhanden sind, in befriedigender Weise anschliefsen, und auch jenseits dieser Grenzen nirgends auf widersinnige Resultate führen. Dagegen soll sie auch viel complicirter sein, als die gewöhnlich angewendeten empirischen Formeln. Die Veröffentlichung dieser Formel, und ihrer Herleitung steht zu erwarten.

Bekanntlich sind vor einiger Zeit von Regnault Zweifel geäufsert worden, ob das Daltonsche Gesetz für die Spannkraft gemengter Gase auch auf ein Gemenge von Gasen und Dämpfen anwendbar sei. In der Absicht, diesen, für die Hygrometrie so wichtigen Punct aufzuhellen, hat Herr V. Pierre in Brion Versuche über die Spannkraft des gesättigten Wasserdampfes in der Luft unternommen.

Sein Apparat bestand in 2 senkrechten, communicirenden Glasröhren, an deren unterem Ende ein Quecksilbergefäfs mit beweglichem Boden (wie bei einem Gefäfsbarometer) sich befand, um das Niveau des Quecksilbers im Apparate beliebig heben und senken zu können. Die kürzere, oben geschlossene, Röhre war zur Aufnahme des Gemenges von Luft und Wasserdampf bestimmt, und besafs neben der beiden Röhren gemeinschaftlichen Längentheilung, auch eine Theilung nach dem Volumen; die längere Röhre war oben offen, und nahm die die Spannkraft messende Quecksilbersäule auf. Beide Röhren waren mit einem weiteren Glascylinder umgeben, der mit Wasser von beliebiger Temperatur gefüllt wurde.

Die Schwierigkeit der Ermittelung der wahren Temperatur des Gemenges von Luft und Dampf, verbunden mit dem Umstande, dafs die Dampfbildung im lufterfüllten Raume sehr langsam vor sich geht, so dafs der Verf. stets sehr lange warten mufste, ehe er die gehobene Quecksilbersäule messen konnte, und dafs er auch dann nicht einmal sicher war, ob der Dampf wirklich im Maximo der Spannung sich befinde, bewogen denselben, auf Beobachtungen bei höheren Temperaturen ganz zu verzichten. Seine Versuche (etwa 90 an der Zahl) beziehen sich daher sämmtich auf Temperaturen zwischen 11°,5 und 19°,2 C. Vergleichende

Versuche über die Spannkraft des Wasserdampfes im luftleeren Raume hat der Verf. nicht angestellt. Bei der Vergleichung mit den Tafeln von Dalton, August, Kämtz und Munke für die Spannkraft des Wasserdampfes im leeren Raume erscheinen die Resultate des Herrn Pierre, welche übrigens auch unter sich nicht überall in befriedigender Weise übereinstimmen, (wohl eine Folge der oben berührten Unsicherheit in der Beobachtung) in der Regel etwas geringer, als die im leeren Raume beobachteten Spannkräfte. Da indefs die Unterschiede im Allgemeinen geringer sind, als die Abweichungen der erwähnten Tafeln unter einander, so ist Herr Pierre der Meinung, dafs für mittlere Temperaturen, und namentlich zwischen 10° und 20° C., das Daltonsche Gesetz für Gemenge von Wasserdampf mit atmosphärischer Luft, wenn auch vielleicht nicht streng, doch jedenfalls so weit annähernd richtig sei, dafs man in der Hygrometrie unbesorgt davon Gebrauch machen könne.

Herr Prosser beschäftigt sich in dem citirten Artikel hauptsächlich mit der Erscheinung, dafs Hochdruckdampf, der aus einer kleinen Oeffnung ausströmt, die vorgehaltene Hand nicht verbrüht, wie Niederdruckdampf unter ähnlichen Umständen thut; deren gewöhnliche Erklärung er gänzlich verwirft. Bei der weiteren Erörterung des Gegenstandes, werden indefs keinerlei neue Thatsachen beigebracht. Der Verf. weist vielmehr durch eine kleine Rechnung aus Regnaults Angaben über die latente Wärme und aus den gewöhnlichen Tafeln für die Dichte der Wasserdämpfe nach, dafs der Dampf, wenn er ausgedehnt wird ohne Wärme an die Umgebung zu verlieren, nicht Dampf im Maximo der Spannung bleibt, sondern eine merklich höhere Temperatur annimmt, als gesättigtem Dampfe von derselben Dichte zukommt; dafs er also in dem Zustande sich befindet, in welchem man den Dampf in der Technik gewöhnlich „überhitzt", oder in England „trocken" („dry") nennt. Er schliefst dann ferner, dafs auch der aus einer kleinen Oeffnung in die Luft strömende Hochdruckdampf in Folge der Ausdehnung überhitzt, also „trocken" sei, und dafs man daher seine Hitze aus demselben Grunde nicht spüre, aus welchem man die Hand ungestraft in trockne heiſse Luft halten könne.

Hieran reiht der Verf. einige aphoristische Notizen über das electrische Verhalten des Dampfes, und Ansichten über die Ursache der Explosionen der Dampfkessel, welche nichts Wichtiges enthalten.

Herr BRAME hat gefunden, daſs Schwefel, namentlich im fein vertheilten Zustande („atricules de soufre", Schwefelblumen?) ein weit empfindlicheres Mittel zur Erkennung von Quecksilberdämpfen sei, als die von FARADAY benutzten Goldblättchen. Mittelst derselben hat er bei 12° C. in einer Höhe von 1 Meter und mehr über der Oberfläche von Quecksilber die Anwesenheit von Dämpfen dieses Metalles deutlich wahrgenommen; im Abstande von einigen Centimetern über dem Quecksilber waren selbst bei —8° Dämpfe zu erkennen. Herr BRAME glaubt überhaupt nicht, daſs es eine Temperatur gebe, bei der die Dampfbildung aus Quecksilber absolut aufhöre.

Eben so gelang es Herrn BRAME mit dem gedachten Reagens die Verdampfung des Quecksilbers aus Amalgamen, so wie aus grauer Quecksilbersalbe bei niedrigen Temperaturen nachzuweisen, während Goldblättchen, die über diesen Körpern aufgehängt sind, keine wahrnehmbaren Spuren von Quecksilber angeben.

Auch Jod soll sich als empfindliches Reagens auf Quecksilberdämpfe erweisen.

Herr DOPPLER schlägt vor, die Wasserdämpfe durch eine Sirene ausströmen zu lassen, und aus der Höhe des entstehenden Tones die Spannkraft derselben zu bestimmen. Er hat dabei wohl zunächst die Herstellung einer Sicherheitsvorrichtung für Dampfkessel, welche den Maschinisten warnen soll, demnächst aber auch wissenschaftliche Versuche über die Spannkraft der Dämpfe im Auge.

Durch Versuche sind diese Vorschläge nicht unterstützt.

Dr. *W. Brix.*

---

12. Absorption.

---

13. Eudiometrie.

C. Brunner. Beitrag zur Eudiometrie. Mitth. d. nat. Ges. in Bern 1847. No. 102. p. 121*.

Dogère. Sur les absorptions et combustions eudiométriques. C. R. XXIX. 600*.

H. A. Schlagintweit. Untersuchungen über den Kohlensäuregehalt der Atmosphäre. Pogg. Ann. LXXVI. 442*; Erdm. u. March. LI. 106*.

---

14. Veränderungen des Aggregatzustandes.

a. Gefrieren.

Despretz. Note sur le protoxyde d'azote liquide et l'alcool. C. R. XXVIII. 143*; Pharm. Centralbl. 1849. p. 230*; Inst. No. 791. p. 67*.

Herr Despretz hat Versuche mit flüssigem Stickstoffoxyd angestellt, die ihn zu ähnlichen Resultaten geführt haben, als frühere Beobachter. Er fand, dafs dieser Körper sowohl in eine nicht erhitzte als auch in eine rothglühende Schaale getröpfelt, in den sogenannten sphäroïdalen Zustand übergeht, und dafs, wenn die so eingeleitete langsame Verdunstung dadurch beschleunigt wird, dafs das sphäroïdale Stickstoffoxyd unter die Luftpumpe gebracht wird, es in eine weifse, schneeähnliche Masse verwandelt wird.

Eine geringe Menge Alkohol, welche in einem Glasröhrchen in ein Gefäfs mit Stickstoffoxydul getaucht wurde und welche mit diesem in einem Apparat eingeschlossen war, der aus zwei concentrischen, durch eine Mischung von fester Kohlensäure und

Aether getrennten Cylindern bestand, wurde, nachdem das Ganze unter die Luftpumpe gebracht worden war, nicht in ihrer ganzen Masse, wohl aber an der Oberfläche fest, was daraus hervorging, dafs sie beim Neigen des Gefäfses nicht augenblicklich, sondern erst nach einigen Minuten dem Einflusse der Schwere unterlag.

Prof. Dr. *W. Heintz.*

---

b. Schmelzen.

c. Sieden.

Regnault. Sur les températures d'ébullition de l'acide carbonique, et du protoxyde d'azote sous la pression ordinaire de l'atmosphère et sur les coëfficients de dilatation dans les basses températures de l'air atmosphérique, sous différentes pressions et de l'hydrogène. Ann. d. ch. et d. ph. XXVI. 257*; C. R. XXVIII. 325*; Inst. No. 793, 81*; Pogg. Ann. LXXVII. 99*. Erdm. u. March. XLVII. 188.

Foy, Bussy u. Hurant. Bericht über Herrn Baroques Abhandlung, die Verflüchtigung der fixen Salze mit dem Wasserdampf und einige davon zu machende technische Anwendungen betreffend. Dingl. pol. J. CXI. 48*; Journ. d. Pharm. Nov. 1848. S. 345.

Boutigny. Sur quelques faits relatifs à l'état sphéroïdal des corps. Épreuve du feu. Homme incombustible. C. R. XXVIII. 593*; Phil. Mag. XXXV. 60*; Dingl. pol. J. CXII. 356*. Ann. d. ch. et d. ph. XXVII. 54*; Fror. Not. XI. 167*; Pharm. Centralbl. XX. 558. 910*. Sill. Am. J. VIII. 431*. Lieb. u. Woehl. LXXI. 295*; James. N. E. J. XLVIII. 104*.

Perrey. Communication relative aux expériences de M. Boutigny. C. R. XXVIII. 741*; Dingl. pol. J. CXIII. 77*.

Boutigny. Sur l'incombustibilité des tissus vivants. C. R. XXIX. 471*.

Plücker. Ueber das Boutignysche Phänomen. Pogg. Ann. LXXVIII. 421*.

Groshans. Bemerkungen über die entsprechenden Temperaturen, Sied- und Gefrierpunkte der Körper. Pogg. Ann. LXXVIII. 112*.

Taborié. Sur un appareil destiné à indiquer la richesse alcoolique des vins. C. R. XXVIII. 18*. (Siehe Abschn. I. 5. dieses Berichts).

Herr Regnault [1]) hat die Temperatur, welche an der Luft verdunstende feste Kohlensäure erzeugt, mittelst eines Luftthermometers zu bestimmen gesucht. Der erste Versuch ergab

[1]) Ann. d. Ch. et d. Ph. XXVI. p. 257*.

eine Temperatur von —77°,92, und die folgenden wichen nur unbedeutend davon ab. Sie führten zu den Zahlen —77°,75 und —78°,16. In einer Mischung von Kohlensäure und Aether nahm das Thermometer eine Temperatur von —78°,26 an.

Ferner hat derselbe die Bestimmung des Kochpuncts des flüssigen Stickstoffoxyduls zum Gegenstand seiner Forschungen gemacht. Bei gleichem Druck zeigte sich derselbe vollkommen constant. Herr Regnault fand bei der Annahme, dafs der Ausdehnungscoëfficient der Gase, selbst bei den niedrigsten Temperaturen, gleich 0,003665 sei, bei Anwendung eines bei gewöhnlichem Druck der Atmosphäre mit Luft gefüllten Thermometers —87°,904, bei Anwendung eines mit stark comprimirter Luft gefüllten —88°,15, endlich bei Anwendung eines mit Wasserstoffgas gefüllten —87°,47 als Kochpunct dieser Flüssigkeit.

Herr Larocque [1]) hat eine Abhandlung über die Verflüchtigung fixer Salze in Wasserdämpfe bekannt gemacht, aus der jedoch die Physik keinen Nutzen zu ziehen vermag. Nur durch Erfindung einer neuen Methode getüpfelte Tapeten zu fabriciren, hat er die freilich schon längst bekannte Beobachtung zu verwerthen gewufst, dafs beim Sieden von Lösungen stets ein kleiner Antheil selbst nichtflüchtiger Salze verloren geht. Ob dieser Verlust aber durch Verflüchtigung oder allein durch Verspritzen Statt findet, darüber erhält man durch seine Arbeit keinen Aufschlufs.

Prof. Dr. *W. Heintz.*

Boutigny. Ueber den Sphäroïdalzustand der Körper und die momentane Unverbrennlichkeit organischer Gewebe [2]).

Die Frage, ob es möglich sei, dafs Theile des menschlichen Körpers in feurig flüssigem Metalle sich unversehrt erhalten können, wurde von Boutigny durch das Experiment bestätigt. Demselben zufolge geht die Flüssigkeit, welche das organische Gewebe

[1]) Dingl. p. J. Bd. CXI. S. 48.

[2]) Compt. rend. XXVIII. 593. und XXIX. 471.

schon enthält oder womit man dasselbe vorher benetzt hat, in den sphäroïdalen Zustand über. In diesem Zustande sind die einzelnen flüssigen Kugeln von äufserst zarten festen Hüllen umgeben, welche die Wärmestrahlen reflectiren und daher verhindern, dafs die Temperatur derselben die des Siedepuncts erreicht. Benetzt man daher den Finger mit Alkohol oder Aether, so ist, da namentlich letzterer einen sehr niedrigen Siedepunct hat, die Temperatur des in das schmelzende Metall eingetauchten Fingers ganz erträglich, wogegen die strahlende Wärme dem nicht eingetauchten Theile äufserst unangenehm wird. Dafs die äufsere Schicht der im sphäroïdalen Zustand befindlichen Körper wirklich verschieden ist von ihrem Innern, beweist Boutigny dadurch, dafs er ihnen ganz leichte Körper, z. B. Kohlenpulver zusetzt. Dieses schwimmt im Innern der Kugel herum, bis es, an die äufsere Schicht angelangt, plötzlich stille steht und aller ferneren Bewegung ermangelt. Diese interessanten Versuche Boutigny's wurden später von Plücker [1]) wiederholt, welcher unter Anderm bemerkte, dafs ein lederner Handschuh, den er von Innen stark benetzt und um einen Holzstab gezogen hatte, eine Minute lang in geschmolzenem Eisen blieb, ohne auch nur im mindesten verändert zu werden. Perrey [2]) sah sogar, dafs ein Arbeiter über zwei mit flüssigem Eisen angefüllte Rinnen hinwegsprang, so dafs jedesmal das ganze Körpergewicht auf dem eingetauchten Fufse lastete. Die Spuren des Fufses waren 15 Minuten nachher durch ihre schwarzbraune Farbe von der übrigen noch rothglühenden Metallmasse deutlich zu unterscheiden.

J. A. Groshans. Bemerkungen über die entsprechenden Temperaturen, die Sied- und Gefrierpuncte der Körper [3]).

Wenn die Spannung des Wasserdampfs (die bei $0^m,76 = 1$) gleich p, die Dichte desselben $= d$, (die bei 100^0 C. und $0^m,76 = 1$) irgend eine Temperatur t und der Ausdehnungscoëfficient c

[1]) Pogg. Ann. LXXVIII. S. 421.
[2]) Compt. rend. XXVIII. S. 741.
[3]) Pogg. Ann. LXXVIII. S. 112.

ist, so ist

$$p = d\frac{1+ct}{1+c.100}.$$

Wenn für irgend einen andern Körper die dem t entsprechende Temperatur $= T$, und der Siedepunct $= E$ ist, so ist ebenfalls

$$p = d\frac{1+ct}{1+cE}.$$

Da bei entsprechenden Temperaturen p denselben Werth in beiden Formeln hat, so ist auch d in beiden gleich. Es ist daher

$$\frac{1+ct}{1+c.100} = \frac{1+cT}{1+cE},$$

woraus sich ergiebt:

$$(1.) \quad T = \frac{(1+cE)(1+ct)}{(1+c.100)c} - \frac{1}{c},$$

$$(2.) \quad t = \frac{(1+c.100)(1+cT)}{(1+cE)c} - \frac{1}{c},$$

$$(3.) \quad E = \frac{(1+c.100)(1+cT)}{(1+ct)c} - \frac{1}{c}.$$

Diese drei letzten Formeln dienen dazu, entweder bei bekanntem Siedepuncte zweier Körper alle entsprechenden Temperaturen, oder auch umgekehrt aus bekannten entsprechenden Temperaturen den Siedepunct zu berechnen. So z. B. siedet die flüssige Kohlensäure nach Regnault bei $-78°$ C. Die dem Nullpuncte der Kohlensäure entsprechende Temperatur des Wassers berechnet Groshans aus der Formel (2.) zu $+249°$ C., welche Temperatur einem Drucke von 35 bis 40 Atmosphären entspricht, eine Berechnung, welche allerdings mit der Beobachtung sehr gut übereinstimmt.

Die Gefrierpuncte verschiedener Körper berechnet Groshans aus Formel (1.), indem er $t = 0$ setzte. Manche dieser Berechnungen stimmen mit den Beobachtungen ziemlich nahe überein, daher diese eine dem Wasser gleiche Spannung bei den entsprechenden Siedepuncten haben.

An diese Betrachtungen reiht sich eine andere ähnliche, welche denselben Zusammenhang zwischen dem Atomgewicht, dem Siedepuncte und der Dampfdichte verschiedener Körper herzustellen sucht. Da sie einen dem vorigen ganz ähnlichen Gang innehält, so beschränke ich mich hier darauf, sie blofs erwähnt zu haben.

Dr. *P. Kremers.*

---

15. Hygrometrie.

G. Lefèbvre. Hygromètrie. Ann. d. ch. et d. ph. XXV. 110*; Pogg. Ann. LXXVII. 152*.

T. Hopkins. On the means of computing the quantity of vapour contained in a vertical columne of the atmosphere. Inst. 1849. No. 826, p. 351*; Athen. 1849. No. 1143, p. 961.

Das von V. Regnault verbesserte [1]) Daniell'sche Hygrometer ist von Herrn Lefèbvre geprüft worden, indem er die Angaben desselben mit denen zweier chemischen (Absorptions-) Hygrometer verglich. Die Bestimmungen des Wassergehaltes nach den beiden Klassen von Instrumenten zeigen in den am meisten abweichenden Beobachtungen nur Differenzen von etwa $\frac{1}{10}$ des vorhandenen Wasserdampfes, wogegen die nach den Beobachtungen an einem gewöhnlichen Daniell'schen Hygrometer so abweichende Resultate gaben, dafs Herr Lefèbvre von der Benutzung dieses Instrumentes zur genauen Entwicklung des hygrometrischen Zustandes der Luft absteht. Der Moment des Erscheinens des Thaues am Metalle des Condensationshygrometers beim Erkalten giebt genauere Werthe als der Moment des Verschwindens des Thaues beim Erwärmen; allein jener Moment ist schwieriger zu beobachten. Herr Lefèbvre bringt zur Erleichterung der Beobachtung hinter dem Instrumente einen hellgrauen Hintergrund an, wodurch dem Silber, auf welchem die Thauablagerung zu beobachten ist, eine bei allen Witterungszuständen gleichbleibende Färbung ertheilt wird.

[1]) Berl. Ber. I. 136*.

Herr Hopkins bemerkt, dafs man eine zu grofse Menge des Wasserdampfes in einer verticalen Luftsäule berechnet, wenn man von der an der Erdoberfläche beobachteten Spannkraft des Wasserdampfes ausgeht. Die Dampfdichtigkeit nehme von der Erdoberfläche an schneller ab, als nach dem Gesetze des Druckes einer Wasserdampfatmosphäre zu berechnen wäre, indem die Lufttheilchen den Dampftheilchen bei ihrer Verbreitung nach oben ein Hindernifs entgegensetzten.

Die in einer verticalen Luftsäule enthaltene Gewichtsmenge Dampf aus den Hygrometerangaben an der Erdoberfläche zu berechnen, würde freilich sehr unsicher sein, aber der Fehler könnte auch im entgegengesetzten Sinne als Herr Hopkins bemerkt, ausfallen, da sowohl durch Verdunstung an der Erdoberfläche die Feuchtigkeit von unten her, als durch südliche Winde die in den oberen Theil der Atmosphäre einfallen, die Feuchtigkeit von oben her zunehmen kann.

Prof. Dr. G. *Karsten.*

Zweiter Abschnitt.

Akustik.

1. Theorie.

Stokes. On some points in the received theory of sound. Phil. Mag. XXXIV. 52*.

Challis. Continuation of researches in the mathematical theory of aërial vibrations. Phil. Mag. XXXIV. 38*.

Moon. On a difficulty suggested by professor Challis in the theory of sound. Phil. Mag. XXXIV. 136*.

Stokes. On the theory of sound. In reply to professor Challis. Phil. Mag. XXXIV. 203.

Challis. On the theoretical value of the velocity of sound, in reply to Mr. Stokes. Phil. Mag. XXXIV. 284*.

— — On the theory of sound. Phil. Mag. XXXIV. 348*.

— — Determination of the velocity of sound on the principles of hydrodynamics. Phil. Mag. XXXIV. 353*.

Airy. On the difficulty in the theory of sound. Phil. Mag. XXXIV. 401*.

Challis. On spherical waves in an elastic fluid. Phil. Mag. XXXIV. 449*.

— — On the veys of the astronomer royal. Phil. Mag. XXXV. 241.

Vorstehend ist die Literatur des Streites gegeben, den Herr Challis über die theoretische Bestimmung der Schallgeschwindigkeit angeregt hatte. Es kommen in diesen Aufsätzen keine neuen Gründe und Gegengründe zur Sprache, aufser denen, welche schon in dem vorjährigen Berichte über diesen Gegenstand besprochen worden sind. Der Streit wird auf eine unfruchtbare Weise nur dadurch verlängert, dafs Prof. Challis streng die veralteten Regeln des Disputirens festhaltend, viele Weitläuftigkeiten hervorruft, und dabei den Sinn von keinem einzigen Argumente seiner Gegner versteht. Ich halte es deshalb für unnöthig, weiter über den Verlauf des Streites zu berichten, den übrigens auch beide streitende Theile abgebrochen haben.

Zu erwähnen ist nur die numerische Bestimmung der Schallgeschwindigkeit, welche CHALLIS für seine Schallstrahlen (ray-vibrations) giebt, und zwar an zwei Stellen, Phil. Mag. XXXIV. p. 98 und 364. Diese Art der Luftbewegung wird durch ein besonderes particuläres Integral der aërodynamischen Gleichungen ausgedrückt, und kann der Anschauung am besten zugänglich gemacht werden, wenn man ein System ebener Wellen um eine beliebig durch dasselbe gezogene grade Linie als Axe gedreht denkt, und alle die Wellensysteme, welche durch die verschiedenen Lagen des gedrehten Systems gegeben sind, als gleichzeitig vorhanden annimmt. In der Axe findet dann eine Wellenbewegung Statt, wobei sich die Lufttheilchen nur in der Richtung der Axe verschieben, und die einzelnen Wellenphasen sich mit gröſserer Geschwindigkeit fortpflanzen als in ebenen Wellen, und zwar ist die Fortpflanzung desto schneller, je gröſser der Winkel ist, den die Drehungsaxe mit den Normalen der elementaren ebenen Wellen bildet. Rings um die Axe findet nicht blos ihr parallel, sondern auch senkrecht gegen sie gerichtet, eine Bewegung der Lufttheilchen Statt, doch giebt es eine Anzahl von concentrischen Cylinderflächen, in denen, wie in der Axe, die Bewegung dieser nur parallel ist. Diese Cylinderflächen haben nicht überall gleiche Abstände von einander, wohl aber werden ihre Abstände in unendlich groſser Entfernung von der Axe einer Constanten gleich, welche CHALLIS auf Seite 94 mit Δ bezeichnet. Nun stellt er die Behauptung auf, daſs Δ der halben Wellenlänge längs der Hauptaxe gleich sei, ohne Gründe dafür anzuführen. Es entspricht dieser Fall der Annahme, daſs die Drehungsaxe mit der Normale auf den elementaren ebenen Wellen einen Winkel von 32°, 29′ bilde, und die Rechnung ergiebt dann die Fortpflanzungsgeschwindigkeit zu 1086 engl. Fuſs, während die Beobachtungen 1089 ergeben, was allerdings sehr viel näher stimmt, als es die theoretisch berechnete Geschwindigkeit der ebenen Wellen thut, wenn man die Erwärmung der Luft durch Druck vernachläſsigt. Die Betrachtung der besprochenen Bewegungsart, als eines Systemes ebener Wellen, gegen welche Challis allerdings protestirt, weil er überhaupt die Möglichkeit ebener Wellen nicht zugeben will, zeigt gleich, dafs gar kein Grund vorhanden ist, einen Winkel bei der Zusammensetzung besonders hervorzuheben, und dafs dieselbe mit jedem beliebigen Winkel möglich sein mufs. Ebenso wenig ist dem Berichterstatter gelungen, aus der Betrachtung der Differentialgleichungen, welche Challis zu Grunde legt, einen solchen einzelnen Werth der betreffenden Constanten herzuleiten, sondern dieser Werth bleibt vollkommen willkürlich. Daher ist jene Bestimmung der Schallgeschwindigkeit auch willkürlich, und ihre Uebereinstimmung mit dem Versuch nur zufällig.

Challis hatte aus den exacten aërodynamischen Gleichungen nachgewiesen, dafs wenn a die Fortpflanzungsgeschwindigkeit des Schalles ist, und v die Geschwindigkeit, mit der sich die Lufttheilchen in einer bestimmten Wellenphase bewegen, die Wellenphase mit der Geschwindigkeit $a+v$ vorrückt. Daraus folgt, dafs die Phasen mit negativem v einer Welle, schliefslich von denen mit positivem v der nachfolgenden eingeholt und endlich überholt werden müfsten. Weil an einem und demselben Orte in der Luft nicht gleichzeitig verschiedene Wellenphasen mit verschiedenem Druck und verschiedener Geschwindigkeit Statt finden können, schlofs Challis weiter, dafs ein solches Ueberholen der Wellen und also auch überhaupt ebene Wellen nicht möglich seien. (Siehe den vorjährigen Bericht.) Stokes erinnerte dagegen, dafs die hydrodynamischen Gleichungen die Voraussetzung continuirlich in einander übergehender Gröfsen des Drucks und der Geschwindigkeit machten, aber nicht mehr pafsten, wo plötzliche Sprünge dieser Gröfsen Statt fänden, ein solcher Sprung trete aber ein, wo eine Wellenphase die andere einholte. Alle Integrale dieser Gleichungen hätten also auch nur Gültigkeit bis zu diesem Augenblicke und nicht weiter. Er verglich das Eintreten dieses Falls mit einer brandenden Wasserwelle. Letzteren Vergleich führt Airy in dem oben angeführten Aufsatze noch weiter durch, indem er auf die Aehnlichkeit der Gleichungen für die Luftbewegung mit denen aufmerksam macht, welche er für die Wellenbewegung in einem Kanal von endlicher Tiefe in der Encyclopaedia Metropolitana Art. Tides and Waves entwickelt hat. Auch die letzteren führen zu einem kritischen Zustande der Bewegung, auf den die hydrodynamischen Gleichungen nicht mehr anwendbar sind, und der sich in der Wirklichkeit durch das Branden der Wellen äufsert. Ebenso wenig, wie aus der analytischen Schwierigkeit folge, dafs in einem Flusse nicht geradlinige Wogen vorkommen könnten, dürfe man aus ihr mit Challis die Unmöglichkeit ebener Luftwellen schliefsen. Airy fügt noch die Meinung hinzu, dafs diese Brandung der Luftwellen dem Klange des Zischens, oder des S, vielleicht auch des R entspräche. Er beruft sich darauf, dafs das S nicht durch das Echo zurückgegeben werde, ebenso wenig wie brandende Wasserwogen als solche von einer geraden Wand reflectirt würden, und zweitens darauf, dafs zischende Geräusche sich längs der Oberfläche gebogener Mauern (whispering galleries) in auffallender Stärke fortpflanzten, was bei anderen regelmäfsig reflectirten Tönen nicht der Fall sei. Ebenso sehe man auch brandende Wellen weite Strecken an Mauern hinlaufen, unter Umständen, wo regelmäfsige Wellen reflectirt würden. In seiner Entgegnung auf diese Bemerkungen wiederholt Challis nur seine früheren Behauptungen über die Unmöglichkeit ebener Wellen, und führt als Gegengrund gegen die Veränderung in der Form der Schallwellen bei ihrer Fortpflanzung an, dafs nach Biots Versuchen Worte durch Röhren von 3120 Fufs Länge deutlich gehört werden können. So lange wir indessen nichts Bestimmtes über die Gröfse der Excursionen der Lufttheilchen bei den Schallschwingungen wissen, können wir auch nicht beurtheilen, ob die Aenderungen der Schallwellenform grofs genug sind, um bemerkt zu werden.

In einer Note von R. Moon aus den Verhandlungen der Cambridge Philosophical Society werden die Einwürfe von Challis gegen die bekannte Art, den gröfseren Werth der beobachteten Schallgeschwindigkeit im Vergleiche zur berechneten durch die Wärmeentwicklung zu erklären, beseitigt. In der aërodynamischen Gleichung, welche man mit Berücksichtigung der Temperaturänderung in der bekannten Weise erhält, kommt als Summand ein Glied vor, welches mit dieser Temperaturänderung multiplicirt ist; dessen übrige Factoren aber von derselben Ordnung sind, wie die übrigen Summanden der Gleichung; an diesem Gliede hatte Challis Anstofs genommen, weil es in der gewöhnlichen Behandlung der Gleichung nicht berücksichtigt würde. Moon erinnert daran, dafs bei verschwindend kleinen Schwingungen, die Temperaturänderung selbst verschwindend klein sei, und also das besprochene Glied, so lange es sich nur um die erste Annäherung handele, gegen die übrigen zu vernachlässigen sei, wie es bisher schon immer geschehen ist.

Prof. Dr. *Helmholtz.*

Doppler. Ueber ein Mittel, die Brechung der Schallstrahlen experimentell nachzuweisen und numerisch zu bestimmen. Wien. Sitzungsb. 1849. Mai 322*.

Wertheim. Mémoire sur la propagation du mouvement dans les corps solides et dans les liquides. C. R. XXIX. 697*.

— — Note sur la vitesse du son dans les verges élastiques. C. R. XXIX. 700*; Ann. d. chim. et d. ph. XXXI. 36*; Krön. Journ. I. 275*.

de Katow. Mémoire relatif au mouvement des cordes en vibration. C. R. XXIX. 15*. (Titel).

Wertheim. Sur les vibrations des plaques circulaires. C. R. XXIX. 361*; Inst. No. 822. p. 314*.

Svanberg. Att finna absoluta antalet af gifva toners vibrationer. Öfvers Ak. Förh. 1849. 99*; Pogg. Ann. LXXXII. 127*.

Vincent. Acoustique. — Traveaux de Scheibler. — Théorie des battements. Application à l'accord de l'orgue et des autres instruments. Ann. d. chim. et d. ph. XXVI. 37*.

Herr Doppler schlägt vor, das Phänomen der Brechung an den Oberflächen verschiedener Media, und die Gröfse des Brechungsverhältnisses beim Schall durch Beobachtung der totalen Reflexion zu bestimmen. In der That kann man aus dem Einfallswinkel, wo die totale Reflexion anfängt, das Brechungsverhältnifs berechnen. Abgesehen von den experimentellen Schwierigkeiten der vorgeschlagenen Methoden, scheint eine theoretische Verwechslung dabei Statt zu finden. Herr Doppler setzt voraus, totale Reflexion beim Uebergang aus Wasser oder festen Körpern in Luft zu finden, wie es beim Lichte der Fall ist. Bei diesem haben allerdings die dichteren Körper das stärkere Brechungsverhältnifs, aber nur deshalb, weil in ihnen die Geschwindigkeit des Lichts die geringere ist. Beim Schall ist es umgekehrt. Bei der wesentlichen Verknüpfung, welche zwischen dem Brechungsverhältnifs und den respectiven Fortpflanzungsgeschwindigkeiten besteht, müssen wir totale Reflexion des Schalls vielmehr beim Uebergang aus Luft auf Wasser oder feste Körper erwarten. Herr Doppler deutet gewisse Beobachtungen, die bei der Messung der Schallgeschwindigkeit im Genfer See gemacht wurden, als totale Reflexion, indessen sind hier so viele andere Erklärungen möglich, dafs darauf kein Schlufs zu gründen ist.

Prof. Dr. *Helmholtz.*

G. Wertheim. Ueber die Fortpflanzung der Bewegung in festen und flüssigen Körpern. C R. XXIX. 697*.

Herr Wertheim hat den Versuch gemacht, aus seiner Theorie der Elasticität, die von Savart entdeckte und bisher nicht genügend erklärte Erscheinung zu erklären, dafs ein Stab, wenn er in longitudinale Schwingungen versetzt ist, zuweilen die tiefere Octave des Longttudinaltones hören läfst. Dieser Ton rührt von transversalen Schwingungen her, wie es schon von Savart ausgesprochen ist, und wie es Herr Wertheim direkt bewiesen hat, indem er eine Spitze an das Ende des Stabes befestigte, und diese ihre Bewegungen auf eine berufste Platte zeichnen liefs. Dafs diese Transversalschwingungen die tiefere Octave des Longitudinaltones geben, meint Herr Wertheim folgendermafsen erklären zu können: Aus den Grundgleichungen der Theorie der Elasticität folgt, dafs eine Erschütterung, die in einem unbegrenzten Körper erregt ist, im Allgemeinen zwei Wellen hervorbringt, von denen die eine longitudinal, die andere transversal ist, und die mit verschiedenen Geschwindigkeiten sich fortpflanzen; das Verhältnifs ihrer Geschwindigkeiten ist nach der bisher angenommenen Theorie $\sqrt{3}:1$, nach der Wertheimschen $2:1$. Herr Wertheim nimmt nun an, dafs dasselbe auch in Beziehung auf eine Erschütterung gelte, die in einem dünnen Stabe erregt ist, und schliefst daraus, dafs der Stab Transversalschwingungen vollführen kann, die nach seiner Theorie halb so schnell als die Longitudinalschwingungen sind, die also die tiefere Octave des Longitudinaltones geben müssen. Diese Transversalschwingungen sollen aber nicht solche sein, wie sie in dem Stabe mit Hülfe eines Violinbogens hervorgebracht werden können, denn Herr Wertheim spricht von gewöhnlichen Transversalschwingungen im Gegensatze zu jenen; die gewöhnlichen Transversalschwingungen konnte Herr Wertheim auch nicht im Sinne haben, denn das Gesetz, nach dem diese sich richten, ist, wie bekannt, ein anderes. Da er nun über die Art, wie er sich diese aufsergewöhnlichen Transversalschwingungen denkt, nichts angiebt, so kann man über die Zulässigkeit der Annahme, dafs sie existiren und dafs sie sich halb so schnell als die Longitudinalschwingungen fortpflanzen, nicht urtheilen; man kann aber auch nicht zugeben, dafs durch diese Annahme das Auftreten jener tieferen Octave dem Verständnifs näher gerückt sei.

Herr Wertheim hat eine solche tiefere Octave auch zuweilen bei einer Wassersäule, die in Schwingungen gesetzt wurde, wahrgenommen. Er will diese Erscheinung ebenfalls durch die besprochene Annahme erklärt haben, da er früher bewiesen zu haben glaubt, dafs Flüssigkeiten bei Schwingungen sich wie feste Körper verhalten; dafs auch diese Behauptung nicht auf einer sicheren Grundlage beruht, hat Helmholtz nachgewiesen [1]).

G. Wertheim. Ueber die Geschwindigkeit des Schalles in elastischen Stäben. Ann. d. chim. et d. ph. XXXI. 36*.

In seiner Note sur la vitesse du son dans les verges nimmt Herr Wertheim die früher von ihm aufgestellte und von Clausius angegriffene Hypothese zurück, dafs bei einem longitudinal schwingenden Stabe die erregte Wärme die beobachtete Beschleunigung des Schalles hervorbringe. Er hat gefunden, dafs bei einer grofsen Zahl von Stoffen die in Stäben beobachtete Schallgeschwindigkeit nahezu übereinstimmt mit derjenigen, welche man aus dem durch Dehnung bestimmten Elasticitätscoëfficienten für eine unbegrenzte

[1]) Berl. Ber. 1848. S. 114*.

Platte oder eine „lame élastique" durch Rechnung aus seiner Theorie findet, wenn man die von CAUCHY entwickelten Formeln benutzt. Herr WERTHEIM schliefst daraus: „Donc, pour faire disparaître tout le désaccord entre le calcul et l'expérience, il suffirait d'admettre que les verges sur lesquelles nous pouvons opérer doivent déjà être considérées comme des lames élastiques." Es mufs indessen hierbei bemerkt werden, dafs CAUCHY „une lame" definirt als einen Theil einer unendlichen Platte, der von den übrigen Theilen derselben nicht getrennt gedacht werden darf [1]). Die Annahme des Herrn WERTHEIM kommt demzufolge auf die hinaus, dafs die Stäbe, mit denen wir Versuche anstellen können, schon als Platten, die in der Richtung der Breite unbegrenzt sind, angesehen werden müssen.

Prof. Dr. *Kirchhoff*.

G. WERTHEIM. Ueber die Schwingungen kreisförmiger Platten. C. R. XXIX. 361*.

Die Veränderungen in den Formeln von POISSON für das Gleichgewicht elastischer Scheiben, welche Herr KIRCHHOFF (s. diesen Bericht IV. p. 93) vorgenommen hat, gaben Herrn WERTHEIM Veranlassung, die Uebereinstimmung der alten, wie der neuen Formeln mit der Erfahrung zu vergleichen, da von Herrn KIRCHHOFF selbst noch keine experimentelle Bestimmungen veröffentlicht waren. Die Versuche wurden mit sieben Platten von verschiedener Gröfse, von Eisen, Messing oder Glas angestellt, und führten zu folgenden Ergebnissen.

1) Wenn der Rand der Platte frei ist, so stimmen die neuen Formeln besser mit den Versuchen, als die alten. Sie geben die Radien der Knotenkreise und die Elasticitätscoëfficienten, welche man mittels des Grundtones berechnet, und das Verhältnifs des letzteren zu den übrigen Tönen derselben Platte, genauer. Indefs ist diese Uebereinstimmung nicht vollständig; es bleiben kleine constante Differenzen, welche durch die Vernachläfsigung von Gröfsen in der Rechnung entstanden zu sein scheinen, welche

[1]) Exercices de Mathématiques. III. p. 245*.

nicht vernachläfsigt werden dürfen, wie das Gewicht der Platte, das Quadrat und die höheren Potenzen der Dicke, die Gröfse des kleinen Loches, welches man in der Mitte anbringen mufs, um den Bogen durchzuführen, u. s. w.

2) Platten von kleinem Durchmesser geben im Allgemeinen genauere Resultate als grofse. Man kann sich also dieses Processes zur Bestimmung des Elasticitätscoëfficienten der Krystalle, wenigstens derer, welche zum regulären Systeme gehören, bedienen.

3) Ist die Platte am ganzen Umfange eingeklemmt, so gelingt der Versuch nicht; aber die Rechnung zeigt, dafs in Folge dieser Einklemmung der Grundton gerade um eine Sekunde steigen mufs, der zweite fast um einen halben Ton, der dritte um ein Comma, und dafs die Veränderung bei den folgenden Tönen unmerklich wird.

4) Wird nur eine gewisse Anzahl von Puncten des Umfanges befestigt, so erhält man Figuren und Töne, welche den Uebergang von der freien zur eingeklemmten Platte bilden.

Prof. Dr. *Beetz*.

Vincent. Theorie der Stöfse. Anwendung derselben auf das Stimmen der Orgel und anderer Instrumente. Ann. d. chim. et d. phys., troisième série, Mai 1849. Tome XXVI. p. 43.

Ueber Stöfse und Combinationstöne erschienen von Scheibler eine Reihe von Schriften und von mir zwei Abhandlungen in Pogg. Ann. Bd. 32, 1834 und Dove's Repertorium der Physik, Bd. 3, 1839. Vincent, der durch musikalische Studien zu diesem Gegenstande geführt wurde, und sich mit demselben mit lebhaftem für die Wissenschaft förderlichen Interesse beschäftigte, hat die sämmtlichen Schriften Scheiblers, aber auffallender Weise weder die Abhandlung in den in der physikalischen Welt so bekannten Pogg. Ann., noch in Dove's Repertorium gelesen. Er bedauert, dafs die französischen Physiker von den Arbeiten Scheiblers zu wenig Notiz genommen, und nicht versucht haben, die

Dunkelheiten wissenschaftlich aufzuhellen. In der angeführten Abhandlung giebt er nun selbst eine Theorie der Stöfse und eine ausführliche Darstellung der Scheiblerschen Stimmmethode, ohne jedoch in der theoretischen Entwicklung auf die Stöfse einzugehen, welche von mehr als 2 Tönen erzeugt werden, noch bei der Stimmmethode des nicht unwichtigen Hülfsmittels der Stöfse der Dreiklänge zu erwähnen.

Was die Theorie der Stöfse betrifft, so weit sie in den erwähnten beiden Abhandlungen, in Pogg. Ann. und Dove's Repertorium niedergelegt ist, so mufs ich mich, dem verstorbenen Scheibler gegenüber, als deren Urheber bekennen, und die Unvollkommenheiten derselben auf mich nehmen. Scheiblers Aufgabe war weniger die Ausbildung der physikalischen Theorie, aber es kann die Anerkennung dessen, was er für die Akustik gethan, nur erhöhen, wenn man bedenkt, dafs er durch unermüdete Ausdauer und ingeniöse Ueberwindung der sich entgegenstellenden vielfachen Schwierigkeiten, unter Benutzung der sich darbietenden empirischen Gesetze der Stöfse, nicht allein seinen ursprünglichen Zweck, genau zu stimmen, man kann sagen, mit einer idealischen Vollkommenheit erreichte, sondern nebenbei die absoluten Schwingungszahlen der Töne genauer bestimmte, als es bis heute irgend einem Anderen gelungen ist.

In unserm Bericht über die Arbeit von Vincent haben wir uns auf seine Theorie der Stöfse zu beschränken, indem seine Mittheilung über die Stimmmethode aufser der gelehrten Form der Darstellung nichts liefert, was nicht in den erwähnten Abhandlungen und in den Scheiblerschen Schriften enthalten ist, oder sich aus dem Gegebenen leicht ableiten läfst.

Die Theorie Vincent's läfst sich in folgende drei Abschnitte bringen:

I. „Jeder Stofs ist ein coup de force, welcher Statt „findet im Moment des Maximums der Verdichtung „der resultirenden Welle, das ist in dem Moment, „in welchem die verdichtenden erzeugenden Wellen zusammentreffen. Jeder Stofs entspricht „einer ganzen, aus einer Verdichtung und Verdünnung bestehenden Schwingung (pulsation)."

II. „Lehrsatz: Ist $m:n$ das irreductible Verhältnifs „zweier Schwingungszahlen, welche eine gewisse „Consonanz bilden, so mufs man, um in einer ge- „gebenen Zeit einen Stofs zu erhalten, für jedes „Intervall gleich dieser Zeit die Schwingungen „des ersten Tons um $\frac{1}{n}$ oder die des zweiten Tones „um $\frac{1}{m}$ Schwingungen erhöhen oder erniedrigen."

a) Es sei zunächst $n = 1$ (also $m > n$), k die Anzahl der Schwingungen des tieferen Tons in einer gewissen Zeiteinheit, also km die Anzahl der Schwingungen des höheren Tones in derselben Zeit, so wird eine Erhöhung oder Vertiefung des höheren Tones um 1 Schwingung, so dafs derselbe $k \pm 1$ Schwingungen erhält, alle früheren Coincidenzen aufser der ersten zerstören, und man wird keine andere Coincidenz haben, als die letzte. Es ist klar, dafs diese Coincidenz in der gegebenen Zeit einen Stofs hervorbringt.

b) Sei wiederum $n = 1$, aber der tiefere Ton so zu verändern, dafs in der gegebenen Zeit ein Stofs erfolge. Alsdann mufs man die Schwingungszahl $km \pm 1$ auf km zurückführen, und in demselben Verhältnifs k verändern.

Nun ist

$$\frac{km \pm 1}{k} = \frac{km}{k} \cdot \frac{km \pm 1}{km} = \frac{km}{k}\left(1 \pm \frac{1}{km}\right)$$

$$= \frac{km}{k\left(\frac{1}{1 \pm \frac{1}{km}}\right)} = \frac{km}{k\left(1 \mp \frac{1}{km} + \frac{1}{k^2m^2} \mp \frac{1}{k^3m^3} + \cdots\right)}$$

$$= \frac{km}{k \mp \frac{1}{m} + \frac{1}{km^2}\left(1 \mp \frac{1}{km} + \frac{1}{k^2m^2} \mp \cdots\right)},$$

oder, indem man im Nenner den sehr kleinen Bruch $\frac{1}{km^2}$ multiplicirt mit der eingeschlossenen Reihe vernachlässigt.

$$\frac{km \pm 1}{k} = \frac{km}{k \mp \frac{1}{m}}.$$

c) $m:n$ sei ein beliebiges Consonanzverhältnifs. Man denke sich den Bruch $\frac{m}{n}$ durch einen Kettenbruch ausgedrückt, und $\frac{m'}{n'}$ sei der letzte Näherungswerth desselben. Ersetzen wir die km und kn Schwingungen, welche in einer gegebenen Zeit geschehen, durch $km+m'$ und $kn+n'$ Schwingungen, welche in derselben Zeit geschehen sollen, so werden alle früheren Coincidenzen, welche die Consonanz $\frac{m}{n}$ bildeten, zerstört, und durch eine einzige Coincidenz am Ende der gegebenen Zeit ersetzt sein, welche einen Stofs bildet. Es ist nun noch übrig, das Verhältnifs $\frac{km+m'}{kn+n'}$ so zu reduciren, dafs blofs einer der beiden Töne geändert wird. Soll der Ton kn ungeändert bleiben, so hat man

$$\frac{km+m'}{kn+n'} = \frac{km+m'}{kn}\cdot\frac{kn}{kn+n'} = \frac{km+m'}{kn}\cdot\frac{1}{1+\frac{n'}{kn}}$$

$$= \frac{km+m'}{kn}\left(1-\frac{n'}{kn}+\frac{n'^2}{k^2n^2}-\frac{n'^3}{k^3n^3}+\cdots\right)$$

$$= \frac{1}{kn}\left[km+\frac{1}{n}(nm'-mn')-\frac{n'}{kn^2}(nm'-mn')+\frac{n'^2}{k^2n^3}(nm'-mn')-\cdots\right]$$

$$= \frac{1}{kn}\left[km+\frac{1}{n}(nm'-mn')\left(1-\frac{n'}{kn}+\frac{n'^2}{k^2n^2}-\frac{n'^3}{k^3n^3}+\cdots\right)\right],$$

oder, da nach der Theorie der Kettenbrüche, weil $\frac{m'}{n'}$ und $\frac{m}{n}$ zwei auf einander folgende Näherungswerthe sind, $nm'-mn' = \pm 1$,

$$\frac{km+m'}{kn+n'} = \frac{1}{km}\left[km\pm\frac{1}{n}\left(1-\frac{n'}{kn}+\frac{n'^2}{k^2n^2}-\frac{n'^3}{k^3n^3}+\cdots\right)\right],$$

oder, mit Vernachläfsigung von $\frac{n'}{kn}$ und seiner höheren Potenzen gegen 1,

$$\frac{km+m'}{kn+n'} = \frac{km\pm\frac{1}{n}}{kn+n'}.$$

Aus dem so bewiesenen Lehrsatz folgert Vincent, dafs man die Anzahl der Stöfse, welche zwei sehr nahe in dem Verhältnifs einer Consonanz stehenden Töne mit einander bilden, erhält, wenn man die Verhältnifszahl des Tones, welchen man als genau ansehen will, mit der Anzahl der Schwingungen, um welche der andere Ton zu hoch oder zu tief ist, multiplicirt.

Algebraisch würden wir diesen Satz so ausdrücken: Sind m und n relative Primzahlen, so geben die Töne kn und $km + \alpha \ldots n\alpha$ Stöfse.

III. „Wenn man die Zahlen $km + \alpha$ und kn auf die gewöhnliche Weise behandelt, um den gröfsten gemeinschaftlichen Factor derselben zu finden, „oder ihr Verhältnifs durch einen Kettenbruch „auszudrücken, so erhält man $n\alpha$ als Rest, während der entsprechende Divisor beinahe k ist."

Es seien nämlich die letzten Näherungswerthe des Kettenbruchs $\frac{m''}{n''}$, $\frac{m'}{n'}$ und $\frac{m}{n}$. Ist q der letzte Quotient, so ist nach der Theorie der Kettenbrüche

$$\frac{m}{n} = \frac{m'q + n''}{n'q + n''}.$$

Man erhält aber den genauen Werth des Bruchs $\frac{km + \alpha}{k}$, wenn man zu q den Rest, dividirt durch den letzten Divisor, hinzufügt. Ist daher r der Rest und d der letzte Divisor, so ist

$$\frac{km + \alpha}{kn} = \frac{m'\left(q + \frac{r}{d}\right) + m''}{n'\left(q + \frac{r}{d}\right) + n''} = \frac{m + \frac{m'r}{d}}{n + \frac{n'r}{d}} = \frac{md + m'r}{nd + n'r}$$

$$= \frac{m\left(d + \frac{n'r}{n}\right) + \left(m' - \frac{mn'}{n}\right)r}{n\left(d + \frac{n'r}{n}\right)},$$

mithin, da $m' - \frac{mn'}{n} = \frac{nm' - mn'}{n} = \pm \frac{1}{n}$,

$$\frac{km + \alpha}{kn} = \frac{m\left(d + \frac{n'r}{n}\right) \pm \frac{r}{n}}{n\left(d + \frac{n'r}{n}\right)},$$

woraus folgt:

$$k = d + \frac{n'r}{n},$$

und

$$a = \pm\frac{r}{n}, \text{ oder } r = \pm na.$$

Hierin findet Vincent den Grund, dafs die Berechnung der Stöfse durch Combinationstöne, da sie zu derselben Operation führt, wie die Aufsuchung des gröfsten gemeinschaftlichen Mafses der beiden Schwingungszahlen, ein richtiges Resultat liefert, obgleich die Erzeugung der Stöfse durch Combinationstöne gänzlich falsch sei.

Es ist nicht zu läugnen, dafs die so eben mitgetheilte Entwickelung Vincent's eben so geschickt als glücklich zu nennen ist. Indefs glauben wir einige Bemerkungen über dieselbe nicht unterdrücken zu dürfen.

Was zunächst die Erklärung eines Stofses betrifft, so ist es nicht immer richtig, dafs der Stofs in dem Moment Statt findet, in welchem die Maxima der Verdichtungen der beiden erzeugenden Wellenzüge zusammentreffen. In den beiden mehr erwähnten Abhandlungen habe ich versucht, die physikalische Natur des Stofses, welcher von zwei nahe im Einklang befindlichen Tönen hervorgebracht wird, zu erläutern. Zwar bezieht sich die beigegebene graphische Darstellung auf den speciellen Fall, dafs während eines jeden Stofses die Maxima der Verdichtungen der erzeugenden Wellenzüge zusammenfallen. Aber die allgemeine Erklärung, Dove's Rep. Bd. III. p. 30, gilt unverändert für jeden andern Fall. Aus dieser Erklärung ersieht man, dafs der Stofs nicht der Effect eines Moments ist, sondern in der Zunahme und Abnahme des Zusammenwirkens der beiden Wellenzüge besteht. Das Maximum des Stofses aber fällt allgemein mit dem Zusammentreffen zweier homologen Puncte der beiden erzeugenden Wellenzüge zusammen, während in den allerseltensten Fällen, ja, man kann sagen, der Wahrscheinlichkeit nach nie zwei Verdichtungsmaxima der beiden erzeugenden Töne zusammentreffen. Nehmen wir an, die beiden Töne seien von gleicher Intensität a, und ihre Schwingungszahlen verhalten sich zu einander wie $n : n+1$, so dafs, wenn t die Zeit ist, sie sich durch $a\cos(\alpha+2n\pi t)$ und $a\cos(\beta+2(n+1)\pi t)$ ausdrücken lassen, so dafs die combinirte Wirkung

$$a\cos(\alpha+2n\pi t)+a\cos(\beta+2(n+1)\pi t)$$
$$=2a\cos(\tfrac{1}{2}(\alpha+\beta)+2.\tfrac{1}{2}(2n+1)\pi t)\cos(\tfrac{1}{2}(\beta-\alpha)+\pi t).$$

Dieser Ausdruck $2a\cos(\frac{1}{2}(\beta-\alpha)+\pi t).\cos(\frac{1}{2}(\alpha+\beta)+2.\frac{1}{2}(2n+1)\pi t)$ repräsentirt einen Ton von $\frac{1}{2}(2n+1)$ oder $n+\frac{1}{2}$ Schwingungen, dessen veränderliche Intensität, abgesehen vom Vorzeichen, $2a\cos(\frac{1}{2}(\beta-\alpha)+\pi t)$ ist. Ist $t=\frac{\frac{1}{2}(\alpha-\beta)}{\pi}$, so ist $2a\cos(\frac{1}{2}(\beta-\alpha)+\pi t)=2a$, und es findet ein Maximum des Tones von $n+\frac{1}{2}$ Schwingungen Statt. Von da an nimmt der Ton stetig ab, seine Intensität ist bei $t=\frac{\frac{1}{2}(\alpha-\beta)}{\pi}+\frac{1}{2}$ Null, nimmt dann wieder stetig zu bis $t=\frac{\frac{1}{2}(\alpha+\beta)}{\pi}+1$, wo $2a\cos(\frac{1}{2}(\beta-\alpha)+\pi t)=-2a$, also die Intensität $2a$ ist, und ein zweites Maximum Statt findet, das sich so oft wiederholt, als die Zeit um eine Einheit zunimmt. Dieser veränderliche Ton von $n+\frac{1}{2}$ Schwingungen ist der Stofs. Hat, um ein Beispiel anzuführen, der eine Ton in der Zeiteinheit $300\frac{3}{4}$ und der andere $301\frac{3}{4}$ Schwingungen, und treffen zu Anfang der Zeit die Maxima zweier Verdichtungen zusammen, so wird am Ende der ersten Zeiteinheit das Maximum des Stofses zu einer Zeit erfolgen, wo weder zwei Maxima der Verdichtung noch der Verdünnung zusammenfallen, sondern wo die Verdichtung und Verdünnung von jedem der erzeugenden Töne Null ist. Am Ende der zweiten Zeiteinheit hat der eine Ton $601\frac{1}{2}$ und der andere Ton $603\frac{1}{2}$ Schwingungen gemacht, und es fällt das Maximum des Stofses mit dem Zusammentreffen zweier Verdünnungsmaxima zusammen.

Hierdurch glaube ich die physikalische Natur des Stofses für den Fall zweier nahe im Einklang befindlichen erzeugenden Töne vollständig erklärt zu haben. Es würde die Grenzen eines Berichtes überschreiten, wenn ich meine Ansicht über das Wesen des Stofses in den andern Fällen entwickeln wollte, wozu ich jedoch in Bälde in einem wissenschaftlichen Journal Mufse und Gelegenheit zu finden hoffe.

Indem Vincent das unter II. angegebene Gesetz aufstellt, führt er, p. 43, an, dafs Scheibler dasselbe nicht angegeben habe, und auf eine empirische Art anwende, indem er instinctmäfsig einem sehr dunkeln Gange folge. Da Scheibler kein Algebraist war, so ist es wohl natürlich, dafs er den algebraischen Ausdruck für die Anzahl der Stöfse nicht aufnahm, was auch wohl wenig verschlägt gegenüber der Angabe einer einfachen Rechnungsweise von wenigen Subtractionen, die noch dazu auf solche Fälle anwendbar ist, welche Vincent mit keinem Worte berührt, nämlich auf das Zusammenklingen von mehr als 2 Tönen. Hätte sich indefs Vincent die Mühe gegeben, die deutschen Schriften über die Fortschritte der Physik anzusehen, so würde er in dem mehrerwähnten Bande von Dove's Repertorium, p. 44 die Angabe gefunden haben, dafs „die Töne pm und $qm+\alpha$, wenn m und n „relative Primzahlen sind, $n\alpha$ Stöfse geben." Ich habe zu Anfang des Berichts erklärt, dafs ich die Unvollkommenheiten der in den erwähnten Abhandlungen entwickelten Theorie der Stöfse auf mich nehme, und gerne würde ich mich dem Vorwurf der Empirie und des Instincts unterziehen. Gegen den Vorwurf der Dunkelheit aber müfste ich protestiren. Mit vollständigem Bewufstsein, dafs die Berechnung der Anzahl der Stöfse durch Combinationstöne nur eine empirische Regel sei, habe ich, Dove's Repertorium III. p. 38, gesagt: „Allerdings darf die „Erklärung der Stöfse aus dem Zusammentreffen der „Combinationstöne bis dahin keineswegcs als der Aus„druck des eigentlichen physikalischen Vorgangs bei „der Bildung der Stöfse, sondern, streng genommen, „nur als bequeme Bezeichnung einer Regel zur Be„rechnung der Stöfse betrachtet werden." Ob diese Regel das Corollar eines physikalischen Vorganges ist oder nicht, wird eine vollständige Kenntnifs des letzteren zeigen.

Vincent's Theorie der Stöfse bekümmert sich eigentlich nicht um den vollständigen physikalischen Vorgang bei der Erzeugung der Stöfse. Sie hebt aus demselben nur solche Momente heraus, welche hinreichen, das Gesetz der Anzahl der Stöfse zu bestimmen. So geschickt Vincent dies gemacht hat, so ist ihm merkwürdiger Weise das Gesetz unter den Händen entwischt. Er findet nur ein angenähertes Gesetz, aber ein angenähertes Gesetz ist kein Naturgesetz. Die Gesetze der Natur sind in allen Fällen genau richtig. Statt die ganz genaue Zahl $\left(km \pm \frac{1}{n}\right)$ von Schwingungen, die, wie Empirie und Instinct gelehrt haben, ein Ton machen mufs, um mit einem Ton von kn Schwingungen 1 Stofs zu machen, findet er $km \pm \frac{1}{n}\left[1 - \frac{n'}{kn} + \left(\frac{n'}{kn}\right)^2 - \ldots\right]$, wofür er angenähert $km \pm \frac{1}{n}$ setzt. Indessen läfst sich das richtige Gesetz ohne die künstlichere Rechnung VINCENT's leicht finden. Es handelt sich nämlich darum, zu finden, um wieviel in II, c, der eine der beiden Töne $km + m'$ und $kn + n'$ zu hoch oder zu tief ist, wenn der andere als genau angenommen wird.

Nun ist

$$\frac{m}{n} = \frac{km + \frac{mn'}{n}}{kn + n'} = \frac{km + m'}{kn + \frac{nm'}{m}}.$$

Wenn also der Ton, welcher der Verhältnifszahl n entspricht, als genau angenommen wird, so ist die Abweichung des andern Tones

$$km + m' - \left(km + \frac{mn'}{n}\right) = \frac{nm' - mn'}{n} = \pm\frac{1}{n},$$

und wenn der Ton, welcher der Verhältnifszahl m entspricht, als genau angesehen werden soll, so ist die Abweichung des anderen Tones

$$kn + n' - \left(kn + \frac{nm'}{m}\right) = \frac{mn' - nm'}{m} = \pm\frac{1}{m}.$$

Somit hätten wir eine genaue Ableitung des Gesetzes über die Anzahl der Stöfse, welche von zwei Tönen hervorgebracht werden, aber nur für den, der Wahrscheinlichkeit nach nie eintretenden Fall, dafs während eines Stofses eine ganze Anzahl von Schwingungen der beiden Töne erfolgt, und zwei Verdichtungsmaxima der Wellenzüge zusammenfallen.

Prof. *Roeber.*

Svanberg. Die absolute Anzahl der Schwingungen gegebener Töne zu finden. Öfvers af. K. Vetensk Ac. Förh. 1849. p. 99.

Die Methode, welche Herr Svanberg zur Auffindung absoluter Schwingungszahlen angiebt, fällt der Hauptsache nach mit der von Scheibler bei der Stimmung seiner Apparate angewandten zusammen. Zwei Saiten eines Monochords, deren Schwingungszahlen $= x$ und $= y$ sind, geben in einer Secunde a Schwingungen mit einander, so dafs man hat

$$x - y = a.$$

Verkürzt man die längere Saite, bis sie mit der kürzeren im Einklange tönt, um m Scalentheile des Monochords, welcher in 100 Theile getheilt sein mag, so hat man aufserdem

$$x : y = 100 : 100 - m,$$

woraus

$$x = \frac{100 \,.\, a}{m}.$$

Am sichersten ist der Versuch auszuführen, wenn man zwei nicht sehr verschieden tönende Stimmgabeln hat, mit denen man dann die Saiten in den Einklang stimmt, weil die Zahl a wegen des längeren Tönens der Gabeln durch längere Beobachtung genauer gefunden werden kann.

Prof. Dr. *Beetz.*

2. Akustische Phänomene.

Martins. Intensité du son dans l'air rarifié. Inst. No. 793. p. 86*.

Fizeau. Effets acoustiques et optiques lors d'un mouvement rapide. Inst. No. 784. p. 11*.

Antoine. Résonnance multiple et phénomènes optiques produits par les corps vibrants. Théorie de l'archet. Ann. d. chim. et d. ph. XXVII. 191*.

Sainte Preuve. Communications télégraphiques par voie de transmission acoustique. Inst. No. 823. p. 322*.

de la Rive. Mouvements vibratoires qu'éprouvent les corps magnétiques et les corps non magnétiques sous l'influence des courants électriques extérieurs et transmis. Ann. d. chim. et d. ph. XXVI. 158*; Phil. Mag. XXXV. 422*.

Martins. Intensität des Schalls in verdünnter Luft. Inst. No. 793. p. 86.

Entsprechend den Ergebnissen, welche Schallversuche in verdünnter Luft im Kleinen liefern, hatten die Herrn Bravais und Martins bei der Bestimmung der Schallgeschwindigkeit auf dem Gipfel des Faulhorns gefunden, dafs die Intensität des Schalles bei der gröfseren Höhe weit geringer war, als am Fufse des Berges. Man mufste, um ungefähr gleiche Schallstärke zu erhalten, einen Mörser unten mit 75, oben mit 90 Gran Pulver laden. Die Angaben anderer Beobachter über die Schallstärke auf hohen Bergen sind sehr widersprechend. Fellowes behauptet, seine Führer auf dem Mont Blanc hätten nicht dahin kommen können den Kuhreigen zu singen, weil sie sich gegenseitig nicht verstehen konnten; während Herr Lepileur auf 15 bis 20 Schritt das Geräusch hörte, das Herr Martins durch Klopfen mit einem hölzernen Bleistift am metallenen Läufer des Barometers erzeugte. Genauere Versuche wurden von den beiden letztgenannten Physikern mit Stimmgabeln angestellt, welche auf Resonanzkasten standen, und 512 Schwingungen in der Secunde gaben. Da die Versuche bei ruhiger Luft gemacht wurden, so wurde auf den Einflufs der Luftbewegung nicht Rücksicht genommen. Der erste Versuch bei Saint-Cheron (Seine-et-Oise, Höhe = 150^{m}) gab als Grenze des Hörens 254^{m}, Barom. = $744{,}3^{mm}$. Am selben Orte gab ein zweiter Versuch des Abends 379^{m}, Barom. = 744,7, obgleich zu beiden Zeiten die Stille durch Insectensummen, Vogelgeschrei etc. höchst unvollkommen war. Die Beobachtung entspricht also der anderer Naturforscher, über das deutlichere Hören bei Nacht, namentlich A. v. Humboldt's am Orinoco. Der dritte Versuch wurde von Bravais und Martins auf der westlichen Gräte des Faulhorns angestellt, Höhe 2620^{m}, Barom. = 558,5. Die Grenze des Hörens war bei 650^{m}. Den vierten Versuch endlich stellten dieselben Beobachter auf der grofsen Platte des Mont Blanc an, Höhe 3910^{m}, Barom. = 477,88. Die Hörgrenze war bei 337^{m}. Auf 0^{0} und 760^{mm} Barometerstand reducirt, würden diese vier Versuche folgende Grenze des Hörens liefern: 354, 379, 55,0, 337^{m}. Herr Martins rechnet zu den

Umständen, welche den meisten Einfluſs auf diese Ergebnisse gehabt haben, und welche zum Theil die Wirkung der Luftverdünnung zu compensiren scheinen, vor Allem die groſse Stille, welche selbst auf dem Mont Blanc den Schall weiter hören lieſs, als man ihn bei Tage in der Ebene wahrnahm und fügt noch einige Beispiele aus bekannten Beobachtungen zur Stütze seiner Meinung hinzu.

Fizeau. Akustische und optische Erscheinungen bei schneller Bewegung. Inst. No. 784. p. 11.

Die Mittheilungen des Herrn Fizeau, über die Wirkung der Bewegung eines tönenden Körpers auf die Tonhöhe enthalten nach einer allgemeinen Beschreibung der Erscheinung eine Berechnung der Geschwindigkeit, welche die Schallquelle haben muſs, um die Tonhöhe um ein Comma, einen halben oder ganzen Ton etc. zu verändern. Dann folgt die Beschreibung eines Apparates zur Veranschaulichung dieser Erscheinung. Ein Rad trägt auf seiner Peripherie einen elastischen Körper, welcher bei der Umdrehung des Rades gegen die nach innen gerichtete Zahnung eines zweiten, feststehenden Rades schlägt. Die Töne ändern sich hier mit der Richtung der Drehung.

Zuletzt wendet Herr Fizeau die Betrachtung der Tonveränderung auf die der Farbenänderung bei schneller Bewegung einer Lichtquelle an. Hier muſs sich bei Annäherung der Lichtquelle die Farbe dem Violett, bei ihrer Entfernung dem Roth nähern, der Strahl muſs also, auf ein prismatisches Bild bezogen, verschoben erscheinen. Die Verwirklichung dieses Gedankens bei Anwendung himmlischer Geschwindigkeiten hält Herr Fizeau für nicht unmöglich, erwähnt aber dabei gar nicht der Vorstellung, welche Herr Doppler schon vor nunmehr 10 Jahren über das farbige Licht der Doppelsterne ausgesprochen hat.

Antoine. Ueber Nebentöne und optische Erscheinungen an schwingenden Saiten. Theorie des Bogens. Ann. d. chim. et d. ph. XXVII. p. 191.

Nach einem geschichtlichen Ueberblick über die älteren Beobachtungen, welche das Wesen der Nebentöne kennen gelehrt haben, geht Herr Antoine zu eigenen Wahrnehmungen über. Er findet die Angabe von Wallis, daſs man auf einem Knotenpunct einer Saite mit dem Bogen streichend nur ein unangenehmes Gekreisch erhalte, das mit der Zahl der Knoten weniger unangenehm wird, nicht ganz genau. Man erhält vielmehr bei einer gewissen Bogengeschwindigkeit einen reinen hohen Ton, und kann auf diese Weise die ungeraden Stufen der harmonischen Oberreihe darstellen. Aehnlich erhält man die geraden Töne, wenn man in einer passenden Entfernung von den Knoten, die man bilden will, mit dem Bogen streicht. Herr Antoine wendet sich weiter zur Versinnlichung der allgemein angenommenen Theorie der Nebentöne für das Auge. Ein an einem Ende fester Stab, der seinen Grundton schwingt, erscheint dem Auge als eine, von den beiden äuſsersten Stellungen begränzte Fläche, deren Gränzlinien stärker gezeichnet sind, weil in ihnen momentane Ruhe und Umkehr eintritt. Wird der Stab dabei parallel mit sich selbst fortbewegt, so sieht man in gleichen Abständen dunkle Parallellinien durch die Deckung der Bilder entstehen. Auf gleiche Weise läſst sich die Gestalt von Stäben und Saiten, welche mit mehren Schwingungsarten tönen, sichtbar machen, so daſs man z. B. bald zwei, bald vier Bilder der Saite in den bekannten Stellungen sieht, wenn man bald den Grundton, bald die Octave durch richtiges Streichen mit dem Bogen tönen läſst. Der Verf. unterwirft darauf die Ansichten Duhamel's über das Wesen der Nebentöne einer Kritik, und erklärt sich mit denselben, als den weniger naturgemäſsen, nicht einverstanden. Leider sind ihm dabei die Bemerkungen, welche Seebeck im Repertorium, Bd. VI. p. 17 über diese Arbeiten gemacht hat, nicht bekannt gewesen.

In Bezug auf die Theorie des Bogens schlieſst sich Herr Antoine auch nicht den Ansichten Duhamel's an, welcher dessen Thätigkeit als einen constanten Druck, und nicht als eine Aufeinanderfolge einzelner Anstöfse betrachtet wissen will. Die Haare des Bogens (besser ein einziges, oder eine mit Colophonium eingeriebene Darmsaite) machen dabei transversale Schwingungen, die man durch einen umgehängten Fadenring sichtbar machen kann. Die Mitwirkung dieser Schwingungen bei der Tonerzeugung bleibt noch fraglich.

Sainte Preuve. Telegraphische Mittheilung durch Schallleitung. Inst. XVII. No. 823. p. 322.

Ein Vorschlag, die Schallfortpflanzung durch das Wasser des Canal la Manche zur Telegraphie zu benutzen, in grofsen Städten ebenso die Schallfortpflanzung in den Gasröhren.

---

de la Rive. Ueber die Schwingungsbewegungen, welche magnetische und nicht magnetische Körper unter dem Einflusse umgebender und durchlaufender electrischer Ströme erfahren. Ann. d. chim. et d. phys. XXVI. 158.

Herr de la Rive hat seine Versuche über die durch galvanische Ströme erzeugten Schwingungsbewegungen in Folge der im vorigen Jahrgange dieses Berichts besprochenen Arbeit des Herrn Wertheim wieder aufgenommen. Die Ansicht dieses Physikers ging dahin: die Töne seien nicht einem absonderlichen Einflusse des Stromes zuzuschreiben, sondern der mechanischen Wirkung, welche derselbe auf die Theile des tönenden Körpers ausübe, und welche durch andere Kräfte eben so gut ausgeübt werden könne. Das trockene Geräusch jedoch, welches man beim Eintritte des Stromes in einen Eisenstab hört, und einige ähnliche Erscheinungen wufste Herr Wertheim noch nicht zu erklären.

Herr de la Rive giebt hingegen zu, bei seinen früheren Untersuchungen zu viel Gewicht auf das Wesen der gehörten Töne gelegt zu haben, und setzt sich jetzt vielmehr vor, der Grunderscheinung näher nachzuforschen, d. h. den Schwingungen, welche die Theilchen in Folge der electrischen Ströme um ihre Gleichgewichtslage machen.

In Betreff der Wirkung des Stromes auf magnetische Körper wird zuerst auf den früheren Versuch aufmerksam gemacht, nach welchem Eisenfeiltheilchen, welche auf einem Blech liegend in das Innere einer electrischen Spirale gebracht werden, das Bestreben zeigen, sich der Axe der Spirale parallel in Linien oder Pyramiden zu ordnen, so dafs, wenn man in einem Eisenstabe einen ähnlichen Vorgang annimmt, die Theilchen desselben durch die Unterbrechungen und Schliefsungen des Stromes in eine mit demselben isochrone Longitudinalschwingung gerathen. Beim weichen Eisen ist diese Erscheinung mehr ausgesprochen, als beim gehärteten oder beim Stahl. Ein Strom, welcher mit Unterbrechungen durch den Eisendraht selbst geht, bringt dagegen an den Theilchen eine seitliche Verschiebung hervor; Eisenfeile, auf einem Brettchen den Stab entlang ausgestreut, ordnete sich in kleine Querstreifen, welche, wenn der Stab nach allen Seiten auf die Eisenfeiltheilchen einwirken kann, sich zu geschlossenen Curven um denselben ordnen. Dieselbe Erscheinung zeigte sich auch, wenn ein Kupferdraht nur von einer dünnen Eisenblechhülle umgeben war, die sogar vom Drahte durch Seide oder Wachs isolirt wurde, um nicht selbst dem Strome als Leiter zu dienen. Ueberhaupt ist es auffallend, dafs bei dieser Art von Versuchen eine Umspinnung des Drahtes mit Seide den hervorgebrachten Ton gar nicht ändert.

In Betreff nicht magnetischer Körper war schon früher gefunden worden, dafs dieselben zu tönen anfangen, wenn man sie nahe an die Pole eines Electromagnets oder in die Axe einer electrischen Spirale bringt, und zugleich einen unterbrochenen Strom durch dieselben leitet. Man kann auch mit einem einzigen Strom dasselbe Resultat erlangen, wenn man ein Stück des Drahtes ausspannt, und den Rest desselben in Schraubenwindungen um jenes herumführt. Ein ununterbrochener Strom, mit dem unterbrochenen durch denselben Draht geführt, hebt den Ton auf, wird er aber in einer abgesonderten Spirale um die erste herumgeführt, so verstärkt er den Ton. Die weiter angeführten Einwirkungen verschiedener Metallcylinder, welche zwischen die beiden Spiralen gebracht werden, lassen sich leicht aus Inductionserscheinungen erklären. Endlich wird noch an die Töne erinnert, welche selbst Quecksilber unter ähnlichen Umständen hervorzubringen vermag, so wie an das von Herrn de la Rive beschriebene Tönen des Volta'schen Lichtbogens, und dann das allgemeine Resultat gezogen, dafs ein Leiter immer dann zum Tönen gebracht wird, wenn durch einen Magnet oder ein System electrischer Ströme von magnetisirender Wirkung die Theilchen des Leiters in schnell auf einander folgenden Abwechselungen aus ihrer natürlichen Lage gebracht werden. Prof. Dr. *Beetz.*

3. Physiologische Akustik.

Segond. Recherches expérimentales sur les fonctions du larynx. C. R. XXVIII. 538*; Inst. No. 805. p. 178*.

Herr Segond stellt vornehmlich die Behauptung auf, dafs die Bruststimme durch die unteren, die Kopfstimme durch die oberen Stimmbänder hervorgebracht werde. Die Widerlegung dieser Behauptung ist bereits in den Arbeiten von Joh. Müller enthalten, welche Herr Segond nicht zu kennen scheint. Unter diesen Umständen kann hier auf die wenig strengen Beweise, die Herr Segond selber für seine Ansicht beibringt, nicht füglich näher eingegangen werden. Dr. *E. du Bois-Reymond.*

4. Akustische Apparate.

Wakley. The sonometer. Mech. Mag. LI. 103*.

Dieses Instrument soll die Gehörgränze eines Menschen für leise Töne bestimmen. Eine Glocke wird bald aus gröfserer bald aus kleinerer Entfernung mit einem Hammer angeschlagen. Die Nähe des Hammers, welcher noch eben einen hörbaren Ton hervorbringt, soll die Empfindlichkeit des Ohres messen. Freilich mufs bei allen solchen Instrumenten dann die Tonhöhe der Glocke dieselbe sein, und vorausgesetzt werden, dafs nie ein Mensch tiefere, der andere höhere Töne deutlicher wahrnimmt. Prof. Dr. *Beetz.*

Dritter Abschnitt.

Optik.

1. Theoretische Optik.

B. Powell. Note to a former paper on the theory of the aberration of light. Phil. Mag. XXX. 93*.

Challis. On the course of a ray of light from a celestial body to the earth's surface according to the hypothesis of undulations. Phil. Mag. XXXII. 168*.

— — A theory of the transmission of light through transparent media and on double refraction on the hypothesis of undulations. Phil. Mag. XXXIV. 225*.

— — A mechanical theory of luminous vibrations. Phil. Mag. XXXIV. 225*.

Doppler. Ueber den Einflufs der Bewegung des Fortpflanzungsmittels auf die Erscheinungen der Aether-, Luft- und Wasserwellen. Abh. d. Böhm. Ges. V. 293*.

Cauchy. Méchanique moléculaire. C. R. XXVIII. 2*.

— — Mémoire sur la réflexion et la réfraction de la lumière et sur des nouveaux rayons réfléchis et réfractés. C. R. XXVIII. 57*.

— — Note sur les rayons lumineux simples et sur les rayons évanescents. C. R. XXVIII. 25*; Inst. No. 786. p. 26*.

— — Application des principes établis dans la séance précèdente à la recherche des intégrales qui représentent les mouvements infiniment petits des corps homogènes, et spécialement les mouvements par ondes planes. C. R. XXIX. 606*.

— — Rapport concernant un mémoire de Mr. Jamin sur la réflexion de la lumière à la surface des corps transparents. C. R. XXVIII. 121*.

Fizeau et Foucauld. Sur le phénomène des interférences entre deux rayons de lumière dans le cas de grandes différences de marche. Ann. d. chim. et d. ph. XXVI. 138*.

Brewster. On the phaenomena of thin plates of solid and fluid substances exposed to polarized light. Phil. Mag. XXXII. 181*.

Hunt. On the dispersion of light. Sill. Journ. VII. 364*.

Powell. Bemerkung zu einer früheren Abhandlung: über die Theorie der Aberration des Lichts. Phil. Mag. XXX. p. 93.

Im Phil. Mag. XXIX hatte Herr Powell (s. Jahrgang 1846, p. 587) bezüglich des Streites zwischen den Herren Challis und Stokes über die Aberrationstheorie Erläuterungen gegeben. Zu diesen Erläuterungen gibt derselbe hier einige Zusatzbemerkungen, um zu zeigen, dafs die Aberrationserklärung, wie Challis behauptet habe, in der That von der Erklärung der Sehrichtung unabhängig sei. Challis setzte nämlich die von der Erdbewegung ungestörte Geradlinigkeit der Lichtfortpflanzung voraus, welche unmittelbar auf den bekannten Werth des Aberrationswinkels führt, und erklärte, dafs die Ableitung der Aberration aus dieser Voraussetzung als ausreichende Erklärung der Erscheinung betrachtet werden dürfe. Herr Powell will nun hier die erwähnte Unabhängigkeit verdeutlichen, und findet die Aberrationserklärung darin, dafs der von einem Stern in ungestörter Geradlinigkeit ins Auge kommende Strahl zusammenfalle mit einem der nach allen Richtungen vom Kreuzpunct der Fernrohrfäden ausgehenden Strahlen. Dies habe, sagt er dann weiter, mit der Erklärung der Sehrichtung nichts zu thun, und fügt hinzu, dafs diese Sehrichtung mit der Fernrohraxe zusammenfalle, weil immer ein Punct jenes vom Fadenkreuz ausgehenden Strahles während der Fernrohrbewegung in der Axe bleibe. Es scheint also Herr Powell die Aufstellung von Challis nicht richtig aufgefafst zu haben, indem er auch für den letzten Vorgang eine von der Erdbewegung unabhängige Strahlenrichtung voraussetzt, während Challis den Beweis für die geradlinige Strahlenfortpflanzung als zweiten, von der Aberrationserklärung unabhängigen Punct angesehen wissen will.

Challis. Ueber den Weg eines Lichtstrahls von einem Himmelskörper zur Erdoberfläche nach der Undulationstheorie. Phil. Mag. XXXII. 168.

Herr Challis sucht hier nochmals seine Behauptung (s. Jahrgang 1846, p. 587) zu rechtfertigen, dafs die Aberrationserklärung unabhängig von jeder Hypothese über das Licht sei. Sein Räsonnement läfst sich etwa wie folgt wiedergeben.

Die Annahme, die Fortpflanzung des Lichts bleibe bei der Bewegung der Erde geradlinig, führt auf einen mit der Erfahrung genau übereinstimmenden Werth des Aberrationswinkels; folglich ist jene ungestörte Geradlinigkeit der Lichtstrahlen ein Factum und die Aberrationserklärung ist somit zu gründen auf dieses Factum. Die Begründung dieses Factums gehöre nicht mit zur Erklärung, und es sei vielmehr Sache der Anhänger einer Lichthypothese, genanntes Factum zu erklären. Führe eine Hypothese auf eine Störung der Geradlinigkeit, so erweise sich dadurch dieselbe als unhaltbar.

In Bezug darauf, dafs die Undulationshypothese diese Bedingung ihrer Haltbarkeit erfülle, weist er dann auf seine frühere mathematische Deduktion hin (s. a. a. O. p. 588).

Endlich berührt er die mathematische Theorie von STOKES (s. a. a. O. p. 583), welche die Voraussetzung macht, dafs

$$udx + vdy + wdz,$$

ein vollständiges Differential sei, und zeigt, dafs diese Voraussetzung sich durch bekannte hydrodynamische Gesetze begründen lasse, in folgender Weise.

Stellt

$$a^2(1+s),$$

wo unter s eine sehr kleine Gröfse, deren höhere Potenzen sich vernachläfsigen lassen, zu verstehen ist, den Druck auf einen Punct xyz zur Zeit t vor, so ist bekanntlich

$$a^2\frac{ds}{dx} + \frac{du}{dt} = 0,$$

$$a^2\frac{ds}{dy} + \frac{dv}{dt} = 0,$$

$$a^2\frac{ds}{dz} + \frac{dw}{dt} = 0,$$

und daher, wenn man integrirt:

$$u = C - a^2\int\frac{ds}{dx}dt = C - a^2\frac{d.\int sdt}{dx},$$

$$v = C' - a^2\int\frac{ds}{dy}dt = C' - a^2\frac{d.\int sdt}{dy},$$

$$w = C'' - a^2\int\frac{ds}{dz}dt = C'' - a^2\frac{d.\int sdt}{dz},$$

wo C, C', C'' Functionen von x, y, z, aber unabhängig von t sind. Diese Werthe von u, v, w gelten für jeden Werth von t, wofern man die höheren Potenzen der Geschwindigkeit vernachläfsigen kann. In vorliegendem Falle kann nun die Geschwindigkeit an einem gegebenen Puncte nicht dauernd constant sein, denn sobald die Erde von diesem Puncte zurückweicht, nimmt die Geschwindigkeit bis zum Verschwinden ab, mag der Aether von der Erd- oder Atmosphärenbewegung gestört werden oder nicht. Mithin mufs $C = 0$, $C' = 0$, $C'' = 0$ sein. Setzt man demnach

$$-a^2\int s\,dt = \varphi,$$

so hat man

$$u = \frac{d\varphi}{dx}, \quad v = \frac{d\varphi}{dy}, \quad w = \frac{d\varphi}{dz},$$

woraus folgt, dafs

$$u\,dx + v\,dy + w\,dz$$

ein vollständiges Differential ist.

Prof. Dr. *Radicke*.

Challis. Theorie der Durchsichtigkeit und der Doppelbrechung nach der Undulationshypothese. — Mathematische Theorie der Lichtwellen. Phil. Mag. XXXIV. 225*.

Beide Arbeiten sind nur in kurzen Auszügen mitgetheilt. Die erste bezweckt die Feststellung der Undulationstheorie nach den Principien der Hydrodynamik. Um diese Ansichten auf die Durchsichtigkeit anzuwenden, wird angenommen, der Aether habe in durchsichtigen Mitteln dieselbe Dichtigkeit und Elasticität, wie aufser denselben, und die Verzögerung der Lichtgeschwindigkeit werde durch den Widerstand der Körperatome hervorgebracht. Die mittlere Verzögerung, wiewohl durch verschieden gelagerte Atome erzeugt, wird als continuirlich betrachtet und zugleich angenommen, die mittlere Wirkung der Atome bringe eine scheinbare Verringerung der Elasticität des Aethers hervor, während in allen übrigen Beziehungen die Bewegung dieselbe ist, wie im freien Raum. Nach diesen Grundsätzen wird nachgewiesen, dafs die Elasticitätsfläche im Allgemeinen ein Ellipsoïd ist; dann wird die Geschwindigkeit eines Strahles in irgend welcher Richtung untersucht, und das Ergebniſs ist, daſs die Fläche, deren Radii vectores in einer gegebenen Richtung gezogen die Fortpflanzungsgeschwindigkeiten zweier entgegengesetzt polarisirter Strahlen in dieser Richtung bezeichnen, die Wellenfläche in FRESNELS Theorie der Doppelbrechung ist. Die zweite Arbeit verfolgt dasselbe Ziel. Die wichtigsten theoretischen Entwickelungen, die darin gegeben werden, sind: 1) die Longitudinalschwingungen eines Strahles werden bestimmt durch eine Function von der Form

$$\sin\frac{2\pi}{\lambda}\left(z - at\sqrt{1+\frac{e\lambda^2}{\pi^2}}\right),$$

wo λ die Breite einer Welle, a und e Constante sind; 2) Licht irgend einer Quelle ist im Allgemeinen zusammengesetzt aus Strahlen, für welche a und $\frac{e\lambda^2}{\pi^2}$ gleich, λ verschieden ist; 3) Licht, welches unmittelbar von seiner Quelle kommt ist ordinäres Licht, um polarisirtes Licht zu bekommen, muſs durch Spiegelung oder Brechung darauf gewirkt werden: 4) Licht, welches unmittelbar von seiner Quelle kommt, wird in allen Richtungen gesehen.

Prof. Dr. *Beetz.*

DOPPLER. Ueber den Einfluſs der Bewegung des Fortpflanzungsmittels auf die Erscheinungen der Aether-, Luft- und Wasserwellen. Abh. d. Böhm. Ges. V. 293.

Die unter vorstehendem Titel gegebene Untersuchungen leitet Herr DOPPLER mit der Bemerkung ein, daſs unbezweifelt in dem Lichtäther im Weltraum eben so gut Strömungen Statt finden, als solche die Erdatmosphäre darbiete, und daſs es daher von Interesse sei, deren Einfluſs auf die Lichterscheinungen zu ermitteln. Zuvörderst betrachtet er dabei den für das Licht allein praktischen Fall, wo die Geschwindigkeit des Mittels geringer ist, als die Fortpflanzungsgeschwindigkeit der Wellen, behandelt aber die Aufgabe nicht ganz allgemein, da er nicht partielle Aetherströmungen, sondern eine allgemeine Strömung von constanter Geschwindigkeit a voraussetzt. Ist dann α die Fortpflanzungsgeschwindigkeit der Wellen, so ist die beobachtete Fortpflanzungsgeschwindigkeit $\alpha - a$ oder $\alpha + a$, je nachdem die Strömung vom Beobachter nach der Wellenquelle oder in entgegengesetzter Richtung geschieht. In beiden Fällen verkürzen oder verlängern sich resp. die Wellenlängen in demselben Maafse, in welchem sich die Fortpflanzungsgeschwindigkeit vermindert oder vermehrt. Durch den Beobachtungsort gehen also in gleichen Zeiten ebenso viele Wellen hindurch, wie bei der Annahme der Ruhe des Mittels, und daraus schliefst der Verf., dafs das auch für alle andern Stromrichtungen der Fall sein müsse, so dafs bei Schall und Licht, Tonhöhe und Farbe unabhängig von den Strömungen seien.

Durch einfache geometrische Betrachtungen wird dann die durch die Strömung modificirte Fortpflanzungsgeschwindigkeit gefunden zu

$$\frac{\alpha^2 - a^2}{a\cos\varphi \pm \sqrt{\alpha^2 - a^2 \sin\varphi^2}},$$

wo φ der Winkel ist, welchen die vom Beobachter nach der Wellenquelle gehende Linie mit der Stromrichtung bildet; und für den Radius der Wellenfläche am Beobachtungsorte in der Entfernung u von der Wellenquelle:

$$\alpha u \cdot \frac{a\cos\varphi \pm \sqrt{(\alpha^2 - a^2 \sin\varphi^2)}}{\alpha^2 - a^2}.$$

Es ist nämlich hierbei das Centrum der durch den Beobachtungsort gehenden Wellenfläche in der Stromrichtung um at'' verschoben gedacht, wenn t'' die Zeit bedeutet, in welcher die Schwingungsbewegung von der Wellenquelle Q bis zum Beobachtungsorte R gelangt. Die modificirte Fortpflanzungsgeschwindigkeit erhält man alsdann durch Division von t'' in die Entfernung QR, und der Radius der Wellenfläche wird dabei die Entfernung jenes verschobenen Centrums von R.

Hierauf wird die Aberration (Ablenkung des Strahls) für den Fall longitudinaler Schwingungen aufgesucht, und zu dem Ende zuerst der Winkel zwischen dem Radius der verschobenen Wellenfläche und QR ermittelt, und hiezu die durch die Strombewegung hervorgebrachte Ablenkung des schwingenden Theilchens bei R hinzugefügt. Bei letzterer setzt Herr Doppler die Geschwindigkeit des schwingenden Theilchens mit der Stromgeschwindigkeit nach dem Principe des Kräfteparallelogrammes zusammen, bedenkt aber nicht, dafs die Schwingungsgeschwindigkeit eine veränderliche ist, und abwechselnd nach entgegengesetzter Richtung erfolgt, und dafs daher namentlich die resultirende Bewegung keine geradlinige sein kann. Es haben demnach weder die Formeln für die Strahlenablenkung noch der vom Verf. nachgehend abgeleitete Ausdruck für die Intensität ein Gewicht. Die letztere bestimmt er nämlich aus der Länge der Diagonale des obgedachten irrig angewendeten Kraftparallelogramms.

Der Rest des Aufsatzes beschäftigt sich mit dem Falle, dafs die Stromgeschwindigkeit die Fortpflanzungsgeschwindigkeit übertrifft, und mit der Veränderlichkeit der Fortpflanzungsgeschwindigkeit der Wellen tropfbar flüssiger Mittel.

Cauchy. Molecularmechanik. C. R. XXVIII. 2.

Nachdem Herr Cauchy am hier citirten Orte angekündigt, dafs er in Kurzem ein Werk über Molecularmechanik veröffentlichen werde, worin seine Untersuchungen über diesen Gegenstand, und namentlich seine Anwendungen auf die mathematische Physik zusammengefafst sein würden, spricht er die Absicht aus, vorläufig in kurzen Auszügen die Hauptresultate für die Brechung und Zurückwerfung des Lichts der Akademie mitzutheilen. Hieran schliefst sich Folgendes als der erste dieser versprochenen Auszüge.

Unter Anwendung rechtwinkliger Coordinaten x, y, z, und unter der Voraussetzung, dafs die Ebene yz die Trennungsfläche zweier Mittel sei, bedeuten ξ, η, ζ für ein auf einen materiellen Punct reducirtes Aethermolecül, die den Axen parallelen Componenten der Verschiebung im ersten Mittel. Alsdann sind die allgemeinen Bewegungsgleichungen in demselben in der Herrn Cauchy eigenen Bezeichnungsweise.

(1.) $(D_t^2-E)\xi = FD_x v$, $(D_t^2-E)\eta = FD_y v$, $(D_t^2-E)\zeta = FD_z v$,

wo v die Ausdehnung des Aetheratoms, bestimmt durch die Gleichung

$$v = D_x\xi + D_x\eta + D_x\zeta$$

vorstellt, und, wenn für die erste Annäherung jene Gleichungen auf homogene Gleichungen der ersten Ordnung reducirt werden, F constant und

$$E = \Omega^2(D_x^2 + D_y^2 + D_z^2)$$

ist, während Ω die Fortpflanzungsgeschwindigkeit der ebenen Wellen mit transversalen Vibrationen bezeichnet.

Jede einfache Bewegung mit transversalen Schwingungen erregt nun beim Einfall auf die Trennungsfläche der beiden Mittel vier andere einfache Bewegungen, von denen zwei im ersten und zwei im zweiten Mittel sich fortpflanzen, und zwar bietet sowohl von diesen als von jenen die eine gleichfalls transversale Schwingungen dar (den gewöhnlich reflectirten und gebrochenen Strahl bildend) während die anderen in sehr geringen Entfernungen von der Trennungsfläche schon unmerklich werden.

Sind nun $\xi_{,}$, $\eta_{,}$, $\zeta_{,}$ und $\xi_{,,}$, $\eta_{,,}$, $\zeta_{,,}$ die Verschiebungen resp. im reflectirten und dem schnell unmerklich werdenden Strahl des ersten Mittels; ξ', η', ζ' und ξ'', η'', ζ'' dieselben resp. im gebrochenen und im schnell unmerklich werdenden Strahl des zweiten Mittels, so hat man in Folge des Princips der Continuität der Bewegung im Aether, für $x = 0$:

$$(2.)\quad \begin{cases} \xi + \xi_{,} + \xi_{,,} = \xi' + \xi'', & D_x\xi + D_x\xi_{,} + D_x\xi_{,,} = D_x\xi' + D_x\xi'', \\ \eta + \eta_{,} + \eta_{,,} = \eta' + \eta'', & D_x\eta + D_x\eta_{,} + D_x\eta_{,,} = D_x\eta' + D_x\eta'', \\ \zeta + \zeta' + \zeta'' = \zeta' + \zeta'', & D_x\zeta + D_x\zeta_{,} + D_x\zeta_{,,} = D_x\zeta' + D_x\zeta''. \end{cases}$$

Läfst man die Einfallsebene mit der Ebene xy zusammenfallen, so wird überdies, wenn das einfallende Licht in der Einfallsebene polarisirt ist, $\zeta_{,,} = 0$, $\zeta'' = 0$.

Ferner sei T die Undulationsdauer im einfallenden Strahl; l die zugehörige Wellenlänge im ersten, l' die im zweiten Mittel; τ der Einfallswinkel, τ' der Brechungswinkel, und dabei

$$s = \frac{2\pi}{T}, \quad k = \frac{2\pi}{l}, \quad k' = \frac{2\pi}{l'}, \quad \Omega = \frac{s}{k}, \quad \Omega' = \frac{s}{k'},$$

$\Omega^2 + F = -\Omega_{,,}^2$, $\Omega'^2 + F' = -\Omega''^2$, während F' den Werth bedeutet, den F im zweiten Mittel annimmt, und $\Omega_{,,}$ und Ω'' als positiv vorausgesetzt werden. Ueberdies sei

$$k_{,,} = \frac{s}{\Omega_{,,}}, \quad k'' = \frac{s}{\Omega''},$$

und in der Annahme, dafs die Schwingungen des einfallenden

Strahls der Ebene xy parallel erfolgen,

$$u = k\cos\tau,\quad u' = k'\cos\tau',\quad v = k\sin\tau = k'\sin\tau',\quad u_{,,} = \sqrt{k_{,,}^2 + v^2},$$

$$u'' = -\sqrt{k''^2 + v^2},\quad \theta = \frac{k'}{k} = \frac{\sin\tau}{\sin\tau'}.$$

Alsdann ist θ das Brechungsverhältnifs und die symbolischen Gleichungen des einfallenden Strahls erscheinen unter der Form:

$$\bar{\xi} = \bar{s}\sin\tau,\quad \bar{\eta} = \bar{s}\cos\tau,\quad \bar{s} = He^{(ux+vy-st)i},$$

wo H eine imaginäre Constante und i einen Werth von $\sqrt{-1}$ vorstellt. Die symbolischen Gleichungen des dritten (schnell unmöglich werdenden) Strahls sind dann im ersten Mittel

$$\bar{\xi}_{,,} = \frac{u_{,,}}{k_{,,}}\bar{s}_{,,},\quad \bar{\eta}_{,,} = \frac{v}{k_{,,}}\bar{s}_{,,}i,\quad \bar{s}_{,,} = H_{,,}e^{u_{,,}x+(vy-st)i},$$

und im zweiten Mittel:

$$\bar{\xi}'' = \frac{u''}{k''}\bar{s}'',\quad \bar{\eta}'' = \frac{v}{k''}\bar{s}''i,\quad \bar{s}'' = H''e^{u''x+(vy-st)i},$$

wo offenbar $u_{,,}$ und $-u''$ die Auslöschungscoëfficienten vorstellen. Sind endlich $\bar{I}$, und $\bar{I}'$ resp. die Reflexions- und Refractionscoëfficienten des gewöhnlichen reflectirten und gebrochenen Strahls, und sind

$$\bar{I}_{,,} = \frac{H_{,,}}{H},\quad \bar{I}'' = \frac{H''}{H}$$

die Reflexions- und Refractionscoëfficienten des dritten Strahls, so sind die Formeln, welche sich aus den Gleichungen (1.) herleiten lassen,

$$(3.)\quad \begin{cases} \bar{I} = \dfrac{(v^2 - uu')(v^2 + u_{,,}u'') - (u' + u)(u_{,,} + u'')v^2 i}{(v^2 + uu')(v^2 + u_{,,}u'') - (u' - u)(u_{,,} + u'')v^2 i}\cdot\dfrac{u - u'}{u + u'}, \\ \bar{I}' = \dfrac{kk'(v^2 + u_{,,}u')}{(v^2 + uu')(v^2 + u_{,,}u'') - (u' - u)(u_{,,} + u'')v^2 i}\cdot\dfrac{2u}{u + u'}, \end{cases}$$

und

$$\frac{\bar{I}_{,,}}{k''} = \frac{\bar{I}''}{k_{,,}} = \frac{k''k_{,,}}{v^2 + u_{,,}u''}\cdot\frac{k'^2 - k^2}{kk'}\,\frac{v}{u_{,,} - u''}\cdot\frac{\bar{I}'}{k}.$$

Cauchy. Ueber die durch dünne Platten reflectirten und gebrochenen Strahlen und über die Farbenringe. C. R. XXVIII. 333.

Herr Cauchy giebt in diesem Memoire zuerst in allgemeinen Grundzügen das Verfahren an, wie sich die Amplitude und Phase solcher Lichtstrahlen bestimmen lasse, welche nach dem Eindringen in eine dünne Schicht eines durchsichtigen Mittels und nachmaliger wiederholter Reflexion innerhalb desselben, dasselbe wiederum verlassen haben, und führt dann die gegebenen Vorschriften für den Fall etwas näher aus, dafs die dünne Schicht eine Luftschicht sei, von parallelen ebenen Flächen begrenzt werde, und zwischen zwei isophanen Mitteln liege, von denen das erste durchsichtig, das zweite durchsichtig oder undurchsichtig ist. Er nennt dabei den einen der einfallenden (einfachen) Strahlen OA, A den Einfallspunct, A_1, A_2, A_3, etc. die Puncte der Grenzflächen, in denen derselbe zum 1ten, 2ten, 3ten, etc. mal reflectirt wird, und $A_n O_n$ den nach der $n$ten Reflexion austretenden Strahl; ferner s die absolute Verschiebung im einfachen Strahl im Puncte A, s_n dieselbe im austretenden Strahl bei A_n; $\bar{s}$ und $\bar{s}_n$ die entsprechenden symbolischen Verschiebungen; l und l' die Wellenlänge resp. in der Luft und im ersten Mittel, c die Dicke der Luftschicht; τ den Reflexionswinkel der Strahlen AA_1, $A_1 A_2$, ...; τ' den Einfalls- und Austrittswinkel; $\bar{I}$, $\bar{I}'$ resp. die Reflexions- und Refractionscoëfficienten der Strahlen $A_1 A_2$, $A_3 A_4$, $A_5 A_6$, ...; $\bar{I}_1$, $\bar{I}'_1$ die Reflexions- und Refractionscoëfficienten der Strahlen AA_1, $A_2 A_3$, ...; $(\bar{I})$, $(\bar{I}')$ den Reflexions- und Refractionscoëfficienten des einfallenden Strahls OA; $2h$ die Projection einer der Längen AA_2, $A_1 A_3$, ..., $A_{n-2} A_n$, auf die Richtung des einfallenden Strahls OA gemessen; P den Fortpflanzungscoëfficienten der Strahlen AA_1, $A_1 A_2$, ..., $A_{n-1} A_n$ (der dem durchlaufenen Wege proportional ist); P' den Fortpflanzungscoëfficienten des Strahls OA zwischen den Puncten O und A, in dem Falle, wo $OA = h$ ist. Endlich setzt er

$$k = \frac{2\pi}{l}, \quad k' = \frac{2\pi}{l'}, \quad K = \frac{P}{P'}.$$

Alsdann ist nachweisbar

$$P = e^{\frac{kci}{\cos\tau}}, \quad K = e^{kci\cos\tau},$$

unter i einen Werth von $\sqrt{-1}$ verstanden, und man erhält offenbar $\bar{8}_n$ in dem Falle, dafs A_n in der ersten Grenzfläche liegt, wenn man $\bar{8}$ multiplicirt mit

$$(\bar{I}'), \; P, \; \bar{I}_1, \; P, \; \bar{I}, \; P, \; \bar{I}_1, \; P, \ldots \bar{I}',$$

d. h. mit

$$\bar{I}'(\bar{I}')\bar{I}^{\frac{n}{2}-1}\bar{I}_1^{\frac{n}{2}}P^n,$$

wo n eine gerade Zahl ist.

Ist nun SC ein zweiter, parallel mit OA einfallender Strahl, der mit diesem eine gemeinsame Einfallsebene hat; trifft ferner die durch C senkrecht auf OA gelegte Ebene den letzten Strahl in O', und liegt dabei C so, dafs SC nach n Reflexionen in der Luftschicht bei A heraus tritt, so ist in der Ebene CO', und folglich auch in C die symbolische Verschiebung gleich $\frac{\bar{8}}{\Pi}$, wenn Π den, der Strecke $O'A$ entsprechenden Fortpflanzungscoëfficienten vorstellt, während man, weil $O'A = nh$ ist,

$$\Pi = P'^n$$

hat. Der von SC herrührende Strahl hat daher bei seinem Austritt in A die symbolische Verschiebung

$$\bar{I}'(\bar{I}')\bar{I}_1^{\frac{n}{2}-1}\bar{I}^{\frac{n}{2}}K^n\bar{8}.$$

Setzt man für n nach und nach 2, 4, 6, 8 ..., so erhält man eine geometrische Reihe, deren Summe

$$\frac{\bar{I}'(\bar{I}')\bar{I}_1 K^2}{1-\bar{I}\bar{I}_1 K^2}\bar{8}.$$

ist, während $(\bar{I}')\bar{8}$ die symbolische Verschiebung in A des bei A reflectirten Strahls OA ist, und man hat demnach

$$(1.) \quad \left((I') + \frac{\bar{I}(\bar{I}')\bar{I}_1 K^2}{1-\bar{I}\bar{I}_1 K^2}\right)\bar{8},$$

als symbolische Verschiebung in dem bei A austretenden Strahl, wie er durch die Uebereinanderlage der einfachen dort austretenden Strahlen gebildet wird:

Ebenso findet man für die Gesammtverschiebung der bei A_1 heraustretenden einfachen Strahlen (falls auch das zweite Mittel durchsichtig ist)

$$(2.)\qquad \frac{(\bar{I}')\bar{I}'_1 P}{1-\bar{I}\bar{I}_1 K^2}\bar{s}.$$

Die Werthe von $\bar{I}_1\bar{I}_1$, $\bar{I}'_1\bar{I}'_1$, $(\bar{I})$, $(\bar{I}')$ ergeben sich aus den früher mitgetheilten Formeln des Herrn Cauchy, welche überdies auf

$$\bar{I}'(\bar{I}') = (1+\bar{I})(1+(\bar{I}))$$

führen und den Ausdruck (1.) verwandeln in

$$(3.)\qquad \frac{(\bar{I})+[1+\bar{I}+(\bar{I})]\bar{I}_1 K^2}{1-\bar{I}\bar{I}_1 K^2}\bar{s}.$$

Setzt man

$$u = k\cos\tau,\quad u' = k'\cos\tau',\quad v = k\sin\tau = k'\sin\tau',$$

so hat man, wenn das einfallende Licht nach der Einfallsebene polarisirt ist,

$$\bar{I} = \frac{u-u'}{u+u'} = \frac{\sin(\tau'-\tau)}{\sin(\tau'+\tau)},\quad \bar{I}' = \frac{2u}{u+u'} = \frac{2\sin\tau'\cos\tau}{\sin(\tau'+\tau)},\quad (\bar{I}) = -I.$$

Ist das einfallende Licht senkrecht gegen die Einfallsebene polarisirt, so bestimmen sich $\bar{I}$ und $\bar{I}'$ aus den Formeln (3.) des oben mitgetheilten Memoirs von Cauchy, und $(\bar{I})$ geht aus $\bar{I}$ hervor, wenn man die Zeichen von $u_{\prime\prime}$, u'' und $u-u'$ umkehrt. Ferner ergeben sich $\bar{I}_1$ und $\bar{I}'_1$ aus $\bar{I}$ und $\bar{I}'$, wenn man das erste der die Luftschicht einschliefsenden Mittel mit dem zweiten vertauscht.

Die Gleichung $(\bar{I}) = -\bar{I}$ gilt noch für den Fall, dafs das einfallende Licht senkrecht gegen die Einfallsebene polarisirt ist, wofern nur die erste Grenzfläche der Luftschicht das Licht unter einem bestimmten Einfallswinkel vollständig zu polarisiren fähig ist, und dieselbe Gleichung ist wenigstens angenähert richtig im entgegengesetzten Fall. In Folge dieser Gleichung geht (3.) über in

$$\frac{\bar{I}_1 K^2-\bar{I}}{1-\bar{I}\bar{I}_1 K^2}\bar{s},$$

und wenn die beiden angrenzenden Mittel von derselben Natur

sind, also $\bar{I}_1 = \bar{I}$, $\bar{I}'_1 = \bar{I}'$ ist, in

$$\bar{I}\frac{K^2-1}{1-\bar{I}^2K^2}\bar{s},$$

so dafs dieser Ausdruck für $K = +1$, folglich für $kc\cos\tau = n\pi$ oder $c = \frac{1}{2}nl\sec\tau$ verschwindet. Es löscht sich sonach dann der Strahl beim Austritt aus der ersten Grenzfläche völlig aus.

Cauchy. Ueber die einfachen und die verschwindenden Lichtstrahlen. C. R. XXVIII. p. 25.

Herr Cauchy theilt hier einiges Nähere mit über die von ihm sogenannten verschwindenden Lichtstrahlen, und namentlich über die sie darstellenden analytischen Ausdrücke. Bekanntlich werden die Differentialgleichungen, aus denen die Bewegungen des Aethers zu ermitteln sind, befriedigt, wenn man für die Buchstaben ξ, η, ζ, welche darin ursprünglich die Componenten der Verschiebung der Aethertheilchen, bezogen auf drei auf einander senkrechte Axen, ausdrücken, Producte setzt, worin die ersten Factoren imaginäre Constanten, und die zweiten Factoren Exponentialgröfsen sind, deren Exponent sich als eine imaginäre lineare Function der Coordinaten und der Zeit darstellt. Diese Werthe nennt er symbolische Verschiebungen, und die wahren Verschiebungen, welche sich durch die reellen Theile derselben ausdrücken lassen, einfache Bewegungen. Die Modulus und das Argument jener Exponentialgröfse nennt er Modulus und Argument dieser einfachen Bewegung, welche letztere allemal auf ebene Wellen führt. Eine solche einfache Bewegung wird ferner von ihm dauernd und beständig (durable et persistant) genannt, wenn ihr Modulus von der Zeit unabhängig ist und es beschreibt alsdann jedes Theilchen eine Ellipse, die im besonderen Falle in einen Kreis oder in eine Gerade übergehen kann. Reducirt sich der Modulus durchweg auf Eins, so erleidet die Bewegung bei ihrem Fortschreiten keine Schwächung; ist er aber nur gleich Eins für die Puncte einer bestimmten Ebene, so nehmen die Axen der kleinen elliptischen Bahnen in geometrischem Verhältnisse ab, wenn die Entfernung von dieser Ebene in arithmetischem Verhältnisse zunimmt. Die Fortpflanzungsrichtung der einfachen Bewegungen ist das, was man die Richtung der einfachen Lichtstrahlen nennt, und dabei nennt Herr Cauchy den Strahl einen verschwindenden, wenn sein Modulus von der Einheit abweicht, und demzufolge in geometrischem Verhältnifs mit dem gleichmäfsigen Vorschreiten abnimmt. Ein solcher verschwindender Strahl ist zuweilen wahrnehmbar, wie z. B. in dem Falle, wo das Licht durch ein sehr dünnes Goldblättchen geht, und beim Austritt aus einem rechtwinkligen Glasprisma, wenn das Licht im Innern des letzteren die Austrittsfläche unter einem Winkel trifft, welcher gröfser als der Winkel der totalen Reflexion ist. Der verschwindende Strahl streift in diesem Falle die Austrittsfläche.

In isophanen Mitteln, welche keine farbige Polarisation hervorbringen, können sich zwei Arten einfacher Strahlen fortpflanzen. Einmal solche, für welche die symbolischen Verschiebungen proportional sind den drei Coëfficienten der Coordinaten in den Exponenten der oben erwähnten Exponentialgröfse; oder solche, für welche die Producte aus den drei symbolischen Verschiebungen in jenen Coëfficienten die Summe Null geben.

In den isophanen Mitteln stehen im Allgemeinen die Strahlenrichtungen senkrecht auf der Wellenebene, und die Schwingungen sind longitudinal für eine Art der Strahlen, transversal für die andere Art, wenn sie nicht zu den verschwindenden Strahlen gehören. Bei einem Modulus, der von Eins verschieden ist, bieten die einfachen Strahlen keine longitudinalen und transversalen Schwingungen mehr dar, und der Strahl, welcher dem longitudinal-schwingenden entspricht, wird im einfachen Strahl, dessen Molecüle in Ebenen schwingen, die senkrecht sind gegen den Durchschnitt der Wellenebene mit derjenigen festen Ebene, in welcher der Modulus gleich Eins ist. Bei der Reflexion und Brechung gehört der dritte Strahl allemal zu den verschwindenden, darf aber bei der Erklärung der Erscheinung der Reflexion und Brechung nicht unberücksichtigt bleiben. Es streift derselbe jederzeit die reflectirende oder brechende Fläche, die Molecüle in derselben beschreiben Ellipsen, die in der Einfallsebene bleiben, und die entsprechende Wellenebene steht senkrecht zugleich auf der Einfallsebene und auf der Trennungsfläche.

Cauchy. Ueber die Reflexion und Refraction des Lichtes und über neue reflectirte und gebrochene Strahlen. C. R. XXVIII. p. 57.

Hier setzt Herr Cauchy zuerst die Gründe aus einander, warum bei der analytischen Entwicklung der Reflexions- und Refractionsgesetze das vor ihm angewendete Princip des beiderseitig gleichen Druckes gegen die Trennungsfläche der beiden Mittel ersetzt werden müsse durch das Princip der Continuität. Alsdann kommt er wieder auf die aus diesem Princip gefolgerten dritten (verschwindenden) Strahlen und deren Einflufs auf die gewöhnlichen reflectirten und gebrochenen Strahlen zu sprechen, unter andern anführend, dafs eine vollständige Polarisation des reflectirten Lichts unter einem bestimmten Einfallswinkel nur dann eintreten könne, wenn die Auslöschungscoëfficienten der verschwindenden Strahlen im ersten und zweiten Mittel einander gleich würden. Im entgegengesetzten Falle würden bei linear polarisirtem Einfallslicht die Knoten der parallel und senkrecht zur Einfallsebene polarisirten Componenten desselben durch die Reflexion ungleich verschoben, und es gehe daraus ein Phasenunterschied hervor, der am erheblichsten würde, wenn die Tangente des Einfallswinkels dem Brechungsverhältnifs gleich käme. In einer ersten Annäherung wäre dieser Phasenunterschied gleich der Summe zweier Winkel, deren Tangenten Producte sind, die entstehen, wenn man den Sinus des Einfallswinkels einerseits mit der Tangente der Summe, andrerseits mit der Tangente der Differenz zwischen Einfalls- und Brechungswinkel, und mit einem sehr kleinen Coëfficienten ε multiplicirt. Ist $k = \frac{2\pi}{l}$ die Characteristik des Strahls, und sind $k_{\prime\prime}$ und k'' die Auslöschungscoëfficienten der beiden verschwindenden Strahlen, so ist nahezu jenes

$$\varepsilon = \frac{k}{k''} - \frac{k}{k_{\prime\prime}}.$$

Unter Benutzung dieses Resultats, fügt er ferner hinzu, könne man für ein gegebenes positives ε eine untere Grenze für die Amplituden in dem verschwindenden Strahl berechnen. So ergebe sich bei einem Einfallswinkel von 45° eines senkrecht gegen die Einfallsebene polarisirten Strahls, dessen Wellenlänge $l = 0{,}0005^{\text{mm}}$ ist, für Realgar, für welches Jamin $\varepsilon = 0{,}00791$ und das Brechungsverhältnifs 2,454 gefunden hat, dafs die Amplitude, im einfallenden Strahl gleich Eins gesetzt, in der Entfernung $\frac{l}{100}$ von der reflectirenden Fläche 0,133, in der Entfernung $\frac{l}{10}$, gleich 0,000105 werde. Da nun eine Länge $\frac{l}{10}$ in der Entfernung eines Decimeters nahezu unter dem Gesichtswinkel einer Secunde erscheine, also gröfser als der scheinbare Durchmesser des Sinus, so dürfte es nicht unmöglich sein, den verschwindenden Strahl auch dem Auge bemerkbar zu machen.

Zum Schlufs bemerkt Herr Cauchy, dafs, wenn man in den allgemeinen Bewegungsgleichungen nicht bei den Gliedern der zweiten Ordnung stehen bleibe, sondern auch die Glieder der 4ten, 6ten, etc. Ordnung zulasse, das Princip der Continuität fordere, auch die Differentialcoëfficienten der Verschiebungen der höheren Ordnungen, die geringer als die 4te, 6te, etc. Ordnung sind, in beiden Mitteln einander gleich zu setzen, und dafs alsdann die Theorie zu den bekannten reflectirten und gebrochenen Strahlen noch andere hinzufüge, deren Richtungen sehr kleine Winkel mit der Normale der reflectirenden Fläche bilden.

Cauchy. Anwendung der in der vorigen Sitzung aufgestellten Grundsätze auf die Untersuchung der Integrale, welche unendlich kleine Bewegungen homogener Körper und vorzüglich Bewegungen in ebenen Wellen darstellen. C. R. XXIX. 606.

In dem, in dieser Ueberschrift citirten Aufsatze hat Herr Cauchy in den Calcul Functionen eingeführt, welche für positive Werthe der Veränderlichen den Werth Eins, für negative Werthe den Werth Null annehmen, und die er Grenzfactoren (limitateurs) nennt. Ein Beispiel einer solchen ist

$$\tfrac{1}{2}\left(1+\frac{t}{\sqrt{t^2}}\right).$$

Diese für die Darstellung discontinuirlicher Functionen sehr geeigneten Factoren hat der Verf. nun benutzt zur Aufstellung discontinuirlicher Integrale von Differentialgleichungen, und in vorstehendem Aufsatze, namentlich für die Integrale der Differentialgleichungen, welche die in ebenen Wellen sich fortpflanzenden Schwingungsbewegungen darstellen.

Bedeutet nämlich s die Molecularverschiebung an einem Orte, dessen rechtwinklige Coordinaten x, y, z sind, und ist für $t=0$, sowohl s als $D_t s$ blofs abhängig von der Entfernung ϱ von einer Ebene

$$\alpha x+\beta y+z=0 \quad \text{oder} \quad \varrho=0,$$

so wird in dem vorliegenden Falle s eine blofse Function von ϱ und t, und nach einer früheren Entwickelung des Verf., wenn für $t=0$, $s=\varphi(\varrho)$ und $D_t s = \Phi(\varrho)$ ist, allgemein

$$s = \frac{\varphi(\varrho+\Omega t)+\varphi(\varrho-\Omega t)}{2}+\int_0^t \frac{\Phi(\varrho+\Omega t)+\Phi(\varrho-\Omega\tau)}{2}\,d\tau.$$

Bedeutet ferner l_t etwa den oben angeführten Grenzfactor, und ist

$$L_\varrho = l_{\varrho-a}\,.\,l_{b-\varrho},$$

so hat L_ϱ für alle Werthe von ϱ, die zwischen a und b liegen, den Werth Eins, diesseits und jenseits dieser Grenzen den Werth Null, so dafs, wenn

$$\varphi(\varrho)=L_\varrho f(\varrho),\quad \Phi(\varrho)=L_\varrho F(\varrho)$$

gesetzt wird, das Integral

$$s = \frac{L_{\varrho+\Omega t} f(\varrho+\Omega t)+L_{\varrho-\Omega t} f(\varrho-\Omega t)}{2}$$

$$+\int_0^t \frac{L_{\varrho+\Omega\tau} F(\varrho+\Omega\tau)+L_{\varrho-\Omega\tau} F(\varrho-\Omega\tau)}{2}\,d\tau$$

ausdrückt, dafs diesseits und jenseits der beiden Wellen, welche resp. durch die Ebenen

$$\varrho = a-\Omega t \quad \text{und} \quad \varrho = b-\Omega t$$

und durch die Ebenen

$$\varrho = a+\Omega t \quad \text{und} \quad \varrho = b+\Omega t$$

begrenzt sind, keine Bewegung Statt findet und diese so abgegrenzten Wellen schreiten nach beiden Richtungen mit der Fortpflanzungsgeschwindigkeit Ω fort.

Eine weitere Anwendung der Grenzfactoren auf die Reflexion und Refraction verspricht der Verf. in späteren Artikeln zu geben.

CAUCHY. Bericht über eine Abhandlung von JAMIN, über die Reflexion des Lichts an der Oberfläche durchsichtiger Körper. C. R. XXVIII. 121.

Ueber den Inhalt des hier beregten Memoire von JAMIN, in welchem die Belege dafür gegeben werden, dafs die Polarisation des unter dem sogenannten Polarisationswinkel reflectirten Lichts im Allgemeinen keine lineare, sondern eine elliptische ist, wurde schon im vorigen Jahrgange dieser Berichte Mittheilung gemacht. Wir dürfen uns daher jetzt begnügen, nur dasjenige hinzuzufügen, was dem Berichte des Herrn CAUCHY eigenthümlich und bemerkenswerth ist.

JAMIN fand unter den von ihm untersuchten Substanzen nur drei, welche von der Regel eine Ausnahme machen, dafs der Phasenunterschied zwischen dem nach der Einfallsebene und dem senkrecht gegen dieselbe polarisirten Theile des reflectirten Strahls bei der Reflexion unter dem Polarisationsmaximum positiv ist, nämlich den Opal, den Hyalith und den Flufsspath, welche Substanzen sämmtlich ein Brechungsverhältnifs haben, das wenig von 1,43 abweicht.

Nun ist nach Herrn CAUCHY's Formeln der um π verminderte Phasenunterschied gleich der Summe zweier Winkel, die positiv und kleiner als π sind, und deren Tangenten sich bestimmen aus

$$\varepsilon \sin\tau \operatorname{tang}(\tau+\tau') \quad \text{und} \quad \varepsilon \sin\tau \operatorname{tang}(\tau-\tau'),$$

wo τ den Einfallswinkel, τ' den Brechungswinkel, und ε eine kleine, von JAMIN Ellipticitätscoëfficient genannte Gröfse vorstellt, welche letztere wiederum gegeben ist durch die Gleichung

$$\varepsilon = \frac{k}{k''} - \frac{k}{k_{\prime\prime}},$$

wenn $k = \frac{2\pi}{l}$, und $k_{,,}$ und k'' die Auslöschungscoëfficienten der verschwindenden Strahlen unter senkrechter Incidenz resp. im ersten und zweiten Mittel bezeichnen. Ist also nicht $k_{,,} = k''$, so hat ε einerlei Zeichen mit dem Phasenunterschiede. Bei den Anwendungen dieser Formeln (C. R. 1839, Semester II.) nahm Herr Cauchy den Auslöschungscoëfficienten für die Luft unendlich grofs an, so dafs ε immer positive Werthe behielt. Da aber den oben angeführten Substanzen negative Werthe von ε entsprechen, so mufs der Auslöschungscoëfficient für die Luft einen endlichen Werth haben, und eine Folge davon würde sein, dafs die Intensität des verschwindenden Strahls auch in der Luft nicht streng gleich Null sein kann.

Fizeau et L. Foucault. Ueber die Interferenzerscheinungen zwischen zwei Strahlen von grofsem Gangunterschiede. Ann. de chimie et de physique. XXVI. p. 138.

Unter diesem Titel geben die Verf. den ersten Theil einer Abhandlung, deren vornehmlicher Zweck es ist, die Fragen zu beantworten, 1) ob die kleinen Unregelmäfsigkeiten in den erregenden Lichtschwingungen, denen man das Ausbleiben der Interferenzerscheinungen bei Strahlen aus verschiedenen Lichtquellen, so wie bei Strahlen derselben Lichtquelle, wenn sie aus entgegengesetzt polarisirtem Zustande auf dieselbe Polarisationsebene zurückgeführt werden, ohne vorgängig in einerlei Ebene polarisirt gewesen zu sein, zuschreibt, auch unter den Umständen von Einflufs seien, unter denen Interferenzen gewöhnlich einzutreten pflegen, und 2) welches die Grenze für die Gröfse des Gangunterschiedes sei, bei welcher die Interferenz aufhört bemerkbar zu sein, für den Fall, dafs die Zusammengesetztheit des Lichts die einzige Ursache hiervon sein sollte.

Zu diesem Ende stellten sie zunächst Untersuchungen und Beobachtungen an über den Zusammenhang zwischen den Gangunterschieden und der Zusammensetzung des zur Interferenz gebrachten zusammengesetzten Lichts. Die Beobachtungsweise bestand darin, dafs sie das interferirte Licht durch eine enge Spalte leiteten und dann prismatisch zerlegten. In Folge der Interferenz besteht dann das Spectrum aus einer Reihe heller und dunkler Streifen, deren Zahl mit der Gröfse des Gangunterschiedes zunimmt. Die Zahl dieser Streifen nimmt von dem violetten Ende nach dem rothen Ende hin zu, und wenn man die Gangunterschiede allmälig wachsen läfst, so gehen die neu und neu auftretenden Streifen mit abnehmender Geschwindigkeit von dem violetten Ende nach dem rothen hin.

Zuerst werden Versuche mit den FRESNELschen Interferenzspiegeln angegeben. Es wurde dabei Sonnenlicht angewendet, welches sie durch eine cylindrische Linse auf die Spiegel leiteten. Die Spalte, durch welche das Licht auf das zerlegende Prisma fiel, befand sich in der Mitte der Centralfranse. Den Gangunterschied vergröfserten sie allmälig von Null ab dadurch, dafs sie den einen Spiegel parallel mit sich vorrückten. Die Zahl der zwischen je zwei der FRAUNHOFERschen Hauptlinien auftretenden Streifen wurde dabei für verschiedene Stellungen gezählt. Als die Streifenzahl zwischen den Linien E und F auf 66 angewachsen war, betrug die Zahl im ganzen Spectrum nahe 500. Bei fortgesetzter Steigerung hörten die Streifen zuerst im Roth, dann im Orange, dann im Gelb, etc. auf, wegen der zunehmenden Zahl und Lichtschwäche sich zählen zu lassen. Die gröfste Zahl, die sich zwischen E und F noch bestimmen liefs, betrug 141.

Aus der Zahl der Streifen läfst sich auf die Gröfse des Gangunterschiedes zurückschliefsen. Sind nämlich λ und λ' die Wellenlängen zweier Strahlen, die bestimmten Linien des Spectrums zugehören, und $n\lambda$ und $n'\lambda'$ die Wegunterschiede, welche diesen Strahlensorten entsprechen, so mufs, weil an dem Orte der Spalte der Wegunterschied zwischen den Strahlen des einen Spiegels und denen des andren für alle Farben gleich grofs ist, $n\lambda = n'\lambda'$ sein. Befinden sich daher im Spectrum zwischen den Stellen, die zu λ und λ' gehören, m Streifen, so müssen sich n und n' um m Einheiten unterscheiden, also mufs, wenn $\lambda' > \lambda$ ist, $n' = n - m$, folglich

$$n = \frac{m\lambda'}{\lambda' - \lambda}$$

sein. Gehören nun z. B. λ und λ' zu den Strahlen E und F, so erhält man für $m = 66$ und $m = 141$, weil

$$\frac{\lambda'}{\lambda' - \lambda} = 12{,}32$$

ist, resp. $n = 813$ und $n = 1737$.

Verändert man die Wegunterschiede nicht durch Verschiebung des einen Spiegels, sondern durch Einschaltung eines dünnen durchsichtigen Blättchens, so ist der Effect derselbe. Bei einem Glastäfelchen von $0^{mm},5$ Dicke, z. B. zeigten sich zwischen *E* und *F* 48 Streifen. Die entsprechende Formel ist, wenn r' und r die Brechungsverhältnisse der zu λ' und λ gehörenden Strahlen bezeichnen,

$$n = \frac{m\lambda'}{\lambda' - \lambda\left(\frac{r'-1}{r-1}\right)}.$$

Dies giebt in dem angegebenen Beispiel für *F*, $n = 512$.

Die gleiche Erscheinung zeigt sich, wenn man statt des Spiegelapparates ein dünnes Blättchen nimmt, und die von der Rückseite reflectirten Strahlen interferiren läſst. Wird dieses Blättchen in der halben Focallänge der das Sonnenlicht leitenden Cylinderlinse angebracht, so wird die Spalte, durch welche das Licht in das brechende Prisma dringt, zur Seite der Linse stehen müssen, nämlich da, wo das von der Linse gebrochene Licht sich zu einer Lichtlinie zusammendrängt. Die Formel ist dann, wenn r den Brechungsindex und e die Dicke des Blättchens bedeutet,

$$n = \frac{2er}{\lambda}.$$

Bei einem Glasblättchen, von $0^{mm}537$ Dicke, konnten die Streifen zwischen *F* und *G* nicht mehr gezählt, aber doch noch wohl unterschieden werden. Die Formel giebt in diesem Falle für *F*, $n = 3406$, für *G*, $n = 3859$.

Endlich werden noch Versuche angeführt mit Krystallplatten zwischen zwei Nicol'schen Prismen. Eine Quarzplatte, parallel mit der Axe geschnitten und von $54^{mm}6$ Dicke gab noch ein Spectrum mit ungefähr 600 Streifen; zwischen *E* und *F* allein 89 Streifen. Ein Kalkspath, parallel der Axe geschnitten, von der Dicke $4^{mm}79$ gab im Ganzen ungefähr 1000, zwischen **E** und *F* 155 Streifen.

Ein sehr nahe richtiges Resultat giebt die Formel

$$n = \frac{e(r'-r)}{\lambda},$$

wo *e* die Dicke, und *r'* und *r* die Brechungsverhältnisse des gewöhnlichen und ungewöhnlichen Strahls bedeuten. Für **F** ergiebt sich hieraus in den angegebenen Beispielen beim Quarz $n = 1082$, beim Kalkspath $n = 1692$.

Die Formel gewährt zugleich ein Mittel, $r'-r$, und damit die Dispersion der doppelten Brechung genau zu bestimmen, sobald man im Stande ist, n aus den Beobachtungen zu ermitteln. Zu diesem Zweck hätte man nur nöthig, ein mit einem Fadenkreuz versehenes Ocular auf die Mitte eines dunklen Streifens des Spectrums zu richten, und dann die Dicke der Krystallplatte allmälig bis zu Null abnehmen zu lassen. Schieben sich bis zu diesem Zeitpunct n dunkle Streifen vor dem Kreuzfaden vorbei, so ist dies natürlich die mit n bezeichnete Zahl der Formel. Die allmälige Verringerung der Dicke kann durch Uebereinanderschieben zweier Prismen bewirkt werden.

Hat man für eine Farbe λ den Werth n auf diese Weise gefunden, so erhält man den entsprechenden Werth n' für eine andere Farbe λ', wenn man im Spectrum die Zahl m der Streifen zählt, die zwischen den zu λ und λ' gehörenden Puncten liegen, und somit $r'-r$ für jede zweite Farbe, deren Wellenlänge man kennt.

Brewster. Ueber die Erscheinungen an dünnen Platten von fester oder flüssiger Substanz in polarisirtem Licht. Phil. Mag. XXXII. 181.

Der Verf. beginnt diese Abhandlung damit, einen Versuch mit dem Readeschen Iriscop mitzutheilen. Letzteres besteht in einer polirten Platte von schwarzem Glase, welche mit einer Auflösung von feiner Seife bestrichen und dann mit Leder abgerieben wird. Wenn man hiernach durch ein Glasrohr gegen die polirte Fläche bläst, so bilden sich Farbenringe, welche den

Newtonschen analog sind, nur daſs, da der aufgehauchte Beschlag in der Mitte am dicksten ist, statt der Ringe mit schwarzer Mitte, Ringe mit schwarzem Rande auftreten. Auf die Mitte der Platte lieſs nun vorerst Herr Brewster senkrecht gegen die Einfallsebene polarisirtes Licht unter dem Polarisationswinkel des Wassers, nämlich unter einem Winkel von 53° 11′ fallen. Dabei zeigten die Farbenringe eine Unterbrechung durch einen diametralen farblosen Streifen, auf dessen einer (der Lichtquelle abgekehrten) Seite die Ringtheile weiſse Ränder, auf der andern Seite schwarze Ränder haben. Da die Strahlen nach dem Durchdringen der dünnen Wasserschicht unter einem Winkel auffallen, welcher kleiner ist als der Polarisationswinkel des vom Wasser bedeckten Glases, so werden die schwarzrandigen Ringe von zwei interferirenden Strahlenparthieen gebildet, die beide unter kleineren Winkeln als ihr Polarisationswinkel reflectirt worden sind; die weiſsrandigen dagegen von zwei Strahlenparthieen, von denen die an der oberen Seite der Wasserschicht reflectirte ihre Reflexion unter einem Winkel ausgeführt hat, welcher gröſser; die andere an der unteren Seite reflectirte Parthie unter einem Winkel, welcher kleiner ist als ihr Polarisationswinkel. Es erklärt sich also die Erscheinung genügend aus den Fresnelschen Intensitätsformeln, welche für den ersten Fall einen sogenannten Verlust einer halben Undulation nachweisen, für den zweiten Fall bei gleichen Wegen Schwingungen nach einerlei Richtung hin ergeben. Uebereinstimmend ist ferner damit, daſs die Ringe vollständig und schwarzrandig oder weiſsrandig werden, je nachdem der Einfallswinkel kleiner oder gröſser als 53° 11′ genommen wird.

Ferner ist ganz richtig bemerkt, welche Erscheinung hervorgehen würde, wenn man statt schwarzen Glases Fluſsspath nähme. Während nämlich ebenso wie dort bei von Null ab wachsender Incidenz zuerst schwarzrandige Ringe auftreten, bei 53° 11′ diese verschwinden, und bei weiterem Wachsen der Incidenz sich in weiſsrandige Ringe umsetzen müssen, werden dieselben hier bei 78° wiederum verschwinden, um darauf von neuem in schwarzrandige Ringe überzugehen, weil bei einem Einfallswinkel von 78° die gebrochenen Strahlen die Fluſsspathfläche unter einem Winkel von 47° 5′ treffen, welches (das Brechungsverhältniſs des Wassers und Flufsspaths resp. zu 1,336 und 1,437 gerechnet) der Polarisationswinkel des vom Wasser bedeckten Flufsspaths ist.

Bei Flufsspath, der mit einer Alkoholschicht überdeckt ist, würde an die Stelle des Winkels von 78° der Winkel 82° 32' treten. Ist nämlich m' das Brechungsverhältnifs des bedeckenden, m das des unterliegenden Mittels, so hat man für den vorliegenden Fall, wo $m' = 1{,}370$, $m = 1{,}437$ ist, den Polarisationswinkel i' an der Grenzfläche der beiden Winkel bestimmt durch

$$\operatorname{tang} i' = \frac{m}{m'} = 1{,}049,$$

woraus $i' = 46^\circ 22'$ und der entsprechende Einfallswinkel gleich 82° 92' sich ergiebt.

Soll das zweite Verschwinden bei der Incidenz von 90° sich ergeben, so hat man aufser

$$\operatorname{tang} i' = \frac{m}{m'} \quad \text{noch} \quad \sin i' = \frac{1}{m'},$$

also

$$m = \frac{m'}{\sqrt{(m'^2 - 1)}} \quad \text{oder} \quad m' = \frac{m}{\sqrt{(m^2 - 1)}}.$$

Soll ferner das zweite Verschwinden vor 90° eintreten, und sonach ein zweites Mal ein System schwarzrandiger Ringe erscheinen, so mufs für ein gegebenes m das bedeckende Mittel einen kleineren Werth von m' bieten, als die letzte Formel liefert, und der Einfallswinkel des zweiten Verschwindens ist dann gegeben durch die Gleichung

$$\sin I \frac{mm'}{\sqrt{(m^2 - m'^2)}}.$$

Ist $m = m'$, so erscheinen natürlich gar keine Ringe; ist aber nur $m = m'$ für eine Farbe, während für andere Farben m und m' stark von einander abweichen, so treten diese Farben in den dann sich bildenden Ringen überwiegend hervor, wie das mit Flintglas und Cassiaöl der Fall ist, welche für das Roth gleiche, für das Blau merklich abweichende Brechungsverhältnisse haben.

Wenn das Polarisationsazimuth des Einfallslichts von 90° verschieden ist, so treten in den Erscheinungen Modificationen ein. Beim Iriscop bleiben für die Incidenzen von 0° bis 53° 11' die schwarzrandigen Ringe bestehen; es ändern sich aber die Phänomene bei gröfserem Einfallswinkel. Beim Polarisationswinkel des schwarzen Glases, nämlich bei 56° 15′, erscheinen bei 90° Azimuth wegen der mangelnden Reflexion am Glase, die weifsrandigen Ringe auf schwarzem Grunde; bei abnehmendem Azimuth werden die Ringe schwächer wegen der hinzutretenden Glasreflexion, bis sie bei einem Azimuth von 79° gänzlich verschwinden; und allgemein: wenn der Einfallswinkel von 53° 11′ bis 90° währt, so nimmt das Azimuth, bei welchem die Ringe sich verlieren, von 90° bis 45° ab. Wegen des zu schnellen Verschwindens des Beschlages auf dem Iriscop hat Herr Brewster die betreffenden Azimuthe nicht mit Genauigkeit messen können, und daher die correspondirende Erscheinung an sehr stark brechenden Körpern, am Diamant, Bleichromat, künstlichen Realgar und Greenocit, statt am schwarzen Glase beobachtet.

Als Grund des Verschwindens der Ringe giebt der Verf. an, dafs bei den betreffenden Einfallswinkeln und den entsprechenden Azimuthen der an der oberen Fläche der dünnen Schicht reflectirte Strahlenantheil, und der nach einer Reflexion an der unteren Fläche wieder aus der oberen heraustretende Antheil senkrecht zu einander polarisirt werden und folglich nicht interferiren können. Wäre der Winkel zwischen den beiden Polarisationsebenen im reflectirten Licht gröfser als 90°, so würden die Ringe weifsrandig, wäre er kleiner als 90°, so würden sie schwarzrandig.

Zur Bestätigung berechnete der Verf. die betreffenden Azimuthe. Nennt man nämlich x das Azimuth des Einfallslichts, i den Einfallswinkel und i' den Brechungswinkel an der oberen Fläche des dünnen Ueberzuges, i' den Einfalls- und i'' den Brechungswinkel an der unteren Fläche; ferner φ das Polarisationsazimuth des an der oberen Fläche reflectirten Lichts, φ' das Azimuth des an dieser Fläche gebrochenen Lichts, φ'' das des reflectirten Lichts an der unteren Fläche, φ''' das Azimuth desselben Lichts nach dem Wiederaustritt aus der oberen Fläche: so hat man nach Fresnel's Formeln:

$$\operatorname{tang}\varphi = \operatorname{tang}x \frac{\cos(i+i')}{\cos(i-i')},$$

ferner

$$\cot\varphi' = \cot x \cos(i-i'),$$

$$\operatorname{tang}\varphi'' = \operatorname{tang} x' \frac{\cos(i'+i'')}{\cos(i'-i'')},$$

also wegen $x' = \varphi'$

$$\operatorname{tang}\varphi'' = \operatorname{tang} x \frac{1}{\cos(i-i')} \cdot \frac{\cos(i'+i'')}{\cos(i'-i'')},$$

und endlich

$$\cot\varphi''' = \cot x'' \cos(i-i') = \cot\varphi'' \cos(i-i')$$

$$= \cot x \cos^2(i-i') \frac{\cos(i'-i'')}{\cos(i'+i'')}.$$

Sollen nun die beiden Lichtportionen, die durch Interferenz im allgemeinen Falle die Ringe bilden, senkrecht zu einander polarisirt sein, also φ und φ'' sich um 90° unterscheiden, so muſs

$$\operatorname{tang}\varphi = \cot\varphi''',$$

d. h.

$$\operatorname{tang} x = \cos(i-i') \sqrt{\left(\frac{\cos(i-i')}{\cos(i+i')} \cdot \frac{\cos(i'-i'')}{\cos(i'+i'')}\right)}$$

sein.

Für Diamant, der nach Art des Iriscops behandelt wurde, ergab die Vergleichung der Beobachtungen mit den Resultaten dieser Formel, das Brechungsverhältniſs der Seiſe zu 1,475, das des Diameters zu 2,44 gerechnet, also bei Polarisationswinkeln von resp. 55° 52′ und 67° 43′ Folgendes:

i	x beobachtet.	x berechnet.
55° 52′	90° 0′	90° 0′
60	73 0	74 27
65	68 30	67 49
67 43	66 20	65 10
70	63 30	63 14
75	59 15	58 23
90	— —	46 30

Ferner wird nachstehende Tabelle zur Bestätigung des Zusammenhanges der weiſs- und schwarzrandigen Ringe mit den Azimuthsdifferenzen für Wasser und Glas angeführt.

i	φ	$-\varphi'''$	$\varphi-\varphi'''$	
90° 0′	90° 0′	90° 0′	180° 0′	
87 30	74 43	82 45	157 28	weifsr.
85 0	49 30	75 4	124 34	Ringe
79 28	28 26	61 19	90 0	keine Ringe
70 0	15 28	43 19	58 47	
45 0	5 45	18 57	24 42	schwarzr.
35 0	4 3	13 3	17 6	Ringe
20 0	2 6	7 7	9 13	
0 0	0 0	0 0	0 0	

Besonders schön sollen die Ringe sein, wenn man eine dünne Schicht wählt, welche das Licht stärker bricht als die Unterlage, wie z. B. Lorbeeröl auf Wasser. Herr Brewster brachte zu diesem Zwecke einige Tropfen des Oels auf eine Tintsolution oder auf Wasser in einem flachen schwarzen Gefäfse.

Metalle als Unterlage für dünne Flüssigkeitsschichten sollen Erscheinungen geben, welche sich sehr wenig von denen an durchsichtigen Körpern unterscheiden.

Auch an natürlichen Metallüberzügen beobachtete der Verf. dieselben Eigenthümlichkeiten. So z. B. bei einem irisirenden Stück späthigen Bleiglanzes, welches von Natur ein Ringsystem von drei Farbenordnungen darbot. Bei einem Einfallsazimuth von 90° verschwinden die Ringe unter einer Incidenz von 58° 36′, welche als Polarisationswinkel des unbekannten Ueberzugs genommen, auf ein Brechungsverhältnifs von 1,638 schliefsen liefse. Die Ringe, welche bei Vergröfserung der Incidenz wieder erschienen, aber mit weifser Mitte, zeigten sich am schwächsten, und auf blauem Grunde, bei einem Einfallswinkel von 72° 39′, dem Polarisationsmaximum der rothen Strahlen, welchem ein Brechungsverhältnifs von 3,200 entsprechen würde. Das Azimuth beim Verschwinden der Ringe fand sich zu 59° 25′, während die Formel 57° 59′ giebt. Der Unterschied dieser Zahlen kann nicht auffallen, da jener Winkel auf die mittleren Strahlen zu beziehen ist, während der Rechnung der Index der rothen Strahlen unterlegt wurde.

Der natürliche irisirende Ueberzug auf dem Bleiglanz von Elba schien Herrn Brewster von metallischer Natur zu sein.

Dafs unter keinem Einfallswinkel die Ringe verschwinden, schreibt er einer hohen Dispersivkraft des Ueberzuges zu, in deren Folge die Polarisationswinkel für die verschiedenen Farben stark von einander abweichen.

Um auf jedem beliebig gestalteten Körper, sei er metallisch oder nicht, einen Ueberzug von schönen Farben zu erhalten, wird ferner folgendes Verfahren angegeben. Der Körper wird in eine Höhlung porösen Holzes gelegt, dann Wasser aufgeschüttet, bis dasselbe die Oberfläche, etwa $\frac{1}{80}$ Zoll überdeckt, dann ein Tropfen Lorbeeröl darauf gebracht, welcher das Wasser mit einem höchst feinen Ueberzug versieht. In kurzer Zeit ist das Wasser von dem Holze aufgesogen, und der Oelüberzug bleibt auf dem Körper zurück. Es bilden sich alsdann, nachdem die adhärirende Feuchtigkeit gänzlich verdunstet ist, die glänzendsten Farben.

Bei Anwendung von Spiegelmetall verschwinden die Ringe vollständig unter 56°, dem Polarisationswinkel des Oels. Bei kleinerem Einfallswinkel bleiben die Ringe noch sehr deutlich, während sie unter gleichen Umständen auf durchsichtiger Oberfläche von geringerer Brechkraft kaum erkennbar blieben. Variirte das Polarisationsazimuth des Einfallslichtes von 90° bis 0°, so variirte auch die Incidenz, bei welcher die Farben verschwanden. So z. B. trat das Verschwinden ein bei nachstehenden Einfallswinkeln für die danebenstehenden Azimuthe.

Einfallswinkel.	Azimuth. beobachtet.	Azimuth. berechnet.
90° 0′	— —	40° 23′
71 50	56° 25′	57 22
60 0	65 45	65 4
56 5	90 0	90 0

Die berechneten Azimuthe sind aus der obigen Formel gefunden unter der Annahme von 1,49 als Brechungsverhältnifs des Lorbeeröls und von 4,011 als das des Spiegelmetalls.

Herr Brewster stellte ferner auch die Ringe auf dünnen Schichten dar ohne alle Unterlage, indem er Lorbeeröl, Cassiaöl, Terpenthinöl, etc. auf ein Diaphragma mit kleiner kreisförmiger Oeffnung brachte. Bei allen Einfallswinkeln und allen Azimuthen behielten die Ringe denselben Charakter, das angewendete Licht mochte polarisirt sein oder nicht; sie verschwanden beim Polarisationswinkel des Oels, und ihre Intensität variirte mit Azimuth und Einfallswinkel, ohne dafs sie aufhörten, die Mitte schwarz zu zeigen. Für den vorliegenden Fall gehen die übrigen Formeln, weil an beiden Oberflächen der Schicht das Brechungsverhältnifs dasselbe ist, über in

$$\tang\varphi = \tang x \frac{\cos(i+i')}{\cos(i-i')}, \quad \cot\varphi''' = \cot x \frac{\cos^2(i-i')}{\cos(i+i')};$$

also ist für

$$\tang\varphi = \cot\varphi''',$$

$$\tang x = \frac{\cos^2(i-i')}{\cos(i+i')}.$$

Diese Formeln geben für $\tang\varphi$ und $\tang\varphi'''$ immer dieselben Zeichen, so dafs der Winkel zwischen beiden Azimuthen nie 90° übersteigen kann, und demnach das Eintreten von Ringen mit weifser Mitte unmöglich wird.

Nachdem der Verf. noch darauf aufmerksam gemacht, dafs, wenn man das Licht vor der Reflexion polarisirt, und die Ringe dann nach Art der Polarisationsfarben der Krystalle durch ein doppelt brechendes Prisma betrachtet, die Erscheinungen denen der Krystalle sich analog verhalten: beschreibt er detaillirt die Erscheinungen an, mit Lorbeeröl überzogenem, künstlichem Realgar, und giebt namentlich für verschiedene Einfallswinkel und verschiedene Azimuthe des Einfallslichts die Stellungen an, bei denen während der Drehung des analysirenden Prisma's die Ringfarben in die complementaren sich umsetzen.

Am Schlusse endlich wird gezeigt, wie sich die Gesammtheit der Erscheinungen graphisch darstellen läfst, und eine solche Darstellung für Glas und Wasser und für Flufsspath und Wasser ausgeführt.

Hunt. Ueber die Dispersion des Lichts. Silliman Journal VII. p. 364.

Der Verf. beginnt diese Abhandlung mit der Darlegung der Mängel der bisherigen Dispersionstheorie. Die Erklärung nach der Emissionstheorie verwirft er, weil diese Theorie überhaupt mit den neueren Erscheinungen in Widerspruch steht, nichts desto weniger aber meinend, dafs die Auslegung der Farbenzerstauung etwas Wahres enthalte. Die in der Wellentheorie gegebene Erklärung verwirft er vornehmlich, weil dieselbe eine Ungleichheit der Fortpflanzungsgeschwindigkeit für die verschiedenen Farben voraussetze, und diese Ungleichheit beim Fortschreiten des Lichts durch die leeren Himmelsräume Erscheinungen hervorrufen müsse, welche erfahrungsmäfsig nicht eintreten. Es scheint also dem Verf. unbekannt geblieben zu sein, dafs Cauchy auch diesen Fall vorgesehen und nachgewiesen hat, dafs verschiedene Annahmen über die Aetherbeschaffenheit möglich sind, unter denen in einem Mittel die Fortpflanzungsgeschwindigkeit constant wird, die Dispersionserscheinungen demnach alsdann fortfallen müssen.

Eine Abänderung der Theorie, wie sie Herr Hunt vorschlägt, wird hiernach vorläufig überflüssig, und zwar um so mehr, da sich gegen die aufgestellten Ideen Vielfältiges einwenden läfst. Behufs der Dispersionserklärung denkt er z. B. die Ablenkung der Strahlen bei der Brechung dadurch hervorgebracht, dafs die Körperatome des brechenden Mittels auf die ihnen sehr nahe kommenden verdichteten Theile der Aetherwellen stärker anziehend wirken, als auf die weniger dichten Theile derselben, und sucht also ein Element aus der Erklärung nach der Emissionstheorie in die Wellentheorie hinüberzuziehen. Gegen diese Auffassung spricht aber aufser Anderem schon der Umstand, dafs bei den Transversalschwingungen, die der Verf. beibehält, Verdichtungen nicht Statt haben.

Prof. Dr. *Radicke.*

---

2. Optische Phänomene.

a. Zurückwerfung und Brechung des Lichtes.

W. Svan. Experiments on the ordinary refraction of Ireland Spar. Edinb. Trans. XVI. 375*.

F. Engel und K. Schellbach. Darstellende Optik. Heft 1 mit 7 Tafeln und 2 Bogen Text. Heft 2 mit 7 Tafeln und 2½ Bogen Text. Berlin 1849. 1850.

K. Schellbach. Ein Mittel die Schwierigkeiten des Studiums der Katoptrik und Dioptrik zu erleichtern. Pogg. Ann. LXXVI. 606*.

E. W. Grebe. Ein Hülfsmittel die verschiedenen bei sphärischen Spiegeln vorkommenden Fälle leicht zu behalten. Grunert's Arch. XII. 423*.

H. Emsmann. Ueber Construction der Anamorphosen im Kegelspiegel. Pogg. Ann. LXXVII. 571*;

Bertin. Sur la mesure des indices de réfraction des lames transparentes et des liquides à l'aide du microscope ordinaire. C. R. XXVIII. 447*; Inst. 1849. No 796, p. 105*; Ann. d. ch. et d. ph. XXVI. 288*; Arch. d. sc. ph. et nat. XII. 45*; Pogg. Ann. LXXVI. 611*.

Dutirou. Observation de l'indice de réfraction de diverses natures de verre. C. R. XXIX. 632*. Pogg. Ann. LXXIX. 335*; Ann. d. ch. et d. ph. XXVIII. 176. 501.

Peletreaux. Détermination de réfraction des verres. Inst. 1849. No. 830, p. 379*. (Nur der Titel scheint eine Namenverwechslung zu sein, da in den C. R. über die Sitzung vom 26sten Nov. keiner Arbeit des Herrn P. gedacht wird, wohl aber der vorigen des Herrn Dutiron.)

J. D. Forbes. Note respecting the refractive and dispersive power of chloroform. Phil. Mag. XXXV. 94*.

A. Cauchy. Note sur la détermination simultanée de l'indice de réfraction d'une lame ou plaque transparente et de l'angle compris entre deux surfaces planes qui terminent cette plaque. C. R. XXVIII. 161*; Inst. 1849. No. 793, p. 82*. (Nur Titel).

Brachet. Expériences concernant une propriété remarquable de la lumière. C. R. XXIX. 125. (Nur Titel).

H. Schröder. Notiz über den Gegensatz von Matt und Glanz. Pogg. Ann. LXXVIII. 569.

b. Absorption. Spectrum.

O. J. Broch. Om de Frauenhofer'ske linier i solspectret saaledes som de vise sig for det ubevaebnede öie. Nyt. mag. VI. 50*. Pogg. Ann. Ergzgsbd. III. 311*.

G. G. Stokes. On the determination of the wawe length corresponding with any point of the spectrum. Athen. No. 1143, p. 962*: Inst. 1849. No. 828, p. 368*.

Zantedeschi. Sur les causes des lignes longitudinales du spectre solaire et sur les caractères de ces lignes. Arch. d. sc. ph. et nat. XII. 43*; s. a. Corrispond. scientifica di Roma, 30 Mai 1849. No. IX. p. 69.

E. Wartmann. Sur les lignes longitudinales du spectre. Arch. d. sc. ph. et nat. X. 302*.

(G. M. Cavalleri. Indagini sulla causa delle linee longitudinali delle spettro luminoso perpendiculari a quelle di Frau(e)nhofer. Diario ed Atti d. Ac. fis. med. stat. di Milano. No. 13. 17.)

Dalet. Trois couleurs primitives dans le spectre solaire, le jaune, le rouge et le bleu. C. R. XXVIII. 273*. (Nur Titel).

c. Beugung und Interferenz.

F. de la Provostage et P. Desains. Note sur les anneaux colorés de Newton. C. R. XXVIII. 253*; Inst. 1849. No. 790 p. 57*. Ann. d. ch. et d. ph. XXVII. 423*; Pogg. Ann. LXXVI. 459.

G. G. Stokes. On the formation of the central spot of Newton's rings beyond the critical angle. Phil. Mag. XXIV. 137*.

L. Schläfli. Ueber eine durch zerstreutes Licht bewirkte Interferenzerscheinung. Grun. Arch. XIII. 299*.

Fizeau et L. Foucault. Sur le phénomène des interférences entre deux rayons de lumière dans le cas de grandes différences de manche. Ann. d. ch. et d. ph. XXVI. 138*.

G. G. Stokes. Supplement to a paper: on the theory of certain bands seen in the spectrum. Phil. Mag. XXXIV. 309*; Inst. 1849. No. 802, p. 159*.

d. Natürliche Farben.

J. E. Busolt. Wirkliche Farbe der Sonne und ihrer Flecke. Pogg. Ann. LXXVI. 160.

de Haldat. Sur les couleurs accidentelles de l'eau. Arch. d. sc. ph. et nat. X. 299; Mém. d. l. soc. d. Nancy 1848.

J. D. Forbes. Hints towards a classification of colours. Phil. Mag. XXXIV. 161*.

Doppler. Versuch einer systematischen Classification der Farben. Abh. d. Böhm. Ges. V. 401*.

William Swan. Versuche über die gewöhnliche Brechung des Doppelspathes. Edinb. Trans. XVI. p. 375.

Um einige von Brewster beobachtete Erscheinungen bei der Reflexion am Kalkspath zu erklären, hatte Mac Cullagh die Ansicht aufgestellt, es möchte auch das gewöhnlich gebrochene Licht in diesem Krystalle von veränderlichem Brechungsverhältnifs sein. Obgleich Brewster's darauf angestellte Versuche die Unveränderlichkeit des Brechungsverhältnisses bestätigten, so unternahm doch Herr Svan auf Nicol's Antrieb, an verschieden geschnittenen, von letzterem eigends dazu angefertigten Kalkspathprismen eine nochmalige Prüfung. Er bediente sich dazu des homogenen gelben Lichts einer durch Kochsalz gefärbten Spiritusflamme, und mafs mit einem Theodoliten in bekannter Weise die kleinsten Ablenkungen.

Die Resultate waren folgende:

Prisma	Neigung des gebrochenen Strahls gegen die opt. Axe	Brechungs-verhältniſs
No. 1 . . .	0° .	1,658367
- 2 . . .	90° . .	1,658366
- 3 . .	90° . .	1,658384
- 4 .	90° . . .	1,658361
- 5 . .	45° . .	1,658385
- 6 . . .	66° 51′ . . .	1,658389

Man hat demnach allen Grund, das Berechnungsverhältniſs des gewöhnlich gebrochenen Lichts als constant anzunehmen.

Prof. Dr. ***Radicke.***

Durch die Herausgabe der schönen optischen Zeichnungen, welche jetzt in 14 Tafeln vor uns liegen (noch 7 andere sind zu erwarten) haben sich die Herren F. Engel und K. Schellbach ein groſses Verdienst zur Verständigung über die wichtigsten Phänomene der Spiegelung und Brechung des Lichts erworben.

Die äuſserst sorgfältig und in hinlänglich groſsem Maaſsstabe ausgeführten Zeichnungen geben den Weg einer groſsen Zahl von Lichtstrahlen an, welche von einem leuchtenden Punct oder einem leuchtenden Körper auf eine spiegelnde oder brechende Fläche fallen und demnächst gespiegelt oder gebrochen werden. Da jede einzelne, einen Lichtstrahl darstellende Linie in ihrem Verlaufe genau nach den Gesetzen der Spiegelung und Brechung gezeichnet ist, so ergiebt sich in jeder einzelnen Figur ein sehr belehrendes Bild des optischen Vorganges, der wie man behaupten kann in seiner Totalität, selbst bei den einfachsten Fällen, erst durch diese graphische Construction deutlich wird, während die Rechnung immer nur die Lichtwirkung für einen bestimmten Punct kennen lehrt. Ein Blick auf die Tafeln reicht hin, um das Urtheil zu rechtfertigen, daſs hier der Anfänger eine Vorstellung von der Wirkung der optischen Instrumente erhalten kann, wie durch kein andres Hülfsmittel, daſs aber auch der vollständig mit der Theorie Vertraute überall, besonders bei den Figuren, welche die Entstehung der Brennflächen zeigen, auf Punkte aufmerksam gemacht wird, die sich aus der Theorie nur mit Mühe entwickeln lassen. Die bisher erschienenen Kupfertafeln enthalten die Spiegelung an ebenen und sphärischen, concaven und convexen Spiegeln, die Brechung im Prisma und in sphärischen Linsen, die Entstehung des Bildes im holländischen Fernrohr und die Entstehung der Regenbögen. Durch die Notiz des Herrn Schellbach in Pogg. Ann. und die derselben beigefügte Tafel der Lichtbrechung im Prisma ist wohl das Werk einem gröſseren Publikum bekannt geworden, möchte es bald eine groſse Verbreitung, namentlich in den Schulanstalten, finden.

Herr Grebe giebt an der angeführten Stelle ein mnemotechnisches Hülfsmittel um die verschiedenen Fälle der Spiegelung bei sphärischen Spiegeln dem Gedächtnisse einzuprägen.

Herr Emsmann giebt eine Methode an, die Zeichnung von Anamorphosen für einen graden Kegelspiegel leichter als es bisher geschah, auszuführen.

Um den Brechungsindex von durchsichtigen Platten oder von Flüssigkeiten zu finden, schlägt Herr Bertin eine Benutzung des Mikroskopes vor, welche etwas von den früher durch den Herzog v. Chaulness, Brewster, Becquerel, Cahours angegebenen Methoden abweicht. Richtet man das Mikroskop so ein, daſs sich das Okular desselben verschieben läſst, bestimmt man dann die drei Vergröſserungen (G, γ, g) eines Glasmikrometers, wenn dasselbe erst auf der zu untersuchenden Platte, dann, wenn es darunter liegt, endlich, wenn die Platte entfernt wird, so ist der Brechungsindex

$$n = \frac{\gamma}{g} \cdot \frac{G-g}{G-\gamma}.$$

Am ausführlichsten ist die Methode, die zwar keine sehr groſse Genauigkeit zuläſst, indessen für einige Zwecke brauchbar sein kann, in den Ann. d. ch. et d. ph. beschrieben.

Herr Dutirou hat bei 18 verschiedenen Glassorten den Brechungsindex für die verschiedenen Spektrallinien sehr genau gemessen. Aus der Tabelle [1]) ersieht man, daſs einige der Glassorten sich vorzüglich gut zur Combinirung für achromatische Linsen eignen werden.

Die Brechungsverhältnisse von reinem Chloroform von spec. Gew. 1,4966 bei $+12{,}2C$ sind nach Herrn Forbes:

äuſserstes Roth $n = 1{,}4475$,
$n_B = 1{,}4488$,
$n_D = 1{,}451$,
$n_b = 1{,}456$,
$n_F = 1{,}457$,
$n_H = 1{,}463$,
äuſserstes Violet $= 1{,}4675$.

Das Zerstreuungsvermögen $\frac{dn}{n-1} = 0{,}045$ ist also dem ätherischen Oele nahe kommend.

Herr Schröder bemerkt, daſs eine matte undurchsichtige Fläche z. B. von einer pulverförmigen Substanz dunkler erscheint, wenn die Lichtquelle und das Auge auf entgegengesetzten Seiten der Fläche liegen, heller dagegen, wenn Licht und Auge sich auf derselben Seite der Fläche befinden. Eine Erklärung der Erscheinung ergiebt sich aus der Reflexion des Lichtes an den kleinen Unebenheiten der Oberfläche.

Herr O. J. Broch hat Beobachtungen über die Fraunhoferschen Linien im Spektrum angestellt, die man mit bloſsem Auge oder in der Projektion auf einem Schirm erblickt. Er fand, daſs die in den gangbaren Lehrbüchern dargestellten Spektra sich nicht mit dem wirklichen Bilde vergleichen lieſsen; ebenso lieſs

[1]) Die Tabelle in den Ann. d. ch. et d. ph. XXVIII. 501* enthält die berichtigten Zahlenwerthe, welche beträchtlich von den Zahlen abweichen, die an den übrigen oben citirten Orten zu finden sind.

ihn die Vergleichung mit dem von Fraunhofer selbst gezeichneten Spektralbilde unsicher, welche den gesehenen Linien die 7 Hauptlinien vorstellten. Durch Bestimmung der Wellenlänge einer der gesehenen Linie bestimmte er die übrigen in seinem Projektionsspektrum sichtbaren Linien nach der Fraunhoferschen Bezeichnung. Die der Abhandlung im Nyt. mag. beigegebene Zeichnung giebt allerdings ein getreues Bild des Spektrums, wie es Referent oft durch Projektion auf einem Schirm von sensiblem Papiere aufgefangen hat, und so, wenigstens für die brechbareren Strahlen, vergleichen konnte.

Herr Stokes hielt bei der englischen Naturforscherversammlung einen Vortrag über die Berechnung der Wellenlänge aus der Beobachtung der Spektrallinien, der in seinen Details nicht bekannt geworden ist.

Noch einmal haben die sogenannten Longitudinallinien des Spektrums einige Aufsätze veranlaſst. Herr Wartmann bekennt sich jetzt gleichfalls zu der von uns ausgesprochenen Ansicht [1]), welche, wie es aus dem Citate in Herrn Wartmanns Aufsatz erhellt, auch von Herrn Cavalleri adoptirt zu sein scheint. Herr Zantedeschi gesteht zwar zu, daſs einige der Linien von den Unvollkommenheiten der Apparate herrühren, hält aber die Behauptung von der Entstehung anderer, durch Beugung und Interferenz, aufrecht, ohne nur Gründe für diese Behauptung, wenigstens in der uns vorliegenden Notiz in den Arch. d. sc. ph. et nat., beizubringen. Diese letzteren wirklichen Spektralstreifen sollen sich von den ersteren zufälligen, besonders durch ihre scharfe Begränzung unterscheiden und dadurch, daſs ihre Gränzen nicht irisirend erscheinen, wie dies bei den zufälligen Linien der Fall sein soll.

Nach Newton's Ansicht ist die Dicke der Luftschicht, welche einem und demselben Farbenringe zwischen zwei Glaslinsen bei verschiedenen Einfallswinkeln entspricht, proportional der Secante

[1]) S. Berl. Ber. III. 126. IV. 163.

eines Winkels u, der durch die Relation

$$\sin u = \tfrac{1}{106}\left(105 + \frac{1}{n}\right)\sin r$$

bestimmt ist, wo n den Brechungsindex des Glases, r den Winkel, den der gebrochene Strahl in der dünnen Schicht mit der Normale macht, bedeutet. Nach der Undulationstheorie müfsten die Dicken für alle Incidenzen proportional zu $\sec r$ sein; die Berechnung stimmt aber mit den Newtonschen Beobachtungen für $r > 60^0$ so wenig überein, dafs Herschel daraus einen Einwurf gegen die Undulationstheorie herleitet. Die Herren de la Provostaye und Desains geben nun eine grofse Zahl von Versuchen, aus welchen die Richtigkeit des von der Undulationstheorie geforderten Werthes bis zu den gröfsten noch zu beobachtenden Incidenzen folgt. Die Durchmesser D der Ringe lassen sich mit der gröfsten Genauigkeit aus der Formel

$$(a.)\quad D^2 = 2(m-1)k\sec r$$

berechnen, wo m die Ordnungszahl des dunklen Ringes, den Centralfleck als den ersten betrachtet, k eine Constante bedeutet, welche gleich dem Produkt des Kugeldurchmessers der Linse in die Wellenbreite des angewendeten Lichtes ist. Zum Belege der Uebereinstimmung zwischen Theorie und Beobachtung möge eine kleine Tabelle hier Platz finden:

m	Neigung 85°21′ D in mm.		
	beobachtet	berechnet nach a	berech. nach Newton
2	19,82	19,41	16,37
3	27,42	27,45	23,15
4	33,79	33,63	28,36
5	38,74	38,82	32,75
6	43,53	43,41	36,61
7	47,53	47,55	40,11

Bei diesen Beobachtungen wurde eine Linse von $13^{m},29$ Krümmungshalbmesser und homogenes gelbes Licht angewendet, woraus für k der Werth $15^{mm},275$ folgte, der bei der Berechnung zu Grunde gelegt wurde. Die Abhandlung ist in den Ann. d. ch. et d. ph. vollständig, an den anderen Orten nur im Anszuge zu finden.

Läfst man die Newtonschen Farbenringe auf einem Glasprisma und unter einer Linse entstehen, so dafs man die Einfallswinkel beliebig ändern kann, so verschwinden sie, wenn dieser dem Gränzwinkel der totalen Reflexion gleich wird; dagegen bleibt der Centralfleck bestehen. Herr Stokes sucht dies durch eine neue Auslegung der von Fresnel gegebenen Ausdrücke für die Intensitäten des reflectirten und gebrochenen polarisirten Lichtes zu erklären. Eine neuere in einem der folgenden Jahresberichte zu besprechende Arbeit des Herrn Wilde macht ein näheres Eingehen auf die Beweisführung des Herrn Stokes überflüssig.

Herr Schläfli beschreibt eine einfache Methode, Interferenzen zwischen reflektirtem zerstreutem Lichte zu beobachten. Während bei dem Newtonschen bekannten objektiven Versuche das durch eine Oeffnung in der Wand auf einen Hohlspiegel fallende Licht in farbigen Ringen um die Oeffnung herum reflektirt wird, was nach Herschel's II. Erklärung durch die Interferenz der an der Vorderseite zerstreuten, dann an der Hinterseite reflektirten, mit den an der Hinterseite reflektirten und an der Vorderseite zerstreuten Strahlen herrührt, stellt Herr Schläfli die Erscheinung subjektiv an einem gewöhnlichen Spiegel dar. Behaucht man einen solchen und bringt das Auge so zwischen den Spiegel und eine Lichtflamme, dafs man das Bild des Auges und der Flamme nahe beisammen sieht, so erblickt man auf dem Spiegel eine Menge concentrischer farbiger Kreisbogen. Die Erklärung, welche Herr Schläfli giebt, schliefst sich an die von Herschel II. für den Newtonschen Versuch gegebene an.

Schon im Jahre 1845 hatten die Herren Fizeau und Foucault der franz. Akademie eine Arbeit über Interferenz zweier Lichtstrahlen, von grofsem Gangunterschiede, mitgetheilt, von deren damals bekannt gewordenem Theile hier ein Auszug gegeben wurde [1]). Eine Fortsetzung dieser Arbeit wurde 1846 angekün-

[1]) Berl. Ber. I. 187.

digt[1]) und 1848 für eine ausführliche Veröffentlichung bestimmt[2]). Jetzt ist in den Ann. d. chim. et d. ph. eine Abhandlung der genannten Herren erschienen, welche wieder nur als erste Abtheilung bezeichnet wird und nur eine ausführliche Darstellung der schon im 1sten Jahrgange mitgetheilten Beobachtungen ist[3]).

Die von B. POWELL beschriebenen Interferenzstreifen im Spektrum[4]) hat Herr STOKES zum Gegenstande einer ausführlicheren Untersuchung gemacht, in welcher er die Erscheinung zu 4 verschiedenen praktischen Anwendungen brauchbar erklärt; zur Bestimmung: 1) des Zerstreuungsvermögens der Platte, 2) des absoluten Brechungsvermögens derselben, 3) der Aenderung des Brechungsvermögens der Flüssigkeit mit der Temperatur, 4) des Brechungscoëfficienten der in diesem Falle aus einer doppeltbrechenden Substanz bestehenden Platte, bei verschiedener Richtung des Lichtstrahles gegen die Krystallaxe. Beobachtungen sind der leider sehr kurzen Notiz nicht beigefügt.

Als Herr BUSOLT das vom 6füfsigen Heliometer der Königsberger Sternwarte erzeugte Bild der Sonne auf eine von einem Spiegel abgegossene Scheibe des feinsten Gypses projicirte, erschienen ihm die Sonnenflecke schön dunkel violett, von einem prächtig gelben Hofe umgeben, die Sonnenscheibe farblos und durchweg violett gesprenkelt. Sollten nicht bei dem für das Auge ohne Zweifel unerträglich blendenden Anblick des Bildes subjektive Farbenerscheinungen eingetreten sein? Wo nicht, so wäre es wohl der Mühe werth die interessante Beobachtung zu verfolgen, und etwa, was bei einem grofsen Bilde der Sonne sich ausführen liefse, die von einem Sonnenflecken herkommenden Strahlen durch eine feine Oeffnung in einem opaken Schirme hindurchzuleiten.

[1]) Berl. Ber. II. 183.

[2]) Berl. Berl. IV. 157.

[3]) S. auch die hierhergehörigen Beobachtungen von J. MÜLLER. Berl. Ber. II. 607. III. 686.

[4]) Berl. Ber. IV. 157. s. a. Phil. mag. XXXIII. 155*.

Herr de Haldat beschreibt die tiefblaue Farbe einer Quelle in der Nähe von Tübingen, und ist der Ansicht, dafs die Ursache einer so intensiven Färbung durch die bisher aufgestellten Hypothesen nicht erklärt sei. Vergleiche diese Berichte III. 135.

Herr Forbes stellt an dem oben citirten Orte die wichtigsten Versuche zusammen, welche gemacht worden sind, um die grofse Mannigfaltigkeit der Farben und ihrer Nüancirungen übersichtlich zu ordnen. Nächst der ausführlicheren Erwähnung der Lambertschen Farbenpyramide und des Mayerschen Farbendruckes erwähnt er eines englischen Werkes von D. R. Hay (nomenclature of colours) dessen Farbennomenklatur ihm am meisten zuzusagen scheint. Hay geht von 3 primären Farben, roth, gelb, blau aus; combinirt diese zu zweien in den sekundären Farben, orange, grün, violett; setzt je zwei sekundäre Farben zu tertiären zusammen, u. s. f. Herr Forbes entwickelt die von Hay befolgte Methode der Combinirung und giebt sodann eine Tafel, welche die Namen der nach dieser Methode geordneten Farben enthält. Eine nach diesem Systeme geordnete Farbentafel, aus Mosaiken bestehend, hoffte Herr Forbes aus den Schätzen einer grofsartigen römischen Fabrik zusammenstellen zu können, fand sich aber in seiner Erwartung getäuscht, indem die vorhandenen Mosaiken die primären und sekundären Töne mit ihren verschiedenen Nüancirungen, kurz die Farben des Spektrums, sehr unvollständig vorhanden waren. Eine solche, in dauerhaftem Materiale ausgeführte Mustertafel würde freilich zur genaueren Farbenbezeichnung viel beitragen können, während eine Nomenklatur nach Mischungsregeln gebildet im concreten Falle nicht viel Nutzen hat.

Prof. Dr. G. *Karsten.*

Doppler. Versuch einer systematischen Classification der Farben. Abh. der Böhm. Ges. V. 401.

Der Verf. geht davon aus, dafs sich sämmtliche subjectiv einfach erscheinende (d. h. nicht schillernde) Farben aus den drei von einander unabhängigen Grundfarben, Roth, Gelb, Blau mischen lassen. Diese Grundfarbe denkt er auf drei auf einander senkrechte, von einem Puncte A ausgehende gerade Linien dergestalt aufgetragen, dafs jede der drei Linien (Axen) eine Farbe trägt, und diese Farbe bei A mit absoluter Dunkelheit anfängt und in ihrer Intensität proportional mit der Entfernung von A aus ins Unbestimmte wächst. Die Intensitätseinheit wird dabei einer willkürlich gewählten aber bestimmten und für alle drei Farben gleichen Linie entsprechend gedacht; jedoch so, dafs die Intensitäten in den drei Einheiten dasselbe Verhältnifs haben, welches erforderlich ist, damit die Mischung Weifs gebe. So wie nun jeder Punct auf einer der Axen eine bestimmte Grundfarbe von bestimmter Intensität bezeichnet, so soll dann jede bestimmte Mischfarbe durch einen Punct aufserhalb der Axen bezeichnet werden, dessen Coordinaten r, g, b sind, die drei Axen als Coordinaten angesehen und r, g, b als die Intensitäten der die Mischfarben bildenden Grundfarben gedacht. Als Ausdruck für die Intensität der Mischfarbe nimmt alsdann Herr Doppler die Entfernung des gedachten Punctes von A, also $\sqrt{(r^2+g^2+b^2)}$. Ist nun k ein Punct, dessen Farbe gemischt ist aus den Grundfarben in dem Verhältnifs $r:g:b$, so giebt, wenn n eine absolute Zahl bedeutet, eine Mischung aus nr, ng, nb eine Farbe von derselben Natur, aber von der Intensität $n\sqrt{(r^2+g^2+b^2)}$, also von $n$facher Lichtstärke. Da der durch die Coordinaten nr, ng, nb gegebene Punct in der Richtung Ak liegt, so liefert die von A durch k gehende Linie Puncte von einerlei Farbe, deren Intensität bei A von Null beginnend gleichmäfsig wächst. Diejenige von A ausgehende Linie, welche mit den drei Axen gleiche Winkel bildet, stellt dann das Weifs vor, oder vielmehr ein Grau, welches dicht bei A am dunkelsten ist, dann aber allmälig heller wird, und sich endlich zu heller und hellerem Weifs steigert.

Die hiermit aufgestellte geometrische Anordnung der Farben benutzt der Verf. zur Vergleichung der Farben sowohl in Bezug auf ihre Intensität, als in Bezug auf ihre Qualität. Er nennt nämlich zwei verschiedene Farben zu einer Intensitätsklasse gehörig, sobald die ihnen entsprechenden Puncte gleiche Entfernung von A haben und er vergleicht ihre Qualität nach dem Maafse des von A aus beschriebenen Kreisbogens, welcher, nachdem die

Farben auf einerlei Intensitätsklasse gebracht worden, von dem Puncte der einen Farbe zu dem der andern geht. Das Maafs dieses Bogens nennt der Verf. den Verwandtschaftsgrad.

Wenn $r=g=b$ ist, so wird die Intensität des resultirenden Weifs $r\sqrt{3}$; soll daher das Weifs gleich m sein, oder wie es in der Abhandlung heifst, zur Intensitätsklasse m gehören, so mufs $r=g=b=\sqrt{\tfrac{1}{3}}.m$ genommen werden. Hierdurch hat sich Herr Doppler verleiten lassen, auch bei allen andern Mischfarben anzunehmen, man müsse die Werthe von r, g, b mit $\sqrt{\tfrac{1}{3}}$ multipliciren, um zu der die Intensitätsklasse bestimmenden Zahl zu gelangen, d. h. dieselbe überall gleich $\sqrt{(\tfrac{1}{3}(r^2+g^2+b^2))}$ anzusetzen.

Die Auswerthung der Intensitätsklasse ist daher durchgängig in der Abhandlung falsch geworden.

Was den Verwandtschaftsgrad zweier Farben B und C betrifft, so hat man, wenn B aus r, g, b und C aus r', g', b' gemischt ist, zuerst n so zu bestimmen, dafs $r^2+g^2+b^2=n^2(r'^2+g'^2+b'^2)$ wird, und es wird dann für C die durch nr', ng', nb' gebildete Farbe als diejenige genommen, welche mit B zu derselben Intensitätsklasse gehört. Die den Verwandtschaftsgrad ausdrückende Zahl ist dann

$$2\sqrt{(r^2+g^2+b^2)}\arcsin\frac{\sqrt{[(r-nr')^2+(g-ng')^2+(b-nb')^2]}}{2\sqrt{(r^2+g^2+b^2)}}.$$

Hiergegen einzuwenden ist einmal, dafs die Bestimmung zweideutig ist, indem es unbestimmt gelassen ist, welche von den verglichenen Farben man auf die Intensitätsklasse der andern bringen soll, und dann, dafs die Bestimmung insofern nicht passend gewählt ist, als sie auf Maafsverhältnisse führt, indem sich danach z. B. ein schwaches Blau und schwaches Roth als verwandter herausstellen kann, als zwei wenig verschiedene Nüancen von sehr intensivem Blau.

Uebrigens dürfte im Ganzen die Grundidee nebst ihren Resultaten erst dann einen Nutzen gewähren, wenn sich Mittel auffinden lassen, für gegebene Farben die Werthe von r, g, b mit einiger Genauigkeit zu bestimmen, von welchem Ziele wir noch sehr weit entfernt sind.

Prof. Dr. *Radicke*.

c. Polarisation, Optische Eigenschaften von Krystallen.

Haidinger. Ueber die schwarzen und gelben Parallelstreifen am Glimmer. Pogg. Ann. LXXVII. 219*; Wien. Ber. 1849. Hft. 2, p. 123.

Babinet. Sur le sens des vibrations dans les rayons polarisés. C. R. XXIX. 514*. Pogg. Ann. LXXVIII. 580*; Arch. des sc. ph. et nat. XII. p. 313*; Inst. No. 828. p. 361*.

Biot. Sur la manifestation du pouvoir rotatoire moléculaire dans les corps solides. C. R. XXIX. 681*; Inst. No. 832. p. 393.

Bouchardat. Sur les propriétés optiques de l'acide camphorique. C. R. XXVIII. 319*; Inst. No. 792. p. 73*; Erdm. u. March. XLVII. 455*.

Clerget. Analyse de substances saccharifères au moyen des propriétés optiques de leurs dissolutions. Ann. de chim. et de ph. XXVI. 175*; Inst. No. 791. p. 66*.

Jamin. Sur la polarisation du quartz. Inst. N. 794. p. 91*.

Haidinger. Ueber die Oberflächen und Körperfarben des Andersonits, einer Verbindung von Jod und Codeïn Wien. Ber. Nov. Pogg. Ann. LXXX. 553*.

— — Ueber die Formen und einige optische Eigenschaften der Magnesiumplatincyanüre. Wien. Ber. p. 20; Pogg. Ann. LXXVII. p. 59*.

— — Ueber den Antigorit. Pogg. Ann. LXXVII. p. 91*; Wien. Ber. 1849.

Splitgerber. Ueber Entglasung. Pogg. Ann. LXXVI. 560*; Berl. Monatsb. 1849. p. 53*; Inst. No. 814. p. 254*.

Haidinger. Note über den metallähnlichen Schimmer des Hypersthens. Wien. Ber. IV. 2. p. 3.

— — Ueber den Pleochroïsmus des Chrysoberylls. Pogg. Ann. LXXVII. 225*; Ber. d. Freunde d. Naturw. in Wien.

Pasteur. Recherches sur les relations qui peuvent exister entre la forme crystalline, la composition chimique, et le sens de la polarisation rotatoire. C. R. XXVIII. 477*; Ann. de chim. et de ph. XXI. 67*; Krön. Journ. I. 279*; Arch. de sc. ph. et nat. XI. 51*; Inst. No. 798. p. 124*.

— — Recherches sur les propriétés spécifiques des deux acides qui composent l'acide racémique. Ann. de chim. et de ph. XXVIII. 56;* Erdm. u. March. L. 88, 129*; Pogg. Ann. LXXX. 127*. Inst. No. 820. p. 298*; Fror. Not. XI. 289*; C. R. XXIX. p. 297*.

Biot. Rapport sur un mémoire de Mr. Pasteur sur l'acide racémique. C. R. XXIX. 433*; Inst. No. 825. p. 337*.

A. Becquerel. Propriétés optiques de l'albumine. C. R. XXIX. 625*; Inst. No. 830. p. 377*.

Böbert. Gesetze der Fortpflanzung des Lichtes in isophanen einaxig krystallisirten Körpern.

Marx. Zur Geschichte der Lehre von der doppelten Strahlenbrechung. Pogg. Ann. LXXVIII. 272*.

Haidinger. Ueber die schwarzen und gelben Parallellinien am Glimmer. Pogg. Ann. LXXVII. p. 219.

Glimmerblättchen, welche man sehr nahe am Auge hält, und in welchen sich eine durch Kochsalz gelb gefärbte Spiritusflamme spiegelt, zeigen die schwarzen und gelben Interferenzstreifen, von der Reflexion des Lichts an der vorderen und hinteren Glimmerfläche herrührend, besonders leicht und deutlich.

Es wird erwähnt, dafs die Streifen, welche man an dünn geblasenem Glase wahrnimmt, von denen am Glimmer dadurch abweichen, dafs die Glasschicht stets von ungleicher Dicke sei und sich Mittelpunkte bilden, von wo die Ringe gleichförmig abrücken.

Beim Glimmer dagegen stehen die Streifen nahe der Einfallsebene senkrecht auf derselben und erweitern sich nach beiden Seiten hin. In dem schmalen Bilde der Weingeistflamme erscheinen sie als gerade Linien. In Beziehung hierauf hat Ettingshausen angegeben, dafs die Incidenzpunkte auf dem Glimmerblatte, welche einerlei Gangunterschieden der Strahlen entsprechen, bei ungeänderter Stellung des Auges in einer Kreislinie liegen, deren Centrum durch das Loth vom Auge auf die Ebene des Glimmerblattes bestimmt wird. Indem das Auge diese Kreise auf eine senkrecht gegen die Sehaxe stehende Fläche projicirt, gehen dieselben in eine Hyperbel, Parabel oder Ellipse über, jenachdem der Einfallswinkel, vom Auge aus gerechnet, 45^0 übersteigt, $= 45^0$ oder kleiner als 45^0 ist.

Babinet. Ueber die Richtung der Schwingungen in den polarisirten Strahlen; Pogg. Ann. LXXVIII. p. 580.

Aus folgenden beiden von Arago angestellten Versuchen zieht Babinet den, jedoch nicht näher begründeten, Schlufs, dafs die Schwingungen des polarisirten Lichtes nicht, wie Fresnel annahm, senkrecht gegen die Polarisationsebene, sondern in derselben Statt finden:

1) Wenn ein weifses Papier senkrecht von der Sonne beleuchtet wird und sehr schief vermittelst des Polariskops betrachtet

wird, so zeigt sich, dafs dieses Papier parallel mit seiner Oberfläche Licht aussendet, das merklich und zwar in einer Ebene, welche mit der des Papiers selbst zusammenfällt, polarisirt ist. Dieses Resultat erweitert BABINET dahin, dafs man dieselbe Polarisation auch in dem Lichte wahrnimmt, welches in einer gleichen Richtung unterhalb des Papiers beobachtet wird.

2) Wenn man eine metallische Platte weifsglühend macht und sehr schief betrachtet, so nimmt man ebenfalls dieselbe Polarisation wahr. Es ist bekannt, fügt BABINET hinzu, dafs ARAGO hieraus ein Mittel hergenommen hat, das Licht zu unterscheiden, welches einerseits von festen oder flüssigen, andererseits von glühenden gasförmigen Körpern ausstrahlt.

BIOT. Ueber die Drehung der Polarisationsebene in festen Körpern. C. R. XXIX. p. 681.

BIOT führt aus, das einzige wirksame Mittel zu untersuchen, ob die die Polarisationsebene drehende Wirkung den Molekülen der Körper inhärire, bestehe darin, dafs man sie in ihrem gelösten und ihrem festen amorphen Zustande mit einander vergleiche, um sich auf diese Weise von denjenigen Polarisationserscheinungen, welche bei allen nicht zum regulären System gehörenden krystallisirten Körpern eintreten, und deren Wirkungen sich mit der Drehung der Polarisationsebene combiniren, unabhängig zu machen.

BIOT hatte bereits früher gezeigt, dafs der Zucker in seinem festen amorphen Zustande als Gerstenzucker drehende Wirkung äufsert, und dafs diese Wirkung in den Auflösungen desselben nach gleicher Seite hin Statt findet.

Ein anderes ähnliches Beispiel hat sich nun in der Weinsäure dargeboten. LAURENT ist es nämlich gelungen, Weinsäure bis zum Gewicht von 200—300 Grammen durch Hitze zu schmelzen und sodann in einen festen amorphen Zustand übergehen zu lassen, bei welchem sie ihre Durchsichtigkeit bewahrt. Dies geschieht, indem die Masse siedend in Gefäfse, welche aus rechtwinkligen Glastafeln bestehen, gegossen wird und darin erkaltet.

Untersucht man die Weinsäure, während sie noch heifs und flüssig ist, so übt sie eine Drehung nach rechts aus, deren bedeuteude Stärke jedoch zum grofsen Theil eine Folge der hohen Temperatur ist. Ist die Masse aber so weit erkaltet, dafs sie die Temperatur der umgebenden Luft angenommen hat, so zeigen sich nur schwache Wirkungen, wie es nach den Erscheinungen, welche man an den wässrigen Lösungen der Weinsäure beobachtet, zu erwarten war.

Das Gesetz nämlich, wonach die Weinsäure, in Wasser, Alkohol u. s. w. aufgelöst und verschiedenen Temperaturen ausgesetzt, die Polarisationsebene ablenkt, ist von Biot in den Mémoires de l'Acad. des sciences Vol. XV. mitgetheilt worden. Dasselbe läfst sich durch die Form ausdrücken:

$$(\alpha) = A + Be,$$

wo (α) die drehende Wirkung, e das Verhältnifs der Menge des Auflösungsmittels zur Gewichtseinheit der Auflösung, A einen von der Temperatur unabhängigen, B einen von derselben abhängigen Coëfficienten bedeutet.

Wendet man z. B. eine Auflösung von Weinsäure in Wasser und eine Schicht dieser Flüssigkeit von einem Decimeter Dicke an, so ist der Werth von B für die rothen Strahlen $= + 14^\circ{,}3154$. A wird $= 0$ zwischen 21 und 22° des hunderttheiligen Thermometers; bei höheren Temperaturen ist es positiv, bei niedrigeren negativ, um 0 herum nur sehr langsam sich ändernd. Kann man nun bewirken, dafs die Auflösung durchsichtig bleibt, bis zu der Gränze, wo $e = 0$, d. h. wo kein Wasser mehr vorhanden ist, so reducirt sich (α) auf die Constante A, d. h. die Drehung ist sehr schwach, positiv oder negativ, bei allen Temperaturen, bei denen man zu experimentiren pflegt. Dies mufs also auch bei gewöhnlicher Temperatur mit der festen amorphen Säure Statt finden, wenn das oben angeführte Gesetz für alle Werthe gültig ist.

In der That fand Biot in fast vollständiger Uebereinstimmung mit der Formel in einer Schicht fester Weinsäure von 70^{mm} Dicke bei einer Temperatur von 15° eine Ablenkung nach links von 2° für die mittleren Strahlen des Spectrums, von weniger als 2° für die rothen; bei einer Temperatur von $3^\circ{,}5$ eine Ablenkung nach links von 5° für die mittleren, von $3^\circ{,}28$ für die rothen Strahlen.

Nachdem es Laurent gelungen war, auch Mischungen von Weinsäure und beliebigen Mengen von Borsäure im festen amorphen Zustande darzustellen, worin also ein Element, welches keine Wirkung auf die Polarisationsebene ausübt, mit einem andern, welches in festem Zustande nur sehr unbedeutend wirkt, verbunden ist, hat Biot auch diese Mischungen untersucht und gefunden, dafs in ihnen die Drehung ebenfalls durch die obige Formel ausgedrückt wird, wo *e* das Verhältnifs der Menge der Borsäure zur Gewichtseinheit der Lösung anzeigt.

Bouchardat. Ueber die optischen Eigenschaften der Camphersäure. C. R. XXVIII. p. 319.

Bouchardat ging von dem Gesichtspunkte aus, dafs wenn Substanzen, welche eine drehende Wirkung auf die Polarisationsebene ausüben, in Säuren umgewandelt werden, ohne dafs eine Zersetzung der optisch wirksamen Moleküle jener Substanzen dabei Statt findet, diese Säuren ebenfalls mit drehender Wirkung begabt sein würden. Der Verf. theilt nun mit, er habe gefunden, dafs die Mandelsäure, in welche sich Amygdalin mit Baryt behandelt umändert, seiner Annahme entspreche. Ferner berichtet derselbe, dafs, wie der Campher die Polarisationsebene rechts drehe, so auch die Camphersäure, in welcher die Camphermoleküle nicht zerstört, sondern nur mit Sauerstoff verbunden seien.

Biot fügt hinzu, dafs die Camphersäure sich sehr gut zu Versuchen über die Drehung der Polarisationsebene eignen werde, während die Weinsäure, bis vor wenigen Jahren die einzige, an welcher man drehende Wirkung wahrgenommen hatte, eine zu abweichende Dispersion der Polarisationsebenen hervorbringt, die übrigen aber seitdem bekannt gewordenen zu schwer zu erlangen sind.

Clerget. Analyse der zuckerhaltigen Substanzen vermittelst der optischen Eigenschaften ihrer Lösungen. Ann. de chim. et de ph. XXVI. p. 175.

Der Apparat, welchen Clerget zu diesen Untersuchungen anwendet, ist der von Soleil angegebene. Das Licht, natürliches oder das einer Lampe, tritt durch eine Oeffnung von 3mm Durchmesser in den Apparat ein. Dieser selbst besteht aus drei Theilen, nämlich einer kurzen dem einfallenden Licht zugekehrten Röhre, einer längeren zur Aufnahme der zu untersuchenden Lösung und wieder einer kurzen dem Auge zugekehrten. In dem den einfallenden Strahlen zugekehrten Theil des Apparats befindet sich aufser einer das Licht polarisirenden Vorrichtung eine Quarzplatte, welche zur einen Hälfte aus einem rechts, zur anderen aus einem links drehenden Quarze besteht (Soleil's double plaque. S. Fortschr. d. Phys. 1845, p. 191.). Diese Platte mufs die Dicke von 3mm,75 oder 7mm,50 haben, weil die Dispersion der Polarisationsebene beim Quarz eine solche ist, dafs Platten von dieser Dicke bei Anwendung des weifsen Lichts und bei Parallelismus der Polarisationsebene des polarisirenden und analysirenden Apparates jene blafs violette Farbe zeigen, welche Biot teinte de passage oder teinte sensible genannt hat. (Fortschr. d. Phys. 1845, p. 190.). In dem dem Auge zugekehrten Theil des Apparats trifft das Licht zuerst auf eine Bergkrystallplatte von beliebiger Drehung und beliebiger Dicke, und sodann auf eine zweite von entgegengesetzter Drehung und veränderlicher Dicke. Endlich hat das Licht noch durch ein analysirendes Prisma hindurchzugehen.

Ist nun der Apparat so eingestellt, dafs die rechts und links drehende Hälfte der double plaque beide die empfindliche Farbe zeigen und bringt man sodann die wirksame Flüssigkeit zwischen den polarisirenden und analisirenden Apparat, so wird sich die Wirkung derselben zu der der einen Hälfte jener Platte addiren, von der der anderen subtrahiren und man wird also zwei verschiedene Farben wahrnehmen. Um die Gleichheit wieder herzustellen wird man nur die Dicke der veränderlichen Platte so zu verringern oder zu verstärken haben, dafs die Wirkung der Lösung dadurch aufgehoben wird. Die Skale an der veränderlichen Platte giebt Veränderungen in der Dicke des Quarzes um $\frac{1}{100}$ Millimeter an, und das Instrument ist so empfindlich, sagt Clerget, dafs es noch Veränderungen um die Hälfte dieser Dicke wahrnehmen läfst.

Um bei der Beobachtung der Farben der double plaque die Störungen zu vermeiden, welche aus der eigenen Farbe der Lösung, falls diese nicht ganz ungefärbt ist, oder aus den etwanigen Färbungen des angewandten Himmels- oder künstlichen Lichts hervorgehen, hat Soleil noch eine Einrichtung zu dem Instrument hinzugefügt, welche er producteur des teintes sensibles nennt. Sie besteht aus einem Nicholschen Prisma und einer senkrecht auf die Axe geschliffenen Bergkrystallplatte. Diese beiden Stücke werden so vor das Instrument gestellt, dafs die polarisirende Vorrichtung dieses letzteren in das Verhältnifs einer analysirenden zu der Bergkrystallplatte tritt und dafs eine blofse Drehung des Nicholschen Prisma's genügt, um eine Farbe zu erzeugen, welche zu der der Lösung complementar ist und sie neutralisirt.

Da die Untersuchung der Flüssigkeiten in diesem Instrumente auf der Vergleichung ihrer Wirkung mit der des Quarzes beruht, und diese Vergleichung nur dann möglich ist, wenn der zu untersuchende Körper die Polarisationsebenen ebenso zerstreut wie der Quarz, bei den Zuckerlösungen aber diese Bedingung erfüllt ist, so ist dies Instrument für die Untersuchung der letzteren besonders geeignet.

Da nun ferner die Wirkung der die Polarisationsebene drehenden Substanzen stets dem Procentgehalt ihrer Lösungen und der Länge des angewandten Rohrs proportional ist, so wird, wenn man weifs, dafs eine zu untersuchende Mischung nur eine wirksame Substanz enthält, das Verhältnifs des Rotationsvermögens dieser Substanz zu dem des Quarzes für irgend einen Procentgehalt ermittelt, dazu dienen können, die mit den unwirksamen Substanzen verbundenen Mengen derselben zu bestimmen.

Da aber endlich der krystallisirbare Zucker, der in Mischungen enthalten ist, sich durch ein einfaches und leichtes Verfahren in unkrystallisirbaren von entgegengesetztem Drehungsvermögen verwandeln läfst, so ist klar, dafs die Differenz zwischen dem Resultate einer Beobachtung vor und einer anderen nach der Umwandlung die Quantität der so umgewandelten Substanz ergeben wird.

Das Drehvermögen des unkrystallisirbaren Traubenzuckers ist aber abhängig von der Temperatur, wie Mitscherlich zuerst nachgewiesen hat. Clerget giebt daher eine Tabelle, worin für jede Temperatur von 10 bis 35° und für jeden Procentgehalt die Differenz aus den Ablesungen vor und nach der Umwandlung angegeben ist; so dafs, wenn die letzteren geschehen sind und die Temperatur beobachtet ist, der Procentgehalt unmittelbar aus der Tafel entnommen werden kann.

Der Verf. setzt für eine Reihe zuckerhaltiger Substanzen noch die besonderen Vorkehrungen auseinander, welche bei Bestimmung ihres Zuckergehalts getroffen werden müssen, so für das Zuckerrohr, die Runkelrübe, den Traubensaft u. s. w.

Jamin. Ueber die Polarisation im Quarz. Inst. No. 794. p. 91.

Bekanntlich erklärt auch Airy die optischen Erscheinungen, welche der Quarz in Richtungen schief gegen die Axe zeigt, durch die Annahme, dafs der einfallende Strahl sich in zwei theilt, welche beide elliptisch polarisirt, aber mit entgegengesetzter Drehung und mit verschiedener Geschwindigkeit den Quarz durchlaufen. Jamin hat sich die Aufgabe gestellt:

1) die ungleichen Geschwindigkeiten,

2) das Verhältnifs der Ellipsenaxen

für verschiedene Incidenzen experimentativ zu bestimmen.

Derselbe läfst Licht, welches in dem Hauptschnitt des Quarzes polarisirt ist, einfallen; dann wird der austretende Strahl im Allgemeinen aus zwei Componenten bestehen, von denen die eine in dem Hauptschnitt, die andere senkrecht darauf polarisirt ist. Er mifst das Verhältnifs der Amplituden und den Phasenunterschied dieser beiden Componenten und leitet daraus vermittelst einfacher Formeln die beiden zu bestimmenden Gröfsen her.

Das Verhältnifs der Ellipsenaxen nimmt natürlich von 1 nach 0 ab, wenn der Einfallswinkel von der Krystallaxe aus gerechnet, wächst. Dem entsprechen die folgenden Ergebnisse:

Einfallswinkel	2°	5°17′	9°15′	15°28′	19°42′	24°30′,
Axenverhältnifs	0,939	0,641	0,309	0,125	0,087	0,052.

Was den Gangunterschied beider elliptischen Strahlen betrifft, so ist er proportional der Quarzdicke. Für Einfallswinkel von 30° und darüber ist er durch das HUYGHENS'sche Gesetz bestimmt, für kleinere Winkel weicht er davon ab. In den nachfolgenden Resultaten sind die Gangunterschiede zweier Strahlen, die durch eine senkrecht gegen die Axe geschliffene Quarzplatte von 1 Millimeter Dicke hindurchgegangen sind, angegeben, wobei die Wellenlänge als Einheit genommen ist:

Einfalls-winkel	0°	5°25′	11°8′	15°33′	20°27′	25°17′	30°26	35°3′.
Gangunter-schiede	0,120	0,135	0,273	0,490	0,819	1,231	1,774	2,287.

JAMIN spricht die Hoffnung aus, dafs Herr CAUCHY das Problem, diese Resultate vermittelst der Rechnung durch ein Gesetz mit einander zu verbinden, behandeln werde.

HAIDINGER. Ueber den Andersonit. Wien. Sitzungsber. 1849. Nov.

Herr HAIDINGER hat von ANDERSON in Edinburgh Krystalle einer Verbindung von Jod und Codeïn erhalten, welche er mit dem Namen Andersonit zu belegen vorschlägt. Die Krystalle sind tafelartige scheinbar gleichwinklig dreiseitige Blättchen, indefs nicht rhomboedrisch, sondern auf schiefe rhomboidische Säulen zurückzuführen. Sie gehören zu denen, welche den einfallenden Lichtstrahl farbig zurückwerfen, während der durch ihre Masse hindurchdringende Lichtantheil einen von der Farbe des zurückgeworfenen Strahls verschiedenen und zwar derselben complementären Farbenton zeigt.

Herr HAIDINGER beschreibt die Erscheinungen, welche das durch die Krystalle hindurchgehende und das von ihnen reflectirte Licht, durch die dichroskopische Loupe zerlegt, darbietet, und findet an diesen Krystallen das von ihm nachgewiesene Gesetz bestätigt, „dafs der orientirte Flächenschiller oder die fest polarisirte Oberflächenfarbe in der Polarisationsrichtung mit der Polarisationsrichtung des mehr absorbirten Strahles doppelbrechender Krystalle übereinstimmt."

HAIDINGER. Ueber die Formen und optischen Eigenschaften der Magnesium-Platin-Cyanüre. Pogg. Ann. LXXVII. p. 89.

Herr HAIDINGER berichtet, dafs SCHRÖTTER in seinem Laboratorium zweierlei Krystalle von dem Magnesium-Platin-Cyanür erhalten, die sich auffallend durch ihre im durchgehenden Lichte erscheinende Körperfarbe sowohl als durch die Art ihrer metallischen Oberflächenfarben unterscheiden.

HAIDINGER. Ueber den Antigorit. Pogg. Ann. LXXVII. p. 94.

Der Antigorit aus dem Antigoriothale, von WISER beschrieben und SCHWEIZER analysirt, ist ein dünnschiefriges Mineral, dessen Mischung der des Serpentins sehr ähnlich ist und welches auf den ersten Blick nicht als ein eigentlich krystallinisches, einfaches Fossil, sondern nur als eine schiefrige Gebirgsart erscheint. Indefs hat HAIDINGER daran entdeckt, dafs es alle Eigenschaften krystallisirter Körper besitzt; denn es ist pleochromatisch und zeigt Erscheinungen der Doppelbrechung und Polarisation, welche es in die Abtheilung der optisch zweiaxigen Mineralien stellen. Der scheinbare Winkel der optischen Axen ist etwa 35°, der wirkliche würde bei Annahme eines Brechungsexponenten von 1,55 etwa 22° betragen.

SPLITGERBER. Ueber Entglasung. Pogg. Ann. LXXVI. p. 566.

Herr SPLITGERBER theilt die Resultate einer Reihe von ihm angestellter Versuche über Entglasung mit, welche auch für die Erklärung von Vorkommnissen in Obsidianen und Schlacken wichtig sind.

Derselbe hat die Ansicht bestätigt gefunden, dafs man unkrystallinische und krystallinische Entglasungen zu unterscheiden hat und dafs beide das Resultat von verschiedenen neu entstandenen Verbindungen sind, deren Bildung durch verschiedene Temperaturgrade und deren Dauer bedingt wird.

Das an Thon- und Kalkerde reiche Glas, wie z. B. das gewöhnliche grüne, ist am meisten zur Entglasung geneigt und nimmt am leichtesten ein krystallinisches oder strahliges Gefüge an. Gewöhnlich wurde jedoch reineres Glas zu den Versuchen angewandt.

Eine Methode dasselbe zu entglasen bestand darin, dafs es zu mehreren Malen einem achtstündigen Feuer ausgesetzt wurde und dafs man es dann jedesmal wieder mit dem Ofen erkalten liefs. Schon bei der zweiten Erwärmung tritt eine Entglasung an der Oberfläche ein, welche bei jeder Wiederholung zunimmt. Doch bemerkt man dabei keine krystallinische Structur, sondern nur eine von aufsen nach innen zunehmende Trübung, bis endlich das Glas in eine porzellanartige Masse verändert ist, in welcher der Glasglanz sich in Wachsglanz verwandelt hat.

Die Verflüchtigung einer geringen Menge des im Glase enthaltenen Alkalis ist dabei nicht zu vermeiden. Ein Glasstück verlor nach dreimaligem Aufwärmen in einer achtstündigen Rothglühhitze nur 0,404 Proc. Die völlig entglaste Rinde war zwar noch dünn, die Masse aber schon ganz getrübt und der muschlige Bruch hatte sich verloren. Bei dieser unkrystallinischen Entglasung hatte sich das specifische Gewicht des durchsichtigen Kaliglases von 2,571 auf 2,562 vermindert. Dem Autor zufolge ist das Zerfallen der ursprünglichen Zusammensetzung in andere undurchsichtige Verbindungen die Ursache der auffallenden physikalischen Veränderung, und ist jener kleine Verlust an Alkali sicher nicht die Ursache des Undurchsichtigwerdens, da man durchsichtige Gläser mit geringerem Alkaligehalt darstellen und übrigens auch die entglaste Masse wieder zu gutem Glase umschmelzen kann.

Durch eine andere Methode wurde ein sehr auffallend entglastes Natronglas erhalten, indem nämlich ein Gemenge von 100 Theilen Kieselsäure, 50 reiner zerfallener Soda und 25 Kalkerde in einen Spiegelglasschmelzofen eingelegt wurde und mit dem Ofen sehr langsam erkaltete, so dafs derselbe nach zwei Monaten im Innern noch einen starken Wärmegrad besafs. Auf dem Glase hatte sich eine 6—7 Mill. dicke Kruste gebildet, welche nach der Oberfläche hin undurchsichtig und porzellanartig, nach unten aber weniger undurchsichtig und weifs war. Beide Schichten liefsen sich nicht trennen, wogegen die untere nierenförmig in das Glas hineinhing und sich leicht davon sondern liefs. Der Unterschied dieser beiden undurchsichtigen Schichten besteht darin, dafs man in der oberen mit der Loupe eine Zusammenhäufung kleiner Krystalle bemerkt, die dagegen in der unteren fast ganz verschwinden. Man hat also hier eine unkrystallinische und krystallinische Entglasung zusammen. Das spec. Gewicht der Kruste wurde hier etwas höher (2,503) gefunden, als das des Glases (2,485), welches wohl auf die Statt gefundene Krystallisation deutet, nach der Erfahrung, dafs dieselbe Masse im amorphen Zustande leichter ist als im krystallinischen.

Die chemische Zusammensetzung ist im Glase und in der Kruste, welche beide Sechssilikate sind, ziemlich gleich. Das Glas gab 75,73 $\ddot{Si}$; 13,18 $\dot{Na}$; 9,58 $\dot{Ca}$; 1,51 $\ddot{Al}$; die Kruste 76,27 $\ddot{Si}$; 13,06 $\dot{Na}$; 9,32 $\dot{Ca}$; 1,35 $\ddot{Al}$. Daraus, dafs die Kruste sich leichter in Flufssäure auflöst und mit Salzsäure gekocht einen gröfseren Verlust erleidet als das Glas, wird der Schlufs gezogen, dafs die undurchsichtigen Verbindungen viel leichter zersetzbar, dafs beide Massen also wohl eine ziemlich gleiche procentische, nicht aber gleiche atomistische Zusammensetzung haben.

Ein damit zugleich jener langsamen Erkaltung ausgesetztes Kaliglas aus 100 Theilen Kieselsäure, 60 Pottasche und 35 Kalkerde bestehend hat keine Entglasung gezeigt.

Ein andermal als ein aus 100 Theilen Kieselsäure, 50 reiner zerfallener Soda, 12½ Kalkerde geschmolzenes Glas schon nach 10 Tagen abgekühlt war, fanden sich rundliche undurchsichtige Körner ausgeschieden, welche theils auf der Oberfläche des Glases wie Tropfen erschienen, theils in der Glasmasse, theils aber in geringer Anzahl auf dem Boden des Tiegels befindlich waren, so dafs man annehmen kann, dafs sie sich von der Oberfläche heruntergesenkt hatten. Die meisten waren durch einen Sprung ringsum von der Glasmasse getrennt, bei den übrigen zeigten regelmäfsige Polarisationserscheinungen (ein schwarzes Kreuz und weifse und schwarze Ringe) die Spannung im Glase an. Die Körner sind im Innern porzellanartig und kaum findet man an der Oberfläche eine Spur von strahligem Gefüge. Es wird angenommen, dafs die vorher beschriebene Kruste aus einer gröfseren Zusammenhäufung von solchen Körnern entstanden ist, und dafs bei der langsamen Abkühlung jene Kruste, so wie die feinen Krystalle darin Zeit gehabt sich zu bilden.

Auf dem Boden eines Glasofens hatten sich noch ein andermal in einer unreinen grünlichen aber durchsichtigen Glasmasse oder vielmehr Glasschlacke undurchsichtige, weifse, linsenförmige Körner gebildet, welche die Tendenz zu einer regelmäfsigen aber durch die Zähigkeit der Masse gehemmten Krystallbildung zeigten; es waren sechsseitige Täfelchen, von denen oft zwei symmetrisch verwachsen waren, die aber keine scharfe Kanten und Seiten hatten. Eine Glasschlacke, welche Herr Rose von Herrn Faraday erhalten und welche deutlichere Krystalle zeigt, mufs viel leichtflüssiger gewesen sein. Jene Krystalle gaben bei der Analyse 69,34 $\dddot{S}i$; 13,94 $\dot{K}$; 11,31 $\dot{C}a$; 5,41 $\ddot{A}l$. Die Analyse, welche Dumas von reinem krystallisirten Glase gegeben, weicht nur durch den Alkaligehalt davon ab.

Eine fernere Art der Entglasung, wobei eine Krystallisation sich deutlich zeigte, bestand darin, dafs, nachdem das Glas gut geschmolzen war, 5—6 Stunden lang nicht weiter geschürt wurde, wodurch die Temperatur des Schmelzofens bedeutend sank, und aus mehreren Glasmischungen sich feine nadelförmige Krystalle ausschieden, welche Aehnlichkeit mit Schneeflocken hatten, die sich aber alsbald wieder auflösten, so wie man das Feuer verstärkte. Diese Erscheinung wurde nur bei kalkhaltigem Glase erhalten. Die mit Pottasche bereiteten Gläser sind es, welche einen besonders starken Zusatz von Kalkerde vertragen.

Schliefslich führt der Verf. noch Beobachtungen über Schmelzversuche an, welche dazu bestimmt waren zu zeigen, dafs der Verlust an Alkali durch Verdampfung von mehreren zusammenwirkenden Ursachen abhängig ist, nämlich von der Zusammensetzung der Masse, vom Hitzegrade und von der Dauer desselben.

Es hat sich dabei bestätigt, dafs sich bei gleicher Hitze das Natron leichter als das Kali verflüchtigt.

Dr. *Ewald.*

Bericht über die Arbeiten von Pasteur vom Jahr 1849.

Herr Pasteur, der die auf die Polarisationsebene nicht einwirkende Traubensäure in zwei neue Säuren, von denen die eine die Polarisationsebene nach rechts, die andere nach links dreht, zerlegt (v. IV. Jahrgg. dieses Berichts, p. 7—10) und die Vermuthung ausgesprochen hatte, dafs jene identisch sei mit der Weinsäure, weist nun diese Indentität durch eine Reihe von Versuchen in optischer, krystallographischer, und chemischer Beziehung schlagend nach. Er führt in der Einleitung dieser Versuche die Bezeichnung „Rechtstraubensäure" und „Linkstraubensäure" ein, um auch bei der Identität der erstern mit der Weinsäure doch an deren Ursprung zu erinnern.

Zunächst läfst nun Herr Pasteur Rechtstraubensäure und Linkstraubensäure für sich krystallisiren, und bindet aufserdem beide Säuren an verschiedene Basen; die Rechtstraubensäure, so wie alle ihre Salze stimmen in der Krystallform, (auch in der Hemiedrie nach rechts) vollkommen mit der Weinsäure und den entsprechenden weinsauren Salzen überein, während die Linkstraubensäure und ihre Salze zwar in demselben System, und mit ganz denselben Winkeln krystallisiren, aber die Hemiedrie nach rechts zeigen. Das äufsere, physikalische Ansehen beider Reihen von Salzen ist ganz dasselbe, Löslichkeit, specifisches Gewicht, chemische Zusammensetzung und doppelte Strahlenbrechung je zweier entsprechender ganz gleich. Sowie die Säuren an und für sich die Polarisationsebene drehen, so zeigen auch alle ihre Salze das entsprechende Rotationsvermögen, und zwar in genau gleich starkem Grade, aber in entgegengesetzter Richtung. Rechtstraubensäure und Weinsäure heben das Drehungsvermögen nicht blofs in derselben Richtung, sondern auch in absolut gleich starkem Grade, was ich besonders hervorhebe, weil im Frühern ihr beiderseitiges Rotationsvermögen nicht genau gleich, sondern im Verhältnifs 25 : 29 gefunden worden war.

Für die verschiedenen Eigenthümlichkeiten der Weinsäure findet Herr Pasteur die vollkommene Analogie bei der Linkstraubensäure; so ist bekannt, dafs das Verhältnifs des Wassergehalts in den Lösungen der Weinsäure, ferner Erhöhung und Erniedrigung der Temperatur merklichen Einflufs auf das Drehungsvermögen der Weinsäure ausüben; dieser Einflufs ist derselbe für Linkstraubensäure. Ferner bringen die geringsten Quantitäten von Borsäure bedeutende Aenderungen in der Drehung der Polarisationsebene hervor; ganz ebenso bei der Linkstraubensäure.

Am schlagendsten beweist die Identität von Rechtstraubensäure und Weinsäure einerseits, und den Gegensatz dieser beiden Säuren zur Linkstraubensäure andrerseits, folgende Erscheinung. Der weinsaure Kalk in Wasser gelöst dreht, wie alle andern weinsauren Salze die Polarisationsebene nach rechts; in Chlorwasserstoff gelöst aber dreht er merkwürdiger Weise nach links. Herr Pasteur suchte die Weinsäure in diesem Zustande zu fixiren und so in Linkstraubensäure zu verwandeln, aber ohne Erfolg. Rechtstraubensaurer Kalk in Chlorwasserstoffsäure gelöst zeigt dasselbe Verhalten, Drehung nach links, linkstraubensaurer Kalk aber in demselben Lösungsmittel zeigt das analoge abnorme Verhalten, d. h. Drehung nach rechts.

Endlich stellt Herr Pasteur umgekehrt die ursprüngliche Traubensäure, deren chemische Zusammensetzung gleich derjenigen der Weinsäure plus 1 Atom Wasser ist, wieder her, indem er gleiche Gewichtstheile von Rechtstraubensäure und Linkstraubensäure, oder auch von Weinsäure und Linkstraubensäure in Wasser löste und zusammenkrystallisiren liefs.

Durch alle diese Versuche ist constatirt, dafs die Traubensäure aus zwei Säuren zu gleichen Theilen besteht, von denen die eine, der Weinsäure vollkommen identisch, die andere nur dadurch von ihr verschieden ist, dafs sie die Polarisationsebene in entgegengesetzter Richtung dreht, und in die Krystallform der Hemiedrie nach rechts, während jene diejenige nach links, zeigt. Gewifs ist mit dieser Arbeit ein ganz neues Feld eröffnet, sowohl für das Verhalten isomerer Säuren zu einander, als auch für die Beziehung und den innigen Zusammenhang zwischen Krystallform und optischen Eigenschaften überhaupt; neu sind die Erscheinungen der besprochenen Salze auch in letzterer Beziehung, weil das analoge Verhalten der rechts und links drehenden Bergkrystalle sich an der krystallinischen Masse zeigt, während bei diesen Salzen in den Lösungen, und aufserdem noch, weil die Vereinigung von Rechts- und Linkstraubensäure zur nicht drehenden Traubensäure, so viel wir bis jetzt wissen, beim Quarz gar nichts Analoges hat.

Auf die Erklärung des Drehungsvermögens überhaupt durch die hémiédrie non superposable (wodurch Herr Pasteur diejenige Hemiedrie bezeichnet, bei der die hemiedrischen Formen blofs symmetrisch, nicht congruent sind) mich einzulassen, würde hier zu weit führen; auch wäre es mir nicht möglich, ohne die rechts- und linkstraubensauren Salze vor Augen zu haben. Leider zeigen aber die von mir dargestellten Krystalle des traubensauren Natronammoniaks, an welchem Salz Herr Pasteur die beiden Säuren darstellte, blofs Säule mit Endfläche, keine Tetraederflächen, so dafs also an diesen Krystallen eine Trennung gar nicht möglich ist.

Dr. *J. Ch. Heusser.*

Die Untersuchungen des Herrn A. Becquerel über die optischen Eigenschaften des Albumins haben lediglich den Zweck, dessen Beschaffenheit in verschiedenen pathologischen Zuständen zu bestimmen.

Prof. Dr. *Beetz.*

---

f. Meteorologische Optik.

Theoretisches.

Grunert. Theorie des Regenbogens. Beitr. zur met. Opt. I. 1*.

— — Theorie der Lichtspiegelung. Beitr. zur met. Opt. I. 267*.

Clausius. Ueber die Natur derjenigen Bestandtheile der Erdatmosphäre, durch welche die Lichtreflexion in derselben bewirkt wird. Pogg. Ann. LXXVI. 161*; Münch. gel. Anz. XXIX. 489*.

— — Ueber die blaue Farbe des Himmels und die Morgen- und Abendröthe. Pogg. Ann. LXXVI. 188*; Münch. gel. Anz. XXIX. 889*.

A. Smith. On the calculation of the distance of a shooting star eclipsed in the earth's shadow. Phil. Mag. XXXIV. 179*.

Die optisch-meteorologischen Beobachtungen folgen im Abschnitte „Meteorologie".

GRUNERT. Beiträge zur meteorologischen Optik.

Das erste Heft dieser Beiträge enthält die Theorie des Regenbogens. Da der Umfang desselben mehr als 10 Druckbogen beträgt, und das Meiste aus zusammenhangenden Rechnungen besteht, so läfst sich hier nicht viel mehr als die Resultate aufnehmen.

Die ersten neun Paragraphen enthalten die Auswerthung der Ablenkung, welche ein Lichtstrahl erfährt, der in einen sphärischen Wassertropfen eingedrungen, nach $n-1$ maliger Reflexion im Innern wieder austritt, und die Bestimmung des Minimums dieser Ablenkung. Als Werth für die Ablenkung Θ wird gefunden:

$$\Theta = 2(i-\pi)+(n+1)(\pi-2i_1)+G\left(\frac{(n+1)(\pi-2i_1)}{2\pi}\right)\cdot 2\pi,$$

wo i den Einfallswinkel, i_1 den Brechungswinkel, und

$$G\left(\frac{(n+1)(\pi-2i_1)}{2\pi}\right)$$

die gröfste in

$$\frac{(n+1)(\pi-2i_1)}{2\pi}$$

enthaltene ganze Zahl vorstellt, während, wenn μ das reciproke Brechungsverhältnifs bedeutet, i_1 gegeben ist durch die Gleichung

$$\sin i_1 = \mu \sin i.$$

Für das Minimum der Ablenkung erhält man alsdann

$$\sin i = \frac{1}{\mu}\sqrt{\left(\frac{(n+1)^2\mu^2-1}{n(n+2)}\right)}, \quad \cos i = \frac{1}{\mu}\sqrt{\left(\frac{1-\mu^2}{n(n+2)}\right)},$$

$$\sin i_1 = \sqrt{\left(\frac{(n+1)^2\mu^2-1}{n(n+2)}\right)}, \quad \cos i_1 = (n+1)\sqrt{\left(\frac{1-\mu^2}{n(n+2)}\right)},$$

woraus hervorgeht, dafs durch n innere Reflexionen ein Regenbogen sich nur bilden kann, wenn μ zwischen 1 und $\frac{1}{1+n}$ liegt, also das Brechungsverhältnifs zwischen 1 und $n+1$ enthalten ist.

Legt man $\mu = 0{,}749$ zum Grunde, so ergiebt sich hieraus
für eine innere Reflexion $i = 59^\circ 17'$, $i_1 = 40^\circ 5'$, $\Theta = -41^\circ 46'$;
für zwei Reflexionen $i = 71^\circ 45'$, $i_1 = 45^\circ 21'$, $\Theta = 51^\circ 24'$;
für drei Reflexionen $i = 76^\circ 47'$, $i_1 = 46^\circ 49'$, $\Theta = 139^\circ 12'$;
für vier Reflexionen $i = 79^\circ 35'$, $i_1 = 47^\circ 27'$, $\Theta = -135^\circ 20'$.

Hieran wird dann die umgekehrte Aufgabe geschlossen, aus dem Minimum der Ablenkung, also aus dem Radius des Regenbogens, das Brechungsverhältnifs zu finden. Dies führt bei einer Reflexion auf eine Gleichung des dritten Grades, bei zwei Reflexionen auf eine Gleichung des 4ten Grades, bei 3 Reflexionen auf eine Gleichung des fünften Grades etc.

Mit §. 10. beginnt eine Behandlung desselben Problems mit seiner Umkehrung für sphärische oder ellipsoïdische Wassertropfen auf analytisch geometrischem Wege, während die erste Behandlung auf elementar-geometrischem Wege geführt worden war. Die gefundenen Formeln sind aber, namentlich für den Fall des Ellipsoïds so verwickelt und so zahlreich, dafs wir in Bezug auf sie auf die Brochüre selber verweisen müssen.

Für den einfachsten Fall, für eine einzige innere Reflexion, sind z. B. 16 Formeln nöthig, die eine nach der andern berechnet werden müssen, um die Lage des austretenden Strahls zu bestimmen und 15 weitere Formeln zur Bestimmung des Differential-Coëfficienten, welcher auf die Auswerthung der kleinsten Ablenkung führt, so dafs der Herr Verf. selbst gesteht, dafs man zur Bestimmung des Minimums am besten thue, in jedem besonderen Falle durch Versuche sich dem Einfallswinkel zu nähern, welcher diesen Differentialcoëfficienten zum Verschwinden bringt.

Für kugelförmige Wassertropfen wird zwar im Allgemeinen die Zahl der Formeln nicht geringer, wohl aber werden dieselben einfacher und gestatten insbesondere zum Theil sehr einfache Endresultate. So wird z. B. die kleinste Ablenkung Θ für eine innere Reflexion bestimmt aus

$$\cos\tfrac{1}{2}\Theta = \pm\frac{1+8\mu^2}{3\mu}\sqrt{(\tfrac{1}{3}(1-\mu^2))},$$

und für zwei Reflexionen aus

$$\cos\tfrac{1}{2}\Theta^2 = \frac{(1-\mu^2)(9\mu^2-1)}{64\mu^2}.$$

Im §. 38. theilt der Verf. seine Ansicht über die Entstehung der überzähligen Regenbogen mit. Es geht dieselbe dahin, dafs die überzähligen mit den gewöhnlichen Bogen einerlei Ursprung haben, und die verschiedenen Radien derselben daher rühren, dafs die Tropfen verschiedene Brechungsverhältnisse besitzen, welches letztere sich wiederum aus der Annahme erklären lasse, dafs die verschiedenen Luftschichten, in denen sich Wassertropfen befinden, von ungleicher Temperatur seien, und dadurch den Tropfen ungleiche Dichtigkeiten mitgetheilt würden. Für die Prüfung dieser Hypothese giebt der Verf. folgendes Verfahren an. Man leite aus den genau gemessenen Radien den Regenbogen nach den von ihm gefundenen, oben erwähnten Formeln die zugehörigen Brechungsverhältnisse ab, und sehe nach, ob diese Brechungsverhältnisse gewissen Relationen genügen, die er selbst zu diesem Zwecke entwickelt hat. Diese Relationen gründet Herr GRUNERT auf die Emissionstheorie und die damit zusammenhängende Annahme, dafs die anziehende Kraft, welche die brechenden Mittel auf die Lichttheilchen ausüben, der Dichtigkeit dieser Mittel proportional sei. Aus den darauf gebauten Gleichungen zwischen den Dichtigkeiten und Brechungsverhältnissen eliminirt er die Dichtigkeiten und bekommt dadurch Formeln, welche ausdrücken, dafs der Quotient

$$\frac{1-\mu^2}{1-\mu'^2},$$

in welchem μ und μ' die reciproken Brechungsverhältnisse zweier verschiedener Mittel für eine und dieselbe Farbe vorstellen, für alle Farben einerlei Werth behalten. Bestätigt sich das nun für die berechneten Brechungsverhältnisse, so beruht, wie der Verf. schliefst, deren Berechnung auf einer richtigen Voraussetzung, d. h. die Bildung der überzähligen Bogen entsteht durch Reflexionen solcher Strahlen in kugelförmigen Regentropfen, welche um ein Minimum abgelenkt werden.

Die Entwickelung der angedeuteten Formeln übergehen wir hier, weil die Emissionstheorie von fast Niemanden mehr anerkannt wird, namentlich die Annahme über den Einflufs der Dichtigkeit auf das Brechungsverhältnifs, nach welcher durchweg mit zunehmender Dichtigkeit der Brechungsindex steigen müfste, der Erfahrung widerspricht.

Gegen die ausgeführte Erklärungsweise der überzähligen Bogen spricht überdies, dafs man dabei annehmen müfste, es lagern bis zur Wolkenregion eine der Zahl der Bogen gleichkommende Anzahl Luftschichten über einander, die sprungweise ihre Temperatur ändern. Denn bei allmäliger Aenderung der Temperatur würden auch die Radien der Regenbogen sich nur allmälig ändern können, und es könnten bei der daraus folgenden Uebereinanderlagerung der Farben nur ein breiter farbloser Streif mit farbigen Rändern erscheinen. In den §§. 41—43. werden die früheren Erklärungen, und insbesondere die von Venturi aufgeführt, welcher die Erscheinung der abgeplatteten Form den fallenden Tropfen zuschreibt. Der Verf. empfiehlt dabei eine gründliche Prüfung dieser letzten Hypothese und bemerkt, dafs seine Untersuchung des Strahlenganges in ellipsoïdischen Tropfen lediglich den Zweck gehabt habe, als Vorarbeit für diese Prüfung zu dienen.

Bemerkenswerth ist noch die Methode, welche Herr Grunert in §. 39—40. für die Berechnung des Halbmessers der Regenbogen angiebt. Es ist dieselbe zwar etwas umständlich aber unabhängig von der Kenntnifs der Lage der Sonne, mithin ohne Chronometer und ohne Benutzung astronomischer Tafeln und ohne Kenntnifs der geographischen Lage des Beobachtungsortes ausführbar.

Die Methode ist folgende. Man messe in drei beliebig bestimmten Azimuthen die Höhe des Bogens einer bestimmten Farbe mit einem Theodolithen, und zwar die zwei ersten Höhen doppelt, um die Beobachtungen auf einerlei Zeit reduciren zu können. Sind nämlich nach einander für die drei Azimuthe die Höhen h_1, h_2, H gefunden, entsprechend den Zeiten t_1, t_2, T, und nachgehend zu den Zeiten t'_1, t'_2 für die beiden ersten Azimuthe die Höhen h'_1, h'_2 beobachtet, so nimmt man (indem es der Verf. für statthaft hält, anzunehmen, dafs in den kurzen Intervallen zwischen den Beobachtungszeiten die Höhen hinreichend nahe in demselben Verhältnifs wie die Zeiten variiren) als Höhen für die beiden ersten Azimuthe zur Zeit T die Werthe $h_1 + \frac{T-t_1}{t'_1-t_1} h'_1 - h_1)$, $h_2 + \frac{T-t_2}{t'_2-t_2} (h'_2 - h_2)$.

Die Gesichtslinien nach den drei so durch Höhe und Azimuth bestimmten Punkten bilden dann Seitenlinien eines geraden Kegels, deren Winkel mit der Axe desselben der Radius des beobachteten Farbenbogens ist. Es kommt also nur darauf an, aus der Lage dreier Seitenlinien eines Kegels, deren Winkel mit der Axe zu bestimmen. Die dazu führenden Formeln sind (§. 39.) die folgenden, wo ω den Axenwinkel des Kegels und $\alpha_1, \beta_1, \gamma_1$; $\alpha_2, \beta_2, \gamma_2$; $\alpha_3, \beta_3, \gamma_3$ die Winkel der Seitenlinien mit drei auf einander senkrechten Coordinatenaxen bedeuten:

$$\cos\omega = \pm\frac{N}{\sqrt{(K^2+L^2+M^2)}}$$

$$K = \cos\gamma_1(\cos\beta_3-\cos\beta_2)+\cos\gamma_2(\cos\beta_1-\cos\beta_3)+\cos\gamma_3(\cos\beta_2-\cos\beta_1)$$
$$L = \cos\alpha_1(\cos\gamma_3-\cos\gamma_2)+\cos\alpha_2(\cos\gamma_1-\cos\gamma_3)+\cos\alpha_3(\cos\gamma_2-\cos\gamma_1)$$
$$M = \cos\beta_1(\cos\alpha_3-\cos\alpha_2)+\cos\beta_2(\cos\alpha_1-\cos\alpha_3)+\cos\beta_3(\cos\alpha_2-\cos\alpha_1)$$
$$N = \cos\alpha_1\cos\beta_2\cos\gamma_3-\cos\alpha_1\cos\gamma_2\cos\beta_3-\cos\beta_1\cos\alpha_2\cos\gamma_3$$
$$+\cos\beta_1\cos\gamma_2\cos\alpha_3+\cos\gamma_1\cos\alpha_2\cos\beta_3-\cos\gamma_1\cos\beta_2\cos\alpha_3,$$

während

$$\cos\gamma = \sin h,\quad \cos\alpha = \cos A\cos h,\quad \cos\beta = \sin A\cos h$$

ist, unter h und A resp. Höhe und Azimuth verstanden.

Das dritte Heft enthält den ersten Theil einer Theorie der Luftspiegelung, welchem noch ein anderer Theil nachfolgen soll, der nach Anleitung der analytischen Entwickelungen dieses ersten Theils mehr die physikalische Seite der Erscheinung erörtern soll.

Der Verf. ist bei seinen Rechnungen von der Voraussetzung ausgegangen, dafs die brechende Kraft der Luft, n^2-1 (wo n das Brechungsverhältnifs in Bezug auf den leeren Raum bedeutet) der Dichtigkeit derselben proportional ist, so dafs man

$$n = \sqrt{(1-KD)}$$

hat, wenn K die brechende Kraft der Luft bei der Temperatur 0 und dem Barometerstande $0^m,76$ (also nach Biot die Zahl 0,0005888) bezeichnet, D aber die dem Brechungsverhältnifs n zugehörige Dichtigkeit der Luft vorstellt, und als Einheit für D die zu K gehörige Dichte genommen wird. Demnach ist unter der Annahme des älteren Ausdehnungscoëfficienten für die Temperatur t

(in Centesimalgraden) und dem Barometerstand b,

$$D = \frac{b}{0^m{,}76(1+0{,}00375\,t)}$$

gesetzt worden. Ferner ist vorausgesetzt worden, dafs die Luft aus (unendlich vielen) horizontalen ebenen Schichten, von denen jede für sich einerlei Dichtigkeit hat, bestehe, so dafs, wenn n_0 und n die Brechungsverhältnisse am Ausgangspunkte und Endpunkte eines Strahls bedeuten, und z_0 und z die spitzen Winkel sind, welche der Strahl in diesen beiden Punkten respective mit der Vertikalen bildet,

$$n_0 \sin z_0 = n \sin z$$

ist, und daher, sobald der Ausgangspunkt und somit n_0 und z_0 von unverändertem Werthe gedacht werden, das Produkt $n \sin z$ für jeden ferneren Punkt des Strahls einen constanten Werth behält.

Hiernach findet sich, wenn $y = \varphi(x)$ die Gleichung der Bahn des Strahls ist, die Axe der y vertikal, die der x horizontal genommen wird; $D_\mathfrak{y}$ die Dichtigkeit der Luft im Anfangspunkte des Strahls, dessen Coordinaten $\mathfrak{x}$ und $\mathfrak{y}$ genannt werden und $\Delta^{(y)}_{(\mathfrak{y})}$ den Unterschied der Dichtigkeit in den Höhen $\mathfrak{y}$ und y bedeutet,

$$(1.)\quad dx = \frac{\cos z_0\, dy}{\sqrt{\left(\sin z_0^2 + \frac{K}{1+KD_\mathfrak{y}}\Delta^{(y)}_{(\mathfrak{y})}\right)}}.$$

Einen höchsten oder tiefsten Punkt erreicht der Strahl, wenn $\frac{dy}{dx} = 0$ wird, also da wo

$$\Delta^{(y)}_{(\mathfrak{y})} = -\frac{1+KD_\mathfrak{y}}{K}\sin z_0^2,$$

mithin

$$D_y = -\frac{\sin z_0^2 - KD_\mathfrak{y}\cos z_0^2}{K}$$

ist. Von einem solchen Punkte aus wird der fernere Verlauf des Strahls dem vorangegangenen Theil vollkommen symmetrisch, und zwar aufsteigend oder absteigend, jenachdem der erste Theil absteigend oder aufsteigend war, und es tritt dann im eigentlichen Sinne eine Luftspiegelung ein. In der Gleichung (1.) hat man von der Wurzel den positiven oder negativen Werth zu nehmen, jenachdem es sich um den ersten oder zweiten Zweig der Curve, oder wie der Verf. es nennt, um den direkten oder den reflektirten Zweig derselben handelt.

Ist die Gleichung der Base $y = \varphi(x)$ bekannt, so läfst sich wegen $\tang z_0 = \varphi'(\mathfrak{x})$ auch $\Delta^{(y)}_{(\mathfrak{y})}$ und somit D_y in $D_{\mathfrak{y}}$ ausdrücken.

Sind ferner u, v die Coordinaten des Punktes, in welchem sich das Auge befindet, so liefert das Integral der Gleichung (1.) die Werthe von z_0, für welche das Auge vom Strahl getroffen wird, sowohl für den Fall, dafs dasselbe dem dunklen Zweige, wie für den Fall, dafs es dem reflektirten Zweige begegnet. Ergiebt sich z_0 imaginär, so kann natürlich kein vom Punkte $\mathfrak{x}$, $\mathfrak{y}$ ausgehender Strahl ins Auge gelangen.

Die Richtung, in welcher der Punkt $\mathfrak{x}$, $\mathfrak{y}$ gesehen wird, d. h. die Tangente der Bahn im Punkte u, v ist dann gegeben durch die Gleichung

$$y - v = \frac{dy}{dx}(x - u),$$

wo in $\frac{dy}{dx}$, welches direkt die Gleichung (1.) liefert, für z_0 jener gefundene Werth gesetzt werden mufs.

Ist ferner $y = \mathfrak{F}(x)$ die Gleichung der durch den Punkt u, v gehenden orthogonalen Trajektorie der von einerlei Ausgangspunkte $\mathfrak{x}, \mathfrak{y}$ ausgehenden, mit z_0 variirenden Strahlenbahnen $y = \varphi(x)$, welche sich aus den Gleichungen

$$1 + \varphi'(x)\mathfrak{F}'(x) = 0, \quad \varphi(u) = \mathfrak{F}(u)$$

bestimmt, so ist der Durchschnittspunkt der dem Punkte (u, v) nächst benachbarten Normalen von $y = \mathfrak{F}(x)$ der Ort, in welchem der Punkt $\mathfrak{x}$, $\mathfrak{y}$ gesehen wird, d. h. der Ort seines Bildes.

Handelt es sich um das Bild nicht eines Punktes, sondern einer in einer Vertikalebene liegenden (geraden oder krummen) Linie, und ist diese durch eine Gleichung zwischen $\mathfrak{x}$ und $\mathfrak{y}$ gegeben, so findet sich mit Hülfe dieser Gleichung mit den allgemeinen Gleichungen für die Coordinaten des eben gedachten Durchschnittspunktes, eine Gleichung zwischen diesen letzten Coordinaten, welche die Form des Bildes darstellt.

Nach den hier angedeuteten Entwickelungen, betreffs deren

Ausführung wir auf die Schrift selbst verweisen müssen, wendet der Verf. die Formeln auf den Fall an, daſs

$$\Delta_{(\mathfrak{y})}^{(y)} = c(y-\mathfrak{y})$$

ist, also die Dichtigkeitsdifferenz dem Höhenunterschiede proportional wächst oder abnimmt. Es ergiebt dabei die Integration der Gleichung (1.) eine Parabel für die Strahlenbahn, und eine Ellipse als Ort der Scheitel der parabolischen Bahnen, die in einem gegebenen Endpunkte sich treffen.

Nimmt man ($\mathfrak{x}$, $\mathfrak{y}$) als Anfangspunkt der Coordinaten, so wird die Gleichung der Bahn

$$x^2 = \frac{4\cos z_0^2}{c\,\omega^2}(y \pm x \operatorname{tang} z_0),$$

wo

$$\omega^2 = \frac{K}{1+KD_{\mathfrak{y}}},$$

und das + oder — Zeichen zu nehmen ist, jenachdem der Strahl aus einer oberen Luftschicht in eine untere, oder aus einer unteren in eine obere tritt.

Prof. Dr. *Radicke*.

Clausius. Pogg. Ann. 76, p. 161 u. 188.

Herr Clausius sucht in einer Abhandlung die wahre Ursache der Lichtreflexion in der Erdatmosphäre darzulegen.

Daſs das Licht mit welchem das Himmelsgewölbe uns leuchtet reflectirtes sei, unterliegt wohl keinem Zweifel mehr; während die Ursache der Reflexion bei weitem noch nicht hinlänglich aufgeklärt ist. Indem nun der Verf. die verschiedenen Hypothesen, welche darüber aufgestellt worden sind, einer mathematischen Kritik unterwirft, gelangt er zu dem Schlusse, daſs nur die Annahme kleiner Wasserbläschen, deren Hüllen verhältniſsmäſsig sehr dünn sind, den täglichen Wahrnehmungen hinlänglich entspreche. Die widerlegten Annahmen sind folgende:

Die Reflexion kann nicht von der verschiedenen Dichtigkeit der Luftschichten herrühren; das reflectirte Licht würde nach dem Himmelsraume zurückgeworfen werden und könnte nie unser Auge treffen.

Dafs undurchsichtige Körperchen in der Atmosphäre wie ein Staub schwebten und das Licht reflectirten ist an sich schon so unwahrscheinlich, dafs diese Annahme wohl keiner besondern Widerlegung bedarf.

Es wird demnach nur noch von durchsichtigen Massen, welche die Reflexion in der Atmosphäre bewirken, die Rede sein können.

Wären diese Massen Körper von willkürlicher Gestalt, ohne dafs ein bestimmtes Gesetz vorwaltete, so zeigt der Verf., dafs die Erscheinungen der Reflexion nach den Regeln der Wahrscheinlichkeit dieselben sein werden, als wenn die Körper sämmtlich Kugeln wären und dafs nur die Brechung des Lichtes bei Kugeln in einem bestimmten Verhältnifs gröfser ist als bei willkürlich gestalteten Körpern. Man wird demnach, wenn man diesen Unterschied bei der Brechung berücksichtigt, nur die Wirkung kugelförmiger Körper zu betrachten haben. Es werden nun abermals zwei Fälle zu unterscheiden sein; ob nämlich die Brechkraft der Kugeln gegen das ungebende Mittel als einigermafsen bedeutend oder als sehr gering angenommen wird.

Die erste dieser Annahmen zeigt sich jedoch bald als unhaltbar, da nach derselben die Sonne wegen der Zerstreuung des Lichtes durchaus nicht als begränzte Scheibe, sondern als eine grofse helle Fläche erscheinen müfste.

Eine etwas weiter geführte Untersuchung läfst aber auch die zweite Annahme als irrig erscheinen, da nach derselben die Fixsterne ebenfalls als leuchtende Scheiben mit unbestimmter Begränzung erscheinen müfsten. Es können demnach weder Wasserkügelchen, noch auch kugelförmige Luftpartikelchen die Reflexion bewirken.

Die einzige mit den Erscheinungen verträgliche Annahme bleibt nur, dafs die Reflexion an dünnen Platten mit paralleler Begränzung geschehe, weil durch solche allein das durchgehende Licht in seiner Richtung nicht gestört wird. Diese Bedingung wird aber fast vollkommen durch Annahme feiner Dampfbläschen erfüllt.

Die Annahme hat aufserdem noch den grofsen Vortheil, dafs sie eine Erklärung der blauen Farbe des Himmels und der Morgen- und Abendröthe giebt. Ist nämlich das Häutchen eines reflectirenden Dampfbläschens sehr dünn, so wird das reflectirte Licht durch Interferenz eine bestimmte Farbe annehmen. Die dünnsten Bläschen, welche überhaupt noch Licht reflectiren, werden aber offenbar blau erscheinen, wie in den Newtonschen Farbenringen auf das schwarze Centrum zunächst blau folgt. Wächst die Dicke eines Bläschens, dann wird das von ihm reflectirte Licht die sämmtlichen Farbentöne der Newtonschen Ringe durchlaufen.

Sind demnach in der Atmosphäre nur Bläschen von so großer Feinheit vorhanden, welche gar kein oder nur blaues Licht reflectiren, dann wird der ganze Himmel dunkelblau erscheinen; werden die Bläschen dicker, so werden sich wiederum neue dünne Bläschen bilden und die Farben, welche von den dickeren Bläschen herrühren, werden, da alle möglichen Dicken vorkommen, sich zu weiſs zusammensetzen. Dadurch wird das Blau des Himmels ein blasseres Ansehen erhalten und sogar allmählich in reines Weiſs übergehen. Das von diesen Bläschen durchgelassene Licht besitzt die complementären Farben des reflectirten, welches jedoch, da an einem Bläschen alle möglichen Einfallswinkel vorkommen und sich die Interferenzfarben theilweise zu weiſs zusammensetzen, nur sehr schwach sein wird. Ist die Färbung jedoch kräftig genug, wie z. B. wenn die Sonne beim Untergange durch eine sehr groſse Anzahl Bläschen hindurch scheint, so wird sie orangeroth erscheinen, während sie am Mittag, wo das Licht nur einen kurzen Weg in der Atmosphäre zurücklegt, weiſs erscheint. Die rothe Färbung der Wolken und des Horizontes erklärt sich dann leicht aus der rothen Beleuchtung, in der sie gesehen werden.

A. Smith. Berechnung der Entfernung einer im Erdschatten verfinsterten Sternschnuppe. Phil. Mag. XXXIV. 179.

Herr Archibald Smith giebt eine Vereinfachung der Formeln, welche von Lubbock aufgestellt waren zur Berechnung der Entfernung der Sternschnuppen nach der Hypothese, daſs das Licht derselben reflectirtes Sonnenlicht sei und ihr Verschwinden herrühre von ihrem Eintritte in den Erdschatten. Da jedoch diese Hypothese noch jeder sicheren Begründung entbehrt, so mag das Citat des Aufsatzes genügen.

Dr. *Grofsmann.*

---

3. Physiologische Optik.

Locke. On single and double vision produced by viewing objects with both eyes, and on an optical illusion with regard to the distance of objects. Phil. Mag. XXXIV. 195*; Sill. Am. J. VII. 68*; Fror. Not. IX. 227*.

Lathrop. Results additional to those offered by Dr. Locke on single and double vision. Sill. Am. J. VII. 343*.

Foucault et Regnault. Note sur quelques phénomènes de la vision au moyen des deux yeux. C. R. XXVIII. 78*; Inst. XVII. No. 783. p. 3*; Phil. Mag. XXXIV. 269*; Fror. Not. X. 118*.

de Haldat. Optique oculaire. Nancy 1849, 8°*; Arch. d. sc. ph. et nat. XII. 45*; Inst. XVII. No. 786. p. 29*.

— — Sur l'expérience des deux épingles. Arch. d. sc. ph. et nat. X. 300*; Mém. de l'Ac. de Nancy 1848.

Schnyder. Das Sehvermögen bei einigen Leuten für gewisse Linien mangelhaft. Verh. d. schweiz. nat. Ges. 1848, p. 15*; Fror. Not. X. 346*; Arch. d. sc. ph. et nat. X. 302*.

Waller. Sur un cas, où la vue altérée faisait voir les objets plus petits que nature. Inst. XVII. No. 787. p. 39*.

— — Sur les spectres lumineux développés par la pression sur la rétine et les dépendances. Inst XVII. No. 787. p. 39*.

Wartmann. Sur un phénomène de dyschromatopsie. Bull. de Brux. XVI. I. 137*; Inst. XVII. No. 799. p. 131*.

d'Hombre Firmas. Achromatopsie. C. R. XXIX. 175*. Inst. No. 815. p. 259*.

Véron. Sur un phénomène de visibilité. C. R. XXVIII. 743*; Inst. No. 810. p. 218*.

Marié Davy. Observations relatives à la vision. Inst. No 790. p, 59*.

Plateau. Sur de nouvelles applications curieuses de la persistance des impressions de la rétine. Bull. de Brux. XVI. I. 424. 588, II. 30. 254*. Inst. XVII. No. 818. p. 277. No. 830. p. 378, XVIII. No. 835. p. 5*; Phil. Mag. XXXVI. p. 434. 436*; Pogg. Ann. LXXVIII. 563, LXXIX. 269, LXXX. 150. 287*; Fror. Not. X 221. 325*.

Baden Powell. Sur l'irradiation. Inst. No. 818. p. 288*.

Die Herrn John Locke und Lathrop bringen nur Bekanntes über das Einfach- und Doppeltsehen mit beiden Augen und die Perception der Objectweite.

Herr Léon Foucault und J. Regnault haben sich mittelst des Stereoskops überzeugt, dafs in Rücksicht auf die Farbe verschiedene Affektionen beider Netzhäute sich im Bewufstsein nach den bekannten Gesetzen der Chromatik vereinigen können, wie dieses schon Dove vor zehn Jahren ganz auf demselben Wege gezeigt hat. (Monatsber. d. Berl. Ak. 1841, S. 251.)

Herr de Haldat zeigt der société philomatique an, dafs er schon im Jahre 1806 durch blofses Vorhalten von farbigen Gläsern vor beiden Augen zu demselben Resultate gekommen ist, und dies damals im Journal de Physique veröffentlicht hat. Bekanntlich ist dieser Versuch überaus häufig angestellt worden, da er aber den meisten Menschen nicht in derselben Weise gelang, so hat das wichtige Resultat von de Haldat keine Anerkennung gefunden, bis Dove es mit Hülfe des Stereoskops und des Polarisationsapparats aufser Zweifel setzte.

Herr de Haldat theilt ferner mit, dafs es ihm nicht gelinge, von zwei hintereinander aufgesteckten Nadeln nach Willkür abwechselnd die eine oder die andere deutlich zu sehn, wenn sich die eine diesseits der Weite des deutlichen Sehens (à une distance moindre que celle de la vision distincte par chaque observateur) befinde. Es erscheine dann die erstere immer undeutlich. Man begreift das, und ebenso, dafs auch das Bild der ersten deutlich wurde, nachdem zwischen ihr und dem Auge ein Diaphragma mit sehr kleiner Oeffnung eingeschoben war. (Vergl. die früheren Berichte).

Herr Schnyder hat an sich und anderen eine verschiedene Sehweite für horizontal und für vertikal divergirende Strahlen gefunden und läfst bei Ellenreich Bamberger in Zürich, um diesem

Gesichtsfehler abzuhelfen, Brillen machen, die aus sphärischen und Cylinderlinsen combinirt sind. Früher haben Young, Herschel, Airy, Plateau und Sturm über diesen Gegenstand geschrieben. Vergl. diese Berichte 1845, p. 210. Strokes hat ein Instrument construirt, um die Form der Linse zu bestimmen, welche diesen Gesichtsfehler im concreten Falle corrigirt. Dasselbe ist im Institut nicht beschrieben, wahrscheinlich aber ist es ein Optometer, dessen Rohr mit einem getheilten Kreise in Verbindung und um seine Achse drehbar ist.

Herr Johann Luvini macht uns mit einer interessanten physiologisch optischen Erscheinung bekannt, welche zugleich eine praktische Anwendung darbietet. Er fand nämlich bei praktischen Versuchen auf der Telegraphenline zwischen Piacenza und Alexandria, dafs man eine vom Nebel verdeckte Telegraphenstation noch sichtbar machen konnte, wenn man vor das Ocular des Fernrohrs, mit dem man beobachtete, ein farbiges Glas vorschlug. Besonders eignete sich hierzu rothes Glas. Beobachter mit guten Augen (qui ont une bonne vue) zogen ein dunkleres, Kurzsichtige ein helleres Roth vor. Die Erklärung dieser Erscheinung giebt Herr Luvini in folgenden Worten: La raison d'un tel effet semble dépendre de ce que la couleur blanche du brouillard frappe trop énergiquement l'organe de la vue, surtout si la lunette a un champ un peu étendu. Au contraire en mettant entre l'oeil et l'oculaire de l'instrument un verre coloré, l'intensité de la lumière diminue de beaucoup, à cause des rayons qui restent interceptés; l'oeil de l'observateur se lasse moins, souffre moins, et par là il distingue mieux les contours de l'objet observé. Obgleich ich diese Erklärung im Wesentlichen für richtig halte, so glaube ich doch, dafs man sie weiter ausführen und sich zugleich Rechenschaft davon geben kann, wefshalb es gerade das rothe Glas ist, welches das Sehen so sehr verbessert. In die Augen gelangt zweierlei Licht: erstens solches, welches durch die ganze hier in Betracht kommende Nebelschicht hindurchgegangen ist; dieses Licht ist es, vermöge dessen wir den Telegraphen sehen, und zweitens solches, welches von dem Nebel selbst reflectirt wird;

dieses Licht hindert uns im Sehen, erstens weil es unsere Pupille verengert und zweitens weil es die Retina für andere Lichteindrücke unempfindlicher macht. Unsere Aufgabe würde demnach sein, ein Medium einzuschalten, welches so viel als möglich von dem ersteren Lichte durchläfst, so viel als möglich von dem zweiten absorbirt. Wenn die Sonne oder der Mond durch eine Nebelschicht gesehen werden, so erscheinen sie uns in der Regel roth, wir müssen also schliefsen, dafs der Nebel rothes Licht besser durchläfst als anders farbiges. Der beleuchtete Nebel selbst erscheint uns weifs oder grau, meist mit einem Stich ins Blaue, niemals röthlich. Ein rothes Glas wird also dasjenige sein, welches unserm Zwecke am meisten entspricht.

Herr Waller hat der brittischen Gesellschaft für Förderung der Wissenschaft mehrere Mittheilungen gemacht, über welche mir nur die im Institut enthaltenen Nachrichten zu Gebote stehen. Ich mufs deshalb die etwaige Unvollständigkeit meines Berichtes mit der Unvollständigkeit meiner Quelle entschuldigen. Er hat mehrere Fälle von Gesichtsfehlern beobachtet, bei welchen das Hauptsymptom darin bestand, dafs die Patienten die Gröfse der Aufsendinge unrichtig schätzten. In einem Falle bezog sich die Illusion nur auf das eine Auge, welches die Gegenstände kleiner sah als das andere. In den übrigen Fällen betraf sie beide Augen, aber war nur temporär, trat zu einer gewissen Epoche des Tages auf und dauerte nur einige Minuten. Der Verf. hält diese Beobachtungen für geeignet um die Aktion der Nerven und des Verstandes bei der Schätzung der Gröfse der Körper aufzuhellen. Ich weifs nicht, welche Erklärung Herr Waller seinen Beobachtungen unterlegt, so viel aber scheint mir gewifs zu sein, dafs die Quelle des Irrthums der Patienten zunächst in einer unrichtigen Schätzung der Objektweite zu suchen ist. Bekanntlich schätzen wir die wirkliche Gröfse eines Objektes, indem wir seine scheinbare Gröfse, d. h. den Gesichtswinkel, unter dem er gesehen wird, unbewufster Weise mit der Objektweite in Verbindung bringen. Ein Irrthum über die wirkliche Gröfse mufs also in einem Irrthume über eine der beiden letztbenannten Gröfsen begründet sein. Das Urtheil über die scheinbare Gröfse erwächst uns freilich in erster Instanz aus dem Gefühle unserer Augenmuskeln, später aber, wenn wir uns einmal in unserem Sehfelde orientirt haben, erweckt uns die Gröfse des Netzhautbildes als solche schon die Vorstellung von einer gewissen scheinbaren Gröfse des Objektes, und es wird doch wohl niemand im Ernste glauben, dafs die Augen auf ein paar Minuten eine pathologische Veränderung eingehen könne, vermöge deren die Netzhautbilder beträchtlich gröfser oder beträchtlich kleiner als im normalen Zustande ausfallen. Dagegen scheint es nicht unerhört, dafs wir uns auch vermöge eines temporären pathologischen Zustandes über die Objektweite täuschen können, wenn wir bedenken, dafs wir zu Beurtheilung derselben keine anderen direkteren Hülfsmittel haben als das Gefühl von dem Accommodationszustande unserer Augen und von dem Grade der Convergenz unserer Sehaxen.

Die zweite Mittheilung des Herrn WALLER bezieht sich auf die Druckbilder und ihre Anwendung auf die Diagnose krankhafter Affektionen der Retina. Diese besteht einfach darin, dafs man sich vermöge der Druckbilder von der noch vorhandenen Reizbarkeit der Retina überzeugt, oder durch das Ausbleiben der ersteren von dem Fehlen der letzteren benachrichtigt wird.

Herr ELIÉ WARTMANN zeigt an, dafs er eine zweite Abhandlung über die Chromatopsie vollendet hat. Er hört trotz der Einsprache der englischen Physiker nicht auf, diesen Gesichtsfehler Daltonismus zu nennen, eine Bezeichnung, von der er, da sie einmal aus Pietät für den grofsen Todten von dessen Landsleuten gerügt ist, füglich ablassen könnte. Er theilt vorläufig als ein besonders interessantes Resultat seiner Untersuchungen mit, dafs es eine temporäre Farbenblindheit giebt, welche namentlich Nachts einzutreten scheint. Das grofse Nordlicht am 17ten November 1847 wurde von zwei Personen, die sonst normale Augen hatten, einer alten Dame und einem jungen Professor der Botanik, nicht gesehen. Für den letzteren war dies besonders auffallend, da er sich sehr wohl erinnerte früher Nordlichter gesehen zu haben.

Herr D'HOMBRES FIRMAS beschreibt gleichfalls mehrere Fälle von Achromatopsie.

Herr EMILE VÉRON bemerkte, dafs wenn er mit dem rechten Auge durch eine Lorgnette nach einer entfernten Schrift sah, ihm dieselbe deutlicher erschien, wenn er das linke Auge geöffnet hatte als wenn er dasselbe schlofs. Herr EMILE VÉRON, der diese Thatsache in einem Briefe an ARAGO berichtet, hätte meiner Meinung nach, um der Erklärung desselben näher zu rücken, untersuchen müssen:

1) Ob die Erscheinung in ganz derselben Weise eintritt, wenn er verschiedene Lorgnetten anwendet, welche sich von einander um ein sehr Geringes in ihrer Brennweite unterscheiden.

2) Ob die Erscheinung in derselben Weise eintritt, wenn er das linke Auge anstatt es zuzukneifen mit der Hand oder einem Schirm bedeckt.

Es ist nämlich bekannt, dafs die Schliefsmuskeln beider Augen mit einander in dem Zusammenhange der Mitbewegung stehen, so dafs, wenn man den einen zu kontrahiren sucht, auch der andere sich zusammenzuziehen strebt, und man ihm durch energische Contraktion des musculus levator palpebrae superioris entgegenwirken mufs, der von einem Aste des nervus oculomotorius communis, welcher Nerv auch motorische Ciliarnerven abgiebt, versorgt wird. Hierdurch wird in dem offenen Auge ein gewisser Zwang erzeugt, der mir die Freiheit der Accommodationsbewegungen in etwas zu beschränken scheint, und es liegt die Vermuthung nahe, dafs hierdurch die von Herrn VÉRON beobachtete Erscheinung hervorgebracht wurde.

Herr MARIÉ DAVY zog auf weifsem Parpier schwarze Linien in der Weise, dafs die Zwischenräume ebenso breit waren wie die Linien selbst. Solche Blätter verfertigte er mehrere mit Streifen von verschiedener Breite und versuchte dann, wie weit er jedes derselben vom Auge entfernen mufste, um nicht mehr die schwarzen und weifsen Streifen, sondern ein einförmiges Grau zu sehen. Er fand, dafs dies bei allen Blättern in solchen Abständen eintrat, dafs die berechnete Breite des Netzhautbildes eines Streifs sich nahezu zu 0,00111 Millimeter ergab. Diese betrug nämlich 0,00109; 0,00113; 0,00113; 0,00112 Millimeter bei Abständen von 5,8; 0,75, 0,53 und 0,41 Meter.

Herr Marié Davy zieht hieraus folgende Schlüsse:

1) Dafs es für ihn keine andere Grenze des deutlichen Sehens gebe, als die von 1 Decimeter.

2) Dafs zwei Objekte, in welcher Entfernung sie sich auch befinden mögen, nur aufhören das eine vom andern unterschieden zu werden, wenn ihre Bilder im Auge nicht hinreichend weit von einander entfernt sind, ebenso wie zwei Spitzen, welche man gleichzeitig auf die Haut setzt, nur dann gesonderte Eindrücke machen, wenn sie bis zu einem gewissen Grade von einander entfernt sind.

3) Dafs jede Fibrille der Sehnerven einer besonderen Papille [1]) entspricht; und dafs in den besagten Versuchen die Streifen nicht eher verschwinden, als wenn zwei Doppelreihen (Schwarz und Weifs) genau eine dieser Papillen decken, und dafs folglich der Durchmesser derselben 0,0022 Millimeter ist. Treviranus fand ihn 0,0038 beim Kaninchen, Weber 0,0038 beim Menschen, bei den Vögeln variiren sie zwischen 0,002 bis 0,003.

4) Dafs wenn ein Objekt so liegt, dafs sein Bild im Auge einen kleineren Durchmesser als 0,002 hat, es darum nicht aufhört sichtbar zu sein, aber dafs seine Farbe geschwächt erscheint, und dafs es nicht mehr einen mit der Entfernung veränderlichen Sehwinkel (scheinbare Gröfse *B*) hat.

5) Dafs jede Nervenfaser dem Gehirn die Resultante der Eindrücke zubringt, welche das Bild auf die entsprechende Papille macht, so dafs das Resultat dasselbe sein würde, wenn das

[1]) In Rücksicht auf die Netzhautpapillen, von welchen der Verf. spricht, mufs ich bemerken, dafs dieselben durch die neueren mikroskopischen Untersuchungen aus der Anatomie verschwunden sind. Treviranus hatte für solche die auf der Rückseite der Retina liegenden stabförmigen Körper angesehen, welche gar keinen integrirenden Theil der Nervenhaut und des Nervensystems überhaupt bilden. Siehe meine anatomische Beschreibung des menschlichen Augapfels. Berlin bei Reimer 1847. 4.

Bild, anstatt vollkommen zu sein, den Anblick eines Mosaik darbieten würde.

6) Dafs damit das Gesicht gut sei, weiter nichts nöthig ist, als dafs das Bild vollkommen rein und dafs es achromatisch ist.

Die Zurückführung der Schärfe unseres Gesichtes auf den anatomischen Bau der Netzhaut ist eins der schwierigsten Probleme in der Physiologie des Gesichtssinnes, dessen Lösung schon von den besten Köpfen erfolglos angestrebt ist. Herr Marié Davy handhabt dasselbe mit derjenigen Naivität, mit der Laien über die Vorgänge im Inneren des Körpers, dessen Mechanismus ihnen durchaus unbekannt ist, abzuurtheilen pflegen; wobei ihm sein Talent, aus einem Versuche ein halbes Dutzend Schlüsse zu ziehen, zu Statten kommt. In fünf andern Nummern ertheilt er Orakelsprüche über die Eigenschaften des optischen Apparates und der Wirkung der einzelnen Theile desselben bei der Accommodation, über die man aber, da weder Versuche noch Rechnungen mitgetheilt sind, kein weiteres Urtheil fällen kann.

Herr Plateau reklamirt die Priorität einer Erfindung, welche Doppler im Jahre 1845 in den Abhandlungen der böhmischen Gesellschaft der Wissenschaften (V. Folge, Bd. 3) bekannt gemacht hat. Diese Erfindung, welche Plateau im Jahre 1833 in dem Supplement zu Herschel's Abhandlung über das Licht übersetzt von Verhulst und Quetelet und 1836 in dem Bulletin de l'academie de Bruxelles, T. III. p. 364 publicirte, besteht darin, in schneller periodischer Bewegung begriffene Körper zu beobachten und ihre Geschwindigkeit zu messen, indem man sie durch eine am Rande durchlöcherte Scheibe betrachtet, welche mit bekannter Geschwindigkeit rotirt. Herr Plateau erkennt jedoch an, dafs Doppler zuerst die Sirene als passendes Mittel vorgeschlagen hat, die Scheibe mit bekannter und sehr grofser Geschwindigkeit rotiren zu lassen, und zweitens, dafs Herrn Doppler eine Modifikation des Verfahrens eigenthümlich ist, welches darin besteht, die rotirende Scheibe zwischen die Lichtquelle und den zu beobachtenden Körper zu bringen, damit derselbe bei intermittirender Beleuchtung gesehen werde. Zugleich bemerkt Herr

PLATEAU, dafs das von ihm und DOPPLER empfohlene Verfahren wesentlich verschieden ist von demjenigen, welches SAVART anwendete, um die Formen des Wasserstrahls zu beobachten. SAVART liefs sich nämlich ein breites schwarzes Band mit schmalen weifsen Querstreifen hinter dem Flüssigkeitsstrahl und in diesem entgegengesetzter Richtung fortbewegen. Wendet man nun geschwärzte Flüssigkeit an, so dafs immer nur der Theil des Flüssigkeitsstrahls, der vor einem weifsen Streifen liegt, einen Gesichtseindruck erzeugt, so kann man, indem man dem Bande eine angemessene Geschwindigkeit giebt, allerdings auch ein ruhendes Bild hervorbringen, aber dieses entspricht der Wirklichkeit nicht, indem die Anschwellungen des Strahls einander mehr genähert und in gröfserer Anzahl erscheinen, als sie in der Natur vorhanden sind.

Herr PLATEAU hat ferner (Bulletin de l'acad. de Bruxelles, T. XVI.) nach dem Principe des Anorthoskops folgendes Instrument construirt. Eine transparente Scheibe ist in 8 Sektoren getheilt, von der je zwei gegenüberliegende schwarz, roth, weifs und blau gemalt sind. Vor dieser Scheibe befindet sich eine zweite undurchsichtige, in welcher zwei gegeneinander überliegende Sektoren, etwas schmäler als auf der ersten Scheibe ausgeschnitten sind, so dafs man durch diese Ausschnitte bei den entsprechenden vier verschiedenen Stellungen die vier verschiedenen Farben der ersten Scheibe einzeln sehen kann. Nun werden beide Scheiben durch Schnurläufe in möglichst gleich schnelle Rotation versetzt. Würde eine wirklich absolut gleiche Geschwindigkeit erzielt werden, so würde man immer nur eine Farbe sehen, wegen der kleinen Gangunterschiede aber, welche die Scheiben immer darbieten, wechseln die Farben in regelmäfsigen Intervallen, was einen sehr schönen Anblick gewähren soll.

Herr PLATEAU hat ferner die Theorie seines im Jahre 1836 bekannt gemachten und seitdem sehr verbreiteten Anorthoskops für alle einzelnen Fälle erläutert, um anderen die Anfertigung desselben zu erleichtern. Dieses Instrument zeigt bekanntlich die Anamorphose einer auf eine rotirende Scheibe in der Weise verzerrt gemalten Figur, dafs in derselben alle Dimensionen in tangentialer Richtung mit irgend einem Faktor multiplicirt, in radikaler Richtung aber unverändert beibehalten sind. Die Anamorphose wird dadurch hervorgebracht, daſs sich vor jene Scheibe eine andere undurchsichtige mit radialen Spalten dreht. Herr Plateau behandelt zuerst den Fall, in welchem die Drehungsrichtung beider Scheiben entgegengesetzt ist, und sich in der zweiten nur eine Spalte befindet. Heiſst die Geschwindigkeit der einen Scheibe V_d die der andern V_n, so heiſst, da die in gleichen Zeiten durchlaufenen Winkelwerthe den Geschwindigkeiten proportional sind, der Faktor, mit dem man in der Richtung der Tangenten alle Abstände des Bildes multipliciren muſs, um das Zerrbild hervorzubringen, $M = \frac{V_d}{V_n} + 1$. Bei dem käuflichen Anorthoskop ist $\frac{V_d}{V_n} = 4$, man muſs also $M = 5$ nehmen, wenn man neue Bilder für dasselbe zeichnen will. Da im gegebenen Falle die Spalte der zweiten Scheibe mit jedem Radius der ersten während eines ganzen Umlaufs fünfmal zur Deckung kommt, so ist es auch klar, daſs die Figur bei der Anamorphose fünfmal erscheint, also der Faktor, durch den das Bild vervielfältigt wird, ist ebenfalls $\frac{V_d}{V_n} + 1$. Man muſs deshalb auch die Geschwindigkeiten so wählen, daſs $\frac{V_d}{V_n}$ eine ganze Zahl ist, weil sonst die Coincidenzen auf der Scheibe ihren Ort verändern, wodurch Verwirrung entsteht.

Diese ganze Zahl ist es, wie leicht ersichtlich, auch, welche angiebt, wieviel gleichabständige Spalten man in der undurchsichtigen Scheibe anbringen kann, ohne daſs der Effekt gestört wird. Beim käuflichen Anorthoskop ist diese Zahl wie gesagt 4.

Zweitens behandelt Herr Plateau den Fall, in welchem die Drehungsrichtung beider Scheiben gleichsinnig ist.

Hier ist $M = 1 - \frac{V_d}{V_n}$. Das Resultat der Construktion ist aber verschieden, je nachdem V_d die Geschwindigkeit der transparenten (bemalten) Scheiben kleiner oder gröſser ist, als V_n, die Geschwindigkeit der undurchsichtigen Scheibe. Im ersteren Falle, wenn V_d kleiner ist als V_n, wird $\frac{V_d}{V_n}$ kleiner als 1 und mithin auch M kleiner als Eins sein. Es folgt daher, daſs bei der Construktion des Zerrbildes die Dimensionen des Originals in der

Richtung der Tangenten **verkleinert** werden müssen und zwar nach dem Verhältnifs $1-\frac{V_d}{V_n}$. Es ist ferner klar, dafs hier nur ein Bild zu Stande kommen kann; denn sollte es sich vervielfältigen, so müfste die Spalte mit einem Radius der bemalten Scheibe während eines ganzen Umganges öfter als einmal zur Coincidenz kommen, was unmöglich ist. Man kann also ein Bild darstellen, welches die ganze Scheibe einnimmt. Da aber ein Original, welches die ganze Scheibe einnehmen würde, nach der Verzerrung auf einen Kreisausschnitt von dem Winkel $2\pi\left(1-\frac{V_d}{V_n}\right)$ reducirt wird, so theilt man die Scheibe in $\frac{V_n}{V_n-V_d}$ solche Sektoren, und wiederholt in jedem derselben das Zerrbild, so dafs sich die Anamorphosen derselben sämmtlich im Sehfelde decken. Hier ist also das Zerrbild vielfach, das Bild einfach, während in dem früheren Falle das Zerrbild einfach, das Bild vielfach war. Es ist klar, dafs $\frac{V_n}{V_n-V_d}$ eine ganze Zahl sein mufs, was man auf dem einfachsten Wege erreicht, wenn man die Geschwindigkeiten so einrichtet, dafs $V_n-V_d=1$ ist, wodurch auch der Werth von M sich vereinfacht, indem dieser dann durch $\frac{1}{V_n}$ ausgedrückt wird, die Zahl der Spalten dagegen, welche man in der undurchsichtigen Scheibe ohne Störung des Effekts anbringen kann, wird V_d sein.

Der zweite Fall ist der, wo V_d gröfser ist als V_n. Hier wird der Werth $1-\frac{V_d}{V_n}$ negativ, was nichts anders heifst, als dafs alle Entfernungen in der Richtung der Tangenten nicht allein ihrer Gröfse, sondern auch ihrem Zeichen nach verändert werden müssen, so dafs im Zerrbilde rechts ist, was im Bilde links ist, und umgekehrt. Der absolute Werth von M kann nun hier gröfser oder kleiner als 1 oder gleich 1 sein, je nachdem $V_d>2V_n$ oder $V_d<2V_n$ oder $V_d=2V_n$.

Betrachten wir den ersten Fall, so ist für denselben sofort klar, dafs, da die Winkelentfernungen durch M dividirt werden, die

Figur auch M mal erscheinen mufs, und die Geschwindigkeiten so zu wählen sind, dafs M eine ganze Zahl ist. Man kann defshalb aus einem und demselben Zerrbilde bei verschiedenen Geschwindigkeiten ein und dieselbe Anamorphose bei gleichsinniger und bei entgegengesetzter Drehungsrichtung der Scheiben erhalten. Heifsen die Geschwindigkeiten bei entgegengesetzter Drehungsrichtung V_d und V_n, und bei gleichsinniger V'_d und V'_n so richtet man sich so ein, dafs $\frac{V_d}{V_n} + 1 = \frac{V'_d}{V'_n} - 1$, also $\frac{V'_d}{V'_n} - \frac{V_d}{V_n} = 2$ ist. Dann erhält man dieselben Bilder, aber sie sind in Rücksicht auf rechts und links verkehrt. Will man auch dieses vermeiden, so wendet man die transparente Scheibe um, so dafs die Seite, welche früher der Lampe zugewendet war, nun dem Auge zugewendet ist.

Der zweite Fall, V_d gröfser als V_n aber kleiner als $2V_n$, reducirt sich ebenfalls mit Ausnahme der Umkehrung der Zeichen auf einen früheren, nämlich auf den, in welchem V_d kleiner war als V_n und defshalb die Winkelentfernungen, um das Zerrbild zu construiren, verringert werden mufsten, wie dieses sich ohne Weiteres aus dem Umstande ergiebt, dafs M ein echter Bruch ist. Endlich ist noch der Fall zu betrachten, in welchem $V_d = 2V_n$, also $M = -1$ ist. Diese Gleichung zeigt sogleich, was bei diesem Falle geschieht. Die Dimensionen bleiben bei der Anamorphose ungeändert, aber was rechts war wird links, was links war wird rechts. Für diesen Fall sind begreiflich nur zwei in ein und demselben Durchmesser liegende Spalten für die undurchsichtige Scheibe anwendbar.

Herr Plateau hat ferner das Anorthoskop mit dem Phantaskop (den Drehscheiben, bei welchen die Figuren Scheinbewegungen ausführen) verbunden, indem er die auf ein und derselben Scheibe befindlichen, symmetrisch um die Axe gestellten Zerrbilder, verschiedenen Momenten einer Aktion entnommen hat, so dafs diese bei der Anamorphose zur Anschauung kommt.

Endlich theilt Herr Plateau noch eine Beobachtung mit, welche ein tieferes physiologisches Interesse darbietet. Wenn man auf eine schwarze Scheibe eine weifse archimedische Spirale zeichnet und die Scheibe in der Weise dreht, dafs das peripherische Ende der Spirale vorwärts schreitet, so erscheinen statt derselben eine Menge Kreise, welche sich an der Peripherie erzeugen und immer kleiner werden, bis sie endlich im Centrum verschwinden. Dreht man die Scheibe umgekehrt, so erzeugen sich die Kreise am Centrum und vergröfsern sich bis sie an der Peripherie verschwinden. Die Zahl der Kreise, die in einer gegebenen Zeit erzeugt wird, ist gleich der Zahl der Umdrehungen in derselben Zeit. Da ferner während jeder Umdrehung der Radius jedes Kreises um den Abstand je zweier Windungen der Spirale vergröfsert oder verkleinert wird, so ist die Geschwindigkeit der Scheinbewegung durch diesen und die Umdrehungsgeschwindigkeit gegeben. Man sieht also leicht ein, dafs man derselben einen solchen Grad geben kann, dafs die Kreise selbst nicht mehr ganz scharf begrenzt sind, und dafs sich etwa 6 bis 7 Kreise in der Sekunde erzeugen, von denen jeder nur ungefähr eine halbe Sekunde gesehen wird. Wenn man eine solche Scheibe einige Zeit angesehen hat, während die Kreise wachsen, und blickt dann plötzlich auf einen anderen Gegenstand, so scheint sich dieser zu verkleinern. Blickt man dagegen auf die Scheibe, während sie umgekehrt gedreht wird, so dafs sich die Kreise verkleinern, und wendet dann die Augen ab, auf einen anderen Gegenstand, so scheint sich dieser zu vergröfsern.

Obgleich diese Erscheinung sich an die bekannten Scheinbewegungen anreiht, welche man nach längerer Anschauung von sich bewegenden Gegenständen wahrnimmt, so ist sie doch defshalb von besonderem Interesse, weil hier die Bewegung von allen Seiten her radial gegen das Centrum des Sehfeldes Statt findet und defshalb die Alienation des Muskelgefühls in den Augenmuskeln, welche man sonst wohl mit zur Erklärung der Scheinbewegungen herbeigezogen hat, gänzlich ausgeschlossen ist. Herr Plateau erklärt diese Erscheinung nach dem Principe der Oscillationen der Eindrücke, welches er vor 20 Jahren in seinem Essai d'une théorie générale comprenant l'ensemble des apparences visuelles qui succèdent à la contemplation des objets colorés aufgestellt hat, und welches er hier wiederholt. Was die hier in Rede stehenden Versuche anlangt, so glaube ich, dafs man sie, wie die übrigen derartigen Scheinbewegungen, aus der Gewöhnung oder Abstumpfung erklären mufs. Wenn eine Bewegung in einer bestimmten Richtung die Geschwindigkeit v hat, so macht sie uns, nachdem wir sie eine Zeit lang angesehen haben, nur noch den Eindruck, den uns eine Bewegung von der kleineren Geschwindigkeit v_1 im ersten Augenblick gemacht haben würde, ohne dafs wir uns des Wechsels bewufst werden. Wenn wir defshalb plötzlich auf einen ruhenden Gegenstand blicken, so scheint er sich mit der Geschwindigkeit $v - v_1$ in entgegengesetzter Richtung zu bewegen.

Herr Baden Powell hielt am 9ten März 1849 in der Londner astronomischen Gesellschaft einen Vortrag über Irradiation. Die mit Sorgfalt und wissenschaftlichem Ernst durchgeführten Untersuchungen sind seither in den memoirs of the royal astronomical Society, Vol. XVIII. p. 69 veröffentlicht. Sie haben den Verf. zu dem Resultate geführt, dafs die sogenannten Irradiationserscheinungen nicht in einer Ausbreitung der Lichtempfindung in der Netzhaut ihren Grund haben, sondern Diffraktionserscheinungen sind, welche theils durch den optischen Apparat unseres Auges selbst, theils durch die Fernröhre, mittelst welcher man beobachtet, hervorgebracht werden. Er nahm bei seinen experimentellen Untersuchungen als Objekt zur Beobachtung der Irradiationserscheinungen das von Plateau (Mémoire sur l'irradiation. Nov. Mém. de l'Acad. Roy. de Bruxelles, Vol. XI. 1838) zu diesem Zwecke erfundene Doppelparallelogramm, d. h. einen undurchsichtigen in der Form  geschnittenen Schirm, der aus einer Metallplatte gefertigt war. Bekanntlich erscheint in einem solchen, wenn er gegen das Licht gehalten wird, das helle Parallelogramm breiter, als das in der That gleich breite dunkle, und die Hälfte der scheinbaren Gröfse dieses Unterschiedes giebt das Maafs für die jedesmalige Irradiation. Herr Baden Powell überzeugte sich nun, dafs dieselbe Erscheinung eintritt, wenn man das Bild des Doppelparallelogramms auf einem matt geschliffenen Glase auffängt, ja um dasselbe vollständig objektiv zu machen und zugleich hell in dunkel, dunkel in hell zu verkehren, fertigte er das negative photographische Bild des Schirms, und auch hier zeigte sich das Bild des hellen Parallelogramms breiter als das des dunkeln. Nun brachte er einen solchen Schirm von kleinen Dimensionen in dem Brennpunkte einer Sammellinse an und befestigte dieses System an ein astronomisches Fernrohr, so dafs das Doppelparallelogramm durch dasselbe wie ein unendlich entfernter Gegenstand gesehen wurde. Dies gab ihm ein Mittel an die Hand zu untersuchen, in wie fern die Irradiation abhängig sei von den Cardinaleigenschaften des Fernrohrs, und er fand, dafs sie abnahm mit wachsender Vergröfserung, aber zunahm mit abnehmender Oeffnung des Instruments. Diese letztere Erscheinung war ein neuer Grund die Irradiation von der Diffraktion des Objektivs abzuleiten, weil sie hier trotz der Abnahme der Lichtstärke nicht, wie es die physiologische Theorie verlangt, ab-, sondern zunahm, sich aber andererseits die Zunahme aus der durch die Verkleinerung der Oeffnung herbeigeführte gröfsere Diffraktion leicht erklären liefs. Hierauf geht der Verf. die einzelnen auffallenden Erscheinungen durch, zu welchen die Irradiation bei astronomischen Beobachtungen Veranlassung giebt und zeigt, wie sich bei den meisten nachweisen läfst, dafs sie von den Eigenschaften des Teleskops abhängig und in diesem Sinne objektive Phänomene sind.

Dies gilt z. B. von der Einschnürung oder dem Halse, welcher sich bei Planetendurchgängen zeigt, indem der Planet in dem Momente, wo sein wahrer Rand den der Sonne deckt, Flaschenform annimmt. Diese Erscheinung beobachtete nämlich Main bei einem Merkursdurchgange, als er das Bild der Sonne auf einen Schirm projicirt hatte, noch ebenso, als wenn er es direkt beobachtete. Er führt ferner an, dafs diese Erscheinung bei gewissen Sterndurchgängen von einzelnen Beobachtern gesehen, von andern, die mit anderen Teleskopen beobachteten, nicht gesehen wurde. Aehnliche Differenzen, welche sich zwischen verschiedenen Beobachtern mit verschiedenen Instrumenten, aber nicht zwischen verschiedenen Beobachtern bei ein und demselben Instrumente zeigten, führt er in Rücksicht auf die scheinbare Projektion eines Sterns auf die Mondscheibe an, welche bei Sternbedeckungen im Momente der Immersion Statt findet. Aehnliches ferner über die dunkeln Verbindungsfäden und Brücken, welche bei Sonnenfinsternissen in dem Momente beobachtet werden, wo sich zwei Stellen des Sonnen- und Mondrandes, die nach ein und derselben Seite convex sind, einander decken.

Wenn man das Resultat aller angeführten Versuche und Beobachtungen zusammenfafst, so erscheint es aufser Zweifel, dafs eine grofse Menge astronomischer Erscheinungen, welche man bisher unter die Irradiationserscheinungen im Allgemeinen eingeordnet und ihnen meist eine subjektive Ursache untergelegt hat, auf Diffraktionserscheinungen, welche durch die optischen Hülfsmittel bedingt waren, zurückzuführen sind. Es kann ferner nicht in Abrede gestellt werden, dafs auch zur Hervorbringung solcher Irradiationserscheinungen, welche wir mit blofsem Auge beobachten, die Diffraktion des optischen Apparates desselben wahrscheinlich wesentlich beiträgt, andererseits aber mufs ich bemerken, dafs hierdurch noch die physiologische Irradiation, d. h. die Ausbreitung der Lichtempfindung in der Netzhaut keinesweges eliminirt ist.

Das Raisonnement des Verf. ist folgendes: Ich zeige, dafs sich die sogenannten Irradiationserscheinungen aus der Diffraktion theils des Auges selbst, theils der optischen Instrumente erklären lassen, und es ist deshalb unphilosophisch, noch eine physiologische Ursache, die Ausbreitung der Lichtempfindung in der Netzhaut anzunehmen. Hiergegen aber läfst sich einwenden, dafs die Ausbreitung von Bewegungserscheinungen über den direkt erregten Punkt hinaus, im Bereiche unseres Nervensystems eine so allgemeine Thatsache ist, dafs es ebenso nöthig erscheint, ihre Nichtexistenz als ihre Existenz in Bezug auf die Nervenhaut des Auges darzuthun, und dafs man verlangen kann, dafs erst alle Irradiationserscheinungen auf rein optische Ursachen zurückgeführt werden, ehe man sich veranlafst sehen kann, die physiologische Irradiationshypothese als eine Chimäre gänzlich zu verlassen.

Der Verf. citirt aber selbst zwei Versuche von Plateau, welche leicht zu wiederholen sind, und welche, wie er selbst zu fühlen scheint, sich der optischen Theorie nicht anpassen, indem sie deutlich zeigen, dafs die Breite des dunkeln Grundes, welche sich neben dem hellen befindet, innerhalb einer gewissen Grenze wesentlich zur Vermehrung der Irradiationsgröfse beiträgt. Diese Versuche, die jeder leicht wiederholen kann, sind:

1) Ein dunkler Körper, der in einen sehr spitzen gradlinig begrenzten Winkel ausläuft, erscheint gegen das Licht gehalten als eine Spitze, die von krummen mit der Convexität einander zugekehrten Linien begrenzt ist.

2) Zwei runde Löcher sehr nahe neben einander in einem Schirm gemacht erscheinen in einer gewissen Entfernung nicht mehr kreisrund, sondern gegen einander abgeplattet und durch einen graden schmalen dunkeln Streifen von einander getrennt. Was mich betrifft, so habe ich mich auf einem andern Gebiete von Versuchen so sehr von den mächtigen Wirkungen überzeugt, welche auf der Netzhaut von erleuchteten Partien auf nicht erleuchtete ausgeübt werden [1]), dafs ich der physiologischen Irradiationshypothese nicht eher entsagen kann, ehe sie nicht durch schlagende Versuche widerlegt ist, und es scheint mir jetzt die Aufgabe zu sein, für einzelne bestimmt begrenzte Fälle, die als Paradigmata der Irradiationserscheinungen dienen können, zu bestimmen, welchen Antheil der optische Apparat, welchen die Nervenhaut an der scheinbaren Vergröfserung der hellen Gegenstände hat.

Prof. Dr. *Brücke.*

---

4. Chemische Wirkung des Lichtes.

Veränderungen der Materie durch die chemischen Strahlen des Lichts (I.).

E. Becquerel. De l'image photochromatique du spectre solaire et des images colorées obtenues à la chambre obscure. Ann. d. chim. et d. ph. XXV. 447*; Arch. d. sc. ph. et nat. XI. 34*; Pogg. Ann. LXXVII. 512*. Erdm. u. March. XLVIII. 154*; Fror. Not. X. 325; Dingl. p. J. CXIV. 44. 118.

[1]) Siehe meine Abhandlung über subjektive Farben in den Denkschriften der Wiener Akademie der Wissenschaften. Band. III. Pogg. Ann. LXXXIV. 418.

Bericht von V. Regnault über vorstehende Arbeit. C. R. XXVIII. 200*. Inst. 1849, No. 791, p. 67*; Dingl. p. J. CXII. 29.

Chevreul. Note relative à l'action de la lumière sur le bleu de prusse exposé au vide. C. R. XXIX. 294*; Arch. d. sc. ph. et nat. XII. 144*; Erdm. u. March. XLVIII. 187*.

Fischer. Zur chemischen Wirkung des Lichtes. Erdm. u. March. XLVIII. 70*.

Von der Anfertigung der Lichtbilder (VIII.).

Daguerreotypie (1). Verbesserungen (*b*).

Laborde. Ueber die Anwendung des Quecksilbers mit Schwefeläther in der Photographie. Dingl. p. J. CXII. 123; Lond. J. of arts. XXXIV. 361.

Theorie (*e*).

Claudet. Researches on the theory of the principal phaenomena of photography in the daguerreotype process. Phil. Mag. XXXV. 374*; Athen. 1849. No. 1143. p. 967; Inst. 1849. No. 830. p. 382*; Berl. Gew. Ind. u. Handelsbl. XXXI. 73.

Moigno. Recherches théorétiques sur les phénomènes optiques du daguerréotype et détermination rigoureuse des dimensions necessaires aux pièces dont il se compose. C. R. XXVIII. 230*. (Nur Titel).

Lichtbilder auf Papier (2).

Blanquard-Evrard. Recherches photographiques. C. R. XXIX. 215*; Inst. 1849. No. 816. p. 265*; Dingl. pol. J. CXIV. 123; Polyt. Centralbl. XX. 811.

Praktische Benutzung der Lichtbilder (3).

C. Brooke. On an improvement in the preparation of photographic paper for the purpose of automatic registration in which a long continued action is necessary. Athen. 1849. No. 1144. p. 991; Inst. 1849. No. 833. p. 408*.

Ronalds. Manière de diriger la lumière dans la chambre obscure. Inst. 1849. No. 821. p. 310*; Athen. 1849. No. 1142. p. 936.

Von der im vorigen Jahrgange [1]) angezeigten Entdeckung E. Becquerel's, das Sonnenspektrum, so wie ein Bild der camera obscura mit seinen Farben festzustellen, ist jetzt eine ausführliche Beschreibung veröffentlicht worden, der wir das Folgende entnehmen.

[1]) Pag. 193.

1. Zubereitung der Platten. Das Chlorsilber ist die Substanz, welche unter gewissen Umständen die Eigenschaft erlangt, die Farbe des auffallenden Lichtes anzunehmen. Eine polirte Silberplatte, bei 10° Wärme über Wasser, welches mit Chlor gesättigt ist, gelegt, oder in eine Lösung von Kupferchlorid oder unterchlorigsauren Kalk oder dgl. m. getaucht, erhält einen für die Färbung empfindlichen Ueberzug. Das beste Resultat erhält man aber, indem man eine gut polirte Daguerre'sche Platte mit dem positiven Pole einer voltaischen Säule verbindet (bei einer sogenannten halben Platte reichen 2 Bunsen'sche Elemente aus) und in verdünnte Chlorwasserstoffsäure taucht (ungefähr 1 Liter Säure und 10 Liter Wasser); mit dem negativen Pole verbindet man einen Platinstab. Das Chlor der Flüssigkeit lagert sich auf der Platte ab und ertheilt ihr Farben dünner Blättchen: grau, gelblich, violettlich, bläulich, grünlich, gräulich, rosenroth, violett, blau; vor diesem letzten Blau nimmt man die Platte aus der Flüssigkeit, wäscht sie mit destillirtem Wasser und trocknet sie über der Weingeistlauge. Vor dem Gebrauch wird die Platte sanft mit einem Baumwollenbällchen gerieben.

2. Wirkung im Sonnenspektrum. Ein auf die so zubereitete Platte projicirtes Spektrum ertheilt derselben seine Farben; zuerst dem Orange oder Roth, wobei sich die Färbung in den dunklen Raum diesseits der Linie *A* verbreitet, der flohbraun wird oder eine Amaranthfarbe annimmt. Das Grün, Blau und Violett des Spektrums werden gut wiedergegeben, nur das Gelb und Orange bleibt schwach. Jenseits des Violett zeigt sich bei längerer Einwirkung ein grauer Schweif, die Wirkung der lavendelgrauen Strahlen. Im Ganzen sind die Farben dunkel aber deutlich.

3. Wirkung der Wärme auf die Platte. Erhitzt man die Platte im Dunkeln nach der vorher beschriebenen Zubereitung, so wird sie bei einer gewissen Temperatur unter der Rothgluth rosenroth. Bei verschiedenen Graden der angewendeten Temperatur ist die Platte für die Aufnahme der verschiedenen Farben des Spektrums mehr oder weniger geeignet. Bei einer mäfsig erhitzten Platte malt sich das Spektrum mit allen seinen Farben gut ab, auch mit dem Gelb. Bei stärkerer Erhitzung verschwinden

die Farben des weniger brechbaren Theiles. Zu allen diesen Versuchen mufs das Sonnenlicht stark sein um in 10—15 Minuten ein Bild zu erhalten; bei schwächerem Lichte, z. B. wenn das Spektrum durch eine enge Spalte geht um die FRAUNHOFERschen Linien zu zeigen, ist eine längere Zeit, eine bis zwei Stunden, erforderlich.

4. Wirkung der Schirme. Farbige und farblose Substanzen, zwischen das Prisma und die Platte gebracht, verändern die chemische Wirkung in andrer Weise für das Auge. Eine wäfsrige Lösung von schwefelsaurem Chinin (1 bis 2 Gran Salz in $\frac{1}{2}$ Liter Wasser + ein Paar Tropfen Schwefelsäure) ist bei einer Dicke der Schicht von 1—2 Ctmr. fast farblos für das Auge, nimmt aber die Wirkung der lavendelgrauen Strahlen vollständig hinweg.

5. Abbildung farbiger Kupfer- und der Camera obscurabilder. Die Darstellung farbiger Bilder ist auf der Chlorsilberplatte möglich, aber wegen der Langsamkeit der Wirkung bis jetzt von keiner praktischen Anwendbarkeit. Ein farbiger Kupferstich mufs 10—12 Stunden der vollen Sonne ausgesetzt sein, um in der camera obscura ein farbiges Bild zu geben, wobei noch dazu die grünen Farbentöne sich schlecht ausprägen.

6. Verschlechterung der Bilder am Licht. Ein Fixirmittel für die Farben des Bildes hat Herr E. BECQUEREL nicht aufgefunden.

Herr CHEVREUL brachte auf die Aufsenseite eines hohlen Porzellancylinders möglichst reines Berliner Blau, setzte denselben in eine Glasröhre, welche evacuirt und zugeschmolzen wurde. Nach 3 Tagen war das Berliner Blau entfärbt, es hatte Cyan oder Cyanwasserstoffsäuren entwickelt. Unter dem Einflufs des trocknen Sauerstoffgases nimmt es augenblicklich seine Farbe wieder an, wobei sich Eisenoxyd bildet.

Herr Fischer beobachtete, dafs sich aus reiner Salzsäure, welche in geringer Menge in einer grofsen Flasche enthalten war, unter der Einwirkung des Lichtes Chlor entwickelte. Ein Goldblättchen wird hierbei in der Flüssigkeit gelöst.

Herr C. Laborde findet, dafs Quecksilber, welches sich mit einem Oxydhäutchen überzogen hat, zur Hervorbringung der Daguerreotypbilder nicht benutzt werden kann. Um die Oxydation des Quecksilbers zu verhindern, empfiehlt er auf die Oberfläche desselben eine Schicht gepulverten Eisenvitriols auszubreiten oder nach einer früher von ihm beschriebenen Methode einige Tropfen Schwefeläther in den Quecksilberapparat zu bringen.

Herr Claudet führt in einer ausgedehnten Abhandlung seine schon früher geäufserte Ansicht [1]) von der verschiedenartigen Wirkung derselben Farben des Lichtes auf verschiedene Substanzen näher aus. Er unterscheidet bei dem Daguerre'schen Prozefs zweierlei Wirkungen des Lichtes. Durch die eine wird die Jod- oder Bromsilberfläche zersetzt, durch die andre erhält dieselbe die Eigenschaft, Quecksilberdämpfe zu condensiren. Diese letztere Wirkung, auf welcher die Hervorrufung der Daguerre'schen Bilder beruht, soll 3000 mal schneller sein als die zersetzende, überdies nur von den brechbareren Strahlen erzeugt, dagegen von den weniger brechbaren zerstört werden. Herr Claudet empfiehlt sein verbessertes Photographometer [2]) vermittelst dessen er auf einer Platte 512, auf zwei Intensitäten in der gleichzeitig angewendeten 8192 Lichtwirkungen schätzen zu können angiebt. Die Verschiedenheit des chemischen und sichtbaren Brennpunktes, die bekanntlich bei der Berechnung der Objektive von Voigtländer und Sohn durch Petzval berücksichtigt worden ist, giebt Herrn Claudet zu Bemerkungen Veranlassung, wie bei nicht hiernach achromatisirten Gläsern der Fehler vermieden werden kann. Dafs aber chemischer und optischer Brennpunkt bei

[1]) Berl. Ber. IV. 193.
[2]) Berl. Ber. IV. 195*.

denselben Linsen und derselben Objektweite bald zusammenfallen bald weit auseinanderliegen sollen, wie Herr Claudet gefunden haben will, ist schwer zu begreifen; es müfste denn sein, dafs, je nach der Behandlung der Platte bald die für das Auge wirksamsten, bald die brechbareren Strahlen die Hauptwirkung auf die Platte ausüben können. Wäre dies gegründet, so würde bei der Schwierigkeit, zwei Platten durchaus gleich zu präpariren, eine Berechnung des Achromatismus für die Camera obscuraobjektive nicht möglich sein.

Statt des Papieres wendet Herr Blanquart-Evrard ein Eiweifsblättchen an, um die negativen Bilder herzustellen. Man thut Eiweifs in ein tiefes Gefäfs, setzt 15 Tropfen einer gesättigten Jodkaliumlösung hinzu, schlägt das Eiweifs zu Schnee und läfst diesen sich setzen, bis er wieder flüssig wird. Dann reinigt man die Glasplatte für die camera obscura mit Alkohol und begiefst sie, nachdem sie horizontal gelegt wurde, mit einer hinreichenden Menge des Eiweifs, welches man trocknen läfst. Dann setzt man die Glasplatte einer hohen Temperatur aus, bis die Eiweifsschicht über und über zerrissen erscheint. Dann bringt man die Eiweifsschicht schnell in Berührung mit der Silberlösung, nimmt sie sogleich wieder hinweg, wäscht sie stark mit Wasser ab und läfst sie abtropfen. Die so präparirten Platten können nafs und trocken angewendet werden. Das Hervorrufen der Bilder geschieht wie beim Papiere in Gallussäurelösung, ebenso ist die Fixirmethode dieselbe. Die Bilder auf Eiweifs sollen wegen ihrer Dauerhaftigkeit und Durchsichtigkeit den Papierbildern vorzuziehen sein.

In Greenwich und Kew wird, wie in diesen Berichten mehrfach erwähnt wurde, von der chemischen Wirkung des Lichtes ein nützlicher Gebrauch in der Anwendung bei selbstregistrirenden meteorologischen und magnetischen Instrumenten gemacht. Herr Brooke, von dessen Selbstregistrirapparaten früher berichtet wurde, giebt jetzt folgende Bereitungsweise für das zu diesen Zwecken bestimmte Papier an. 12 Gran Bromkalium, 8 Gran Jodkalium und 4 Gran Hausenblase werden in 1 Unze Wasser gelöst. Das hiermit befeuchtete Papier wird schnell getrocknet. Vor dem Gebrauche wird das Papier mit der Silberlösung (1 Theil Silber, 10 Theile Wasser) befeuchtet.

In Kew hat Herr Ronalds statt des Papieres, Daguerreotypplatten bei den Registrirapparaten angewendet und findet sie in allen Fällen dem Papiere vorzuziehen. Die nähere Einrichtung der Apparate ist aus der vorliegenden kurzen Notiz nicht zu ersehen.

Prof. Dr. *Karsten.*

---

5. Photometrie.

Fizeau. Expérience rélative à la vitesse de propagation de la lumière. C. R. XXIX. 90*; Inst. XVII. p. 235*; Pogg. Ann. LXXIX. 167*.

Herr Fizeau hat die Wissenschaft um eins der schönsten Experimente bereichert, indem es ihm gelungen ist, die Zeit, in welcher das Licht selbst nur geringe terrestrische Entfernungen zurücklegte, nicht blofs wahrzunehmen, sondern sogar annähernd zu messen.

Zu dem Endzweck wurden zwei Fernröhre in einer Entfernung von ungefähr 8633 Meter auf einander gerichtet, so dafs in dem Brennpunkte eines jeden das Bild des Objektivs des andern sich bildete. Zwischen dem Brennpunkte und Okular des einen Fernrohrs befand sich nun eine geneigte unbelegte Spiegelscheibe, welche das Licht einer seitlich stehenden Lampe oder Sonnenlicht dem zweiten Fernrohr zusendete, in dessen Brennpunkt abermals ein Spiegel senkrecht zur Axe des Fernrohrs angebracht war. Das ankommende Licht wurde also durch diesen

Spiegel auf demselben Wege wieder zurückgeschickt und traf, nachdem es durch die unbelegte Spiegelplatte und das Okular des ersten Fernrohrs gegangen, das Auge des Beobachters, welcher auf diese Weise das Licht der Lampe als leuchtenden Punkt erblickte, nachdem es einen Weg von 16 Kilomet. zurückgelegt hatte.

Wenn man nun im Brennpunkte des ersten Fernrohrs die Bahn des Lichtes alterirend unterbricht und wieder frei macht, so ist offenbar eine solche Aufeinanderfolge jener Unterbrechungen möglich, dafs der Lichtstrahl, welcher während eines Momentes, in welchem die Bahn frei ist, von dem ersten Fernrohr ausgeht, bei seiner Rückkehr bereits den Weg zum Auge des Beobachters gesperrt findet; in diesem Falle wird also für den Beobachter der leuchtende Punkt verschwinden; wird die Schnelligkeit der Unterbrechungen noch gröfser, so wird das Hindernifs schon wieder verschwunden sein, wenn das Licht zurückkehrt. Der leuchtende Punkt wird daher nun wieder sichtbar werden. Diese schnellen Unterbrechungen brachte nun Herr Fizeau durch ein rotirendes Zahnrad (720 Zähne) hervor, dessen Zähne bei der Rotation grade durch den Brennpunkt des ersten Fernrohrs gingen. Machte dieses Rad 12,6 Umdrehungen in der Sekunde, so verschwand der Lichtpunkt vollständig. Bei doppelter Geschwindigkeit erschien der Lichtpunkt wieder und verschwand endlich bei der dreifachen Geschwindigkeit zum zweiten Mal. Hieraus ergiebt sich eine Geschwindigkeit des Lichtes von 70,948 Lieues, deren 25 auf einen Grad des Aequators gehen. Dr. *Grofsmann.*

---

6. Optische Instrumente.

Potter. On the discovery of the chilling process in the casting of specula for reflecting telescopes. Phil. Mag. XXXIV. 246*.

Lassell. Description of a machine for polishing specula. Phil. Mag. XXXIV. 143*.

Kempton. Improvements in manufacturing reflectors. Lond. J. of arts. XXXIV. 33*.

Robinson. On Lord Rosses reflector. Athen. 1143. p. 961*.

Brachet. Note sur une modification proposée pour les phares de Fresnel. C. R. XXIX. 151. 270*. (Titel).

— — Application de la Catadioptrique au diorama portatif. C. R. XXIX. 240*. (Titel).

Emsmann. Ueber die Construction der Anamorphosen im Kegelspiegel. Pogg. Ann. LXXVII. 571*.

Feil. Présente un morceau de Flintglass. C. R. XXIX. 15*.

Luvini. Moyen pour faire avec de petits morceaux de crystal de grands objectifs. C. R. XXIX. 270*. (Titel).

Brachet. Disposition pour le microscope. C. R. XXVIII. 297*. (Titel).

Ehrenberg. Anwendung des chromatisch polarisirten Lichts für mikroskopische Verhältnisse. Berl. Monatsber. 1849. p. 55*; Erdm. u. March. XLIX. 490*; Inst. No. 814. p. 254*.

Arago. Micromètre construit d'après ses indications par Mr. Froment. C. R. XXVIII. 561*.

Liagre. Collimation des lunettes méridiennes. Bull. de Brux. 1849; Inst. XVIII. No. 835. p. 5*.

Adie. Description of the marine telescop. James. N. Ed. J. 1849. 117*.

Fattorini. Lunettes astronomiques construites d'après un système qui permet d'en réduire beaucoup les dimensions sans en diminuer notablement la puissance. C. R. XXVIII. 565*. (Titel).

Porro. Nouvelles lunettes anallatiques pour la topographie, l'arpentage et le nivellement. C. R. XXVIII. p. 420*. (Titel).

— — Remarques sur les instruments à lunette destinés au nivellement et nouvel instrument à niveler, appelé niveau diastimométrique et anallatique. C. R. XXIX. 408*.

Breton. Remarques sur un instrument de Mr. Porro. C. R. XXIX. 482*.

Stampfer. Ueber den Gebrauch der Nivellirinstrumente aus den Werkstätten des K. K. polytechnischen Instituts. Wien. Ber. 1849. Heft 3. p. 159*.

Powell. On a new equatorial mounting for telescopes. Brit. Ass. XIX. Not. p. 2; Athen. 1849. 1143. 960*; Inst. No. 826. p. 350*.

Brewster. On a new form of leuses and their application to the construction of two telescopes or microscopes of exactly equal optical power. Brit. Ass. XIX. Not. p. 6*; Athen. 1143. p. 960; Inst. 825. p. 350*.

— — Description of a binocular chambre. Brit. Ass. XIX. Not. p. 5*; Inst. 825. p. 344*.

— — An account on a new stereoscope. Brit. Ass. XIX. Not. p. 6; Inst. 825. p. 344*; Athen. 1143. p. 960*.

Plateau. Reklamation in Betreff eines von Doppler angegebenen Instruments. Pogg. Ann. LXXVIII. 284*.

Plücker. Ueber die Fesselsche Wellenmaschine. Pogg. Ann. LXXVIII. 421*.

Potter reklamirt eine von Lassel beschriebene Verbesserung in dem Giefsen metallener Spiegel, welche darin besteht, dafs man das Metall auf eine nur sehr wenig erwärmte eiserne Unterlage giefst, damit es von unten nach oben schichtenweise gleichmäfsig erstarre. Dadurch soll eine hart und sehr politurfähige Oberfläche erhalten werden.

Lassel. Phil. Mag. 34. p. 143.

Lassel beschreibt eine Maschine zum Poliren von Metallspiegeln in einem Aufsatze, welcher wohl füglich hier übergangen werden kann.

Emsmann. Ueber Construktion der Anamorphosen im Kegelspiegel. Pogg. Ann. 77. p. 571.

Da sich nicht wohl ein Auszug geben läfst und der Gegenstand von untergeordneter Bedeutung ist, so mufs auf das Original verwiesen werden.

Feil. C. R. 29. p. 15.

Herr Feil zeigte der Akademie der Wissenschaften zu Paris ein Stück Flintglas von besonderer Reinheit von 68 Centimeter Durchmesser und 55 Kil. Gewicht und verspricht bald ein Stück Crownglas von denselben Dimensionen vorzulegen.

Ehrenberg. Monatsberichte. Febr. 1849.

Herr Ehrenberg machte der Akademie neue Mittheilungen über die Wirkung mikroskopischer Gegenstände auf polarisirtes Licht und über die Schlüsse, welche daraus in Bezug auf die Struktur derselben gezogen werden können. Die Einzelheiten dieser Untersuchungen werden natürlich mehr den Physiologen und Naturhistoriker, als den Physiker im engeren Sinne interessiren und es mufs daher hier auf das Original verwiesen werden.

Brewster. Inst. No. 825.

D. Brewster beschreibt ein neues Stereoskop, welches darauf beruht, dafs man zwei Bilder zur Deckung bringen kann, wenn man mit beiden Augen durch die entgegengesetzten Ränder einer grofsen Linse sieht, wofür natürlich auch zwei einzelne Linsen, durch deren Ränder man sieht, substituirt werden können. Dieses Stereoskop hat die Form eines doppelten Operngückers. Ferner beschreibt Brewster eine Camera obscura, welche dazu dienen soll, Daguerreotype für das Stereoskop anzufertigen. Die Linse der Kammer ist in der Mitte durchschnitten und die beiden Hälften sind so gestellt, dafs sie die beiden entsprechenden Bilder geben.

Plücker. Ueber die Fesselsche Wellenmaschine. Pogg. Ann. LXXVIII. 421.

Herr Prof. Plücker giebt eine kurze Beschreibung der sogenannten Wellenmaschine des Herrn Fessel. Durch diese Maschine wird nicht blos die relative Lage der Aethertheilchen einer irgend wie polarisirten Lichtwelle in einem bestimmten Momente zur Anschauung gebracht, sondern es wird auch durch dieselbe vollständig die Bewegung der Aethertheilchen während des Fortschreitens der Welle dargestellt. Das Princip des Apparates stimmt im Wesentlichen überein mit der schon mehr verbreiteten Wheatstonschen Vorrichtung. Bei dieser werden die Aethertheilchen durch Knöpfchen, welche an Drähten von gleicher Länge befestigt sind, vorgestellt und die verschiedene Lage der Knöpfchen gegen einander wird durch eine wellenförmig ausgeschnittene Führung in horizontaler und eine eben solche in vertikaler Ebene hervorgebracht. Indem nun Herr Fessel diese beiden Führungen gleichzeitig in der Richtung des dargestellten Lichtstrahles verschiebbar machte, während die Knöpfchen nur in einer auf der Richtung der Verschiebung senkrechten Ebene sich bewegen konnten, erhielt er ein vollständiges Bild von der Bewegung der einzelnen Aethertheilchen während des Fortschreitens der Lichtwelle.

Dr. *Grofsmann.*

Vierter Abschnitt.

Wärmelehre.

1. Wärmeentwickelung.

P. A. Favre et J. G. Silbermann. Recherches sur la chaleur dégagée dans les combinaisons chimiques (18. suite). C. R. XXVIII. p. 627*.

— — Recherches sur la chaleur dégagée dans les combinaisons chimiques (19. suite). C. R. XXIX. p. 449*.

Thom. Andrews. Report on the Heat of Combination. Rep. of the brit. ass. Phil. Mag. XXXVI. p. 511*. Erdm. u. March. L. p. 469*. l'Inst. No. 830. p. 382*.

Chr. Langberg. Den ved de forskjellige Svevlsyrehydraters Forbindelse med Vand tembragte Volumformidskelse, og dennes Forhold til den frigjorte Warme, Nyt. Mag. V. 319*; Report of the Brit. Ass. 1847. I.

Von den Herren Favre und Silbermann sind im Laufe des Jahres 1849 abermals zwei Fortsetzungen ihrer Untersuchung über die Verbindungswärme der Pariser Akademie vorgelegt worden, deren Inhalt im Auszuge an den oben angegebenen Stellen der Comptes rendus veröffentlicht ist.

Die erste dieser Abhandlungen beschäftigt sich mit der Wärmemenge, welche bei der Verbindung verschiedener Metalle und Metalloïde mit Chlor, Jod, Brom, Schwefel und Sauerstoff frei wird.

Diese Wärmemenge konnte nur in einzelnen Fällen direkt gemessen werden; in den meisten Fällen waren die Verf. gezwungen zu ihrer Ermittellung einen indirekten Weg einzuschlagen, indem sie von dem Grundsatze ausgehen:

„dafs die bei der Verbindung zweier Körper frei werdende „Wärme streng gleich ist der Wärmemenge, welche bei der „Trennung dieser Verbindung wieder gebunden wird; voraus-

„gesetzt, dafs dabei keine Aenderung des physikalischen Zu-
„standes der Elemente eintritt."
Ein Grundsatz, der übrigens auch bei allen ähnlichen früheren Arbeiten theils stillschweigend vorausgesetzt, theils, wenn schon in etwas anderer Form, bestimmt ausgesprochen worden ist.

Es wurde zunächst die Wärmemenge ermittelt, welche bei der Bildung der Chlorwasserstoffsäure frei wird. Das Wasserstoff wurde unter verschiedenen Vorsichtsmafsregeln direkt in Chlor verbrannt, und das gebildete Chlorwasserstoff von einer ausgedehnten Wasserfläche absorbirt, und endlich als Chlorsilber bestimmt. Hiebei ergab sich die Verbindungswärme für 1 Theil Wasserstoff gleich 23783 Wärmeeinheiten; ein Resultat, welches mit den Angaben von Abria ziemlich übereinstimmt.

Bei den Verbindungen der Metalle mit Chlor scheiterten die Versuche, die Verbindungswärme direkt zu bestimmen, an Schwierigkeiten, welche nicht näher angegeben sind, die aber vermuthlich darin bestanden, dafs sich stets ein Gemenge mehrerer Chlorungsstufen bildet. Die Verf. bemerken, dafs sie bei dieser Gelegenheit eine bisher nicht bekannte, aber ganz bestimmte Chlorungsstufe des Kupfers $Cu^3 Cl^2$ oder $Cu^2 Cl + Cu . Cl$ gefunden haben.

Hier mufste also die Verbindungswärme indirekt ermittelt werden. Dazu gab es zwei Wege. Bei dem ersten hatte man zu messen: 1) die Wärmeentwickelung bei Einwirkung verdünnter Chlorwasserstoffsäure auf das Metall, 2) die Wärme, welche bei Auflösung des Chlorwasserstoffgases in Wasser frei wird, und 3) die Wärme, welche bei der Zerlegung des Chlorwasserstoffs in Chlor und Wasserstoff gebunden wird. Bei dem anderen Verfahren liefs man verdünnte Chlorwasserstoffsäure auf das wasserfreie Oxyd des Metalles einwirken, und berechnete aus der dabei entwickelten Wärme, mit Hülfe der Wärmemenge, welche bei der Bildung von Wasser frei wird, und der Wärmemengen, welche bei der Zerlegung des Oxyds und der verdünnten Salzsäure gebunden werden, die Verbindungswärme des gebildeten Chlormetalles. Bei Metallen, welche von verdünnter Salzsäure nicht angegriffen werden, konnte nur das letztere Verfahren angewendet werden; in anderen Fällen diente dasselbe zur Controlle der ersten Methode. Dabei setzt man voraus, dafs das schliefslich gebildete

Produkt in Auflösung bleibt; um die Resultate auf den wasserfreien Zustand der Produkte zu reduciren, mufs man die Lösungswärme derselben in Wasser kennen, welche demnach ebenfalls ermittelt wurde.

Für die Verbindungen der Metalle mit Brom und Jod wurde ein ganz analoges Verfahren eingeschlagen, und aufserdem wurde die Wärme gemessen, welche bei der Substitution von Chlor für Jod und Brom in löslichen Jodüren und Bromüren entwickelt wird. Beide Methoden liefern nach Angabe der Verf. übereinstimmende Resultate.

Ganz ähnlich war die Methode des Versuches bei den Verbindungen der Metalle mit Schwefel; doch mufste vorher die Verbindungswärme des Schwefels mit Wasserstoff zu Schwefelwasserstoff ermittelt werden. Diese hat sich nur rückwärts, durch Zerlegung des Schwefelwasserstoffs finden lassen, indem man dasselbe der Einwirkung von wäfsriger schwefliger Säure aussetzte. Bei den alkalischen Metallen wurde ein Ueberschufs von gelöstem Oxyd derselben mit gasförmigem Schwefelwasserstoff behandelt.

Zur Bestimmung der Wärmemenge, welche bei der Verbindung der Metalle mit Sauerstoff frei wird, haben die Herren FAVRE und SILBERMANN drei verschiedene Wege eingeschlagen, nämlich:

1) Einwirkung von Wasser auf die alkalischen Metalle.
2) Auflösung des Metalls in verdünnter Chlorwasserstoffsäure, und
3) Präcipitation eines Metalles aus seiner Lösung durch ein anderes.

Endlich haben die Verf. aus der Zerlegung des Ammoniaks mittelst Chlor, rückwärts die Verbindungswärme des Ammoniaks hergeleitet; sie erhalten für 1 Aequivalent Ammoniak 22724 Wärmeeinheiten.

Die Abhandlung soll aufserdem noch verschiedene Resultate betreffend die Bildung von schwefliger Säure, der Sulfide, der Ammoniaksalze etc. enthalten.

Die Hauptresultate dieser Arbeit, auf den wasserfreien Zustand der entstandenen Verbindungen bezogen, haben die Verf. in der folgenden Tafel zusammengestellt.

	O. M. Oxyde	Cl. M. Chlorüre	Br. M. Bromüre	J. M. Jodüre	S. M. Sulphurete
Kalium	—	101527	90319	77414	45672
Natrium	—	95485	—	—	—
Zink	42450	50296	—	—	20663
Eisen	37609	49036	—	—	16788
Wasserstoff	34462	43783	9322	— 3606	2748
Blei	27722	45542	32504	22932	9164
Kupfer	22569	30208	—	—	9542
Silber	7505	35159	26667	18977	6443

Sie bemerken indefs, dafs diese Zahlen wegen der Verschiedenheit der Struktur, des Aggregatzustandes und der Krystallisation der wasserfreien Verbindungen streng genommen nicht vergleichbar seien; man müsse vielmehr die sämmtlichen Verbindungen im Zustande verdünnter Lösungen betrachten. Dies ist in der folgenden Tafel geschehen. Bei Durchsicht derselben findet sich, dafs die Differenzen zwischen den Wärmemengen der Chlorüre, der Bromüre, Jodüre und Sulphurete und denen der Oxyde bei allen Metallen ziemlich dieselben sind; ebenso sind auch die Unterschiede zwischen der Verbindungswärme des Kaliums und denen der anderen Metalle, bei den Oxyden nahe dieselben, wie bei den Chlorüren, Bromüren etc. Diese beiden Reihen von Differenzen sind in der Tafel unter der Benennung „Modul" mit aufgeführt.

Metalle 1 Aequivalent	O. M. Oxyde	Cl. M. Chlorüre	Br. M. Bromüre	J. M. Jodüre	S. M. Sulphur.	Modul gegen Kalium
Kalium	76239	97658	85814	72625	51003	—
Natrium	73509	94988	83200	69800	48343	— 2700
Zink	—	56566	44778	31378	—	—41200
Eisen	—	52735	40947	27547	—	—45000
Wasserstoff	34462	40192	28404	15004	—	—57400
Blei	—	42188	30400	17000	—	—55400
Kupfer	—	35138	23395	9995	—	—62500
Silber	—	19141	7363	— 6037	—	—78500
Mod. gegen Sauerstoff	—	+21400	+ 9600	— 3600	—25200	

Hier sind einige Verbindungen mit aufgeführt, welche, wie das Chlorsilber, Jod- und Bromsilber in der Wirklichkeit nicht löslich sind. Dies sind hypothetische Zahlen, welche die Verf. aus anderweitigen Betrachtungen hergeleitet haben.

Sie schliefsen aus dieser Tabelle, dafs die Verbindungswärme der Reihenfolge der chemischen Affinität, wie sie bis jetzt allgemein angenommen wird, ziemlich folge; und sprechen die Vermuthung aus, dafs das Wärmeäquivalent (équivalent calorifique) dem chemischen Aequivalente umgekehrt proportional sein möchte; doch erklären sie sich vor der Hand aufser Stande, diese Frage näher zu untersuchen, weil dazu die Kenntnifs der latenten Schmelzwärme und Verdampfungswärme mehrerer Körper erforderlich sei.

In der zweiten Abhandlung theilen die Herren Favre und Silbermann Versuche mit, welche sie, mit Bezug auf die am Schlusse ihrer so eben besprochenen Abhandlung ausgesprochene Vermuthung, über die latente und specifische Wärme des Jod's angestellt haben.

Sie fanden die specifische Wärme des flüssigen Jod zwischen 107° und 180° = 0,10822,

die latente Schmelzwärme 11,71,

die latente Verdampfungswärme . . . . 23,95.

Das vermuthete Gesetz selbst, wurde durch diese Zahlen nicht bestätigt.

Aufserdem enthält diese Abhandlung Angaben über die Wärmemenge, welche bei der Absorption von Gasen durch Kohle entwickelt wird. Diese Wärmemenge beträgt nämlich:

bei Chlorwasserstoffgas . . . 232,5 Cal. wenn 1 Gramme Kohle absorbirt 69,2$^{cc.}$

bei schweflichtsaurem Gas . 139,9 Cal. wenn 1 Gramme Kohle absorbirt 83,2$^{cc.}$

bei Kohlensäuregas . . . . 129,6 Cal. wenn 1 Gramme Kohle absorbirt 45,2$^{cc.}$

Um zu entscheiden, ob das Gas in den Poren der Kohle einfach in den tropfbar flüssigen Zustand übergeführt sei, bestimmten die Verf. ferner die latente Verdampfungswärme der flüssigen schwefligen Säure; dieselbe betrug 94,56 Wärmeeinheiten, also 45,34 weniger, als bei der Absorption entwickelt wird. Ueber die Art der Ausführung der Versuche ist nichts näheres mitgetheilt.

Herr Thom. Andrews hat in der 19ten Sitzung der Britisch Association zu Birmingham im September 1849 einen Vortrag über die Verbindungswärme gehalten, der im Institut No. 830 im Auszuge und später an den oben citirten Stellen vollständig veröffentlicht ist. Der Herr Verf. hat sich darin die Aufgabe gestellt, eine Uebersicht über den gegenwärtigen Zustand unserer Kenntnifs von der Thermochemie zu geben. Er stellt die Hauptresultate der verschiedenen hierhergehörigen Untersuchungen der letzten Jahre zusammen, welche ihrer Zeit auch in diesen Berichten besprochen worden sind, und theilt bei dieser Gelegenheit auch einige von ihm selbst angestellte Versuchsreihen mit, die bisher noch nicht veröffentlicht waren.

Es sind dies zunächst mehrere Versuche über die specifische Wärme von Salzlösungen, deren Resultate in der folgenden Tafel zusammengestellt sind.

Name des Salzes	Menge des Salzes auf 100 Theile Wasser	Specifisches Gewicht der Lösung	Specifische Wärme der Lösung
Salpetersaures Kali	25,29	1,1368	0,8135
- - -	12,645	1,0728	0,8915
- - -	6,322	1,0382	0,9369
Salpetersaures Natron	42,49	1,2272	0,7838
- - -	21,245	1,1256	0,8585
- - -	10,622	1,0652	0,9131
Chlornatrium	29,215	1,1724	0,8018
- -	14,607	1,0942	0,8671

Ferner hat Herr Andrews in ähnlicher Weise, wie früher Graham, die Wärme gemessen, welche bei der Lösung von Salzen in Wasser, welches schon verschiedene Mengen desselben Salzes gelöst enthielt, gebunden wird. Er erhielt ganz ähnliche Resultate als GRAHAM, die durch die Auflösung einer gewissen Menge des Salzes herbeigeführte Temperaturerniedrigung war stets um so geringer, je mehr Salz bereits in der Flüssigkeit enthalten war. Drei von diesen Versuchen, die Herr ANDREWS vollständig berechnet hat, ergaben die Lösungswärme für eine Gewichtseinheit salpetersaures Natron:

wenn das Salz in reinem Wasser gelöst wurde 590 Wärmeeinheiten.
wenn die Flüssigkeit bereits 36,66 Theile Salz
auf 100 Theile Wasser enthielt . . . . 407 - -
und wenn sie in derselben Wassermenge schon
97,76 Salz enthielt . . . . 309 - -

Es werden ferner Versuche mitgetheilt über die Wärmemenge, welche bei der Zersetzung von Blei- und Barytsalzen mittelst schwefelsaurer Salze, und mittelst Schwefelsäure und Oxalsäure entwickelt wird. Die Resultate dieser Versuche, bezogen auf 1 Aequivalent des entstehenden unlöslichen Salzes, enthält die folgende Tafel:

Name der angewendeten Salze		Wärmeeinheiten
Chlorbarium	+ schwefelsaure Magnesia . .	368,9
Chlorbarium	+ schwefelsaures Natron . . .	294,5
Chlorbarium	+ schwefelsaures Zinkoxyd . .	325,1
Chlorbarium	+ schwefelsaures Eisenoxyd . .	373,2
Chlorbarium	+ schwefelsaures Kupferoxyd .	359,4
Chlorbarium	+ schwefelsaures Ammoniak . .	352,1
Salpetersaurer Baryt	+ schwefelsaure Magnesia . .	316,4
Salpetersaurer Baryt	+ schwefelsaures Natron . .	298,0
Salpetersaurer Baryt	+ schwefelsaures Zinkoxyd . .	320,7
Salpetersaurer Baryt	+ schwefelsaures Kupferoxyd .	346,2
Chlorbarium	+ Schwefelsäure	654,6
Salpetersaurer Baryt	+ Schwefelsäure	580,2
Essigsaurer Baryt	+ Schwefelsäure	720,2
Essigsaurer Baryt	+ Oxalsäure	309,0
Essigsaures Bleioxyd	+ schwefelsaure Magnesia . .	187,6
Essigsaures Bleioxyd	+ schwefelsaures Natron . . .	159,2
Essigsaures Bleioxyd	+ schwefelsaures Zinkoxyd . .	73,9
Essigsaures Bleioxyd	+ Schwefelsäure	542,0
Salpetersaures Bleioxyd	+ Schwefelsäure	309,8
Essigsaures Bleioxyd	+ Oxalsäure	792,9

Der Verf. bemerkt selbst, dafs diese Daten noch nicht ausreichen, um daraus allgemeine Schlüsse herzuleiten.

Endlich hat Herr Andrews Zink und Kupfer in Salpetersäure aufgelöst, und die dabei frei werdende Wärme gemessen; sie betrug:

für 1 Gramme Zink . . .	1420	Wärmeeinheiten.
für 1 Gramme Kupfer . . .	650	
für 1 Aequivalent Zink . . .	5857	
für 1 Aequivalent Kupfer . .	2578	

Der Verf. macht darauf aufmerksam, dafs die Zahlen 5857 und 2578 ungefähr in demselben Verhältnisse stehen, wie die bei der Verbindung dieser Metalle mit Sauerstoff entwickelten Wärmemengen, räumt indefs selbst ein, dafs die Sache noch einer näheren Untersuchung bedürfe, da die bei der Lösung der Metalle in Salpetersäure erhaltenen Zahlen offenbar sehr complexe Werthe seien, welche von der Oxydation des Metalles, der Verbindung des Oxyd's mit der Säure, der Zerlegung eines Theiles der Salpetersäure und der Lösung des gebildeten Salzes in der Flüssigkeit bedingt werden.

Dr. *W. Brix.*

Chr. Langberg. Die durch Mischung eines schwefelsauren Hydrats mit Wasser hervorgebrachte Volumsverminderung, und das Verhältnifs dieser Contraktion zu der frei gewordenen Wärme. Nyt. Magazin for Naturvidenstaberne, Bind 319.

Es ist bekannt, dafs eine Mischung von concentrirter Schwefelsäure und Wasser ein geringeres Volum hat, als die Summe der Volumina beider, und wenn man nach und nach zu der concentrirten Säure mehr Wasser setzt, so wird diese Contraktion ein Maximum, wenn 100 Theile der Mischung 73,29 Theile SO_3 und 26,71 Theile Wasser enthalten, oder 1 Aequivalent wasserfreie Säure und 3 Aequivalente Wasser. Gestützt auf frühere Untersuchungen über die Dichte einer solchen Mischung (Pogg. Ann. LX. 56. Nyt. Mag. for Naturvid. B. 4. S. 35) hat der Verf.

gezeigt, dafs auch eine jede schon verdünnte Schwefelsäure mit mehr Wasser gemischt, ein solches Contraktionsmaximum darbieten mufs.

Nennt man p' die Menge wasserfreie Säure, welche das angewendete Schwefelsäurehydrat enthält, s' das specifische Gewicht dieses Hydrats, und wird hiezu so viel Wasser gesetzt, dafs 1 Theil der Mischung p Theile wasserfreie Säure enthält; bedeutet ferner S das specifische Gewicht der Mischung, wenn keine Contraktion Statt gefunden hätte, s das wahre specifische Gewicht derselben, und setzt man

$$x = \frac{s'-1}{s'p'}, \text{ so wird } S = \frac{1}{1-xp}$$

und das contrahirte Volumen $= \frac{S}{s}$.

Folgende Tabelle enthält die, den in der ersten Columne angegebenen Verdünnungsgraden entsprechenden Werthe von p' und s' und die daraus abgeleiteten Werthe von $\log x$.

Säure	p'	s'	$\log x$
$SO_3 + 1$ aq	0,81540	1,8485	9,7504616
$SO_3 + 2$ aq	0,68833	1,7613	9,7979235
$SO_3 + 3$ aq	0,59553	1,6324	9,8132605
$SO_3 + 4$ aq	0,52478	1,53333	9,8213832
$SO_3 + 5$ aq	0,46905	1,46179	9,8283366
$SO_3 + 6$ aq	0,42402	1,40749	9,8342804
$SO_3 + 7$ aq	0,38689	1,36487	9,8394644
$SO_3 + 9$ aq	0,32921	1,30219	9,8481292
$SO_3 + 12$ aq	0,26906	1,24083	9,8581524
$SO_3 + 15$ aq	0,22748	1,20049	9,8657871

Für solche Grade der Verdünnung, wo p kleiner ist als 0,57 oder wenn die angewendete Säure für 1 Aequivalent wasserfreie Säure weniger als 3 Aequivalente Wasser enthält, wird das specifische Gewicht ausgedrückt durch die Formel (POGG. Ann. LX. p. 57)

$$s = 1 + ap + bp^2 + cp^3 + dp^4,$$

wo die Constanten a, b, c und d die l. c. angegebenen Werthe haben; also wird

$$\frac{S}{s} = \frac{1}{(1-xp)(1+ap+bp^2+cp^3+dp^4)}.$$

Differentiirt man diese Gleichung mit Rücksicht auf p und setzt das Differential gleich Null, so hat man

$$0 = (a-x)+2(b-ax)p+3(c-bx)p^2+4(d-cx)p^3+5dx.p^4,$$

woraus man den Werth von p findet, für welchen das Volum der Mischung ein Minimum wird, oder die Volumcontraction am gröfsten ist.

Folgende Tafel giebt einige dieser Werthe.

Das Maximum der Contraktion			Contrahirtes Volum $= v$	Contraktion $C = 1 - v$
für	liegt bei $p =$	oder bei		
$SO_3 +$ 1 aq	0,595	$SO_3 +$ 3,00 aq	0,921486	0,078514
$SO_3 +$ 2 aq	0,370	$SO_3 +$ 7,52 aq	0,967734	0,032266
$SO_3 +$ 3 aq	0,288	$SO_3 +$ 10,92 aq	0,976805	0,023195
$SO_3 +$ 4 aq	0,254	$SO_3 +$ 12,97 aq	0,980735	0,019265
$SO_3 +$ 5 aq	0,224	$SO_3 +$ 15,30 aq	0,983692	0,016308
$SO_3 +$ 6 aq	0,198	$SO_3 +$ 17,91 aq	0,985972	0,014028
$SO_3 +$ 7 aq	0,184	$SO_3 +$ 19,60 aq	0,987754	0,012246
$SO_3 +$ 9 aq	0,158	$SO_3 +$ 23,57 aq	0,890421	0,009579
$SO_3 +$ 12 aq	0,127	$SO_3 +$ 30,36 aq	0,993011	0,006989
$SO_3 +$ 15 aq	0,109	$SO_3 +$ 36,11 aq	0,994668	0,005332

Nennt man C diese Maximumcontraktion, wenn die angewendete Säure n Aequivalente Wasser enthält, so zeigt der Verf. ferner, dafs diese Maximumcontraktion ausgedrückt wird durch die einfache Formel

$$(1.) \qquad C = \frac{\beta}{\alpha + n},$$

in welcher die beiden Constanten β und α, durch die Methode der kleinsten Quadraten berechnet, folgende Werthe haben:

$$\beta = 0,07700596 \pm 0,0021532,$$
$$\alpha = \div 0,0163004 \pm 0,027644.$$

Der mittlere Fehler von C wird gleich 0,00124 und der wahrscheinlichste Fehler einer einzelnen Bestimmung von $C = 0,000834$.

Werden die von den 3 ersten Hydraten hervorgebrachten Contraktionen aus der Berechnung von α und β (aus den vom Verf. angeführten Gründen) ausgeschlossen, so wird die Uebereinstimmung der berechneten mit den beobachteten Contraktionen viel gröfser, nämlich:

$$\beta = 0{,}0915977\,(1 \pm 0{,}022073),$$
$$\alpha = 0{,}7013103\,(1 \pm 0{,}187280),$$

der mittlere Fehler von $C = 0{,}000342$, und der wahrscheinliche Fehler einer einzelnen Beobachtung $= 0{,}000231$, oder nur etwa $\frac{1}{4}$ der oben gefundenen.

Die Formel (1.) zeigt ferner, dafs für solche Hydrate, wo die Anzahl Wasseratome, die mit einem Atom SO_3 verbunden sind, grofs ist im Verhältnifs zu α, die Maximumcontraktion $C = \frac{\beta}{n}$ wird, oder mit anderen Worten:

„Das Maximum der Contraktion, welche verschiedene Schwefel- „säurehydrate durch Mischung mit mehr Wasser erreichen kön- „nen, ist umgekehrt proportional mit der Anzahl Aequivalente „Wasser, welche mit 1 Aequivalent der wasserfreien Säure in „diesem Hydrate verbunden ist."

Der Verf. zeigt ferner, gestützt auf die Beobachtungen von HESS (POGG. Ann. LVI. 167), dafs auch die Wärmemenge, welche frei wird, wenn eine Verbindung von SO_3 mit Wasser, mit einem Ueberschufs von Wasser gemischt wird, sehr gut durch dieselbe Formel (1.) ausgedrückt werden kann, selbst besser als durch die von HESS angenommene Hypothese. Wird diese Wärmemenge durch W bezeichnet, und hat n dieselbe Bedeutung wie früher, so ist

$$W = \frac{b}{a+n},$$

wo nach den citirten Beobachtungen von HESS folgende wahrscheinlichste Werthe von b und a gefunden werden:

$$b = 313{,}0209\quad(1 \pm 0{,}02367),$$
$$a = 0{,}3082668\,(1 \pm 0{,}204882).$$

Der wahrscheinlichste Fehler von W nach dieser Formel wird nur 2,109, während er nach der Hypothese von HESS $= 3{,}154$ gefunden wird.

Nimmt man also an, dafs die auf diese Weise entwickelte Wärme proportional ist der Maximumcontraktion für eine Säure, die für 1 Aequivalent SO_3 m Aequivalente Wasser enthält, so kann man setzen

$$W = mc,$$

wo

$$m = 3590{,}0 \pm 71{,}25$$

und der wahrscheinlichste Fehler von $W = 3{,}71$.

Auf diese Weise wird die entwickelte Wärme allein von der Volumveränderung abhängig.

Prof. Dr. *Langberg.*

2. Physiologische Wärme.

3. Wärmeleitung.

4. Specifische und gebundene Wärme.

V. Regnault. Note sur la chaleur spécifique du pottassium et sur les températures d'ébullition de l'acide carbonique et du nitrate d'azote sous la pression de l'atmosphère. Ann. d. ch. et d. ph. XXVI. p. 261*; C. R. XXVIII. p. 325*; Inst. No. 793. p. 81*. Pogg. Ann. LXXVII. p. 99*; Erdm. u. March. XLVII. p. 121*; Pharm. Cent. 1849. p. 364*. Chem. gaz. 1849. p. 275; Arch. d. sc. ph. et nat. X. p. 306; Sillim. Am. J. VIII. p. 411.

— — Note sur la chaleur spécifique et la chaleur latente de fusion du brome et sur la chaleur spécifique du mercure solide. Ann. d. ch. et d. ph. XXVI. p. 268*; Pogg. Ann. LXXVIII. p. 118; Pol. Centralbl. XX. p. 614. Erdm. u. March. XLVII. p. 468*; Arch. d. sc. ph. et nat. XII. p. 48.

C. C. Person. Recherches sur la chaleur latente de fusion, troisième partie. C. R. XXIX. p. 300; Ann. d. ch. et d. ph. XXVII. p. 250*; Arch. d. sc. ph. et nat. XII. p. 234*.

J. P. Joule. Sur la chaleur de vaporisation de l'eau. Inst. No. 828. p. 368*. Athen. 1143, p. 963; Dingl. pol. J. CXIV. p. 157*.

J. R. Mayer. Reclamation de priorité contre M. Joule relativement à la loi de l'équivalence du calorique. C. R. XXVII. p. 385; XXVIII. p. 132; XXIX. p. 534.

Bekanntlich hat Herr REGNAULT in seiner schönen Untersuchung über die specifische Wärme gefunden, dafs unter anderen beim Silber und dessen Salzen, so wie bei den Salzen des Kalium und Natrium die Produkte der Atomengewichte in die specifischen Wärmen den von DULONG und NEUMANN aufgefundenen und von Herrn REGNAULT näher festgestellten Gesetzen nicht entsprechen, wenn man die von BERZELIUS angenommenen Atomengewichte benutzt, sondern dafs diese Produkte etwa doppelt so grofs sind, als von jenen Gesetzen zu erwarten stand. Herr REGNAULT hatte daher vorgeschlagen die bisherigen Atomengewichte für Silber, Kalium und Natrium zu halbiren, wofür in der That auch chemische Gründe sprechen.

In der oben angeführten Abhandlung hat Herr REGNAULT diesen Gegenstand weiter verfolgt, und zu dem Ende das Kalium selbst auf seine specifische Wärme untersucht. Die Untersuchung war wegen der Natur dieses Körpers sehr schwierig; sie mufste namentlich bei sehr niedriger Temperatur geschehen, weil man sonst nicht die specifische Wärme allein, sondern zugleich auch einen Theil der latenten Schmelz- oder Erweichungswärme gemessen hätte. Das Kalium wurde deshalb in fester Kohlensäure bis zu dem Siedepunkt (—78° C.) abgekühlt und dann in ein mit Steinöl gefülltes Kalorimeter getaucht. Um die Bestimmung der specifischen Wärme des Steinöls zu umgehen, wurde der Versuch in ganz derselben Weise mit einem Stücke Blei wiederholt. So ergab sich das Verhältnifs zwischen der specifischen Wärme des Bleies, und der des Kaliums. Dies Verhältnifs fand sich bei 3 Versuchen gleich 5,83, 5,77 und 5,40. Das letzte Resultat ist am sichersten, die beiden anderen sind etwas zu grofs, weil bei denselben etwas feste Kohlensäure am Kalium hängen geblieben war.

Das Verhältnifs der bisher angenommenen Atomengewichte beider Körper ist 2,64, also ungefähr die Hälfte der obigen Zahl. Rechnet man aber das Atomengewicht des Kaliums nicht, wie bisher gleich 490, sondern nach REGNAULT's Vorschlag gleich 245, so ergiebt sich das Verhältnifs der Atomengewichte gleich 5,29, also sehr nahe übereinstimmend mit dem Verhältnisse der specifischen Wärmemengen beider Körper, welches gleich 5,40 gefunden wurde.

Um sich zu überzeugen, ob nicht bei dem von ihm eingeschlagenen Wege die Verschiedenheit in der Wärmeleitungsfähigkeit des Bleies und des Kaliums einen erheblichen Fehler herbeigeführt haben könne, hat Herr REGNAULT ganz in derselben Weise auch für 2 Körper von sehr geringer Wärmeleitungsfähigkeit, nämlich für Phosphor und für Eis die specifische Wärme bestimmt. Die Resultate fielen ganz befriedigend aus; sie sind, wie zu erwarten stand, etwas niedriger, als die Zahlen, welche frühere Versuche bei höheren Temperaturen ergeben hatten. Es fand sich nämlich, wenn man die specifische Wärme des Bleies auch zwischen —78° und +10°, wie zwischen 0° und 100° gleich 0,0314 setzt [1]), die specifische Wärme:

des Phosphor zwischen —78° und +10° 0,1740,
Herr PERSON fand dieselbe zwischen —21° und +10° . 0,1788,
Herrn REGNAULT's frühere Versuche ergaben zwischen
+10° und +30° 0,1887,

doch ist letztere Angabe sicher etwas zu hoch, da der Phosphor bei +30° schon zu erweichen beginnt.

Beim Eise endlich fand sich die specifische Wärme zwischen —78° und 0° = 0,474, frühere Versuche der Herren PERSON und DESAINS hatten zwischen —20° und 0°: 0,504 ergeben.

Herr ANDREWS hatte für die specifische Wärme des Broms zwischen +10° und +50° den Werth 0,107 gefunden (vergl. diese Berichte 1848, p. 226) welcher dem DULONG'schen Gesetze nicht zu entsprechen scheint; das Produkt aus dem Atomengewichte und der specifischen Wärme, welches bei allen anderen einfachen Körpern zwischen 37 und 42 fällt, ist hier 52,3. Herr ANDREWS hatte auf diesen Umstand selbst aufmerksam gemacht, und die Vermuthung ausgesprochen, dafs diese Anomalie verschwinden möchte, wenn man die specifische Wärme des Broms im starren Zustande ermittelte.

Herr REGNAULT bemerkt in der vorstehend citirten Abhand-

[1]) In einer späteren Arbeit des Herrn Verf., die wir sogleich besprechen werden, hat derselbe indefs die specifische Wärme des Bleies zwischen —78° und +10° gleich 0,03065 gefunden.

lung, dafs diese Vermuthung allerdings viel für sich habe; es sei aber auf der anderen Seite doch auffallend, dafs ein anderer einfacher Körper, das Quecksilber, selbst im flüssigen Zustande dem DULONG'schen Gesetze ziemlich gut entspricht. Dieser anscheinende Widerspruch löst sich nur, wenn man annimmt, dafs beim Uebergange in den starren Zustand das Quecksilber seine specifische Wärme sehr wenig, das Brom dagegen die seinige sehr stark ändert.

Veranlafst durch diese Betrachtungen hat Herr REGNAULT die specifische Wärme mehrerer Körper bei sehr niedrigen Temperaturen, und namentlich die des starren Quecksilbers und Broms untersucht.

Beim Phosphor scheint die Aenderung der specifischen Wärme beim Uebergange aus dem starren in den flüssigen Zustand nicht sehr bedeutend zu sein; die specifische Wärme wächst allmälig mit der Temperatur, ohne einen merklichen Sprung beim Schmelzpunkte. Sie beträgt:

beim starren Phosphor

nach REGNAULT zwischen —17°,75 und +10°—0,1740,
nach PERSON zwischen —21° und + 7°—0,1788,
nach REGNAULT zwischen +10° und +30°—0,1887,

beim flüssigen Phosphor

nach DESAINS zwischen +45° und +50°—0,2006,
nach PERSON zwischen +44°,2 und +51°—0,2045.

Merkwürdiger Weise entspricht der Phosphor im flüssigen Zustande dem DULONG'schen Gesetze besser, als im starren Zustande; im ersteren Falle nämlich ist das Produkt der specifischen Wärme und des Atomengewichtes 39,2; während die Zahl 0,1740 das Produkt 34,1 liefert.

Für Blei fand Herr REGNAULT die specifische Wärme zwischen —77°,75 und +10° = 0,03065.

Das Quecksilber wurde zur Ermittelung seiner specifischen Wärme im festen Zustande in starrer Kohlensäure bis —77°,75 erkaltet, und dann in das Wasser des Kalorimeters getaucht. Zur Berechnung dieser Versuche wurde die specifische Wärme des Quecksilbers zwischen der Endtemperatur des Versuches (+4° bis +8° C.) und dem Gefrierpunkte dieses Metalles gleich 0,03332, wie zwischen 0° und 100°, gerechnet, und die latente Schmelzwärme nach Person zu 2,820 angenommen. Es ergab sich dann die specifische Wärme des starren Quecksilbers zwischen —77,75 und —40 = 0,03192; also merklich kleiner, als im flüssigen Zustande. Das Produkt in das Atomengewicht 40,4 genügt dem Dulongschen Gesetze noch besser, als die für das flüssige Quecksilber gefundene specifische Wärme.

Das Brom war zum Versuche in einer dünnen Glashülle eingeschmolzen; es wurde mit derselben auf irgend eine gewünschte Temperatur gebracht, und dann in das Wasser des Kalorimeters getaucht. Den Schmelzpunkt des Brom fand Herr Regnault bei —7°,32.

Die specifische Wärme des flüssigen Broms ergab sich:

zwischen 58°,36 und 13°,21 : 0,11294,
zwischen 48°,35 und 11°,57 : 0,11094,
zwischen — 6°,23 und +10°,44 : 0,10513.

Das letztere Resultat hält Herr Regnault für weniger sicher, weil die Temperaturdifferenz zu gering war. Jedenfalls geht aus diesen Versuchen hervor, daſs das Brom seine specifische Wärme mit der Temperatur sehr schnell ändert. Herr Regnault nimmt an, daſs die specifische Wärme

zwischen —7°,32 und +10° nahe 0,106
und zwischen +6°,0 und +14° nahe 0,108 sei.

Zur Ermittelung der specifischen Wärme des Broms im festen Zustande, wurden 6 Versuche angestellt. Bei denselben wurde das Kügelchen mit dem Brom theils in starrer Kohlensäure auf —77°,75, theils in verschiedenen Kältemischungen auf —9° und auf —20° bis —28° erkältet und dann in Wasser getaucht. Durch Combination von je zweien solcher Versuche wurde die latente Schmelzwärme eliminirt, und mit Hülfe der schon ermittelten Werthe der specifischen Wärme des flüssigen Broms, die specifische Wärme des starren Broms berechnet. Sie ergab sich:

zwischen —77°,75 und —28°,5 : 0,08245,
zwischen —77°,75 und —22°,26 : 0,08581,
zwischen —77°,75 und — 9°,19 : 0,08700,
zwischen —77°,75 und —20,33° : 0,08200,
Im Mittel 0,08432.

Sie ist also beträchtlich niedriger, als die des flüssigen Broms. Das Produkt aus diesem Werthe, und dem Atomengewichte 489,1 ist 41,2, und schliefst sich also dem DULONGschen Gesetze in genügender Weise an.

Gestützt auf diese Werthe der specifischen Wärme des Broms im starren und im flüssigen Zustande, konnte der Herr Verf. endlich aus seinen Versuchen auch die latente Schmelzwärme dieses Körpers berechnen. Er fand dieselbe im Mittel gleich 16,185.

Herr C. C. PERSON hat in den C. R. XXIX. p. 300, und ausführlicher in den Ann. d. ch. et de ph. XXVII. p. 250 eine weitere Fortsetzung seiner Untersuchungen über die latente Schmelzwärme veröffentlicht. Er beschäftigt sich darin mit einigen Salzen, nämlich Chlorcalcium, phosphorsaurem Natron und dem salpetersauren Doppelsalze von Kali und Natron, und mit dem Wachs und anderen fetten Körpern. Durch die Resultate glaubt er auch hier seine früher aufgestellten Gesetze bestätigt zu sehen.

Beim Chlorcalcium ergab sich die specifische Wärme
im festen Zustande : 0,345,
im flüssigen Zustande : 0,555,
mit diesen Daten berechnet sich nach Herrn PERSON's Formel: $l = (160 + t x b - c)$ die latente Schmelzwärme $= 39{,}58$, der Versuch ergab 40,70.

Das phosphorsaure Natron ((HO, 2NaO), $_cPO_5 + 24$ aq.) zeigte ein sehr merkwürdiges Verhalten. Wurden die vorsichtig abgetrockneten Krystalle vor den, nach der Abkühlungsmethode angestellten Versuchen im Abkühlungscylinder geschmolzen, so ergaben sich für die specifische Wärme zwischen -20^0 und $+2^0$ etwas schwankende Werthe, die im Durchschnitt 0,764 betrugen. Wurden die Krystalle dagegen vorher nicht geschmolzen, sondern nur fest eingestampft, so ergab sich die specifische Wärme zwischen denselben Temperaturgrenzen sehr beständig gleich 0,4077. REGNAULT fand die specifische Wärme des wasserfreien phosphorsauren Natrons $= 0{,}2283$. Berechnet man aus dieser Zahl die specifische Wärme des wasserhaltigen Salzes, so findet sich dieselbe gleich 0,711, wenn man dabei die specifische Wärme des flüssigen Wassers, nämlich 1, anwendet, dagegen ergiebt sich 0,4014, wenn man das Krystallwasser als im starren Zustande vorhanden betrachtet, und ihm die specifische Wärme des Eises, nämlich 0,504 beilegt. Es scheint also die geschmolzene Salzmasse beim Erkalten nicht wieder zu krystallisiren, sondern zu einer amorphen Masse zu erstarren, in welcher das Wasser die specifische Wärme besitzt, welche ihm im flüssigen Zustande zukommt, während es in den Krystallen die specifische Wärme des Eises besitzt. Uebrigens ist jene erstarrte Masse nicht stabil, sondern ändert wie manche Legierungen auch nach dem Erkalten langsam die Anordnung seiner Theilchen unter Volumenvermehrung, so dafs ein damit gefülltes Gefäfs oft nach Verlauf mehrerer Stunden gesprengt wird.

Dies Verhalten war auch ein Hindernifs bei der Bestimmung der specifischen Wärme im flüssigen Zustande, und der latenten Schmelzwärme. Setzt man dagegen eine kleine Menge überschüssiges Wasser hinzu, so krystallisirt das geschmolzene Salz beim Erkalten, und dann ergiebt sich, wenn bei der Berechnung auf dies überschüssige Wasser Rücksicht genommen wird, auch für die geschmolzene Salzmasse die specifische Wärme im festen Zustande gleich 0,4. Ferner ward alsdann die specifische Wärme des Salzes im flüssigen Zustande = 0,7467, und seine latente Schmelzwärme = 66,80 erhalten. Nach seiner Formel berechnet Herr Person die latente Wärme mit den angegebenen Werthen der specifischen Wärme zu 66,48.

Nimmt man ferner an, dafs das krystallisirte Salz aus einem Gemenge von wasserfreiem Salze und von Eis bestehe, und berechnet für diese beiden Bestandtheile nach Herrn Persons Theorie die latente Schmelzwärme, welche der Schmelztemperatur des Salzes, 36°, entspricht, so erhält man als Summe dieser Werthe die Zahl 67,6, welche ebenfalls der durch den Versuch gefundenen latenten Schmelzwärme sehr nahe kommt.

Der Umstand, dafs das Wasser in diesem Salze sich hinsichtlich der specifischen Wärme ganz wie Eis verhält, erklärt dessen Gebrauch in Verbindung mit Säuren zu Kältemischungen; es ist dies ganz analog den Mischungen aus Schnee mit Säuren.

Herr Person schlofs daraus, dafs das phosphorsaure Natron mit Chlorcalcium eine noch wirksamere Kältemischung liefern würde; in der That erhielt er bei Mengung von 100 Theilen dieses Salzes mit 80 Theilen Chlorcalcium eine Temperaturerniedrigung von 49°, nämlich von +20° zu —29°.

Das Doppelsalz von gleichen Aequivalenten salpetersauren Kalis und salpetersauren Natrons erwies sich dem Verf. als die einzige Verbindung dieser beiden Salze, welche einen festen Schmelzpunkt hat. Derselbe liegt bei 219°,8 des Luftthermometers, also 114° niedriger, als der Schmelzpunkt des salpetersauren Kalis und 86° niedriger, als der des salpetersauren Natrons.

Die specifische Wärme dieses Doppelsalzes fand Herr Person

im festen Zustande unterhalb 60° 0,235,

im flüssigen Zustande zwischen 340° und 230° . 0,352,

die latente Schmelzwärme war 51,4. Dies Salz erleidet indefs bei etwa 76° eine Constitutionsänderung, wie viele Legierungen, welche eine Wärmemenge von 7 Kalorien absorbirt. Diese ist in der angegebenen Zahl für die latente Wärme mit inbegriffen; nach Abzug derselben bleibt für die latente Schmelzwärme allein 44,4.

Herr Person berechnet die latente Schmelzwärme aus den oben gefundenen Werthen der specifischen Wärme auf 44,5, und aus den bei den beiden Bestandtheilen (Kali- und Natronsalpeter) durch den Versuch ermittelten Elementen, unter Berücksichtigung der veränderten Schmelztemperatur ebenfalls auf 44,5.

Beim Wachs und bei den fetten Substanzen haben die Versuche sehr veränderliche Werthe für die specifische Wärme ergeben.

Wachs ergab im flüssigen Zustande

zwischen 100° und 65° die spec. Wärme 0,499,

im festen Zustande

zwischen	58°	-	42°	- - - 1,72,
-	42°	-	26°	- - - 0,82,
-	26°	-	6°	- - - 0,504,
-	3°	-	—21°	- - - 0,429.

Ob auch unter —21° die Abnahme der specifischen Wärme in gleichem Verhältnisse fortschreitet, mufs dahingestellt bleiben;

fände dies Statt, so würde sie bei —80° etwa 0,27 betragen, und dann würde sich auch hier Herrn PERSONS Formel bestätigen. Dies ist jedoch nicht der Fall, wenn man den Wachs schon zwischen +3° und —21° als vollkommen fest zu betrachten hat; vielmehr würde dann die Formel nur 15,6 statt 42,3 ergeben.

Der Herr Verf. glaubt daher, dafs bei diesem und ähnlichen Körpern ein fester Aggregatzustand eigentlich gar nicht existire. Spermaceti verhält sich ganz wie Wachs. Andere fette Substanzen, z. B. Butter, gehen so allmälig aus dem flüssigen in den festen Zustand über, dafs eine Sonderung der latenten Schmelzwärme von der specifischen Wärme gar nicht möglich ist.

Herr PERSON beschäftigt sich sodann noch mit den Formeln für die latente Schmelzwärme. Er hat bekanntlich in seinen früheren Arbeiten zwei ganz verschiedene Formeln für die Metalle, und für nichtmetallische Körper und Salze aufgestellt; die erstere enthält den Elasticitätscoëfficienten als Faktor, die andere dagegen die Differenz der specifischen Wärme im festen und im flüssigen Zustande. Da es nun sehr unwahrscheinlich ist, dafs die latente Wärme bei Metallen und Nichtmetallen eine ganz verschiedene Bedeutung habe, so stellt Herr PERSON jetzt die Ansicht auf, dafs das wahre und allgemein gültige Gesetz für die latente Wärme durch die Summe jener beiden Formeln, also durch die Formel

$$l = 0{,}00166.q.\left\{1+\frac{2}{\sqrt{p}}\right\}+(160+t)(b-c)$$

ausgedrückt werde. Er deutet diese Formel so, dafs die erste Hälfte die Wärmemenge darstellt, welche zur Ueberwindung der Cohäsion aufgewendet werden mufs, die andere Hälfte dagegen die Wärmemenge, welche bei der Aenderung in der Anordnung der Theilchen (pour modifier ou même subdiviser les molecules) absorbirt wird.

Für Metalle, bei denen die specifische Wärme im festen und im flüssigen Zustande fast gleich ist, wird die 2te Hälfte der Formel verschwindend klein sein; für nicht metallische Körper dagegen, welche einen sehr geringen Elasticitätscoëfficienten besitzen, wird die erste Hälfte einen sehr kleinen Werth erhalten. Es ist indefs wahrscheinlich, dafs es auch Körper geben werde, für welche beide Glieder beachtet werden müssen; einen solchen sieht der Herr Verf. im Brom, bei welchem die auf den vorigen Seiten besprochenen Versuche des Herrn Regnault Zahlen ergaben, die der Formel $l = (160+t)(b-c)$ nicht entsprechen; dagegen verificirt sich die combinirte Formel, wenn man den Elasticitätscoëfficienten des Broms dem des Krystalls gleich setzt. Indefs kann natürlich aus dieser ganz willkürlichen Annahme kein Argument für die Richtigkeit der Formel abgeleitet werden.

In der besprochenen Arbeit wird endlich noch eine Vorrichtung beschrieben, um den Wärmeverlust des Kalorimeters an die Umgebung bei lange dauernden Versuchen zu vermindern; dieselbe kann in vielen Fällen ganz zweckmäfsig sein.

Von der Arbeit des Herrn Joule ist am angeführten Orte eine kurze Notiz gegeben, worin er auf die complexe Natur der latenten Wärme des Wasserdampfes aufmerksam macht. Er scheidet von dem durch den Versuch ergebenen Totalwerthe der latenten Wärme, 536, 41,7 Kalorien für die dem Drucke des Dampfes entsprechende lebendige Kraft aus.

Die oben angeführten Noten der Herren Mayer und Joule in den C. R. betreffen einen Prioritätsstreit dieser beiden Herren hinsichtlich des mechanischen Aequivalents der Wärme. Neue Thatsachen werden darin nicht mitgetheilt.

Dr. *W. Brix.*

---

5. Strahlende Wärme.

---

de la Provostaye et Desains. Mémoire sur la réflexion des différentes espèces de chaleur par les métaux. C. R. XXVIII. p. 501*; Pogg. Ann. LXXVIII. 131*; Phil. Mag. XXXIV. 471*; Inst. No. 798, p. 122*.

— — Sur la polarisation de la chaleur. C. R. XXIX. 121*; Ann. d. chim. et d. phys. XXVII. 109*; Sill. Am. J. VIII. 410*; Inst. No. 813, p. 241, No. 818, p. 276*.

de la Provostaye et Desains. Rotation du plan de polarisation de la chaleur produite par le magnétisme. C. R. XXIX. 352*; Phil. Mag. XXXV. 481; Ann. d. chim. et d. phys. XXVII. 232; Pogg. Ann. LXXVIII. 571*; Inst. No. 823, p. 323*. Arch. d. sc. ph. et nat. XII. 136*; Sill. Am. J. IX. 344*.

— — Untersuchungen über die Wärmestrahlung und Bestimmung des Reflexionsvermögens. C. R. XXIV. 684*; Pogg. Ann. LXXVIII. 128*. (S. Berl. Ber. III. 258.)

F. de la Provostaye et P. Desains. Ueber die Reflexion der verschiedenen Arten von Wärme durch Metalle. C. R. XXVIII. p. 501.

Veranlafst durch die mit den Formeln des Herrn Cauchy übereinstimmenden Versuche des Herrn Jamin, dafs die Intensität der Lichtreflexion von der Farbe des angewandten Lichtes abhängt, und durch die frühere Annahme der Physiker, dafs die Wärmestrahlen verschiedener Art sich in gleichem Verhältnifs an polirten Metallflächen reflektiren, stellten die Herrn de la Provostaye und Desains Versuche an über das Verhältnifs der Reflexion verschiedenartiger Wärmestrahlen an einem Metallspiegel. Der Gang der Untersuchungen war derselbe wie bei einer früheren Arbeit der genannten Verf. über das Reflexionsvermögen der Metalle [1]). Unter einem Einfallswinkel von 60° liefsen sie die Wärmestrahlen einer Locatellischen Lampe entweder direkt auf den Metallspiegel wirken, oder nachdem sie bald durch natürliches, bald durch berufstes Steinsalz, bald durch eine 0m,005 dicke Glasplatte gegangen waren. Das Reflexionsvermögen für die verschiedenen Strahlen, wenn die ohne Reflexion zum Thermoskop gelangende Wärmemenge = 1 gesetzt wird, ist nach den genannten Verf. folgendes:

Reflexionsvermögen	Spiegelmetall	Silber	Platin
für direkt auffallende Strahlen	0,80—0,84	0,95—0,96	0,79
für die durch die Glasplatte gegangenen	0,74	0,91	0,65—0,66
durch natürliches Steinsalz .	0,82—0,83	—	0,77
durch berufstes Steinsalz . .	—	—	0,83

[1]) C. R. XXIV. p. 684. Pogg. Ann. LXXVIII. p. 128. Fortschr. d. Phys. III. Jahrgg. p. 257.

Es geht aus diesen Versuchen hervor, dafs die am leichtesten das Glas durchdringende Wärme im kleineren Verhältnifs, hingegen die in gröfserer Menge das Steinsalz durchdringende Wärme reichlich an den untersuchten Metallen reflektirt wird. Die Verf. folgern daraus, dafs ein von einem Metallspiegel reflektirtes Wärmebündel im Allgemeinen eine ganz andere Zusammensetzung hat, als das eingefallene Bündel, und dafs es also beim Durchgang durch diathermane Substanzen nicht denselben Verlust erleidet. In der That liefs die angewandte Glasplatte von direkten Wärmestrahlen einer Locatellischen Lampe 0,44 hindurch, hingegen nur 0,33—0,34, wenn die direkten Strahlen vor dem Durchgange durch das Glas zweimal an parallelen Metallspiegeln reflektirt waren. Die Verf. schliefsen, dafs die verschiedenen Wärmearten wahrscheinlich an allen Metallen ungleich reflektiren, und dafs durch die Reflexion an polirten Metallflächen das Verhältnifs der verschiedenen Wärmestrahlen, die das einfallende Bündel bildeten, abgeändert wird.

F. DE LA PROVOSTAYE et P. DESAINS. Ueber die Polarisation der Wärme. C. R. XXIX. p. 121.

In der genannten Abhandlung stellen sich die Verf. die Aufgabe, durch Versuche folgende Behauptungen zu beweisen:

1. Das Gesetz, welches MALUS in Bezug auf die Lichtstrahlen aufgestellt hat, dafs sich die Intensität der durch Doppelspath polarisirten Lichtstrahlen unter die ordentlichen und aufserordentlichen Bilder theilt, gilt ebenso für die Wärme, wie für das Licht.

2. Die Veränderungen, welche die Intensität der polarisirten Wärmestrahlen bei der Reflexion von Glas unter verschiedenen Einfallswinkeln erleidet, sind genau angegeben durch FRESNELS Formeln für die Lichtstrahlen, die gleichen Bedingungen unterworfen sind, wenn man den Brechungsexponenten für die Sonnenwärme, die das Prisma durchläuft, = 1,52 annimmt.

3. Die Erscheinungen, welche polarisirtes Licht und polarisirte Wärme bei der Reflexion von polirten Metallflächen zeigen, sind vollkommen ähnlich.

In Betreff des ersten Satzes berufen sich die Verf. auf die Arbeit des Herrn KNOBLAUCH über diesen Gegenstand [1]). Ihre in gleicher Weise gemachten Beobachtungen führten zu demselben Resultat. Zur Bestätigung der beiden letzten Behauptungen stellten sie zahlreiche Versuche an, und geben in der genannten Abhandlung die Zahlenwerthe für die beobachtete Intensität der polarisirten reflektirten Wärmestrahlen bei verschiedenen Einfallswinkeln und verschiedenen reflektirenden Flächen. Die Resultate dieser Untersuchungen stimmen mit den durch Rechnung nach FRESNELS und CAUCHYS Formeln für Lichtstrahlen gefundenen, fast vollkommen überein. Die Verf. weisen ferner zur Bestätigung der dritten Behauptung durch Versuche nach, dafs die halbe Summe der Intensitäten eines polarisirten Wärmestrahls, der einmal in der Reflexionsebene polarisirt ist, das andere Mal in einer Ebene senkrecht darauf, gleich ist der Intensität des unpolarisirten Wärmestrahls, wenn er unter gleichen Bedingungen reflektirt ist.

F. DE LA PROVOSTAYE et P. DESAINS. Drehung der Polarisationsebene der Wärme durch Magnetismus. C. R. XXIX. p. 352.

Die Herrn DE LA PROVOSTAYE und DESAINS haben in der angeführten Abhandlung die Untersuchungen von WARTMANN [2]) wieder aufgenommen, jedoch mit dem Unterschiede, dafs sie die Sonnenwärme statt der Wärme einer ARGANDschen Lampe anwandten, und statt Glimmersäulen als Polarisationsapparat Kalkspathprismen benutzten, die sie mit ihren Hauptschnitten 45° gegeneinander aufstellten. Durch ein zwischen den Polen eines RUHMKORFFschen Apparates befindliches Stück Flintglas, von 38 Millim. Dicke, ging das ordentliche Strahlenbündel des ersten Kalkspathprisma. In etwa $3^{m},5$ Abstand trat es in das zweite Kalkspathprisma ein. Von den zwei Bildern dieses Prismas wurde das eine von der, vier Meter vom Elektromagnet entfernten thermo-elektrischen Säule aufgefangen. Das Galvanometer stand der störenden Kraft noch ferner. Die in der

[1]) POGG. Ann. LXXIV.; Fortschr. der Phys. III. Jahrgg. p. 268.
[2]) Arch. d. sc. phys. et nat. I. p. 417. Fortschr. der Phys. II. 280.

Abhandlung angeführten Zahlen für die Ablenkungen der Galvanometernadeln zeigen eine Vermehrung der, bei geöffneter galvanischer Kette erzeugten, thermo-elektrischen Wirkung, oder eine Verminderung derselben, je nach der Richtung des den Magneten umkreisenden Stromes.

Dr. *R. Franz.*

6. Theorie der Wärme.

JOULE. Sur l'équivalent mécanique du calorique. C. R. XXVIII. 132*.
— — On the mechanical equivalent of heat. Phil. Mag. XXXV. 335*.
LABORDE. Méditations sur les lois qui régissent les phénomènes de la chaleur et de la lumière. C. R. XXVIII. 359*. (Titel).
OSSIAN BONNET. Sur la théorie des surfaces orthogonales et isothermes. C. R. XXIX. 506*.

JOULE. Ueber das mechanische Aequivalent der Wärme. C. R. XXVIII. 132.

Diese Note ist eine Prioritätsreklamation gegen J. R. MAYER, der am 16ten Oktober 1848 eine eben solche überreicht hatte, um seine Ansprüche zu wahren. Die Sache stellt sich nach den vorgelegten Thatsachen folgendermafsen. Erstens die Behauptung, Wärme sei kein Stoff, sondern Bewegung, ist bekanntlich eine alte, wofür auch Herr JOULE Belegstellen anführt, und sie ist nach der Meinung des Referenten sogar schon längst experimentell bewiesen durch den bekannten Versuch von H. DAVY [1]) über das Schmelzen zweier geriebenen Eisstücke, welcher gar keine andere Erklärung zuläfst. Zweitens, die Behauptung der Unzerstörbarkeit der Arbeitsgröfse der mechanischen Kräfte und die Aequivalenz der Aeufserungen der verschiedenen Naturkräfte mit bestimmten Gröfsen mechanischer Arbeit hat MAYER zuerst ausgesprochen im Jahre 1842 [2]). In demselben Jahre schlofs Herr

[1]) Essay on heat, light and the combinations of light.
[2]) Annalen d. Chemie u. Pharm. XLII. 234.

Joule aus seinen Versuchen, dafs die Wärmemenge, welche durch hydroelektrische Ströme entwickelt werde, der durch die stattfindenden chemischen Processe zu erzeugenden gleich sei, etwas, was zu den speciellen Anwendungen jener allgemeineren Behauptung gehört. Drittens endlich Versuche, aus welchen die Gröfse des mechanischen Aequivalents der Wärme berechnet werden konnte, sind zuerst von Herrn Joule mit Hülfe magnetoelektrischer Ströme angestellt, und veröffentlicht 1843 im Phil. Mag. XXIII. 263, 347, 435. Die von Mayer angestellte Berechnung dieses Aequivalentes aus der Wärme, welches ein Gas entwickelt, wenn es mit Verbrauch einer gewissen Arbeitsgröfse comprimirt wird, erfordert aufser dem Princip von der Unzerstörbarkeit der Kraft auch noch die Annahme, dafs hierbei alle Arbeit sich in Wärme verwandele. Diese Annahme, welche auch den Theoremen und Rechnungen von Holtzmann[1]) zu Grunde liegt, ist aber, wie es Referent[2]) schon früher und Herr Joule in der vorliegenden Abhandlung hervorgehoben hat, erst durch die Versuche des letzteren[3]) im Jahr 1844 bestätigt worden.

Die Arbeit von Joule, welche im Supplementheft Jan. 1850 des Phil. Mag. nur oberflächlich erwähnt ist, wird im nächsten Bericht nach der vollständigen Abhandlung wiedergegeben werden.

Prof. Dr. *H. Helmholtz.*

[1]) Ueber die Wärme und Elasticität der Gase und Dämpfe. Mannheim 1845. Berl. Ber. 1845. S. 98.

[2]) H. Helmholtz, über die Erhaltung der Kraft. Berlin 1847. Berl. Ber. 1847. 238.

[3]) Phil. Mag. XXVI. 369. Berl. Ber. 1845. 344.

Fünfter Abschnitt.

Elektricitätslehre.

1. Allgemeine Theorie der Elektricität.

Maas. Examen critique du système de la fluidité électrique. Bull. de Brux. XVI. I. 167*; Inst. No. 799. p. 132*.

— — Sur la séparabilité des principes électriques. Bull. de Brux. XVI. I. 465; II. 115*.

Auch in diesem Jahre hat Herr Maas seine Betrachtungen über Elektricitätsbewegung fortgesetzt (vergl. diesen Ber. III. 358. und IV. 258.) und auf die Theorie der Fernewirkung und Bindung ausgedehnt. Die zweite Abhandlung hat er nur angekündigt, später aber zurückgezogen.

2. Reibungselektricität.

A. Elektrostatik.

Perrey. Note sur quelques expériences d'électro-statique. C. R. XXVIII. 78*. Inst. 1849. No. 785, p. 19*. (Nur Titel).

Ch. Matteucci. Sur la propagation de l'électricité dans les corps gazeux. C. R. XXVIII. 508*; Inst. 1849. No. 802, p. 154*; Ann. d. ch. et d. ph. XXVIII. 385; Arch. d. sc. ph. et nat. XI. 42; Fror. Not. X. No. 219, p. 327.

— — Sur la perte de l'électricité dans l'air plus ou moins humide. C. R. XXIX. 305*; Inst. 1849. No. 820, p. 298*; Ann. d. ch. et d. ph. XXVIII. 421; Arch. d. sc. ph. et nat. XII. 232.

Matteucci. Mémoire sur la propagation de l'électricité dans les corps solides isolants. Ann. d. ch. et d. ph. XXVII. 133*.

G. Wiedemann. Ueber das elektrische Verhalten krystallisirter Körper. Pogg. Ann. LXXVI. 404*; Arch. d. sc. ph. et nat. XII. 46*.

Sénarmont. Note sur la conductibilité superficielle des corps cristallisés pour l'électricité de tension. C. R. XXIX. 750*; Ann. d. ch. et d. ph. XXVIII. 257*.

A. Weiss. Theorie des Condensators. Grunert's Arch. XIII. 315*.

Aus den drei vorliegenden Abhandlungen des Herrn Matteucci über die Fortleitung der Reibungselektricität in gasförmigen Körpern und in festen Isolatoren, sind die Resultate gröfstentheils schon früher mitgetheilt worden [1]).

Nach Coulomb ist der Verlust an Elektricität, welchen ein elektrisirter Körper in einem Gase erleidet, bei gleichbleibendem Zustande des letzteren, proportional der elektrischen Dichtigkeit.

Herr Matteucci schliefst aus seinen mit der Coulombschen Drehwage angestellten Versuchen, bei welchen er eine lange Zeit (bis zu 10 Stunden 36 Minuten) verstreichen liefs, während welcher allmälig die Elektricität sich innerhalb des Gases verbreitete, dafs der Verlust bei stärkeren Ladungen in einem gröfseren Verhältnisse zunimmt als bei schwächeren Ladungen.

Nach den von P. Riess [2]) in seiner Abhandlung: „über die Bestimmung elektrischer Dichtigkeiten in der Torsionswage" mitgetheilten Bemerkungen, leuchtet es ein, worin die Ursache des Fehlschlusses bei Herrn Matteucci zu suchen ist: in der durch den elektrisirten Körper in der Drehwage hervorgerufenen elektrischen Vertheilung, deren Einflufs bei stärkeren Ladungen natürlich immer bedeutender werden mufs.

Da Herr Matteucci auf diesen wichtigen Umstand nicht aufmerksam gewesen zu sein scheint, haben seine, in der zweiten Abhandlung angeführten Versuche über die Verbreitung der Elektricität in mehr oder minder feuchter Luft, keinen Werth. Statt der Coulombschen Regel, dafs bei gleicher Temperatur und Dichtigkeit der Luft der Elektricitätsverlust eines elektrischen Körpers

[1]) Berl. Ber. III. 317*.

[2]) Berl. Ber. III. 319*.

proportional dem Cubus des in der Luft enthaltenen Gewichtes Wasser sei, stellt Herr MATTEUCCI eine viel complicirtere Regel auf, in welcher wiederum die Stärke der elektrischen Ladung vorkommt. Der Irrthum ist also derselbe, wie in der ersten Abhandlung.

Aus der dritten Arbeit „über die Verbreitung der Elektricität in festen Isolatoren", würde es überflüssig sein, mehr anzuführen, als schon in der oben citirten Notiz geschehen ist.

Ueber den Zusammenhang der Leitungsfähigkeit für Elektricität mit der Struktur der Körper hat Herr WIEDEMANN sehr bemerkenswerthe Beobachtungen an krystallisirten Substanzen mitgetheilt. Herr WIEDEMANN bediente sich der Reibungselektricität, da gegen die Anwendung des galvanischen Stromes verschiedene Gründe, namentlich der grofse Leitungswiderstand krystallisirter Körper sprechen.

Wird eine Fläche eines amorphen Körpers, z. B. eine Harz- oder Glasplatte mit einem feinen schlechtleitenden Pulver, wie Lykopodium, Mennige u. dgl. m. bestreut, sodann senkrecht auf derselben eine isolirte feine Spitze befestigt, welcher durch eine Leydener Flasche positive Elektricität mitgetheilt wird, so entfernt sich von der elektrisirten Spitze das Pulver nach allen Richtungen hin gleichförmig, und entblöfst auf diese Weise eine in ihren Umgränzungen sehr nahe kreisförmige, von Strahlen durchzogene Figur, welche die gröfste Aehnlichkeit mit den durch Bestreuen einer, an einem Punkt positiv elektrisirten, Harzplatte erhaltenen LICHTENBERGschen Figuren hat.

Wie die Flächen amorpher Körper verhalten sich Flächen regulär krystallisirter Körper, als z. B. Flufsspath, Alaun. (Hemiedrische Körper hat Herr WIEDEMANN leider nicht untersucht, bei ihnen würde, nach ihrem diamagnetischen Verhalten zu schliefsen, wohl eine Verschiedenheit des Leitungsvermögens nach verschiedenen Richtungen zu erwarten sein).

Wendet man statt der amorphen oder regulär krystallisirten Körper die Fläche eines andern Krystalles, etwa ein Gypsblättchen an, so sieht man deutlich, wie sich das Pulver nicht mehr nach allen Dimensionen hin gleichmäfsig, sondern am meisten nach zwei diametral einander entgegengesetzten Richtungen, nach den senkrecht darauf stehenden Richtungen am wenigsten von der elektrischen Spitze entfernt. Die hierbei blofsgelegte Fläche ist annähernd elliptisch, und zwar so excentrisch, dafs ihre gröfste und kleinste Ausdehnung, sich etwa wie 2 oder 3 zu 1 verhalten. Die Längsrichtung der blofsgelegten Figur bildet mit der der Hauptaxe des Krystalles parallelen glasigen Spaltungsrichtung des Gypses einen rechten Winkel, die Leitungsfähigkeit ist also am gröfsten in der Richtung senkrecht auf die Hauptaxe. Dafs die Oberflächenbeschaffenheit keinen Einflufs auf die Erscheinung hat, zeigt sich dadurch, dafs ein feiner Ueberzug von Collodium dieselbe nicht ändert, nur mufs man alsdann mit einer gröfseren Elektricitätsmenge experimentiren.

Aehnlich wie beim Gyps war der Erfolg bei Flächen von allen Krystallen ungleichaxiger Systeme, die Herr Wiedemann untersuchte, nämlich bei folgenden Substanzen: essigsaures Kalk-Kupferoxyd, Cölestin, Schwerspath, Arragonit, Quarz, Turmalin, Apatit, Kalkspath, Borax, Epidot, Feldspath, Asbest, (beim Beryll gelang der Versuch nicht). Die blofsgelegten Figuren auf diesen verschiedenen Substanzen unterschieden sich darin, dafs ihre Längsrichtung entweder der Hauptaxe des Krystalles parallel oder senkrecht zu ihr lag. Eine Vergleichung in Bezug auf dieses Verhalten mit den optischen Eigenschaften, ergiebt das merkwürdige Resultat, dafs die Körper, welche die Elektricität in der Richtung ihrer Hauptaxe in derselben Zeit weiter fortpflanzen, als nach einer andern Richtung zu den optisch negativen (das Licht in derselben Richtung schneller fortpflanzenden), alle übrigen (mit Ausnahme des Feldspathes) zu den optisch positiven Krystallen gehören. Eine gleiche Uebereinstimmung zeigt sich mit den Sénarmontschen Versuchen über die Wärmeleitung in Krystallen.

Herr Wiedemann bezeichnet es, um die Allgemeinheit der Schlüsse zu rechtfertigen, als wünschenswerth, die Untersuchung auf eine gröfsere Reihe von Körpern auszudehnen.

Acht Monate nach der Veröffentlichung der Wiedemannschen Arbeit übergab Herr v. Sénarmont der Pariser Akademie eine Notiz über denselben Gegenstand, in welcher er dieselben durch eine etwas verschiedene Experimentirweise gewonnenen Resultate ausspricht. Der Wiedemannschen Untersuchungen ist nicht Erwähnung gethan. Herr von Sénarmont überzieht die Fläche eines Krystalles mit Zinnfolie, entblöfst von dieser den Krystall an einer kreisförmigen Oeffnung, von 15, 20 bis 30^{mm} Durchmesser; setzt in die Mitte dieses Kreises eine isolirte Spitze und läfst Entladungen im Vakuum durch den Körper erfolgen. Bei amorphen und regulär krystallisirten Körpern verbreitet sich phosphorescirendes Licht in kreisförmiger, bei andern Körpern in elliptischer Form.

Herr A. Weiss hat am oben angeführten Orte den Versuch einer analytischen Darstellung der Condensatorwirkung unter verschiedenen Umständen gemacht. Nach den Bemerkungen von Riess in seiner Abhandlung über die Theorie des Condensators [1]) konnte eine Arbeit, wie die von Herrn Weiss unternommene, nur wünschenswerth sein. Es mag genügen, die von Herrn Weiss betrachteten Fälle anzuführen, da die Arbeit sich nicht auszugsweise wiedergeben läfst.

Es beginnt eine Zusammenstellung einiger Sätze der Elektricitätslehre, welche bei der Theorie des Condensators in Betracht kommen. Von diesen Sätzen ist der sechste zur Begründung der analytischen Ausdrücke der wichtigste, aber auch derjenige, dessen Gültigkeit am meisten angefochten werden wird. Es lautet dieser Satz: „Berührt ein dritter Körper einen von den zweien, welche vertheilend auf einander einwirken, so wird das die freien Elektricitäten in den beiden sich berührenden Körpern angehende Resultat nicht geändert, indem nämlich die gebundenen Elektricitäten so aufgefafst werden, dafs die freien für sich im Gleichgewichte sind. Man kann nämlich die gebundene Elektricität eines Körpers immer in dem Sinne nehmen, dafs es die sei, deren Wirkung auf die übrige in demselben Körper enthaltene und mit dem

[1]) Berl. Ber. III. 324*.

Namen der **freien** bezeichneten Elektricität durch die Influenz des andern bindenden Körpers ganz und gar aufgehoben wird. Dann mufs offenbar die **freie** Elektricität im ersten Körper für sich und also ganz so im Gleichgewichte sein, als ob in diesem Körper keine gebundene Elektricität vorhanden wäre. Die Rechtmäfsigkeit dieser Vorstellungsweise kann wenigstens da keinem Zweifel unterliegen, wo wie bei den Condensatorwirkungen die freie Elektricität immer nur gleichsam ein verschwindend kleiner Theil der Gesammtelektricität ist."

Hierauf geht Herr Weiss zur näheren Betrachtung der Condensatorwirkung über und entwickelt die Ausdrücke für folgende Fälle.

1) Zwei Condensatorplatten gleicher Oberfläche sind mit je einem Körper von beliebiger Oberfläche in Verbindung. Unter diesen allgemeinen Fall rubriciren sich die Specialfälle:

a) An einer Condensatorplatte ist kein Leiter.

b) An einer Condensatorplatte ist ein unelektrischer Leiter.

c) Die eine Condensatorplatte ist mit einer constanten Elektricitätsquelle in Verbindung.

d) Die eine Condensatorplatte ist mit der Erde in Verbindung.

e) Mit beiden Platten stehen Elektricitätsquellen von constanter Intensität in Verbindung.

f) Die eine Platte ist mit einer constanten Elektricitätsquelle, die zweite mit der Erde in Verbindung.

2) Ein Condensator hat schon elektrische Ladung erhalten und nach Entfernung der diese Ladungen bewirkenden Quellen, werden neue Quellen mit ihm verbunden.

3) Theorie des doppelten (Cuthbertsonschen) Condensators.

4) Wie 3) wenn die Platten des ersten Condensators *m* mal so grofs sind als die des zweiten.

5) Mehrere Condensatoren treten **hintereinander** in Wirksamkeit.

6) Wirkung bei mehreren **gleichzeitig** in Thätigkeit gesetzten Condensatoren (Batterie).

Eine Experimentaluntersuchung zur Prüfung der aufgestellten Formeln wird sich kaum ausführen lassen.

B. Entladung der Batterie.

Harris. Sur une loi générale de la décharge électrique. Inst. XVII. 63*. (S. diesen Ber. IV. p. 266).

P. Riess. Ueber die Seitenentladung der elektrischen Batterie. Berl. Monatsber. 1849. p. 46*; Pogg. Ann. LXXVI. 465*; Inst. No. 811, p. 230*; Arch. d. sc. ph. et nat. XI. 304*.

— — Ueber den Mechanismus der elektrischen Entladung. Pogg. Ann. LXXVIII. 433*.

K. W. Knochenhauer. Ueber den Widerstand der Luft im Schliefsungsbogen der elektrischen Batterie. Pogg. Ann. LXXVIII. 42*.

— — Ueber Seitenentladungen am Schliefsungsbogen der elektrischen Batterie. Pogg. Ann. LXXVIII. 54*.

J. H. Lane. Notice on a novel mode of discharging a Leyden battery, with an explanation of its theory. Sillim. J. VII. 418*.

Nach den bisherigen Erfahrungen konnte man annehmen, dafs eine Seitenentladung eine Ablenkung und Theilung des Hauptstromes sei, die durch eine vollkommene Hauptschliefsung vermieden werden könne. Herr P. Riess weist in der ersten der genannten Abhandlungen das Vorhandensein einer Seitenentladung bei der schwächsten Entladung durch einen vollkommnen Schliefsungsbogen nach, bestimmt das Gesetz dieser Seitenentladung und zeigt die Abhängigkeit einer Ablenkung und Theilung des Hauptstromes vor dem Vorangehen einer Seitenentladung.

1. Versuche über die Seitenentladung.

Der Schliefsungsbogen bestand aus dicken, fest aneinander schliefsenden Metallstücken, die vollständige Ableitung nach dem Erdboden wurde durch einen mit den Gasröhren des Hauses in Verbindung stehenden Kupferstreifen bewirkt. Ein Theil des Schliefsungsbogens, der Stammdraht, aus starkem Drahte bestehend, konnte in gröfserer oder in kleinerer Länge angewendet werden. An dem Stammdrahte, winkelrecht gegen denselben war, um die Seitenentladung zu erzeugen, ein andrer Draht, der Astdraht befestigt. Das freie Ende des Astes war mit der einen Kugel eines Funkenmikrometers verbunden, mit der zweiten Kugel war das Ende eines Drahtes verbunden; der Seitendraht, der in der Verlängerung des Astdrahtes lag. Ast- und Seitendraht wurden miteinander verbunden und das Ende des letzteren an dem Knopfe eines Goldblattelektroskopes befestigt. Bei der Entladung der Batterie durch den Stammdraht zuckten die Blättchen des Elektroskopes. Bei Anwendung eines Säulenelektroskopes zuckte das Goldblatt, stets positive Elektricität anzeigend, welche immer zur Ladung der Batterie gebraucht wurde. Ein Luftthermometer im Seitendrahte zeigte keine Erwärmung, eben so wenig konnte eine chemische Wirkung beobachtet werden.

Wurde der Astdraht von dem Seitendrahte durch die Kugeln des Funkenmikrometers getrennt, so erschien zwischen den Kugeln bei der Entladung durch den Stammdraht, ein Funke; nachdem war der Seitendraht elektrisch und zwar wiederum positiv. Wurde der Grad der Elektrisirung des Seitendrahtes durch ein Elektrometer untersucht, so zeigte sich kein bestimmtes Verhältnifs zu der Stärke der Batterieladung, weil der Seitendraht, der während der Entladung der Batterie von dem Aste elektrisch wird, nach der Entladung vom Aste wieder entladen wird, das heifst, weil ein Funke vom Ast- zum Seitendraht hin- und zurückgehen kann.

Herr Riess bestimmte nun zur Beurtheilung der Seitenentladung die Schlagweite, das heifst die gröfste Entfernung des Astes vom Seitendrahte, bei welcher ein Funke erschien. Aus den Versuchen ergab sich das durch die Formel

$$x = a\left(\frac{q}{s}\right)^2$$

ausgesprochene Gesetz: Die Schlagweite der Seitenentladung ist proportional dem Quadrate der Dichtigkeit der in der Batterie angehäuften Elektricität.

Was den Einflufs des Seiten-, Ast- und Stammdrahtes auf die Seitenentladung betrifft, so ergiebt sich Folgendes.

a) Die Seitenentladung nimmt mit Verlängerung des Seitendrahtes an Stärke zu, aber nur bis zu einer bestimmten Gränze.

b) Die Seitenentladung nimmt mit Verlängerung des Astdrahtes ab, aber in sehr geringem Verhältnisse zur gesteigerten Länge.

c) Je näher an der Innenseite der Batterie der Astdraht dem Stammdrahte eingefügt ist, um so stärker ist die Seitenentladung.

d) Die Stärke der Seitenentladung wächst, wenn von der Stelle, an welcher der Ast eingefügt ist, bis zur äufseren Belegung, das Leitungsvermögen des Stammdrahtes verschlechtert wird.

2. Entstehung der Seitenentladung.

Nach den angeführten Versuchen erscheint die Seitenentladung als eine Influenzwirkung des während der Entladung der Batterie elektrisch gewordenen Schliefsungsdrahtes, von dem Rückschlage nur der Richtung nach unterschieden. Die Elektricitätsbewegung im Stammdrahte, die den Hauptstrom bildet, hat keinen direkten Antheil an der Bildung des Seitenstromes. Der Hauptstrom ist nämlich an jeder Stelle des Schliefsungsbogens von gleicher Stärke und wird durch Veränderungen von Stoff und Dimensionen der Schliefsung durchweg geändert. So wirkt derselbe in die Ferne durch Induktion und man findet den Nebenstrom, den ein bestimmter Theil des Schliefsungsdrahtes erzeugt, von gleicher Stärke, an welcher Stelle auch sich jener Theil befinden mag.

Aufser der Elektricität, die der Hauptstrom bildet, ist noch Elektricität auf dem Schliefsungsbogen in Bewegung, die nämlich, welche die innere Belegung der Batterie mehr hat, als die äufsere. Diese Elektricität erregt die Seitenentladung, und den direkten Beweis dafür giebt die Thatsache, dafs die in dem Seitendrahte zurückgebliebene Elektricität stets mit der Elektricität im Innern der Batterie von derselben Art ist. Entladet man eine isolirte Batterie durch einen isolirten Schliefsungsbogen, so findet man den letzteren mit dem Innern der Batterie gleichnamig elektrisch. Es ist der Elektricitätsüberschufs, der bei der Entladung nicht ausgeglichen werden konnte und sich nach den Gesetzen der ruhenden Elektricität auf der Oberfläche des Schliefsungsbogens angeordnet hat. Diese oberflächliche Anordnung findet einen Augenblick nach dem Aufhören des Entladungsstromes auch auf dem nicht isolirten Schliefsungsbogen Statt. Alsdann nämlich mufs durch jeden Querschnitt des Schliefsungsbogens desto weniger von der überschüssigen Elektricität strömen, je mehr davon schon zur oberflächlichen Anordnung verwendet ist, je entfernter also dieser Querschnitt von dem Innern der Batterie liegt (s. vorher unter *c*). Die Seitenentladung ist Folge der Influenz des nächsten Stückes des Stammdrahtes auf den Astdraht, sie ist desto stärker, je dichter die Elektricität in diesem Stücke ist. Influenz, nicht Mittheilung der Elektricität ist anzunehmen, weil die Seitenentladung ungehindert stattfindet, wenn auch der Ast gänzlich vom Stamme getrennt ist.

Zwischen Seitenentladung und dem Nebenstrome findet ein wesentlicher Unterschied Statt, obgleich beide der Einwirkung von in Bewegung begriffener Elektricität ihr Entstehen verdanken. Der Nebenstrom entsteht durch gleichzeitige Einwirkung beider Elektricitätsarten (Induktion), die Seitenentladung durch Einwirkung nur einer Elektricitätsart (Influenz).

3. Schlagweite der strömenden Elektricität.

Für ruhende Elektricität ist an jedem Punkte der Oberfläche eines Körpers die Schlagweite proportional der elektrischen Dichtigkeit $\left(\frac{q}{s}\right)$ des Punktes. Welches Gesetz die Schlagweite befolgen würde, wenn der Körper von Elektricität durchströmt wird und diese Elektricität in dem Augenblicke, wo sie an seine Oberfläche tritt, entladen wird, war bisher gänzlich unbekannt. Aus den Versuchen über die Schlagweite der Seitenentladung kann man mit grofser Wahrscheinlichkeit folgern: Die Schlagweite einer bewegten Elektricitätsmenge ist dem Quadrate ihrer Geschwindigkeit proportional.

Dieser Satz erklärt unter andern das von Dove an der Flaschensäule gefundene Resultat[1]), dafs die Wärmeentwickelung direkt proportional, die Schlagweite proportional dem Quadrate der Flaschenzahl in der Flaschensäule ist; den Wärmemengen 1, 2, 3, 4 entsprechen die Schlagweiten 1, 4, 9, 16. Nun ist nach Herrn Riess die Erwärmung eines Drahtes im constanten Schliefsungsbogen $W = \frac{aq^2}{z}$ wo z die Entladungszeit der Elektricitätsmenge q bedeutet. Nach dem obigen Gesetze ist die Schlagweite i proportional zu z^2; es mufs also in den von Dove beschriebenen Versuchen i proportional zu $\frac{1}{z^2}$ oder zu W^2 sein, wie der Erfolg in der That gezeigt hat.

[1]) Berl. Ber. III. 338*.

4. Die Seitenentladung im verzweigten Schliefsungsdrahte und im Nebendrahte.

Wurde der bei den früheren Versuchen isolirte Seitendraht auf die Zimmerdiele gelegt, oder in eine Spiritusflamme gesteckt, so erfolgte weder eine Aenderung des Funkens, noch der Schlagweite. Als dagegen das Ende des Seitendrahtes vollkommen abgeleitet wurde, und so in metallischen Zusammenhang mit der gleichfalls vollkommen abgeleiteten Aufsenseite der Batterie kam, war die Schlagweite geändert und der früher lichtschwache Funke erschien mit starkem Glanze. Der Grund hiervon war, dafs der Seitendraht nun mit in die Schliefsung eingetreten war, mithin die Schlagweiten in einem verzweigten Schliefsungsbogen beobachtet wurden. Führt also ein zweifacher Weg von einer Belegung einer Flasche zur andern, d. h. spaltet sich der Schliefsungsdraht, so geht die Entladung durch beide Zweige, wenn auch der eine Zweig durch eine Luftschicht unterbrochen ist. Diese Erfahrung widerspricht dem Gesetze der Theilung des Entladungsstromes, nach welchem die durch jeden Zweig hindurchgehende Elektricitätsmenge dem Verzögerungswerthe dieses Zweiges umgekehrt proportional ist. Der Verzögerungswerth eines durchbrochenen Zweiges ist gegen den eines ganz metallischen unermefslich grofs und es dürfte daher durch den durchbrochenen Zweig nur eine unendlich kleine Elektricitätsmenge gehen, wogegen man in der That eine in jeder Weise merkbare Menge die Luftschicht durchbrechen sieht. Die Seitenladung löst diesen Widerspruch. In dem durchbrochenen Zweige sind alle Bedingungen zu einer Seitenentladung gegeben und es ist kein Zweifel gestattet, dafs dieselbe wirklich eintritt. Mit dem Uebergehen eines Funkens ist aber die Isolation der Luftschicht aufgehoben, ein Schlufs der von Faraday und Riess aus ganz verschiedenen Versuchen gezogen worden ist. Dasselbe findet selbst für den Voltaischen Strom Statt, der nach Herschels Versuch durch eine Luftschicht übergeht, nachdem die Entladung einer Leydener Flasche dieselbe durchbrochen hat. Der Funke des getheilten Entladungsstromes kann durch die Luftschicht des Zweiges erst dann übergehen, nachdem der Funke der Seitenentladung dieselbe leitend gemacht hat. Die von Herrn Riess sodann mitgetheilten Versuche bestätigen vollkommen diese Ansicht.

In der zweiten der oben angeführten Abhandlungen giebt Herr Riess eine Zusammenstellung der durch Versuche festgestellten Vorgänge bei der elektrischen Entladung, indem er bemerkt: „dafs die Vorstellungen über den Vorgang bei der Entladung nur stückweise vorgetragen, unter experimentellen Ergebnissen, unter mathematischen Erörterungen versteckt, oft gar nur in dem Erstaunen merklich geworden seien, das der Beobachter über eine neue elektrische Wirkung äufsert."

Die Abhandlung enthält, wie aus diesen Worten hervorgeht, keine neue Thatsachen, weshalb ein Auszug an diesem Orte nicht zu geben ist. Wir beschränken uns Diejenigen, welche sich mit elektrischen Untersuchungen beschäftigen, auf diese Abhandlung hinzuweisen, in welcher mit eindringlicher Schärfe die Gränzen gezogen werden, bis zu denen die Tragweite der vorhandenen Beobachtungen sich erstreckt.

Die beiden citirten Arbeiten des Herrn Knochenhauer lassen sich im Auszuge nicht wiedergeben. In der ersteren sucht er die Gröfse des Widerstandes zu bestimmen, welche der Entladungsfunke einer Batterie beim Durchbrechen der Luftschicht zu überwinden hat. In der zweiten stellt er der Ansicht von Riess, welche in dem oben mitgetheilten Gesetze für die Schlagweite der strömenden Elektricität ausgesprochen ist, Versuche entgegen, durch welche er die früher [1]) von ihm vorgetragene Ansicht, dafs die Schlagweite im verzweigten Schliefsungsbogen der elektrischen Dichtigkeit in der Batterie proportional sei, zu stützen sucht.

[1]) Pogg. Ann. LXVII. 477.

Der Aufsatz von Lane enthält für deutsche Leser, welche Dove's Arbeit über die Flaschensäule kennen, nichts Neues.

Prof. Dr. *G. Karsten.*

C. Elektroinduktion.

Verdet. Recherches sur les phénomènes d'induction produits par les décharges électriques. Arch. d. sc. ph. et nat. X. 111*. (S. diesen Ber. IV. 272).

D. Apparate zur Reibungselektricität.

Palmieri. Alcune ricerche sulla machina elettrica. Rend. d. Nap. No. 43, p. 73*.

Diese Untersuchungen schliefsen sich an eine Beobachtung von Gherardi an, derzufolge an einer Scheibenelektrisirmaschine (alter Construktion) die mit Zähnen versehenen Collektoren sich wirksamer erwiesen, wenn diese Zähne nicht senkrecht, sondern schief zur Scheibenfläche lagen. Herr Palmieri zeigt nun, dafs die der Axe am meisten zugekehrten Zähne ganz unnütz werden, wenn die Kissen etwas kürzer sind als die Collektoren, weil dann die Spitzen auf eine gar nicht geriebene Fläche treffen; in diesem Falle mufs man sie so gegen die Scheibe neigen, dafs sie noch auf den geriebenen Theil gerichtet sind. Hiernach schreibt er die günstigsten Umstände zur Erreichung eines Elektricitätsmaximums vor, welche sich wohl freilich ein Jeder ohne weitere Versuche gedacht hat, nämlich Fortnahme der letzten Zähne, Verlängerung der Kissen, Neigung der Zähne nach der Zone stärkster Reibung hin. Waren alle Zähne senkrecht, so zeigten die äufsersten im Dunkeln büschelförmige, die übrigen die gewöhnlich sternförmigen Funken; über deren Gestalt theoretische Betrachtungen hinzugefügt sind.

3. Atmosphärische Elektricität.

Birt. On the production of lightning by rain. Phil. Mag. XXXV. 161*; Arch. d. sc. ph. et nat. XII. 135*.

Dickson. Rain, the cause of lightning. Phil. Mag. XXXV. 392*.

Quetelet. Sur le climat de la Belgique. 3ième partie: de l'électricité de l'air, Brux. 1849; Arch. d. sc. ph. et nat. XI. 177*; Bull. de Brux. XVI. II. 28*. (Classe des sciences 1849, p. 272 et 356*). Inst. No. 836, p. 14*.

Birt. Report on the discussion of the electric observations at Kew. Athen. 1142, p. 934*; Arch. d. sc. ph. et nat. XII. 224*; Inst. No. 821, p. 311*.

Desormery. Cas de fulguration multiple. C. R. XXVIII. 136*; Inst. No. 786, p. 26.

Miner. Cas de foudre multiple. C. R. XXVIII. 234*; Inst. No. 789, p. 51*.

Leras. Coup de foudre. C. R. XXIX. 484.

Highton. Action perturbatrice de l'électricité atmosphérique. C. R. XXIX. 126*.

Martins. Des arbres clivés par l'action directe des trombes eléctriques. Arch. d. sc. ph. et nat. X. 44*; Inst. No. 783, p. 5*; Fror. Not. XI. No. 236, p. 256*.

Morlet. Resultats de recherches nouvelles sur l'arc lumineux qui accompagne souvent les aurores boréales. C. R. XXVIII. 744, 789*. Inst. No. 806, p. 186*; Ann. d. chim. et d. ph. XXVII. 65*.

de la Rive. Sur les aurores boréales. C. R. XXIX. 412*; Inst. No. 824, p. 329*; Arch. d. sc. ph. et nat. XII. p. 222*; Rend. d. Nap. No. 43, p. 95*.

(Siehe übrigens die Nordlichtbeobachtungen unter den Beobachtungen zur meteorologischen Optik).

Herr Radcliff Birt hat in Bezug auf die von dem Comité der Royal Society aufgestellte Frage: „ist der Regen die Ursache oder die Folge der elektrischen Entladung" während eines starken Gewitters am 26. Juli 1849 in London Beobachtungen angestellt. Zuerst waren die Blitze nicht durch auffallende Regengüsse angekündigt, dann aber erfolgten sehr heftige Güsse, und schnell darauf starke Entladungen. Nachdem der heftige Regen aufgehört, traten vereinzelte Güsse ein, denen kleine Blitze folgten. Als darauf die Atmosphäre eine Zeit hindurch eine vollkommene

Ruhe gezeigt hatte, brach plötzlich der Sturm wieder los, ein dichter Hagelfall liefs kaum die nächsten Gegenstände unterscheiden, und zwischendurch waren immer wieder heftigere Regenschauer von Blitzschlägen gefolgt, so dafs die Frage sich bestimmt dahin entschied, der Regen gehe dem Blitze voran. Der übrige Theil der Mittheilung enthält Beobachtungen über den Weg, welchen der Blitz beim Einschlagen in eine Häuserreihe nahm.

Auch die Beobachtungen, welche Herr Dickson während eines Gewitters in Leeds anstellte, zeigten die Regengüsse als Vorläufer der Blitze.

Die ausführliche Abhandlung des Herrn Quetelet über atmosphärische Elektricität und die sich darauf beziehenden Mittheilungen im Bulletin der Brüsseler Akademie liefern die Resultate seiner seit dem Jahre 1842 fortgesetzten Beobachtungen. Die angewendeten Instrumente waren die von Peltier vorgeschlagenen, nämlich ein gewöhnliches Goldblattelektroskop, oben mit einer blanken Metallkugel, von etwa 1 Decim. Durchmesser, versehen, und eine hohle Kupferkugel, von gleichem Durchmesser, welche unten an einem Metallstabe eine kleinere Kugel, von etwa 2 Centim. Durchmesser, oberhalb des Glasgefäfses des Instrumentes trägt. Von dieser Kugel geht in das Glasgefäfs ein gespaltener Draht weiter, dessen beide Schenkel sich zu einem vertikalen Ringe vereinigen. Im Centrum dieses Ringes schwebt auf einer, vom unteren Theil desselben getragenen Spitze, eine sehr bewegliche Kupfernadel, welcher durch eine kleine auf ihr befestigte Magnetnadel Richtkraft ertheilt wird. Eine andere stärkere Kupfernadel ist dicht unter und neben der ersten leitend an Kupferringe befestigt; im Zustand der Ruhe stellt man den Apparat so, dafs beide Nadeln parallel bleiben. Der ganze Apparat ist gut gegen seine Umgebung isolirt. Setzt man ihn einer elektrischen Atmosphäre aus, so weicht die bewegliche Nadel ab. Berührt man die kleine Kupferkugel leitend, so macht man die Nadeln wieder unelektrisch; entzieht man aber jetzt das Instrument der äufseren elektrischen Einwirkung, so wird die entgegengesetzte Elektricität in den Nadeln frei, und die Abweichung tritt wieder ein. In Bezug auf die Einzelheiten des Experiments vergleiche man Peltiers Recherches sur la cause des phénomènes électriques de l'atmosphère. Paris 1842. Eine Tabelle, zur Vergleichung der den Elektroskopangahen entsprechenden Elektricitätsgrade, welche Peltier mittelst der Drehwage erhielt, verschaffte sich Herr Quetelet auf anderm Wege, indem er nämlich de Saussure's Vorgange folgend, die gegebene Elektricitätsmenge durch Berührung mit mehr und mehr Kugeln von gleicher Oberfläche immer weiter vertheilte. Für die dynamischen Elektricitätserscheinungen wurde ein Galvanometer von Gourjon gebraucht. Die Ergebnisse der Versuche waren folgende:

An einem, durch benachbarte Gegenstände nicht beherrschten, Orte wächst die Stärke der Elektricität, von einem bestimmten Punkte aus, proportional den Höhen.

Die atmosphärische Elektricität im Allgemeinen erreicht ihr Maximum im Januar, sinkt dann bis zum Juni, der das Minimum der Stärke darbietet; sie steigt wieder bis zum Schlufs des Jahres.

Die Maximum- und Minimumwerthe sind bezüglich 605 und 47, so dafs die Elektricität im Januar 13 Mal so stark ist, als im Juni.

Die Mittelwerthe liegen im März und November.

Die absoluten Maxima und Minima jedes Monats befolgen einen ganz analogen Gang, wie die Monatsmittel.

Die Curve der elektrischen Variationen hat demnach etwa den umgekehrten Gang wie die der Temperaturvariation. Uebrigens stellen sich weder die Monatsmittel, noch die Maxima und Minima in allen Jahren gleich dar, selbst nachdem man den störenden Einflüssen, wie Stürmen etc. Rechnung getragen hat.

In Betreff des Himmelszustandes stellt Herr Quetelet die Sätze auf:

Bei jedem Zustande des Himmels liegt das Elektricitätsmaximum im Januar, das Minimum in der Nähe des Sommersolstitiums.

Der Unterschied zwischen Maximum und Minimum ist bei heiterem Himmel weit gröfser, als bei bedecktem.

In den verschiedenen Monaten war die Luftelektricität bei

heiterem Himmel stärker, als bei bedecktem, aufser im Juni und Juli, wo sie ihr Minimum erreicht, und bei allen Himmelszuständen ungefähr gleich bleibt. Von da ab wird der Unterschied immer beträchtlicher, bis zum Januar hin, wo das Verhältnifs der Elektricitäten bei heiterem und bedecktem Himmel mehr als 4:1 ist. Diese starke Einwirkung des heiteren Himmels im Winter ist schon früher von andern Beobachtern, wenn auch nicht in diesem Grade, bemerkt worden. Fast ebenso wirken Nebel, Schnee, und Regen auf die Stärke der Elektricität.

Die Luft ist in der Regel positiv elektrisirt, nur bei trübem Wetter zuweilen negativ. In dem Zeitraume von mehr als vier Jahren beobachtete Herr QUETELET indefs nur 23 Mal negative Elektricität, nur ein einziges Mal in den vier Monaten Oktober bis Januar, gewöhnlich nach Sturm oder Regen.

In Bezug auf die Windrichtungen lag das Hauptmaximum bei Ostsüdost gen Süd, ein anderes bei Westnordost gen Nord; Minima in den dem zweiten Maximum unmittelbar benachbarten Regionen, das ausgesprochenste in Nordnordwest gen Nord.

Ueber tägliche Variationen werden die ersten Beobachtungen im August 1842 angestellt. Es ergaben sich zwei Maxima und zwei Minima an jedem Tage, Maxima etwa um 8 Uhr Morgens und gegen 9 Uhr Abends, Minima gegen 3 Uhr Nachmittags, das andere unbestimmt wegen mangelnder Nachtbeobachtungen. Aus den gesammten Beobachtungen wurden ferner folgende Schlüsse gezogen:

Jeder Tag giebt im Allgemeinen zwei Maxima und zwei Minima.

Dieselben verschieben sich in den verschiedenen Jahreszeiten.

Das erste Maximum liegt im Januar vor 8 Uhr, im Winter gegen 10 Uhr Morgens; das zweite im Sommer nach 9 Uhr, im Winter gegen 6 Uhr Abends. Das Tagesminimum liegt im Winter gegen 1 Uhr, im Sommer gegen 3 Uhr. Das Tagesmittel liegt gegen 12 Uhr Morgens.

Elektrische Ströme fand Herr QUETELET nur bei Annäherung von Gewitterwolken und während Nebel, Hagel und Schnee. Sie richten sich dabei im Allgemeinen nach der Windrichtung. Während eines Gewitters ändern sie oft ihre Richtung.

Die Anzahl der Gewitter steht in keinem Verhältnifs zu der Stärke der Luftelektricität. Sie ist am gröfsten, wenn die Elektricität ihr Minimum hat, im Sommer. Die jährliche Mittelzahl (aus den letzten 10 Jahren genommen) beträgt etwa 13; Arago fand für Paris 13,8. Ein Vergleich mit den meteorologischen Beobachtungen ergab: Die Zahl der Donnertage stand im umgekehrten Verhältnifs zu den Graden, die das Elektrometer angiebt; das Hagelmaximum fällt in den März und April, wonach das elektrische Element nicht das einzige, zu seiner Bildung nothwendige ist. Ausführliche Beobachtungstafeln schliefsen die Abhandlung.

Die regelmäfsigen Beobachtungen in Kew, 15170 in fünf Jahren, sind auch zur Nachtzeit angestellt. Sie ergaben 14515 mal positive und nur 665 mal negative Elektricität. Das Minimum fiel um 2 Uhr Morgens, dann wächst die Intensität ziemlich regelmäfsig bis 6 Uhr, von da ab immer schneller bis 10 Uhr, wo das erste Maximum liegt. Das Tagesminimum tritt dann um 4 Uhr ein, und von da steigt die Curve wieder schnell bis zum Hauptmaximum um 10 Uhr Abends. Das Jahresminimum fand sich im Juni und August, während Juli ein wenig höhere Werthe gab. Die Curve steigt langsam im September, immer schneller bis Januar, von wo sie nur langsam bis zum Maximum im Februar in die Höhe geht. Von da sinkt die Stärke allmälig bis zum Juniminimum.

In den Fällen, in welchen das Elektroskop negative Elektricität angab, wurden fast immer starke Regengüsse beobachtet. In allen Fällen, wo es nicht regnete, war wenigstens der Himmel mit Regenwolken, cirrostratus, bedeckt. Am häufigsten fielen die negativen Maxima mit der Zeit der gröfsten Wolkenbildung zusammen. Herr Birt fafst das Auftreten beider Elektricitäten so zusammen: die positive scheint vorzugsweise die elektrische Spannung des Wasserdampfes anzuzeigen, die negative die elektrischen Störungen, welche durch einen schnellen Niederschlag der Dämpfe, wie er schon in der Wolke besteht, hervorgebracht werden.

Die Mittheilungen der Herren DESORMERY, MINER und LERAS enthalten Beobachtungen über die Wirkung einzelner Blitzschläge.

Herr HIGHTON hat der Pariser Akademie eine Zusammenstellung von Beobachtungen über die Einwirkung der atmosphärischen Elektricität auf die Telegraphendrähte in England eingesandt, deren Inhalt aber in den Comptes rendus nicht mitgetheilt ist.

Herr MARTINS berichtet über die auffallende Wirkung der Wasserhosen auf Baumstämme, welche er am 19. August 1845 zu beobachten Gelegenheit hatte. Nicht nur waren viele Bäume abgebrochen, andere erschienen in dünne Latten oder Splitter zerspalten, aber immer nur bis zur Hälfte oder drei Viertel ihrer Dicke, niemals durch die ganze Dicke. Die zersplitterte Seite ist bald die, von wo die Wasserhose kommt, bald die entgegengesetzte; die Splitter sind unmittelbar nach dem Vorübergehen des Meteors völlig ausgetrocknet. D'ARCET fand nur 7 Proc. Wasser darin, während frische Stämme 30 bis 40, vor fünf Jahren geschlagene noch 24 bis 25 Proc. enthalten. Die Rinde ist zerrissen, aufgerollt, zuweilen fortgeschleudert. Die Erscheinung erklärt sich durch das Verdampfen des Saftes vermöge der elektrischen Wirkung der Wasserhosen, wie schon früher BOUSSINGAULT Aehnliches in Folge von Blitzschlägen beobachtet hat. Die zerspaltenen Bäume bezeichnen den Weg der Wasserhose, und zwar nehmen sie immer die Mitte des verwüsteten Raumes ein. Herr MARTINS beschreibt die Unterschiede, welche die verschiedenen Baumarten bei diesem Phänomene darbieten.

Herr MORLET erklärt die, die Nordlichter begleitenden Lichtbogen als ein Phänomen der atmosphärischen Elektricität. Die äufserste Verdünnung der Luft in höheren Regionen soll, wie die Verdünnung im Barometer oder Recipienten der Luftpumpe, dieses Fluidum leuchtend machen. Die Bildung der Bogen endlich soll einer Reflexion des elektrischen Lichtes durch Eiskrystalle, deren Axen durch die Wirkung des elektrischen Stromes parallel gestellt sind, bewirkt werden. Herr Morlet fügt hinzu, seine Hypothese würde sehr an Wahrscheinlichkeit gewinnen, wenn man durch das Experiment beweisen könnte, dafs der Magnetismus einen Einflufs auf das elektrische Licht ausübe. Hieran anknüpfend theilt Herr de la Rive der Akademie folgenden Versuch mit. In eine tubulirte Glaskugel ist luftdicht ein Eisenstab eingekittet. Seine Oberfläche ist mit einer isolirenden Schicht überzogen, und das Ende des Stabes, welches sich etwa in der Mitte der Kugel befindet, mit einem Kupferringe umgeben, von dem eine Drahtleitung, isolirt gegen den Eisenstab, aus dem Tubulus geht. Verbindet man den Eisenstab mit einem, den Draht mit dem anderen Conduktor der Maschine, so entsteht ein Lichtstrom von der ganzen inneren Polfläche des Magnets zum Kupferringe. Legt man aber einen starken Magnet an den Eisenstab, so bildet sich nur ein Lichtrand zwischen dem Kupferringe und dem Rande des Eisenstabes, welcher Lichtrand um den Magnet rotirt, und zwar in verschiedenem Sinne, je nach der Richtung der Magnetisirung. Aufserdem gehen noch glänzende Lichtstrahlen vom Lichtringe aus. Aus diesem Versuche erklärt Herr de la Rive die Erscheinung des Nordlichtes. Das aus der Vereinigung beider Elektricitäten in der Atmosphäre erzeugte Licht bleibt in den Polargegenden nicht zerstreut, sondern sammelt sich um den Pol, in welchem sich daher alle Strahlen zu treffen scheinen.

Bei dieser Gelegenheit fügt Herr de la Rive hinzu, dafs er in England Gelegenheit gehabt habe, sich theils durch eigene Versuche, theils durch die anderer Physiker, vom Vorhandensein elektrischer Ströme auf der Erdoberfläche zu überzeugen, welche von Nordwest nach Südost gerichtet sind. Sie wurden am besten in gut isolirten unterirdischen Telegraphenleitungen beobachtet, und stimmten sehr gut mit den täglichen Variationen der Declinationsnadel überein, so dafs sie als deren Ursache zu betrachten waren. Die Einwürfe, welche Sabine gegen diese Ansicht auf Grund der Beobachtungen auf St. Helena und am Cap der guten Hoffnung erhoben hat, hält Herr de la Rive für nicht gegründet, ohne aber an diesem Orte näher darauf einzugehen.

Die Entstehung der Ströme, welche das Nordlicht erzeugen, denkt sich der Verf. so: Jede Luftsäule ist vermöge der verschiedenen Temperaturen in den verschiedenen Luftschichten an ihren Enden mit entgegengesetzten Elektricitäten geladen, die sich theils durch die Säule selbst, theils durch höhere Luftschichten, die Polargegend der Atmosphäre und die Erdoberfläche vereinigen. Die meteorologischen Verhältnisse bestimmen das Vorwalten des einen oder des anderen Weges, und Herr DE LA RIVE macht darauf aufmerksam, dafs die Beschaffenheit des äufseren Leiters die Erscheinungen an einem Orte sehr verschieden von der am andern auftreten lassen kann.

Prof. Dr. *Beetz.*

---

4. Thermoelektricität.

---

5. Galvanismus.

a. Theorie.

KOHLRAUSCH. Die elektroskopischen Eigenschaften der geschlossenen galvanischen Kette. POGG. Ann. LXXVIII. 1*.

KIRCHHOFF. Ueber eine Ableitung der OHMschen Gesetze, welche sich an die Theorie der Elektrostatik anschliefst. POGG. Ann. LXXVIII. 506*; Phil. Mag. XXXVII. 463*.

BECQUEREL. Considérations générales sur la théorie électrochimique. C. R. XXVIII. p. 658*; Ann. d. chim. et d. ph. XXVII. 5*. ERDM. u. MARCH. XLVIII. 193*.

SCHÖNBEIN. Ueber die chemische Theorie der VOLTA'schen Säule. POGG. Ann. LXXVIII. 289*; Verh. d. schweiz. natf. Ges. 1849. p. 98*; Inst. No. 860, p. 203*.

GUILLEMAIN. Courants dans une pile isolée et sans communication entre les deux poles. C. R. XXIX. 521*; Arch. d. sc. ph. et nat. XII. 314*.

ADIE. An account of some experiments with voltaic couples. Quart. Journ. of the chem. Soc. 1849. p. 97*.

Bache. Lettre to Dr. Patterson (Walkers report on the velocity of propagation of the galvanic wave). Proc. Am. Soc. Vol. V.; Schum. Astr. Nachr. XXIX. 53*.

Steinheil. Ueber die Geschwindigkeit der Fortpflanzung des hydrogalvanischen Stromes nach Walker. Schum. Astr. Nachr. XXIX. 97*; Münch. gel. Anz. 29. p. 9*.

v. Feilitzsch. Methode, galvanische Ströme nach absolutem Maafs zu messen. Pogg. Ann. LXXVIII. 21*.

Kohlrausch. Die elektroskopischen Eigenschaften der geschlossenen galvanischen Kette. Pogg. Ann. LXXVIII. 1.

Kirchhoff. Ueber eine Ableitung der Ohmschen Gesetze, welche sich an die Theorie der Elektrostatik anschliefst. Pogg. Ann. LXXVIII. 506.

Herr Kohlrausch hat mit dem, von ihm verbesserten, Dellmannschen Elektrometer und mit einem sehr zuverlässigen Condensator Messungen über die elektroskopischen Erscheinungen einer geschlossenen Danielschen Kette ausgeführt. Aehnliche Versuche sind schon von Ohm angestellt, diesem standen aber nur weit weniger genaue Mefsinstrumente und inconstante Ketten zu Gebot. Einen Punkt der Schliefsung und die untere Platte des Condensators leitete Herr Kohlrausch durch einen in die Erde vergrabenen Draht ab, verband die obere Condensatorplatte nach und nach mit verschiedenen Punkten des galvanischen Kreises durch einen Kupferdraht und bestimmte jedesmal die Ladung derselben. Vorher war, ebenfalls durch elektroskopische Messung, die elektromotorische Kraft der ungeschlossenen Kette ermittelt; hierbei hatte sich der bemerkenswerthe Umstand gezeigt, dafs der Theil der elektromotorischen Kraft, der von der Berührung der beiden Flüssigkeiten mit den Metallen und unter einander herrührt, bedeutender ist, als derjenige, der durch die Berührung von Kupfer und Zink hervorgebracht wird. Herr Kohlrausch erhielt nämlich diese beiden Theile gesondert, weil der Condensator, den er benutzte, eine Kupferplatte und eine Zinkplatte hatte. Es war ferner der Widerstand der gesammten Schliefsung, so wie der Widerstand ihrer einzelnen Theile, der Flüssigkeiten, die in einem prismatischen Kasten enthalten waren, bei dem 2 gegenüberstehende Flächen durch die erregenden Platten gebildet wurden, und eines langen und dünnen Messingdrahtes, durch galvanometrische Messung bestimmt. Es bezeichne a die elektromotorische Kraft, l den Gesammtwiderstand der Schliefsung, λ den Widerstand des Theiles derselben, der zwischen dem zur Erde abgeleiteten und dem mit der oberen Condensatorplatte verbundenen Punkte liegt; der erste Punkt war immer derjenige, in dem der Messingdraht die Zinkplatte berührte, der zweite wurde nach und nach an verschiedenen Orten des Messingdrahtes und der Kupfervitriollösung gewählt. Bedeutet u die Ladung des Condensators, die gefunden wurde, so zeigte sich die Gleichung

$$u = \frac{\lambda}{l} a$$

mit einer Genauigkeit erfüllt, wie sie bei der Schwierigkeit der Versuche wohl kaum gehofft werden durfte.

Diese Gleichung stimmt mit der Ohmschen Theorie überein, indessen glaube ich, dafs aus dieser Uebereinstimmung nicht die Wahrheit der Grundvorstellungen folgt, aus der Ohm seine Formeln hergeleitet hat, im Gegentheile meine ich, dafs demjenigen sich die Ueberzeugung von der Unzulässigkeit dieser Vorstellungen aufdrängen mufs, der eine strenge Theorie von den Versuchen des Herrn Kohlrausch zu entwickeln versucht. Ohm ist von Voraussetzungen über die Eigenschaften der Elektricität ausgegangen, die im Widerspruche mit denen sind, die man hat machen müssen, um die elektrostatischen Erscheinungen zu erklären; er hat nämlich für die Abstofsungskraft zweier Elektricitätstheilchen nicht das Gesetz angenommen, nach dem dieselbe dem Quadrate der Entfernung umgekehrt proportional ist; die Ohmsche Vorstellung kann daher nicht zu einer Erklärung von Versuchen führen, bei welchen, wie bei den von Herrn Kohlrausch angestellten, sowohl bewegte als ruhende Elektricität vorkommt.

Der Berichterstatter hat eine Ableitung der Ohmschen Gesetze gegeben, die sich an die Theorie der Elektrostatik anschliefst, und die auch die Versuche des Herrn Kohlrausch, wie ihm scheint, auf eine befriedigende Weise erklärt. Die Annahmen, auf denen diese Ableitung beruht, sind aufser dem elektrostatischen Gesetze der Abstofsung elektrischer Theilchen die folgenden:

1) Wenn in einem Punkte, im Innern eines Leiters, die elektrische Resultante nicht = 0 ist, so erzeugt diese eine Strömung in diesem Punkte, bei der die positive Elektricität in ihrer Richtung, die negative in der entgegengesetzten sich bewegt; die Mengen positiver und negativer Elektricität, die dabei in der Zeiteinheit durch eine kleine Fläche von bestimmter Gröfse, die senkrecht auf der Resultante ist, strömen, sind einander gleich und gleich dem Produkte aus der Resultante in die Leitungsfähigkeit des Körpers.

2) An der Berührungsfläche zweier verschiedenartiger Leiter erfährt das Potential der gesammten freien Elektricität einen Sprung, der gleich der Spannung der beiden Leiter ist.

Aus diesen Annahmen ergeben sich für das Potential der gesammten freien Elektricität, die in einem galvanischen Kreise enthalten ist, unter Voraussetzung des stationären Zustandes dieselben Bedingungen, die aus der Ohmschen Vorstellung für die elektroskopische Kraft, d. i. die Dichtigkeit der Elektricität, folgen. Die Strömungen hängen aufserdem bei meiner Vorstellung in derselben Weise von dem Potential ab, als bei der Ohmschen von der elektroskopischen Kraft, woraus folgt, dafs für die Strömungen hier dieselben Gesetze sich ergeben, als dort. Eine solche Uebereinstimmung findet nicht statt in Beziehung auf die Vertheilung der freien Elektricität in der Kette; während diese nach der Ohmschen Vorstellung ins Innere der Leiter gedrungen ist, befindet sie sich nach der meinigen nur an der Oberfläche derselben, gerade wie bei den elektrostatischen Erscheinungen. Schliefslich habe ich noch zu zeigen gesucht, dafs meine Ableitung der Ohmschen Formeln auch ganz wohl vereinbar ist mit dem Weberschen elektrischen Grundgesetze [1]) das das elektrostatische Gesetz als speciellen Fall in sich begreift.

Prof. Dr. *G. Kirchhoff.*

[1]) Vergl. Berl. Ber. 1846. p. 497*.

Becquerel. Allgemeine Betrachtungen über die elektrochemische Theorie. C. R. XXVIII. 658.

Schönbein. Ueber die chemische Theorie der Volta'schen Säule. Pogg. Ann. LXXVIII. 289.

Herr Becquerel hat die physikalische Literatur wiederum durch „allgemeine Betrachtungen über die elektrochemische Theorie" bereichert. Nachdem er seine früheren Ansichten über Elektricitätserregung nochmals auseinandergesetzt hat, geht er auf die Arbeiten anderer Chemiker und Physiker näher ein. Er wendet sich besonders gegen die Schlüsse, welche Berzelius aus seinen Versuchen gezogen hat, theils weil sich diese Versuche selbst nicht bestätigt haben, theils weil sie nicht nothwendig zu den daraus gezogenen Schlüssen leiteten. Besonders behandelt Herr Becquerel auch die von Matteucci aufgenommene Frage, ob zwei Körper bei ihrer unmittelbaren Verbindung Elektricität erregen können (vergl. unter Abschn. *b*. Leitung) und gelangt wieder zu seinen, schon im Traité de l'électricité et du magnétisme für diesen Gegenstand aufgestellten Gesetzen. Zuletzt folgen Versuche über die Elektricitätserregung durch schlechtleitende Körper, welche im fein vertheilten Zustande auf Platinplatten verbreitet, mit diesen in destillirtes Wasser getaucht, und mit einem Galvanometer in Verbindung gebracht werden. Im Allgemeinen zeigten sich die schlechtleitenden Oxyde positiv gegen Wasser, die Oxydule negativ. Die Schlüsse, welche Herr Becquerel aus seinen Versuchen für die bei der Wasserbildung erregte Elektricitätsmenge zieht, führen ihn zu der Berechnung, dafs die bei der Oxydation des Wasserstoffs, durch welche 1 Millegramm Wasser gebildet wird, erzeugte Elektricität zwanzigtausendmal eine Oberfläche von 1 Meter Fläche (?!) so stark laden könne, dafs die Funken, welche durch deren Entladung entstehen, bis zu 1 Centimeter Länge springen.

Auch Herr Schönbein kommt wieder auf die von ihm aufgestellte elektrochemische Hypothese zurück. Man hat den Elektrochemikern im Allgemeinen den Vorwurf gemacht, sie vermöchten das Wachsen der elektrischen Spannung einer hydroelektrischen Säule mit der Zahl ihrer Elemente nicht zu erklären.

Diesen Vorwurf findet Herr Schönbein nicht ganz unbegründet in Bezug auf die von de la Rive, Becquerel und Anderen aufgestellten Hypothesen, er stellt aber gänzlich in Abrede, dafs derselbe auch die von ihm ausgehenden Ansichten treffe. Ein Beispiel erläutert das Gesagte: Wenn ein Zinkmolekül ein Wassermolekül berührt, so wird das letztere elektrisch polarisirt, und zwar so, dafs seine dem Zink zugekehrte Seite negativ, die andere positiv ist. Die Intensität dieser Polarität ist von der Verwandtschaft des angewandten Metalls zum Sauerstoff abhängig. Wird das Wassermolekül von einem zweiten berührt, so polarisirt sich dies wie das vorige, und ebenso eine beliebige Reihe von Wassertheilchen. Folgt nun irgendwo in der Reihe ein Körper, der zum Sauerstoff geringe oder keine Verwandtschaft hat, wie das Platin, so wird dieser ebenfalls durch Induktion polarisirt. Dasselbe geschieht mit dem ersten Zinkmolekül. Von den beiden Metallen kehrt also das Zink nach Aufsen die negative, das Platin die positive Seite. Wird das Platinmolekül mit einem anderen Metalle, z. B. wieder mit Zink in Berührung gebracht, so zeigt dies auch nur die einfache, vorher vorhandene Polarisation, die mit 1 bezeichnet sei. Wird dieses Zinktheilchen aber wieder mit Wasser berührt, so entsteht nochmals die Elektricitätsmenge 1, so dafs also im ganzen System, und zwar nach beiden Seiten des neuen Zinkmoleküls hin, sich die Spannung 2 fortpflanzt. Dasselbe geschieht bei n Elementen, deren jedes die Spannung t giebt bis zum Werthe nt, wobei t von der Natur der angewandten Metalle abhängt, denn wenn Platin durch Kupfer ersetzt wird, so entsteht an diesem Metall ebenfalls eine Spannung im selben Sinne, aber in geringerem Grade wie am Zink, so dafs nur die Differenz beider Spannungen wirklich wahrnehmbar wird. Aufser dem bisher besprochenen Einwurf, welchen Pfaff der Schönbeinschen Hypothese gemacht hat, bespricht der Verf. noch mehre andere, von denen noch einer hervorzuheben ist. Es sei nämlich nicht möglich, dafs vollkommene metallische Leiter in der vorausgesetzten polaren Weise elektrisch würden. Grade diese Polarisirbarkeit betrachtet aber Herr Schönbein als gleichbedeutend mit Leitungsfähigkeit. Er sieht einen positiv geladenen Conduktor als einen solchen an, welcher seine Oberflächentheilchen so gerichtet hat, daſs sie ihre positiven Pole nach Auſsen kehren, die negativen nach Innen; ist die Anordnung die umgekehrte, so erscheint er negativ geladen. Für Diejenigen, welche diese Ansicht nicht theilen, werden Beispiele erwähnt, in denen eine solche Polarisation unverkennbar ist, z. B. die Vertheilung der Elektricitäten in einem Leiter der sich im elektrischen Wirkungskreise eines Körpers befindet. Der Hauptunterschied zwischen der SCHÖNBEINschen Tendenzhypothese und der VOLTA'schen Contakttheorie liegt darin, daſs in der ersteren der Sitz der elektromotorischen Kraft in der Berührungsstelle zwischen Metall und Flüssigkeit, in der letzteren an der der Metalle liegt. Beide Ansichten nähern sich aber wesentlich darin, daſs sie nicht einen vorgängigen chemischen Proceſs für nöthig erachten, sondern daſs Tendenz zum Chemismus und Contakt zur Erregung der Elektricität genügen, wobei man unter Contakt natürlich auch nicht das bloſse Faktum des Auseinanderliegens, sondern die dabei stattfindenden Vorgänge und dabei wirkenden Kräfte versteht. Wie aus seiner Hypothese die Erscheinungen des VOLTA'schen Fundamentalversuchs, welche ihn nicht bewegen können, sich der Contakttheorie völlig anzuschlieſsen, zu erklären sind, verspricht Herr SCHÖNBEIN in einer späteren Arbeit auseinanderzusetzen.

GUILLEMAIN. Ströme in einer isolirten Säule. C. R. XXIX. 521.
ADIE. Einige Versuche mit VOLTA'schen Ketten. Quart. Journ. of the chem. soc. 1849. p. 97.

Herr GUILLEMAIN macht auf eine Art der Hervorbringung des galvanischen Stromes aufmerksam, welche indeſs in ihrem Principe nichts Neues enthält. Eine Säule von 20 bis 30 Paaren wurde isolirt aufgestellt, von jedem Pole ging ein Draht zu einer Platte eines Condensators von Zinn, deren Oberfläche 1 bis 2 Meter war. (Diese Bezeichnungsweise von Flächenmaaſsen scheint in Frankreich nach Herrn BECQUERELS Vorgang immer mehr gebräuchlich zu werden). In einen der Drähte wurde ein Commutator geschaltet, bestehend aus zwei isolirt auf einer Axe sitzenden

Rädern, deren eines die Ladung, das andere die Entladung des Condensators vermittelt. Endlich wurde ein sehr empfindliches Galvanometer in den anderen Draht geschaltet, und zeigte einen dauernden Strom.

Bei seinen fortgesetzten Versuchen mit VOLTA'schen Ketten hat sich Herr R. ADIE mit zwei Erscheinungen beschäftigt. Wenn er in sauerstoffhaltigem Wasser eine blankgeschabte und eine amalgamirte Zinkplatte miteinander verband und den entstandenen Strom sich bis 0 schwächen liefs, so konnte er jede der Platten nach Belieben positiv machen, wenn er sie aus der Flüssigkeit hob und reinigte. Hiernach erkennt er es als die Hauptaufgabe zur Verstärkung der Kraft einer Kette, die Oxydation der positiven Platte zu vermeiden; dies geschehe bei Anwendung einer sauren Leitungsflüssigkeit am besten, wenn die Zinkplatte amalgamirt sei, weil dann das gebildete Oxyd weniger an derselben adhärire, und deshalb leichter von der Säure gelöst werde. Die zweite Versuchsreihe erstreckte sich auf das Verhalten von Stücken von Antimon, Wismuth, Blei und Zinn, welche in Röhren mit luftfreiem Wasser eingesiegelt wurden. Weder bei gewöhnlicher Temperatur, noch nachdem die Flüssigkeit um 100° F. zwei Monate lang erwärmt war, zeigte sich eine Wasserstoffentwickelung; dafs diese Metalle trotz dem, als positive Elemente einer Kette gebraucht, einen Strom verursachen, erklärt Herr ADIE daraus, dafs auch das durch Kochen von Luft befreite Wasser immer noch etwas lufthaltig sei.

WALKER und STEINHEIL. Geschwindigkeit hydroelektrischer Ströme. SCHUM. Astr. N. XXIX. p. 53 und 97.

Die von Herrn WHEATSTONE angestellten Messungen der Elektricitätsgeschwindigkeit erlaubten, abgesehen von dem gröfseren oder geringeren Vertrauen, das man ihnen schenken will, keinen Schlufs auf die Zeit, in welcher sich der galvanische Strom in einer telegraphischen Leitung verbreitet. Die letzten Jahre haben daher mehrfach neue Versuche hierüber veranlafst, von denen in diesem Bericht nur die ersten zu erwähnen sind. Der Telegraph zwischen Washington, Philadelphia, New-York und Cambridge sollte von Herrn Sears C. Walker benutzt werden zur Bestimmung von Sterndurchgängen an den genannten Stationsorten. In Philadelphia stand eine astronomische Uhr, welche durch einen selbstarbeitenden Unterbrecher mittelst der Morseschen Druckvorrichtungen auf den anderen Stationen Sekundenintervalle notirte. Der wahrscheinliche Fehler bei der mechanischen Operation des Druckens und Ablesens wurde nur auf etwa ein funfzehntausendtel Sekunde geschätzt. Wurden nun in gleicher Weise von Philadelphia nach Cambridge hin die Sterndurchgänge signalisirt, so wurden dieselben, innerhalb der Beobachtungsfehler, zur richtigen Zeit aufgezeichnet. Gingen aber die Sternsignale von Cambridge nach Philadelphia, während die Uhrzeichen ihre frühere Richtung behielten, so kamen sie um die Zeit zu spät an, welche der Strom zum Hin- und Hergang zwischen den beiden Endstationen brauchte. Die Zwischenstationen wurden ebenso zu Messungen benutzt. Die achtzehn angewandten Bedingungsgleichungen ergaben eine Fortpflanzungsgeschwindigkeit von 18800 englische Meilen in der Sekunde, mit einem wahrscheinlichen Fehler von wenig mehr als 1000 Meilen, wobei jedoch keine Rücksicht genommen werden konnte auf den Widerstand, welchen jeder Theil der Leitung einzeln leistete, nämlich Drähte, Batterien und Erdboden.

Herr Steinheil hat darauf hingewiesen, dafs, wenn es nur auf die Geschwindigkeitsmessung des galvanischen Stromes ankam, die Beobachtung der Sterndurchgänge gar nicht nöthig gewesen wäre; ein jedes willkürlich gewähltes Zeichen und dessen willkürliche Wiederholung in Cambridge, verglichen mit den von Philadelphia kommenden Uhrzeichen hätte dazu genügt. Der genannte Physiker spricht den Wunsch aus, die Versuche möchten an doppelten Drahtleitungen wiederholt werden, wozu sich in Deutschland am besten die Gelegenheit bieten würde.

Prof. Dr. *Beetz.*

v. Feilitzsch. Eine Methode galvanische Ströme nach absolutem Maafse zu messen. Pogg. Ann. LXXVIII. 21.

Unter vorstehendem Titel wird eine einfache Vorrichtung beschrieben, mittelst welcher Messungen galvanischer Ströme, und wenn es sein mufs, nach absolutem Maafse angestellt werden können.

Ein in Centimeter eingetheilter, 2 Meter langer Maafsstab steht genau senkrecht auf dem magnetischen Meridian und hat seinen Nullpunkt in der Mitte. Ueber diesem Nullpunkt schwebt eine sehr kleine (kaum 2 Centr. lange) Magnetnadel über einem getheilten Kreise unter einer Glasglocke.

Auf dem Maafsstabe zu einer Seite des Nullpunktes kann eine Kupferspirale von der Länge 2α verschoben werden, auf der andern Seite ein Magnetstab von der Länge 2α, dessen Magnetismus nach absolutem Maafse gemessen ist. Die Entfernung der Mitte der Spirale, sowie der des Stabes wird auf dem Maafsstabe gemessen, und um die des Stabes noch in $\frac{1}{10}$ Millimeter angeben zu können, befindet sich derselbe auf einem Schlitten, der mit den geeigneten Untertheilungen versehen ist.

Geht nun durch die Kupferspirale ein elektrischer Strom, so wirkt sie ähnlich einem Magneten, ablenkend auf die schwebende Nadel. Es wird alsdann der Stabmagnet so lange längs der Skale verschoben, bis er auf die Nadel eine eben so grofse aber entgegengesetzte Ablenkung hervorgebracht hat, als die elektrische Spirale, bis also die Magnetnadel genau wieder in der Südnordlinie der Theilung einspielt.

Betragen nun die Entfernungen der Mitte der Spirale und der Mitte des Magnets von der Nadel resp. r und ϱ, so ist die Kraft, mit welcher der zugekehrte Pol der Spirale auf die Nadel ablenkend wirkt, proportional der Gröfse $=\frac{1}{(r-a)^2}$, die Kraft, mit welcher der abgekehrte Pol wirkt $=\frac{1}{(r+a)^2}$. Ebenso ergeben sich für den Stabmagneten die Gröfsen $\frac{1}{(\varrho-\alpha)^2}$ und $\frac{1}{(\varrho+\alpha)^2}$. Bezeichnet man nun die Intensität des Magnetismus der Spirale mit J, die des Stabes mit J', so ist

$$J\left\{\frac{1}{(r-a)^2}-\frac{1}{(r+a)^2}\right\} = J'\left\{\frac{1}{(\varrho-\alpha)^2}-\frac{1}{(\varrho+\alpha)^2}\right\},$$

woraus sich der Werth von J nach absolutem Maafse finden läfst, wenn J' nach diesem Maafse bestimmt worden ist.

Die Genauigkeit der Methode wurde dadurch geprüft, dafs ein und dieselbe Stromstärke, in verschiedenen Abständen der Kupferspirale, von der Nadel gemessen wurde, sowie dadurch, dafs die elektromotorischen Kräfte und die Widerstände von einer Daniellschen und einer Groveschen Kette aus den Messungen berechnet wurden. Es ergab sich eine Zuverlässigkeit bis auf die dritte Decimale, wenn die Intensität des Magnetismus im Stabe als Einheit zu Grunde gelegt war.

Macht diese Methode nicht gerade auf Bequemlichkeit in der Rechnung Anspruch, so macht sie den der grofsen Billigkeit und Uebersichtlichkeit der Apparate bei genügender Genauigkeit. Ueberdem erfüllt sie noch den weiteren Zweck, mit denselben Apparaten und Rechnungen auch den Magnetismus bestimmen zu können, welcher in weichen Eisenkernen frei wird, sobald dieselben in die elektrische Spirale eingeschoben werden.

Prof. Dr. *v. Feilitzsch.*

---

b. Ladung und Leitung.

Jacobi. Resorption der Gase im Voltameter. Pharm. Centr. XX. 266*. Inst. XVII. p. 364*. (S. diesen Ber. II. 394).

Louyet. Polarisation des électrodes du voltamètre. Bull. de Brux. XVI. II. 39*; Inst. No. 818, p. 286*.

Beetz. Ueber die elektromotorische Kraft der Gase. Pogg. Ann. LXXVII. 493*. Arch. d. sc. ph. et nat. XII. 285*; Phil. Mag. XXXVI. 81*.

— — Ueber die galvanische Polarisation der Platinelektroden durch Sauerstoff und Wasserstoff. Pogg. Ann. LXXVIII. 35*.

Symons. Design for an economical galvanic battery. Mech. Mag. LI. 154*.

Matteucci. Conductibilité électrique des acides et sur le développement de l'électricité dans la combinaison des acides et des bases. C. R. XXIX. 806*; Inst. XVIII. 3*; Arch. d. sc. ph. et nat. XIII. 142*.

Svanberg. Om uppmätning af ledningsmotståndet för electriska strömmar och om en galvanisk differential-thermometer. Sv. Ak. Handl. 1849. p. 109*.

Jacobi. Das Quecksilbervoltagometer. Bull. de St. P. VIII. I.; Pogg. Ann. LXXVIII. 173.

E. Becquerel. Conducting power of the metals at different temperatures. Sill. Am. J. VIII. 185. 333*. (S. diesen Ber. II. 381*.)

Baumgärtner. Ueber die Leitkraft der Erde für die Elektricität. Wien. Ber. 1849. Mai. 295*; Pogg. Ann. LXXX. 374*.

— — Versuche über den elektrischen Leitungswiderstand der Erde. Wien. Ber. Juni—Juli. 28*; Pogg. Ann. LXXX. 381*.

P a s s i v i t ä t.

R. Phillipps. Sur l'état passif du fer. Arch. d. sc. ph. et nat. XIII. 44*. (S. diesen Ber. IV. p. 293.)

Louyet. Polarisation der Elektroden. Bull. d. Brux. XVI. II. 39.

In Bezug auf eine früher (Berl. Ber. 1847. p. 369) erwähnte Beobachtung einer Polarisationserscheinung, welche Herr Saveljew angestellt hatte, macht Herr Louyet auf eine ähnliche, aber zum Theil der früheren Mittheilung widersprechende Thatsache aufmerksam. Wenn er einen Strom durch Platinelektroden in angesäuertem Wasser während zwölf Stunden schlofs, so erhielt er eine Polarisation in der bekannten Richtung. Kehrte er die Richtung des primären Stromes nach zwei Tagen um, so war zuerst keine Gasentwickelung zu bemerken; nach einigen Minuten trat dieselbe aber plötzlich ein. Er erklärt diese Erscheinung dadurch, dafs die sich entwickelnden Gase zuerst dazu verwandt werden, die noch an den Elektroden haftenden Gase zu neutralisiren, und dann erst frei auftreten können. Diese Neutralisation geschieht dann unter dem verbindenden Einflusse des Platins, den man im Voltameter beobachten kann. Herr Louyet glaubt übrigens, das Platin habe diese sogenannte katalytische Wirkung nur vermöge der auf seiner Oberfläche vorhandenen Höhlungen, geschmelztes Platin würde nicht dieselbe Eigenschaft besitzen.

Beetz. Galvanische Polarisation der Elektroden. Elektromotorische Kraft der Gase. Pogg. Ann. LXXVIII. 35. und LXXVIII. 493.

Ueber die quantitative Bestimmung der durch die Polarisation erregten elektromotorischen Kraft hat der Berichterstatter einige Untersuchungen angestellt, welche vorzugsweise auf die schon von anderen Physikern hierüber gemachten Angaben Rücksicht nehmen. Die Gesammtstärke der Polarisation zweier Platinelektroden in verdünnter Schwefelsäure wird gleich der Summe der beiden Polarisationen dieses Metalles durch Sauerstoff und durch Wasserstoff = p(H)+p(O), gesetzt. Diese Gesammtstärke ist von verschiedenen Experimentatoren ziemlich übereinstimmend gefunden, nämlich von Daniell und Wheatstone = 1,39; von Poggendorff = 1,31; von Lenz und Saveljew = 1,28; von Svanberg = 1,21; von Robinson = 1,22, wenn die Kraft einer Groveschen Kette = 1 gesetzt ist. Die beiden Ladungen p(H) und p(O) sind aber sehr verschieden angegeben. Wird die von Svanberg benutzte Einheit zu Grunde gelegt, so fand

Poggendorff	p(H) = 17,795;	p(O) = 17,795,
Lenz und Saveljew . .	21,20	14,39,
Svanberg	17,51	17,08,
Derselbe in einem anderen Versuch	23,75	11,84.

Die Versuche von Poggendorff sind mit einer Wippe angestellt, und zeigten, dafs eine mit Wasserstoff geladene Platinplatte ebenso positiv gegen eine neutrale war, wie sich eine mit Sauerstoff geladene negativ gegen die letztere verhielt. Die übrigen Angaben sind aus Messungen für die Gesammtladung abgeleitet, indem die Polarisation durch Wasserstoff unterdrückt, und so die durch Sauerstoff allein gefunden wurde. Bei diesen Ableitungen kommen indefs verschiedene elektromotorische Kräfte mit in Rechnung, da zur Fortschaffung der Wasserstoffentwickelung entweder eine in Salpetersäure tauchende Platinkathode, oder eine in Kupfervitriol tauchende Kupferkathode angewandt werden mufste. Der Berichterstatter hat nun gezeigt, dafs die Versuche der Herren Lenz und Saveljew zu den sehr ungleichen Resultaten für p(H) und p(O) deshalb geführt haben, weil theils die mit unreinen Säuren vorgenommenen Messungen statt der in reinen Säuren in Rechnung gebracht sind, theils weil willkürliche, und wegen der kleinen Einheit wenig bemerkbare Zahlenveränderungen in die Rechnungen einfliefsen, und dafs ferner die Versuche von Svanberg ebenfalls andere Resultate geben, wenn man statt der von diesem Physiker benutzten Angaben Wheatstones für die oben erwähnten elektromotorischen Kräfte der Hülfselektroden entweder die von Herrn Poggendorff angestellten Messungen oder die vom Berichterstatter selbst mitgetheilten Versuche benutzt, weil nur in diesen die gehörige Rücksicht auf die Leitungsflüssigkeit genommen ist. Hiernach ergeben die von den genannten Physikern angestellten Versuche folgende Werthe:

nach Poggendorff . . .	p(H) = 17,795;	p(O) = 17,795,
nach Lenz und Saveljew	18,25	17,34,
nach Svanberg	17,51	17,08,
und	17,74	17,93.

Nach allen Versuchen ist also annähernd p(H) = p(O).

In einer anderen Versuchsreihe hat sich der Berichterstatter die quantitative Bestimmung der elektromotorischen Kräfte der Gasbatterien zur Aufgabe gemacht. Platinplatten wurden platinirt und in Korke eingekittet, welche das eine Ende etwa fünf Zoll langer Röhren verschlossen. Diese Röhren wurden darauf mit verdünnter Schwefelsäure gefüllt, und mit dem offenen Ende in Gefäfse mit derselben Flüssigkeit getaucht. In jede Röhre wurde nun eine Gasart, auf chemischem Wege entwickelt, eingeführt, und dann die Verbindung je zweier Flüssigkeitsgefäfse durch eine Uförmige, an beiden Enden mit Blase verschlossene, ebenfalls mit verdünnter Schwefelsäure gefüllte Röhre, vermittelt. Die Kraft der so entstandenen Gasketten wurde durch die Poggendorffsche Compensationsmethode ermittelt, welche allen anderen Mefsmethoden deshalb für den vorliegenden Fall besonders vorzuziehen ist, weil sie nur eine momentane Schliefsung der zu messenden Kette erfordert, und daher nicht die Kraft derselben durch die entgegenwirkende Polarisation schwächt, welche gerade hier sehr auffallende Fehler hervorbringen würde. Das Hauptergebnifs der Versuche ist: Die Gase folgen in Bezug auf ihr elektromotorisches Verhalten in Gasketten, wie feste Körper, dem Gesetze, daſs die algebraische Summe der elektromotorischen Kräfte einer beliebigen Reihe derselben gleich der elektromotorischen Kraft der beiden äuſsersten Glieder der Reihe ist. Als Einheit der Messungen wurde diejenige Kraft angenommen, welche bei einem Widerstand von 1 Centimeter Neusilberdraht vom specifischen Gewichte 8,689, von welchem 1 Centimeter 0,00683 Grm. wiegt, in einer Minute 13,36 Cubikcentimeter Knallgas entwickelte. In dieser Einheit war die Kraft einer constanten Zinkplatinkette etwa = 42. Ich stelle hier die Reihe, welche Herr GROVE für die Elektricitätsentwickelung in verschiedenen Gasketten gegeben hat, mit der von mir gefundenen zusammen, und füge die Gröſsen der Kraft, welche jedes Gas mit dem als Ausgangspunkt angenommenen Wasserstoff erregt, in der gedachten Einheit hinzu:

	Nach GROVE
—31,49 Chlor	Chlor,
27,97 Brom	Brom,
	Jod,
	Oxyde,
23,98 Sauerstoff	Sauerstoff,
21,33 Stickoxydul	Stickoxyd,
21,16 Cyan	
20,97 Kohlensäure	Kohlensäure,
20,52 Stickoxyd	Stickstoff,
20,50 Luft	
20,13 Platin	Metalle, welche Wasser nicht zersetzen,
19,60 Schwefelkohlenstoff	Kampher, flüchtige Oele,
18,36 Oelbildendes Gas	Oelbildendes Gas,
	Aether, Alkohol, Schwefel,
16,06 Phosphor	Phosphor,
13,02 Kohlenoxydgas	Kohlenoxydgas,
3,82 Kupfer	
0,05 Schwefelwasserstoff	
0, Wasserstoff	Wasserstoff,
+19,68 Zink	Metalle, welche Wasser zersetzen.

Ganz dieselben Zahlen werden auch dann für die elektromotorische Kraft der Gasketten gefunden, wenn das Platin nicht platinirt, sondern blank geputzt war; nur tritt dann, wie Herr Poggendorff beobachtet hat, eine lebhaftere Polarisation ein. Wurden andere Körper statt des Platins als Grundlage der Ketten gebraucht, so blieb zwar das Verhältnifs der einzelnen elektromotorischen Kräfte unverändert, aber die absoluten Werthe waren viel kleiner. Bei Kohlenstreifen, nach Bunsens Methode erhalten, konnten die elektromotorischen Kräfte aus den entsprechenden, beim Platin angegebenen durch Multiplikation mit 0,4687; beim versilberten Silber durch Multiplikation mit 0,0449 abgeleitet werden; man könnte diese Zahlen die relativen Verdichtungscoëfficienten der bezüglichen Körper nennen. Jedenfalls zeigen diese Versuche, dafs man die an Platinplatten gefundenen Werthe nicht anzusehen hat als die unmittelbare elektromotorische Kraft von Wasserstoff und Sauerstoff, sondern dafs dies nur dann der Fall sein würde, wenn das unterliegende Metall so dicht von den Gasen umgeben wäre, dafs es selbst an keinem Theile mit der Flüssigkeit in Berührung käme. Bei der galvanischen Polarisation wird durch die primär elektrische Thätigkeit die Verdichtungskraft der Elektroden vergröfsert, daher ist der Werth der Polarisation bedeutend gröfser als der einer mit Sauerstoff und Wasserstoff gefüllten Gaskette von gleichem Metalle, wie diese Elektroden.

Symons. Galvanische Batterie. Mech. Mag. LI. 154.

Herr Symons schlägt eine Gasbatterie veränderter Gestalt statt der gewöhnlichen Säulen vor. Ein Trog von Guttapercha ist mit Scheidewänden versehen, durch welche zickzackförmig gebogene Platinstreifen in schräger Lage luftdicht eingesetzt sind. Je zwei Platinstücke sind durch Blase, die in verdünnter Säure getränkt ist, von einander getrennt, der Raum unter den Platinplatten wird mit Wasserstoff gefüllt, während die obere Atmosphäre die Rolle des Sauerstoffs übernimmt. In gleicher Weise will Herr Symons in der Groveschen Platinzinkkette die Salpetersäure durch atmosphärische Luft ersetzen, um den entwickelten Wasserstoff zu entfernen (!)

Matteucci. Leitungsvermögen der Säuren. C. R. XXIX. p. 806.

Herr Matteucci sucht die Elektricitätsentwickelung zwischen Brom und Säuren ohne Hinzunahme von Metallplatten durch die Zuckungen eines Froschpraeparates nachzuweisen. Um dann die Messungen mit dem Galvanometer fortsetzen zu können, will er sich überzeugen, in wiefern die Stärke des Leitungsvermögens der Flüssigkeiten von Einfluſs ist. Die Messung dieses Elementes geschieht, indem der Strom in zwei Voltameter getheilt wird, welche die beiden zu vergleichenden Flüssigkeiten enthalten. Diese Methode ist indeſs nur anwendbar, wenn man weiſs, daſs in beiden Voltametern dieselben Gase in demselben Verhältniſs zum zersetzenden Stromantheil entwickelt werden, nicht aber, wenn die Stärke des zersetzenden Stromes ganz verschiedene Gestalten der Elektrolyse bedingt, wie dies bei der Salzsäure und Salpetersäure der Fall ist. Hierdurch werden nicht nur die als Maaſs dienenden Gasmengen verändert, sondern auch neue elektromotorische Kräfte in die Zweigleitungen eingeführt.

Die erhaltenen Resultate sind: Schwefelsäure hat ein Maximum des Leitungsvermögens bei 1,259 specifisches Gewicht (Horsford fand zwischen 1,20 und 1,30 keine Veränderung), Salpetersäure hat ein Maximum bei 1,315 specifisches Gewicht, Salzsäure bei 1,114. Phosphorsäure und Oxalsäure scheinen kein Minimum zu haben. Die weiteren Schlüsse über die elektromotorische Kraft der Becquerelschen Kette enthalten nichts Neues, da sie sich ohne die gewohnte Naivität in der Hintansetzung des Ohmschen Gesetzes von selbst verstehen.

Svanberg. Messung des Leitungswiderstandes und elektrisches Differentialthermometer. Akad. Handl. 1849. 109.

Herr Svanberg giebt eine Widerstandsbestimmung aus ähnlichen (Kirchhoffschen) Drahtcombinationen, wie sie Poggendorff (Annalen Bd. 67. p. 674) mitgetheilt hat, und wie sie in diesem Bericht II. 506 erwähnt sind. Es handelt sich dabei darum, in zwei Drähten ganz gleichen Widerstand zu haben, um die Intensität eines Stromes in einem Dritten der 0 gleich zu machen. Auf einem Brett sind die sechs Klemmschrauben

$$A \quad \begin{matrix} C & D & G \\ E & F & H \end{matrix} \quad B$$

befestigt. Ein Strom tritt in *A* ein, in *B* aus, *C* ist mit *D*, *E* mit *F* durch kurze dicke Wasserdrähte verbunden, der Strom theilt sich von *A* nach *C* und *E*, *AE* enthält einen Rheochord, *D* und *F* sind mit *B* durch Spiralen von besponnenem Kupferdraht *G* und *H* verbunden. *C* und *E* sind durch ein empfindliches Galvanometer verbunden, und es soll der Widerstand $CDGB = EFHB$ sein, wenn das Galvanometer auf 0 steht. Hat man mittelst des Rheochords dieses Gleichgewicht erzeugt, so kann man sich leicht überzeugen, ob die beiden Widerstände gleich sind; ist dies der Fall, so muſs die Nadel auf 0 bleiben, wenn man die Drähte *GD* und *HF* von *D* und *F* losschraubt, und bezüglich an *F* und *D* anlegt. Bewegt sich dann die Nadel, so ist der eine Widerstand noch gröſser oder kleiner; er wird geändert und mittelst des Rheochords die Nadel wieder auf 0 gebracht. Die Widerstände müssen hierbei sehr nahe gleich gemacht werden, weil jedes Ueberwiegen des einen, wie man es z. B. durch Temperaturunterschiede erhält, sogleich merklich wird. Her Svanberg berechnet, mit Zugrundlegung von Lenz's Messungen, welchen Einfluſs eine Temperaturerhöhung des einen Drahtes bei der von ihm angewandten Combination mit einer Groveschen Kette ausüben würde. Schon ein Unterschied von $\frac{1}{623}$ Grad C. wäre merklich geworden. Das Instrument, welches der Verf. zur Wahrnehmung solcher kleinen und noch kleineren Wärmeveränderungen (wenn man eine andere Säule anwendet) vorschlägt, und welches er galvanisches Differentialthermometer nennt, besteht aus einer flachen Spirale von übersponnenem und mit Kiehnruſs geschwärztem Kupferdraht, welcher in die Leitung *FHB* eingeschaltet wird. Die strahlende Wärme, welche von der genäherten Hand ausgeht, reicht hin, um die Nadel abzulenken; der Apparat ist also von einer Empfindlichkeit ähnlich der der Thermosäule.

JACOBI. Das Quecksilbervoltagometer. POGG. Ann. LXXVIII. 173.

Die mannigfachen Fehlerquellen, welchen die Messungen mit dem Rheostat, Rheochord und dem Drahtvoltagometer unterworfen sind, haben Herrn JACOBI zur Construktion eines anderen Widerstandsmessers veranlafst. Zwei cylindrische Röhren sind senkrecht nebeneinander aufgestellt, und mit gereinigtem Quecksilber gefüllt. Zwei Platindrähte können durch Mikrometerschrauben mehr oder weniger in das Quecksilber versenkt werden, und endigen oben in Klemmschrauben, während ein anderes Klemmschraubenpaar mit dem Quecksilber beider Röhren verbunden ist. Ein durch den ganzen Apparat geleiteter Strom erfährt, je nach der Tiefe des Einsenkens der Platindrähte, verschiedenen Widerstand, und zwar ist bei jedem Einsenken die Höhe, um welche das Quecksilber steigt, doppelt anzurechnen, weil gleichzeitig der Platindraht um dieselbe Höhe vom Quecksilber umhüllt wird. Für relative Messungen kann die Anrechnung ganz unterbleiben. Der Apparat hat nur geringen Umfang, die Röhren haben 9″ Höhe, der Draht 6,0355 Durchmesser. Mit Hülfe desselben sind die Widerstände von Hülfsdrähten bestimmt, so dafs von einem System derselben ein jeder = 16″ Platindraht ist, von einem zweiten ein jeder = 160, dann 1600 u. s. f. Diese Drähte sind gut isolirt auf Rollen gewickelt, und in einen Kasten gelegt, in dem sie mit isolirendem Kitt vergossen sind. Die Betrachtungen, welche der Beschreibung dieses Apparates beigefügt sind, haben den Zweck, die Fehlergränze zu bestimmen, welche bei unseren verschiedenen Widerstandsmefsmethoden erreicht werden. Es ist nicht möglich diese Betrachtungen auszugsweise mitzutheilen, und mögen daher nur die Resultate gegeben werden. Die gewöhnliche Methode, bei der ein Strom, in welchen der zu bestimmende Widerstand geschaltet ist, gemessen, und dann dieser Widerstand durch einen Mefsdraht ersetzt wird, bis man dieselbe Stromstärke erreicht, giebt, wenn man eine Tangentenbussole anwendet, ein Minimum des Fehlers bei 45°. Man mufste also immer diese Ablenkung anstreben, was bei verschiedenen Leitungen ganz verschiedene Säulen bedingte. Bei der Differentialmethode und der KIRCHHOFFschen Drahtcombination wird die Galvanometernadel auf 0 gehalten, eine Einstellung mit Mikroskop und Fadenkreuz ist daher schon leichter möglich. Die erstere dieser beiden Methoden verdient, abgesehen von sonstigen Einwürfen, vor der älteren Messung nur so lange den Vorzug, als

$$4E^2 + r^2 + 2m^2 > x^2 + 2rx$$

ist, wo $2E$ die elektromotorische Kraft der Säule, r ihren Widerstand, $2m$ den Multiplikatorwiderstand, x den des zu messenden Drahtes bedeutet. Endlich hat die Drahtcombination den Vorrang vor der Differentialmethode, so lange Widerstände gemessen werden sollen, die kleiner als $\frac{1}{8}$ des Multiplikatorwiderstandes sind, wenn beide Zweige desselben hintereinander verbunden werden. Weitere Betrachtungen über die Anwendung der Borda'schen Methode auf die Differentialmethode und die Drahtcombinationen und Meſsproben schlieſsen die Abhandlung.

Baumgärtner. Widerstand der Erde. Pogg. Ann. LXXX. 374. 381.

Nachdem den neueren Beobachtungen zufolge die Leitkraft des Erdbodens als nicht unendlich groſs gefunden worden ist, hat Herr Baumgärtner versucht, dieselbe durch einen Zahlenwerth zu bestimmen. Der Strom wurde einmal zwischen den Telegraphenstationen Wien (Kaiser Ferdinand Nordbahnhof) und Gänserndorf durch den 1 Linie dicken Kupferdraht von 16100° Länge, dann durch eine Drahtspirale von 600° desselben Drahtes und durch die Erde zurück, das andere Mal durch den Kupferdraht, die Drahtspirale und einen zweiten Kupferdraht von ähnlicher Beschaffenheit zurückgeleitet. Beide Male wurden durch je drei Bestimmungen die Stromstärken an einer Sinusbussole gemessen. Wird der Widerstand der Säule vernachlässigt, so hat man

$$\frac{\sin\alpha}{\sin A} = \frac{R}{r},$$

wo α und A die zu den Widerständen r und A gehörigen Ablenkungen in beiden Fällen der Leitung sind. Hiernach ist, wenn M

eine vom specifischen Widerstande des Drahtes, m eine vom specifischen Widerstande des Erdbodens abhängige Gröſse vorstellt,

$$\frac{\sin\alpha}{\sin A} = \frac{M(2{,}16100+600)}{M(16100+600)+m.\lambda},$$

wenn man λ für den Widerstand der Erdschicht zwischen beiden Stationen = 14800° setzt. Daraus ergiebt sich nach Einsetzung der beobachteten Durchschnittswerthe $\alpha = 32^\circ\ 10'$ und $A = 20^\circ\ 30'$:

$$\frac{M}{m} = 3{,}14.$$

Nimmt man endlich an, daſs der Erdboden ein so guter Leiter sei, wie die von Pouillet angewandte Mischung von 20000 Th. Wasser und 1 Th. Salpetersäure, so müſste der mittlere Querschnitt des Stromkanals in der Erde ein Kreis von 144 Fuſs Radius sein; dieser Werth ist indeſs zu klein, weil die Stromescurven nicht einen Cylinder zwischen den beiden Stationen abschlieſsen.

Ausgedehntere Versuchsreihen gaben Herrn Baumgärtner für die Wien-Gloggnitzer Strecke den Werth $\frac{M}{m} = 6{,}98$; für die Wien-Gratzer = 4,70. Diese Unterschiede zeigen, daſs sich der Strom nicht durch die ganze Erdmasse vertheilen kann, sondern von der Lokalität abhängig ist.

---

c. Wärme- und Lichterregung.

Despretz. Note sur la fusion et la volatilisation des corps réfractaires. C. R. XXVIII. 755. XXIX. 48. 545*. Inst. No. 811, p. 226, No. 829, p. 310, No. 833, p. 401*. Arch. d. sc. ph. et nat. XI. 310, XII. 45*; Sill. Am. J. VIII. 413*; Pol. Centralbl. 1849. 1343*; Dingl. pol. J. CXIV. 342*.

Grove. Effect of surrounding media on voltaic ignition. Phil. Mag. XXXIV. 299. XXXV. 114*; Phil. Trans. 1849. p. 49*; Arch. d. sc. ph. et nat. XII. 265; Pogg. Ann. LXXVIII. 366*; Inst. No. 801, p. 151*.

Stevensón. On the peculiar cooling effects of hydrogen and its compounds in cases of voltaic ignition. Phil. Mag. XXXIV. 304*; Inst. No. 802, p. 158*.

Field. Ueber die Ursache des Erglühens von Platinschwamm. Pharm. Centralbl. 1849. p. 381*.

Foucauld. Appareil destiné à rendre constante la lumière émanant d'un charbon placé entre les deux poles d'une pile. C. R. XXVIII. 68. 698*; Inst. No. 786, p. 17*.

— — Emploi de la lumière électrique. Études sur les arcs voltaïques. Arch. d. sc. ph. et nat. X. 222*; Inst. No. 788, p. 44*; Bull. de la Soc. phil.

Maass. Transport de la matière pondérable par le courant de la pile. Arch. d. sc. ph. et nat. X. 227. (S. diesen Ber. IV. p. 295*.)

Matteucci. Nouvelles observations sur l'arc voltaïque. C. R. XXIX. 268*; Phil. Mag. XXXV. 289*; Ann. d. ch. et d. ph. XXVII. 41*; Arch. d. sc. ph. et nat. XII. 5*; Inst. No. 819, p. 290*.

Page. Polarization of galvanic light. Sill. J. VII. 375*.

Despretz. Schmelzung und Verflüchtigung der Körper. C. R. XXVIII. 755. XXIX. 48. 545.

Die Wärmeerregung durch den galvanischen Strom hat Herr Despretz zu fortgesetzten Versuchen über die Schmelzung und Verflüchtigung von Körpern benutzt. Es wurden 496 Bunsensche Elemente zu je vieren miteinander verbunden, und dadurch ein Stückchen Zuckerkohle zum Glühen gebracht, welches in einer bis auf 5mm Druck leergepumpten Kugel enthalten war. Die Innenseite der Kugel bedeckte sich mit einem schwarzen, trockenen, krystallisirten Staube. Wurde die Kohle am negativen Pole befestigt, so glänzte sie stärker als am positiven, auf dem Glase lagerten sich weifse Streifen ab, dann verwandelte sie sich plötzlich in Dämpfe; der ganze benachbarte Theil des Apparates bedeckte sich mit schwarzem Pulver. Die Kohle läfst sich leichter verflüchtigen, als schmelzen; Kalk, Magnesia, Zinkoxyd etc. verhielten sich ähnlich. Herr Despretz will daher die Schmelzung weder in Luft, noch im luftleeren Raum, sondern in Metallgefäfsen ausführen, welche mit Stickstoff unter erhöhtem Drucke gefüllt sind. In einer späteren Abhandlung sind verschiedene Kohlenarten in Bezug auf ihr Verhalten beim galvanischen Erglühen miteinander verglichen und die Ergebnisse folgendermafsen zusammengefafst: Die Kohle verwandelt sich im luftleeren Raum deutlich in Dampf bei der Temperatur, welche sie durch eine Säule von fünf bis sechshundert Bunsenschen Elementen, zu je fünf oder sechs verbunden, erhält. In einem Gase ist die Verdunstung langsamer, aber sie findet ebenfalls statt. Die Kohle kann bei der Temperatur, welche in den Versuchen erreicht wurde, gekrümmt, gelöthet und geschmelzt werden. Eine jede Kohle wird um so weniger hart, je länger sie einer erhöhten Temperatur ausgesetzt war; endlich verwandelt sie sich in Graphit. Der reinste Graphit wird durch die Wärme wie die Kohle zerstreut, der nicht verflüchtigte Theil bleibt Graphit. Der Diamant verwandelt sich durch eine hinlänglich starke Säule ebenfalls in Graphit; wie die Kohle erzeugt er kleine geschmelzte Kügelchen, wenn er lang genug erhitzt wird. Aufser der Kohle wurden noch einige andere Körper untersucht. Silicium flofs leicht zu einer, auf der Oberfläche etwas glasigen Kugel; der Bruch derselben war matt, und ähnlich dem der Kohle; es war wenig politurfähig, und ritzte das Glas nicht. Bor schmolz ähnlich; der Bruch war körnig, schwarz, kohlenähnlich; es war flüchtiger als Silicium. Titan verflüchtigte sich leicht im Vacuum. Auf dem Schmelztiegelchen von Zuckerkohle blieb eine gelblich weifse Schicht zurück. Bei einem anderen Versuch in Stickstoff bedeckte sich das Porzellangefäfs mit einer schön blauen Schicht. Die Wände waren mit kleinen Kugeln bedeckt, deren einige goldgelb, andere irisirend waren. Molybdän lagerte auf dem Porzellangefäfs eine bräunliche Schicht ab; auf dem Kohlentiegel fanden sich grauweifse Blättchen. Bei einem anderen Versuch schmolz erst das ganze Metall zu einer Kugel, und verbreitete sich dann auf die Tiegelwände. Herr Gaudin hat an die von Herrn Despretz dargestellten Rubine mit Smirgel Flächen angeschliffen. Zur Schleifung des Molybdäns brauchte er aber Diamantpulver.

Grove. Einflufs der umgebenden Mittel auf die Glüherscheinung. Phil. Mag. XXXV. 114.

Stevenson. Darüber. XXXIV. 304*.

Die im früheren Bericht (Jahrgg. 1847. p. 301) erwähnten Untersuchungen über den Einflufs der umgebenden Mittel auf das Erglühen eines Platindrahtes im galvanischen Strom hat Herr

Grove fortgesetzt. Bei den früheren Versuchen war die Stärke des Stromes an einem Voltameter gemessen, während die eingeschalteten Drähte von verschiedenen Gasarten umgeben waren; bei den neuerdings mitgetheilten waren dagegen immer zwei möglichst ähnliche Glasröhren, welche zwei verschiedene Gase enthielten, und in welchen zwei ähnliche Platindrahtspiralen befestigt waren, hintereinander in den Strom geschaltet, um den Einfluſs der umgebenden Mittel bei gleicher Stromstärke studiren zu können. Die Glasröhren waren in zwei ähnliche, mit Wasser gefüllte Gefäſse getaucht, in denen sich Thermometer befanden. Die Thermometer stiegen in fünf Minuten an der Röhre mit

Wasserstoff von 60° auf	76°	Sauerstoff	81° F.
- - - - -	69°,5	Stickstoff	81°,5 -
- - - - -	70°,5	Kohlensäure	80° -
- - - - -	70°,0	Kohlenoxyd	79°,5 -
- - - - -	70°,5	Oelbild. Gas	76°,5 -

Die in der früheren Arbeit aus der Menge des entwickelten Gases abgeleitete Reihenfolge war dieselbe, wie die vorstehende. Aehnliche Versuche, bei denen statt der Gase Flüssigkeiten in die Röhren gefüllt wurden, gaben folgende Resultate: Das Thermometer stieg von 60° F.

in Wasser auf	70°,3,	in Terpenthinöl auf	88°,0,
- - -	70°,3,	- Schwefelkohlenstoff . . .	87°,1,
- - -	69°,0,	- Olivenöl	85°;0,
- - -	70°,1,	- Naphtha	78°,8,
- - -	70°,5,	- Alkohol, spec. Gew. = 0,84	77°,0,
- - -	68°,5,	- Aether	76°,1.

Die Temperaturveränderungen stehen also nicht in einem einfachen Verhältniſs zur specifischen Wärme der bezüglichen Flüssigkeiten. Ein Vergleich von Wasserstoff und Wasser gab das Steigen

in Wasserstoff auf 75°,5, in Wasser auf 72°.

Auch aus Faraday's Annahme, die Gase seien nicht völlige Isolatoren für den Strom, konnte die verschiedene Wirkung der umgebenden Mittel nicht erklärt werden, da sich Herr Grove auch unter günstig gewählten Umständen nicht von der Leitungsfähigkeit der Gase überzeugen konnte. Eine speciell inductive Wirkung des Wasserstoffs zeigte sich ebenso wenig. Nachdem noch einige andere Vermuthungen für die Ursache der Erscheinung als unbegründet nachgewiesen, zieht Herr Grove den Schlufs, sie beruhe wahrscheinlich in einem Beweglichkeits- oder Schwingungszustande der Theilchen, wodurch die Wärme schneller fortgeführt werde.

Der Verf. erkennt bei dieser Gelegenheit dem Herrn Andrews das Erstenrecht für dessen in den Proceedings of the Roy. Irish Academy veröffentlichte Versuche zu, welche ähnliche Ergebnisse geliefert haben, wie die von ihm selbst im Jahre 1845 mitgetheilten.

Herr Stevenson hat die gedachten Erscheinungen sehr einfach und leicht zu erklären gewufst, wobei er aber ohne Weiteres als bewiesen annimmt, die atmosphärische Luft sei ein Nichtleiter, der Wasserstoff ein Leiter der Elektricität. Er hat diese und verwandte Gegenstände in einer Schrift: „On the nondecomposition of water directly demonstrated" behandelt.

Field. Glühen des Platinschwamms. Pharm. Centr. 1849. 381.

Die entzündende Wirkung des Platinschwammes erklärt Herr Field dadurch, dafs die beiden sich berührenden Gase durch ihre Mischung einen galvanischen Strom erzeugen, der durch die Wärme, welche er erregt, die Platintheilchen zum Glühen bringt.

Foucault. Elektrisches Licht. C. R. XXVIII. 68, 698.

Um die Beschaffenheit des galvanischen Lichtbogens bequem studiren zu können, hat Herr Foucault das Licht desselben durch eine Art Selbstregulation constant gemacht. Die beiden Spitzen gehen in Schlitten, welche durch Federn gegen einander gedrückt werden. Die Federn sind mit einem Uhrwerk verbunden, dessen letztes Rad, ein Sperrrad, durch eine Auslösung den Gang der Federn beherrscht. Diese Auslösung wird durch einen Eisenstab bewegt, der sich einem Elektromagneten mehr oder weniger nähert, je nach der Stärke, welche dieser durch den galvanischen Strom, denselben, welcher das Spitzenlicht erzeugt, erhält. Die merkwürdigsten Resultate, welche Herr Foucault erhielt, beziehen sich auf die Spektralanalyse der Lichtbogen. Sie zeigten, was man schon aus älteren Beobachtungen weifs, statt der dunklen Linien leuchtende Streifen, und zwar entsprach der eine, hellste, Doppelstreif genau den Linien *D* des Sonnenspektrums. Der Lichtbogen zwischen Silberspitzen war rein grün, so rein, dafs er durch das Prisma kaum mehr ausgebreitet werden konnte.

Matteucci. Untersuchungen über den Volta'schen Lichtbogen. C. R. XXIX. 263.

Herr Matteucci hat ebenfalls neuere Versuche über das galvanische Licht angestellt; er wandte zu denselben einen Unterbrechungsapparat an, in welchem die zwischen den Polspitzen überspringenden Funken ein dauerndes Licht zu geben schienen. Zuerst wurde durch eine thermoelektrische Kette die Erhöhung der Temperatur der positiven Spitze über die der negativen gemessen. Der Unterschied war am gröfsten, wenn die Spitzen aus Eisen und Kupfer bestanden; kleiner, wenn aus Eisen und Platin, am kleinsten, wenn aus Blei, Wismuth und Zinn. Darauf wurde die Neef'sche Beobachtung des Lichtunterschiedes an den beiden Polen wiederholt. Das feste Licht am negativen Pole konnte immer nur erhalten werden, wenn am positiven Pole eine Platinspitze befestigt war; die Beschaffenheit des negativen Pols war dann gleichgültig. Herr Matteucci schreibt deshalb diese ganze Erscheinung der grofsen Erhitzung des positiven Poles und der Fortreifsung der an demselben glühend gewordenen Theilchen zu. Endlich wurden messende Versuche über die Temperaturen beider Pole auf einem anderen Wege angestellt. Die Pole wurden mit zwei Blei- oder Eisenstäben verbunden, deren jeder an seiner Basis ein kleines Loch und darin ein thermoelektrisches Element enthielt. Die Stäbe wurden bald mehr, bald weniger aneinander gedrückt; im Unterbrechungsmoment war die Erhitzung ein Maximum. Dieser Versuch lehrt indefs gar nichts über die Erwärmung der Poldrähte, der Strom ist vielmehr, während die Stäbe aneinander gedrückt werden, geschlossen, sie erwärmen sich im Trennungsmoment am meisten, weil dann die Berührungsstelle den gröfsten Widerstand leistet.

Anhang.

Praktische Anwendung des galvanischen Lichtes.

Staite's patent electric light. Mech. Mag. L. p. 49, 73*, and 538; Pol. Centralbl. 1849. p. 1392.

L. Foucault. Appareil destiné à rendre constante la lumière émanant d'un charbon placé entre les deux poles d'une pile. C. R. XXVIII. p. 68 et 698*; Inst. No. 784, p. 17*.

Dumas. Rapport sur un appareil à lumière électrique. C. R. XXVIII. p. 120*.

Gaigneau. Réclamation de priorité adressée à l'occasion du rapport fait sur un appareil à lumière électrique constante présenté par Mr. Foucault. C. R. XXVIII. p. 157*. Inst. No. 787, p. 34*.

Le Molt. Improvements in electric light. Rep. of Pat. Inv. XIII. p. 166*; Lond. Journ. of arts. XXXIV. p. 31*; Dingl. pol. J. CXI. p. 416*.

Pearie. Improvements in obtaining electric light. Rep. of Pat. Inv. XIV. p. 193*.

Allman. Apparatus for the production of light by electricity. Lond. Journ. of arts. XXXV. 305*.

---

d. Apparate.

Ducheune. Appareil voltaélectrique à double courant. C. R. XXVIII. 268*. (Titel).

Foucault. Nouvelle disposition de la pole de Bunsen. C. R. XXVIII. 698*; Inst. No. 785, p. 17*.

Deleuil. Batterie électrique construite sur un nouveau modèle. C. R. XXVIII. 672*.

Eisenlohr. Constante Batterie. Pogg. Ann. LXXVIII. 65*; Pol. Centralbl. 1849. 1389*; Arch. d. sc. ph. et nat. XII. 45*; Dingl. pol. J. CXV. 234*; Inst. 848, p. 112*.

Ward. On the comparative coast of making various voltaic arrangements. Athen. 1142, p. 936*; Inst. No. 822, p. 317*.

Louyet. Expériences comparatives sur la force et la constance du courant produit par différentes piles voltaïques. Bull. de Brux. XV. I. 613*; Inst. No. 814, p. 253*.

Michaelis. Verbesserte Bunsensche galvanische Batterie. Berl. Gew. u. Hdbl. XXX. 266*.

Stoddard. On a new methode for amalgamating Zinc. Sill. Am. J. VII. 431*.

Walemi. On a new form of galvanic batteries. Ath. 1144. 993*; Inst. No. 833, p. 408*; Pol. Centralbl. 1849. p. 1079*; Lond. J. of arts. XXXIV. 132*; Cölner gem. Wochenbl. (S. diesen Ber. IV. 296).

Reinsch. Einfache und sehr stark wirkende elektrische Zellen. Berl. Gew. u. Hdbl. XXXI. 289*.

Jacobi. Das Quecksilbervoltagometer. S. Abschn. *B*, Leitung.

Jones. Description of two improved galvanometers. Mech. Mag. L. 516*.

Svanberg. Om en galvanick differential-thermometer. S. Abschn. *B*, Leitung.

In der Form galvanischer Batterien sind einige Veränderungen vorgeschlagen. Herr Foucault verbindet die Thongefäſse einer Bunsenschen Säule durch Heber miteinander, welche durch Anblasen mit verdünnter Schwefelsäure gefüllt sind, um in allen den Stand der Flüssigkeit gleich hoch zu erhalten (ein Vorschlag, der schon von Knox gemacht ist). Herr Deleuil hat der Pariser Akademie eine veränderte Kohlenzinkkette vorgelegt, von der 40 Elemente dieselbe Schmelzungs- und Lichtwirkung geben sollen, wie 150 Bunsensche Paare. Die Kohlencylinder stehen dabei innerhalb der Thongefäſse. Die Amalgamation des Zinks bewerkstelligt Herr Stoddard, indem er es bis 450 oder 500° F. erhitzt, mit Chlorzinkammonium, der beim Löthen gebräuchlichen Substanz, bestreicht, und dann Quecksilber darauf gieſst. Herr Walemi amalgamirt Eisen, indem er darauf zuerst aus einer Bleizuckerlösung einen Bleiüberzug reducirt, der dann mit Quecksilber behandelt wird.

Vergleichende Versuche über die Stärke verschiedener Säulen sind von Herrn Louyet angestellt. Er bediente sich des Voltameters als Meſsinstrument. Nach dem Rathe des Herrn Grove verwarf er seine ersten Versuche, weil bei denselben die Elektrodengröſse nicht in einem bestimmten Verhältniſs zur Gröſse der Platten in der Kette stand; wenn aber von da an Elektroden von der Hälfte der Platingröſse in der angewandten Groveschen Kette benutzt wurden, so ist damit Herrn Grove's Rath gewiſs nicht befolgt, wie er gemeint war; eine Vergleichung verschiedener Ketten kann nur für Maximumwerthe einen Sinn haben, und diese würden jedesmal erreicht sein, wenn der Voltameterwiderstand dem Widerstande des angewandten Apparates gleich gemacht wäre. Die mitgetheilten Versuche haben daher auch jetzt noch keine Bedeutung. Eben so wenig erfährt man durch die Angaben des Herrn Ward, der mehre Säulen mit einander verglich; denn wenn er angiebt, die Kraft von 100 Smeeschen Ketten sei gleich der von 55 Daniellschen, gleich der von 34 Groveschen, so wichen diese Angaben so bedeutend von früheren Bestimmungen ab, dafs sie sich wohl nicht auf die elektromotorischen Kräfte der genannten Apparate, sondern nur auf ihre Intensität bei irgend einem, nicht näher bestimmten Widerstand, beziehen können.

Herr Eisenlohr hat verschiedene Zusammenstellungen behufs der Anwendung in der elektrischen Telegraphie verglichen, bei denen es daher weniger auf grofse elektromotorische Kraft, als auf grofse Constanz ankam. Eine Kupferzinkkette, deren Zinkzelle eine gesättigte Auflösung von reinem Weinstein, die Kupferzelle eine Mischung aus gleichen Theilen concentrirter Kupfervitriollösung und reinem Weinstein enthielt, wurde durch einen Neusilberdraht von 5 Meter Länge und 0,2 Millimeter Dicke geschlossen. Der wesentliche Widerstand eines eingeschalteten Galvanometers war = 28 Millimeter des Drahtes, und die an demselben beobachtete Ablenkung während 14 Tagen = 36°, 36½, 36, 37, 38½, 38½, 38¼, 38, 38, 38, 37, 35, 21, 16°. Aehnliche Constanz zeigte eine Säule von 6 solchen Paaren, welche durch 30 Meter des obigen Drahtes geschlossen war. Das Anwachsen in den ersten Tagen wurde durch die Diffusion der Schwefelsäure in die Zinkzelle veranlafst. Die Verdünnung der Kupfervitriollösung verhinderte das Absetzen von Kupferkrystallen in der Thonzelle, während die Säule geöffnet stand. Wurde diese Lösung durch Wasser mit so viel Schwefelsäure ersetzt, als dem Aequivalent der in der gesättigten Kupfervitriollösung enthaltenen Säure entsprach, so waren die Ablenkungen bei Einschaltung von 5 Meter Draht 42½, 44, 44, 35, 46, 35, 46½, 46½, 46½, 45½, 46, 37, 46½, 46½, 46, 47, 47, 45, während 7 Tagen. Noch constanter war die Kette, wenn das Wasser nur halb so viel Schwefelsäure, d. h. 2½ Procent, enthielt. Bei einer dritten Kette wurde das Kupfer durch Coaksstücke ersetzt, welche durch Bleidrähte mit einander verbunden waren; die Coaksstücke wurden unter der Luftpumpe von Luft befreit. Die Ketten verloren zuerst stark an Kraft, dann hielt sie sich aber; auch war die Zinkconsumtion geringer als bei den andern Ketten, von denen die zuerst beschriebene aufserdem immer Kupfer auf die Zinkplatte ablagerte. Von den beiden letzten Ketten wurden 6 paarige Säulen zum Telegraphendienst verwendet, und nach 56 Tagen noch in voller Thätigkeit gefunden, ohne dafs etwas daran verändert wäre.

Jones. Galvanometer. Mech. Mag. L. 516.

Das Hebelgalvanometer, welches Herr Jones beschreibt, besteht aus einem Eisenstab, der in der Höhlung eines von Drahtwindungen umgebenen Messingcylinders hin- und hergleiten kann. Das eine Ende des Eisenstabes ist durch eine Sprungfeder gehalten. Wird der Stab durch einen Strom magnetisirt, so wird er zu einem zweiten, gegenüberliegenden Eisenstab hingezogen. Die Gröfse dieser Bewegung giebt ein mit dem Eisenstab in Verbindung stehender Fühlhebel an. Die Einrichtung des Radgalvanometers beruht auf demselben Princip, nur wird durch den Eisenstab ein Räderwerk gedreht.

---

e. Elektrochemie.

Maas. Sur la décomposition électrochimique par des voltamètres différents. Bull. de Brux. XVI. II. 248, 347, 413*; Inst. No. 838, p. 30*.

Paret. Décomposition de l'eau. C. R. XXIX. 174*. (Titel).

Bouis. Recherches sur l'électrolysation. C. R. XXIX. 403*.

Kolbe. Ueber die Elektrolyse organischer Verbindungen. Lieb. u. Wöhler. LXIX. 257*; Arch. d. sc. ph. et nat. XI. 129*; Erdm. u. March. XLVIII. 99*; Chem. pharm. Centralbl. 1849. 339*; Quart J. Chem. Soc. II. 173.

Maas. Wasserzersetzung in verschiedenen Voltametern. Bull. de Brux. XVI. II. 413. (Bericht 347).

Die Beobachtung des Herrn Maas besteht darin, dafs in einem Voltameter mit Elektroden von Platindraht mehr Gas durch denselben Strom entwickelt wird, als in einem solchen mit grofsen Platten. Der Unterschied war am auffallendsten bei Anwendung schwacher Ströme. Herr Martens, der der Brüsseler Akademie Bericht über diese Abhandlung erstattet, ist der Meinung, dafs zwar die Wiedervereinigung der Gase an den Elektroden oder auch die condensirende Wirkung der Glaswände auf die Gase (da in beiden Voltametern die Glasröhren verschiedene Weite hatten) diese Erscheinung hervorrufen könnte, wünscht aber das Gewicht der Arbeit des Herrn Maas nicht zu schwächen, in sofern dieselbe dazu beitragen könnte, die Ungenauigkeit des Gesetzes der festen elektrolytischen Action zu beweisen (!). Die Leitung durch flüssige Körper könne nämlich auf doppelte Weise stattfinden, einmal durch Elektrolyse; dann aber auch auf dem gewöhnlichen Wege, wie in festen Körpern, da er (Herr Martens) ja gezeigt habe, dafs Flüssigkeiten schwache Ströme leiten können, ohne zersetzt zu werden (? Vergl. Repert. d. Phys. VIII. 172.). Bei grofsen Elektroden sei nun die gewöhnliche Leitung vorherrschend, und deshalb trete die elektrolytische in den Hintergrund, vorzüglich dann, wenn überhaupt nur wenig Elektricität zu leiten sei.

Bouis. Untersuchungen über Elektrolyse. C. R. XXIX. 403.

Herr Bouis zeigt den Einflufs der Temperatur eines Elektrolyten auf seine Zersetzungsprodukte. Während Kolbe in einer Lösung von Chlorkalium durch den Strom Chlorsäure, ja sogar Ueberchlorsäure entwickeln konnte, erhielt Herr Bouis nur unterchlorichtsaures Kali, sobald er den Zersetzungsapparat abkühlte. Die übrigen Zersetzungen, welche der Verf. vorgenommen hat, sind nur in sehr kurzem Auszuge mitgetheilt.

Kolbe. Elektrolyse organischer Verbindungen. Lieb. und Wöhl. LXIX 257.

Die sorgfältigen Untersuchungen über die Elektrolyse organischer Verbindungen, deren erste Reihe Herr Kolbe mitgetheilt hat, können, da sie vorzugsweise chemische Zwecke verfolgen, nur der Hauptsache nach hier besprochen werden. Sie betreffen die Zersetzung der Valerian- und der Essigsäure, welche beide ihrer schlechten Leitungsfähigkeit wegen in wässrigen Lösungen ihrer Kalisalze angewandt werden. Der Zersetzungsapparat war ein Glascylinder, in welchem ein Kupfercylinder als negative, darin ein Platincylinder als positive Elektrode standen. Durch den Kork ging bald eine Röhre, welche die gemischten Gase abführte, bald waren die Elektroden durch einen Thoncylinder getrennt, so dafs aus beiden Zellen die Gase einzeln abgeleitet werden konnten. Das valeriansaure Kali lieferte ein Gasgemenge (am negativen Pole nur Wasserstoff) und eine ölige Flüssigkeit, welche auf der Lösung schwamm, in Alkohol und Aether löslich war. Sie kochte bald über 100°, ihr Kochpunkt erhöhte sich aber bis 160°, und die Portionen, die bei verschiedenen Temperaturen übergingen, enthielten von 80 bis 76 Procent Kohlenstoff und von 6 bis 10 Procent Sauerstoff, so dafs eine Mischung aus mehren Substanzen vorliegen mufste. Wurde die Flüssigkeit lange so gekocht, dafs die destillirten Tropfen immer wieder zurückflossen, und dann mit vielem Wasser behandelt, so schied sich ein ätherisches Oel ab, das bei 18° ein specifisches Gewicht von 0,694 hatte und aus 8 Aeq. Kohlenstoff und 9 Aeq. Wasserstoff bestand, d. h. als Radikal des zur Buttersäure gehörigen Alkohols angesehen werden kann. Herr Kolbe nennt es Valyl. Aus dem Gasgemenge liefsen sich 27,8 Procent durch rauchende Schwefelsäure absorbiren, das Rückständige war reiner Wasserstoff. Aus einer anderen Portion wurde das Absorbirbare bestimmt und als ein Kohlenwasserstoff erkannt, der zwar gleiche procentische Zusammensetzung mit ölbildendem Gase hat, aber das doppelte specifische Gewicht. Das essigsaure Kali lieferte nur gasartige Produkte, von ätherischem Geruch. Durch Kali konnte die Kohlensäure daraus absorbirt werden; das übrige Gas wurde so zusammengesetzt gefunden, dafs seine Bestandtheile zur Bildung von Sauerstoff, Wasserstoff, Methyl und etwas Methyloxyd ausreichten, welches letztere entschieden den ätherischen Geruch veranlafste. Bei getrennter Auffangung der Gase gelang in der That der Beweis direkt, dafs am positiven Pol 26 CO_2, 69,3 Methyl, 4,7 Methyloxyd abgeschieden waren; das letztere konnte der geringen Menge wegen nicht dargestellt werden, und war wohl als sekundäres Produkt aus dem Methyl entstanden. Das specifische Gewicht des Gemenges würde berechnet sein = 1,188, gefunden war es = 1,172. Bei der gemischten Auffangung waren die beiden Gewichte berechnet und gefunden = 0,4123 und 0,403.

Prof. Dr. *Beetz*.

Anhang.

Galvanoplastik.

Literatur.

Büttner. Ueber die durch Galvanoplastik erlangten Resultate. Dingl. pol. J. CXII. 48*; Berl. Gew. Ind. u. Handelsbl. XXX. 213*.

v. Hackewitz. Verfahren, galvanisch niedergeschlagene Figurentheile durch einen eben solchen Niederschlag zu verbinden. Dingl. pol. J. CXIII. 75*. Verh. d. Gewerbever. 1849. p. 84.

Lüdersdorff. Bericht darüber. Verh. d. Gewerbever. 1849. p. 83*.

Jones. New method of electrotyping. Mech. Mag. LI. 469*.

A. Knoblauch. Anwendung der Galvanoplastik zur Anfertigung von Kupferplatten für Kupferstecher. Verh. d. Gewerbever. 1849. 154*.

Elsner. Ueber galvanische Löthung. Verh. d. Gewerbever. 1849. p. 86*. III. 125. 213*.

Michaelis. Galvanische Löthung und Metallüberzug über Glas und Porzellan. Berl. Gew. Ind. u. Handelsbl. XXX. 267; Pol. Centralbl. 1849. 390*.

Herzog v. Leuchtenberg. Untersuchung des schwarzen Niederschlages, welcher sich an der Anode bei Zersetzung des Kupfervitriols bildet. Bull. d. St. P. V. 218*; Berl. Gew. Ind. u. Handelsbl. XXX. 118*; Pol. Centralbl. 1849. 115*.

— — Ueber galvanische Vergoldung im Grofsen und über einige dabei gemachte technische wissenschaftliche Beobachtungen. Dingl. pol. J. CXIV. 356*; Bull. d. St. P. VIII. 113*; Inst. XVII. 333*; Erdm. u. March. XLVIII. 372*.

Brauns. Praktische Erfahrungen über galvanische Vergoldung und Versilberung. Dingl. pol. J. CXII. 66*.

Philipp. Ueber galvanische Vergoldung und Versilberung mit dem einfachen Apparat. Dingl. pol. J. CXI. 375*; Berl. Gew. Ind. Handelsbl. 1848. No. 21*.

Verfahren, um das Gold aus seinen zur galvanischen Vergoldung benutzten Auflösungen in Cyankalium wieder zu gewinnen. Dingl. pol. J. CXI. 398*. Journ. d. chim. méd. 1849. Mars.

Verfahren, das Argentan blau zu färben. Dingl. pol. J. CXI. 76*.

---

6. Elektrophysiologie.

Allgemeines.

du Bois-Reymond. Untersuchungen über thierische Elektricität. II. Bd. 1ste Abth. Berlin. Reimer.

— — Notizen darüber. Münch. gel. Anz. XIX. 393. 585. 897*. Rendic. d. Nap. No. 43, p. 91*.

Smee. Elements of electrobiology. London 1849. 8.

Gavarret. Étude sur les recherches électrophysiologiques de Galvani. Ann. d. chim. et d. phys. XXV. 58*.

Einwirkung der Elektricität auf Thiere.

M. Hall. Ueber die Wirkung einiger physikalischer und chemischer Agentien auf das Nervensystem. Fror. Not. IX. 273. (S. diesen Ber. IV. 303.).

Duchenne. Exposé des recherches électrophysiologiques. C. R. XXVIII. 672*.

— — Recherches faites à l'acide du galvanisme sur les propriétés vétales du système musculaire. C. R. XXVIII. 779*.

Brunner, Sohn. Ueber den Einfluſs des Magnetismus auf thierische Körper. Mitth. der Naturf. Ges. zu Bern. 1847. No. 97 u. 98, p. 81*; Arch. d. sc. ph. et nat. X. 5*.

Elektrotherapeutik.

Duchenne. Discussions des différents procédés auxquels on a eu jusqu'ici secours pour faire intervenir l'électricité comme moyen électrothérapeutic. C. R. XXVIII. 634. 672*.

Pétrequin. Galvanopuncture. C. R. XXIX. 411*.

Erregung in Thieren.

Matteucci. Nouvelles recherches sur l'électrophysiologie. C. R. XXVIII. 566*; Inst. No. 802, p. 155*; Phil. Mag. XXXIV. 440*; Fror. Not. X. 289*.

du Bois-Reymond. Notes sur les expériences concernant l'électricité développée par le fait de la contraction musculaire. C. R. XXVIII. 570*, 641*.

Despretz. Note relative au développement de l'électricité dans l'acte de la contraction musculaire. C. R. XXVIII. 653*; Inst. No. 804, p. 169*; Phil. Mag. XXXIV. 55*; Sill. Am. J. VIII. 406*.

Becquerel. Note relative au développement de l'électricité dans l'acte de la contraction musculaire. C. R. XXVIII. 663*; Inst. No. 804, p. 170*; Phil. Mag. XXXV. 53*; Sill. Am. J. VIII. 405*.

Matteucci. Observations sur les experiences de Mr. du Bois-Reymond. C. R. XXVIII. 782*; Inst. No. 808, p. 202*.

v. Humboldt. Note sur les espériences de Mr. du Bois-Reymond. C. R. XXIX. 3*; Inst. No. XVII. p. 210*.

Buff. Bemerkungen über die von du Bois-Reymond entdeckte elektromotorische Kraft der Muskeln. Lieb. u. Wöhl. LXX. 366*; LXXI. 239*; Inst. No. XVII. p. 840; XVIII. p. 48*; Phil. Mag. XXXV. 288*.

— — Deflection of the magnetic needle by the act of volition. Phil. Mag. XXXIV. 543*; Sill. Am. J. VIII. 404*.

Pappenheim. Réclamation de priorité. C. R. XXIX. 61*.

Ducros. Expériences électrophysiologiques. C. R. XXVIII. 677. 700. 790. XXIX. 16. 26. 57. 128. 151. 174. 214. 236*.

Strauss-Durckheim. Électroaimant représenté par les fibres musculaires. C. R. XXIX. 269*.

Schatzler. Ueber die wahrscheinliche Ursache der Wimperbewegung. Fror. Not. X. 220. 340*; Bibl. un. de Gen. 49.

Ecker. Beobachtungen über die Entwickelung der Nerven im elektrischen Organ von Torpedo Galvani. Zeitschr. f. wiss. Zool. I. 38; Arch. d. sc. ph. et nat. XI. 67*.

Der Bericht über diesen Abschnitt wird nachgeliefert werden, da der Berichterstatter durch längere Abwesenheit von Berlin verhindert gewesen ist, denselben zur rechten Zeit zu vollenden.

---

7. Elektrodynamik.

8. Elektromagnetismus, Magnetoelektricität und Induction.

KIRCHHOFF. Bestimmung der Constanten, von welcher die Intensität inducirter elektrischer Ströme abhängt. POGG. Ann. LXXVI. 412*.

HÄDENKAMP. Wirkung einer elektrischen Spirale auf ein in der Axe der Spirale liegendes magnetisches Theilchen. POGG. Ann. LXXVIII. 58*.

EDLUND. Untersuchungen über die beim Oeffnen und Schliefsen einer galvanischen Kette entstehenden Inductionsströme. POGG. Ann. LXXVII. 161*.

VERDET. Courants induits d'ordres superieurs. Inst. No. 834, p. 410.

THOMSON. Sur la théorie de l'induction magnétoélectrique. Inst. No. 790, p. 63*.

W. WEBER. Bemerkungen zu NEUMANN's Theorie inducirter Ströme. Leipz. Ber. 1849. p. 1*.

Apparate.

SINSTEDEN. Beiträge zur weiteren Vervollkommnung des magnetoelektrischen Rotationsapparates. POGG. Ann. LXXVI. 29. 195. p. 24*.

STÖHRER. Beiträge zur Vervollkommnung der magnetoelektrischen Rotationsapparate. POGG. Ann. LXXVII. 467*.

DUCHEUNE. Model et description d'un appareil électromagnétique à double courant. C. R. XXVIII. 635*. (Titel).

STODDARD. Magnetoelectrical torgential machine. SILL. Am. J. VII. 432.

KIRCHHOFF. Bestimmung der Constanten, von welcher die Intensität inducirter elektrischer Ströme abhängt. POGG. Ann. LXXVI. 412.

NEUMANN hat den Satz aufgestellt, dafs die elektromotorische Kraft des Stromes, der in einem Leiter inducirt wird, während der Leiter eines Stromes aus der Unendlichkeit her diesem bis zu einer bestimmten Lage genähert wird, = dem Produkt aus der Intensität des inducirenden Stromes, dem Potentiale der beiden Leiter in Beziehung auf einander, diese von der Einheit des Stromes durchflossen gedacht, und einer Constanten, ε, ist[1]);

[1]) Vergl. Berl. Ber. 1847. p. 453*.

für diese Constante habe ich eine Bestimmung gemacht. Die beiden Leiter waren 2 Drahtrollen, von denen die eine in die Höhlung der andern paſste; die kleinere war in der Richtung der gemeinschaftlichen Axe beweglich, und wurde aus einer Entfernung, die als unendlich betrachtet werden durfte, der andern genähert, bis ihre Mittelpunkte zusammenfielen. Für diese Lage wurde das Potential der einen in Beziehung auf die andere, beide von der Einheit des Stromes durchflossen gedacht, aus den gemessenen Dimensionen berechnet. Die Intensitäten des inducirenden und des inducirten Stromes wurden an demselben Galvanometer gemessen; dieses war auf folgende Weise möglich gemacht: aus den beiden Rollen, dem Multiplikator und einer Kette von 6 Daniellschen Elementen war eine Schlieſsung gebildet, und ein Punkt dieser zwischen Multiplikator und Kette mit einem zwischen den beiden Rollen durch einen kurzen Kupferdraht verbunden. Der Widerstand dieses Drahtes sei w; durch den Multiplikator ging dauernd ein Strom, dessen Intensität durch i bezeichnet werden möge, und durch den Ablenkungswinkel a gemessen wurde; in dem Augenblicke, in dem die eine Rolle der andern schnell genähert wurde, ging ein inducirter Strom durch den Multiplikator, dessen Intensität J heiſsen möge, und der einen Ausschlag A hervorbrachte. Ist P das berechnete Potential, so ergiebt sich aus den Gesetzen der linearen Stromverzweigung, daſs

$$\varepsilon = \frac{i}{J} \cdot \frac{w}{P}$$

ist. Was das Verhältniſs der beiden Intensitäten $\frac{i}{J}$ anbetrifft, so würde dieses, wenn die durch den geschlossenen Multiplikatordraht hervorgebrachte Dämpfung und der Luftwiderstand bei der Bewegung der Nadel vernachläſsigt werden könnte, den Ausdruck haben:

$$\frac{i}{J} = \frac{a}{A} \cdot \frac{\pi}{T},$$

wo T die Schwingungsdauer der Nadel bedeutet; die beiden angegebenen Gleichungen hätten dann zur Berechnung von ε dienen können. Die Dämpfung muſste aber berücksichtigt werden, und es war zweckmäſsig befunden, den Apparat etwas complicirter einzurichten, als er hier beschrieben worden ist, dadurch wurden die Formeln etwas verwickelter. Es wird hier die Auseinandersetzung des Gedankens der angewandten Methode und die Angabe des Resultates derselben genügen. Das Resultat war:

„Es ist die Constante $\varepsilon = 1$, wenn man als Einheit der Geschwindigkeit die Geschwindigkeit von 1000 Fufs in der Sekunde, und als Einheit des Widerstandes den Widerstand eines Kupferdrahtes von einer Quadratlinie Querschnitt und 0,434 Zoll Länge annimmt.

Prof. Dr. ***Kirchhoff***.

Hädenkamp. Wirkung einer elektrischen Spirale auf ein in der Axe der Spirale liegendes magnetisches Theilchen. Pogg. Ann. LXXIII. 58.

Herr Hädenkamp entwickelt unter der Annahme, dafs ein magnetisches Theilchen μ in der Axe der Spirale liegt, für die Wirkung, welche ein Spiralbogen s auf dasselbe nach der Richtung der Axe ausübt, die Formel

$$R = \frac{i\mu s}{bl}(\cos\varphi - \cos\varphi'),$$

worin i die Intensität des Stromes, b der Radius, l die Länge der Spirale ist und φ und φ' durch die Gleichungen $b = a \operatorname{tang}\varphi'$ und $b = (a+l)\operatorname{tang}\varphi$ bestimmt sind. Die Gröfse a in diesen Gleichungen ist die Entfernung des magnetischen Theilchens von der Grundfläche der Spirale. Für die ganze Spirale mit n Windungen ergiebt sich dann mit einiger Umformung

$$R = \frac{4n\pi i\mu}{l}\sin\tfrac{1}{2}(\varphi+\varphi')\sin\tfrac{1}{2}(\varphi'-\varphi).$$

Hierin ist $\frac{4n\pi i\mu}{l}$ für alle Spiralen gleicher Länge constant. Setzt man also den andern Faktor für eine Spirale $= N_1$, für eine 2te $= N_2 +$ etc., so ist für mehrere übereinanderliegende Spiralen

$$R = \frac{4n\pi i\mu}{i}(N_1 + N_2 + N_3 + \cdots).$$

Da die Wirkung einer Spirale, deren Axe auf dem magnetischen

Meridian senkrecht steht, und welche eine Magnetnadel um den Winkel u ablenkt, durch $\mu T \operatorname{tang} u$, ausgedrückt werden kann, wenn T der Erdmagnetismus und μ der Magnetismus der Nadel ist, so setzt der Verf., indem er für das magnetische Element in der Axe der Spirale eine Magnetnadel substituirt und die Axe der Spirale senkrecht gegen den magnetischen Meridian annimmt

$$\frac{4n\pi i\mu}{l}(N_1+N_2+N_3+\cdots) = \mu T \operatorname{tang} u,$$

woraus sich für dieselbe Stromstärke $\frac{\operatorname{tang} u}{(N_1+N_2+N_3+\cdots)}$ als constant ergiebt, wie sich auch a, d. h. die Entfernung der Nadel von der Grundfläche der Spirale ändern mag.

Die Unveränderlichkeit dieses Werthes hat der Verf. mit einer fünffachen Spirale von 68^{mm} Länge, deren mittelste Lage einen Radius von 30^{mm} hatte, experimentell zu bestätigen gesucht, bei der Berechnung der Beobachtungen jedoch nur N_3 als den mittleren Werth berücksichtigt. Die Werthe von $\frac{\operatorname{tang} u}{N_3}$ differiren für sechs verschiedene Werthe von $a = 435^{mm}$ bis $a = 200^{mm}$ nur von 580 bis 530.

Aufserdem findet der Verf. für die Wirkung einer Spirale auf ein magnetisches Theilchen von beliebiger Lage die allgemeinen Integrale, jedoch nur unter der Annahme, dafs die Windungen der Spirale gegen die Axe derselben senkrecht stehen. Für den speciellen Fall, dafs die Windungen nicht nur gleich grofs, sondern auch von der Grundfläche der Spirale, in welcher die Coordinatenaxen x und y liegen und das magnetische Theilchen angenommen wird, gleich weit entfernt sind, werden diese Integrale noch durch die elliptischen Funktionen ausgedrückt.

E. Edlund. Untersuchungen über die beim Oeffnen und Schliefsen einer galvanischen Kette entstehenden Inductionsströme. Pogg. Ann. LXXVII. 161.

Herr Edlund giebt in seiner Arbeit ein sinnreiches Mittel an, nicht nur die Existenz der Inductionsströme, welche beim

Schliefsen und Oeffnen eines galvanischen Stromes in dessen Leiter selbst entstehen, sicher nachzuweisen, sondern auch diese Ströme quantitativ zu bestimmen.

Stellt nämlich *fh* und *ge* das Doppelgewinde eines Magnetometers vor und seien *f* und *g* die einen, *h* und *e* die anderen zusammen auslaufenden Enden, und man verbindet den einen Pol *b* einer elektromotorischen Kette *A* mit *h* und *g* und den andern *c* mit *f* und *e*, so mufs der Strom des Elektromotors bei *A* sich bei *b* und *c* theilen und diese Theile in entgegengesetzter Richtung um die Magnetnadel schicken, nämlich in der Richtung *cfhb* und *cegb*. Befindet sich zugleich eine elektromotorische Kraft *d* zwischen *c* und *e*, so wird deren Strom, wenn die Kette bei *A* geöffnet ist, die Nadel durch beide Windungen in derselben Richtung umkreisen, z B. in der Richtung *dcfhbgcd*. Herr Edlund zeigt nun aus dem Ohmschen Gesetz, dafs die Wirkung dieser elektromotorischen Kraft *d* auf die Magnetnadel dieselbe bleibt, die Kette bei *A* mag offen oder geschlossen sein, wenn nur die Widerstände *r* und *r'* von den Zweigen *cegb* und *cfhb* so eingerichtet sind, dafs die Wirkung der Kette bei *A* auf die Nadel verschwindet. Befindet sich also bei *d* eine Induktionsrolle und in dem andern Zweige eine Einschaltung, welche die Widerstände *r* und *r'* in obiger Weise ausgleicht, ohne selbst zu einer Induktion Veranlassung zu geben, so kann sich, da auch in den Windungen des Magnetometers wegen ihrer gegenseitigen Lage die Induction sich aufhebt, nur die in *d* entstehende Induktion beim Schliefsen und Oeffnen an der Magnetnadel bemerklich machen, aus deren Ausschlage die Gröfse des Stroms sich bestimmt.

Zu Beobachtungen auf Grund dieses Gesetzes bediente sich Herr Edlund eines Magnetometers, dessen Windungen so weit waren und so breite Lagen bildeten im Vergleich zu den Dimensionen der Nadel, dafs wenn die zwei Hauptströme bei einer bestimmten Lage der Nadel in Bezug auf diese im Gleichgewicht waren, sie es auch bei jeder andern Lage der Nadel blieben, die überhaupt bei den Experimenten vorkommen konnte. Die Abweichungen der Nadel, welche mit einer dämpfenden Metallhülse versehen war, wurde mit einem Fernrohr beobachtet, wobei die Entfernung des Spiegels von der Scala auf einen Scalentheil etwa 40 Sekunden Ablenkung ergab.

Um die Stärke des Induktionsstroms zu bestimmen, bedient sich Herr EDLUND folgender Betrachtung. Sind r und r' in ihren Wirkungen auf die Nadel ausgeglichen und man fügt zwischen c und e einen Widerstand p ein, so macht die Nadel einen Ausschlag, der sei Sp und für eine andere elektromotorische Kraft bei A, $S'p$. Bezeichnet man die Undulationsströme, welche unter dieser Anordnung beim Oeffnen der Kette A durch die Drahtrolle d gehen, respective mit Jp und $J'p$, und sucht für diese vier Gröfsen ihre Werthe in Widerständen und elektromotorischen Kräften, so findet man, dafs $\frac{Sp}{S'p} = \frac{Jp}{J'p}$. Ist p sehr klein im Verhältnifs zu den übrigen Widerständen, so ist $\frac{Jp}{J'p}$ von dem Verhältnifs $\frac{J}{J'}$ derjenigen Induktionsströme, welche beim Oeffnen durch d gehen, wenn $p = 0$ ist, sehr wenig verschieden; bei den in Rede stehenden Versuchen betrug der Unterschied nicht zwei Procent. Es könnte also $\frac{Sp}{S'p}$ für $\frac{J}{J'}$ genommen werden.

Diesem Verfahren stellten sich aber Schwierigkeiten entgegen. Wenn nämlich r und r' ausgeglichen sind, so sind sie es wegen der Erwärmung der Leitungen nach kurzer Dauer des Hauptstromes nicht mehr; bei dem erwähnten Apparat betrug dies ungefähr drei Scalentheile. Die Rechnung lehrte, dafs diese geringe Ungleichheit dem oben ausgesprochenen Gesetze wenig Eintrag thut, und mehrere Versuche, in welchen ein an die Stelle von d substituirter Magnetinduktor die Nadel zum Ausschlag brachte, zeigte, dafs diese Ausschläge bei jedem beliebigen Widerstand in der ungetheilten Leitung cAb gleich waren, es mochten r und r' sich vollkommen ausgleichen oder eine Abweichung von 6 Scalentheilen zulassen.

Bei diesen Versuchen war trotz der Ungleichheit von r und r' die Ruhelage der Nadel doch immer nur vom Erdmagnetismus, und die Direktionskraft der Nadel vom Erdmagnetismus und der dämpfenden Kraft der Metallhülse abhängig, weil bei A keine Kette, sondern irgend ein anderer Widerstand oder Nichts eingeschaltet war. Wenn aber eine solche Ungleichheit von r und r' durch die Wirkung einer Kette bei A hervorgebracht wird, so schwingt die Magnetnadel zwar, wenn sie durch die Induktion beim Oeffnen der Kette in Bewegung gesetzt wird, nur unter dem Einflufs des Erdmagnetismus und der dämpfenden Kraft der Metallhülse, aber beim Schliefsen der Kette auch unter dem Einflufs der ablenkenden Kraft bei A. Ferner treffen unter diesen Umständen die momentanen Wirkungen beider Induktionsströme die Nadel nicht in der Gleichgewichtslage, welche ihr während der Schwingungen selbst zukommt. Herr Edlund zeigt defshalb einerseits, dafs die Nadel um die durch die Ablenkung erzeugte Ruhelage nach demselben Gesetze schwingt, nach welchem sie um die durch den Erdmagnetismus allein bedingte oscillirt; andrerseits macht er die Bemerkung, dafs die Geschwindigkeit, welche von dem momentanen Strom der Nadel in einer Lage, die um u Scalentheile von der nachherigen Ruhelage abweicht, ertheilt wird und die Nadel zu einem Ausschlage von u Skalentheilen bringt, dieselbe ist, welche die Nadel an der Stelle x hat, wenn sie in Folge eines Ausschlages u_1 ohne Einflufs fremder Kräfte zu dem Ausschlage u gelangt und dabei die Stelle x passirt. Für diese Geschwindigkeit h entwickelt er dann die Formel

$$h = \sqrt{m}\, e^{0,437nT}\left(u + 0,3\,x - 0,27\,\frac{x^2}{u}\right),$$

worin m die Direktionskraft der Nadel unter Einflufs des Erdmagnetismus, dividirt durch das Trägheitsmoment, u der Ausschlag, den die Nadel überhaupt macht und u der Punkt der Bewegung, für welchen die Geschwindigkeit h ist. nT ist experimentell bestimmt auf Grund der Gleichung $u_1 = ue^{nT}$, worin u_1 der Ausschlag, in Folge dessen der Ausschlag u entsteht, T die Dauer der ganzen Schwingung und n ein von der Dämpfung abhängiger Coëfficient ist. Versuche ergaben $e^{-nT} = 0,5333$.

Es kann demnach die Geschwindigkeit, welche der Induktionsstrom der Nadel ertheilen mufs, wenn sie zu dem Ausschlage u gelangen soll, berechnet werden, wenn man die Abweichung x kennt, bei welcher die Wirkung des Induktionsstroms die Nadel trifft. Diese Geschwindigkeit ist dann das Maafs des inducirten Stroms. Versuche, welche die Gleichgewichtslage bei geschlossener Kette, den Ausschlag beim Oeffnen, die Gleichgewichtslage bei geöffneter Kette, den Ausschlag beim Schliefsen und dann wieder die Gleichgewichtslage bei geschlossener Kette beobachten liefsen, gaben die Elemente, aus welchen nach obiger Formel der Induktionsstrom beim Oeffnen und Schliefsen berechnet werden konnte. Der Hauptstrom selbst wurde gemessen durch die Abweichung der Nadel von der Gleichgewichtslage, wenn in *ce* ein Widerstand *p* (wie 1½ Meter Kupferdraht) eingeschaltet war.

Diese Versuche mit Strömen von verschiedener Stärke ergaben den Induktionsstrom beim Oeffnen etwas schwächer als beim Schliefsen. Indessen die Vermuthung, dafs dies Folge der Polarisation sei, welche während der Dauer des Stromes eintritt und mit derselben bis zu einer gewissen Grenze wächst, bestätigte sich, als durch ein anderes Beobachtungsverfahren die Zeit des Geschlossenseins abgekürzt wurde, und wurde zur Gewifsheit, als Sorge getragen wurde, dafs die Kette, selbst wenn sie für das Magnetometer geöffnet war, durch eine interimistische Schliefsung in gleichmäfsiger Thätigkeit blieb. Es zeigte sich dann zwischen dem Induktionsstrom beim Oeffnen und Schliefsen nur ein Unterschied von 0,14 Scalentheilen, der in die Grenzen der Beobachtungsfehler fällt.

Eine Berechnung der inducirten Ströme aus den inducirenden unter der Voraussetzung, dafs beide einander proportional sind, lieferte Werthe, welche von den beim Oeffnen beobachteten, also von dem Einflufs der Polarisation freien Induktionsströmen, höchstens um 0,5 Scalentheile differiren.

Schliefslich bestätigte Herr Edlund durch ein Experiment, dafs auch die Induktionsströme, welche durch eine blofse Variation des Hauptstroms entstehen, denselben Gesetzen folgen und auch die Art des Oeffnens und Schliefsens ohne Einflufs ist, so dafs also der Satz allgemein ausgesprochen werden kann:

Die beim Oeffnen und Schliefsen einer galvanischen Kette durch Einwirkung des Stromes auf sich selbst entstehenden Induktionsströme sind gleich stark und den inducirenden Strömen proportional.

Verdet. Ueber Inductionsströme höherer Ordnung. Inst. No. 834, p. 410.

Um die inducirten Ströme zweiter Ordnung, von denen der Entdecker Henry die Ansicht ausspricht, dafs sie aus je zwei aufeinander folgenden entgegengesetzten Strömen zusammengesetzt sind, in dieser Hinsicht zu untersuchen, leitete Herr Verdet einen intermittirenden Strom durch den einen Draht einer Induktionsspirale und richtete es mit Hülfe eines Commutators so ein, dafs in dem zweiten Draht nur die inducirten Ströme erster Ordnung zu Stande kamen, welche beim Oeffnen des Hauptstroms entstehen. Diese inducirten Ströme erster Ordnung leitete er durch den einen Draht einer zweiten Induktionsspirale und untersuchte nun die dadurch in dem andern Draht der zweiten Induktionsspirale erzeugten Induktionsströme zweiter Ordnung durch die Gasentwickelung in einem eingeschalteten Voltameter. Das im Voltameter entwickelte Gas war in beiden Gläsern eine Mischung aus Sauerstoff und Wasserstoff, wenn auch (wie leicht zu erklären) nicht immer nach demselben Verhältnifs, während ein in dem Induktionsstrom erster Ordnung angeschaltetes Voltameter Sauer- und Wasserstoff streng getrennt lieferte. Hiermit bestätigte sich also die Ansicht Henry's, dafs jeder Induktionsstrom zweiter Ordnung aus zwei einander folgenden Strömen entgegengesetzter Richtung besteht.

C. G. Jungk.

Thomson. Ueber die Theorie der magnetoelektrischen Induction. Inst. No. 790, p. 63.

Diese Notiz enthält nur die Angabe, dafs Herr Thomson das Neumannsche Gesetz für die Intensität inducirter Ströme einzig aus dem Grundsatze ableitet: dafs die Arbeit, welche die zur Hervorbringung des Induktionsstromes nöthige relative Bewegung erzeugt, aequivalent ist dem mechanischen Effekt, der durch diesen Strom verloren geht.

Die Mittheilung des Herrn W. Weber ist ein Theil von dessen elektrodynamischen Maafsbestimmungen, mit denen sie im Zusammenhang im nächsten Bericht besprochen werden wird.

Sinsteden und Stöhrer. Ueber magnetoelektrische Rotationsapparate. Pogg. Ann. LXXVI. 29. 195. 524. LXXVII. 467.

Herr Sinsteden beschreibt die Wirkungen und die Construktion seiner, mit einem einzigen Magnet versehenen magnetoelektrischen Maschine, welche er den grofsen Stöhrerschen Maschinen in vielen Beziehungen überlegen findet. Die kreuzförmige Ankerplatte trägt vier Induktionsrollen, welche, je nach der Commutatorstellung als sogenannte Intensitäts- und Quantitätsinductoren gebraucht werden können. Bei schneller Drehung können in der Sekunde (wenn alle vier Inductoren wirken) 180 Funken erhalten werden, die sich zu zusammenhängenden Lichteindrücken vereinigen. Die Funkenerscheinungen unter verschiedenen Umständen werden beschrieben, auch ein physiologisch optisches Experiment; dem Beobachter erscheinen nämlich die Funken getrennt und nebeneinander, wenn er plötzlich den Kopf wendet, weil sie nun mit verschiedenen Stellen der Retina gesehen werden. Ein Platindraht von 3 Zoll Länge, und $\frac{1}{18}$ Linie Dicke glüht in der ganzen Länge weifs Eine vor mehr als einem Jahr ausgeglühte Ebenholzkohle verbrannte noch bei Einschaltung von 400 Fufs Kupferdraht mit lebhaftem Licht. Zwischen Platinelektroden von 1 Zoll Länge und $\frac{3}{4}$ Linien Breite wurde in 75 Sekunden ein Kubikzoll Knallgas entwickelt. Bei der Vergoldung von Silbergefäfsen, welche durch diese Maschine verrichtet wurde, zeigte sich eine starke Polarisationserscheinung; wenn nämlich das vergoldete Gefäfs und die drei gegenüberstehenden Goldblättchen durch die Inductionsrollen mit einander verbunden wurden, so zeigte sich ein lebhaftes Fünkchen. Gegen 200 solcher Funken konnten aus der sekundären Kette gezogen werden, ehe die Maschine wieder gedreht wurde. Herr Sinsteden geht näher auf die Gründe dieser kräftigen und jedenfalls interessanten Polarisation ein, die übrigens gar nicht überraschend sein kann, wenn man sich der Polarisationsstärke der Platinelektroden erinnert, welche etwa = 1,3 der Kraft einer GROVEschen Kette ist. Ein Elektromagnet von $2\frac{1}{3}$ Zoll Länge und $1\frac{1}{4}$ Zoll Dicke der Schenkel trägt, durch die Maschine erregt, einen Centner. Durch Hinzufügung eines dritten Induktorpaares konnte ein anderes Hufeisen auf $2\frac{1}{2}$ Centner Tragkraft gebracht werden. Die physiologischen Wirkungen waren der Art, dafs die Trennungsströme der beiden ersten Induktionsrollen ohne Moderireisen nicht ertragen werden konnten; der Strom des Intensitätsinduktors erregte Krampf im Schlunde und Erbrechen.

Es folgt nun eine Erörterung über das Herstellen von Stahlmagneten. Man darf denselben durch den Strich (während sie durch den Anker geschlossen sind) nicht mehr Magnetismus mittheilen, als die Coërcitivkraft des Stahles aus einander halten kann. Der Ueberschufs würde zwar durch das Eisen gebunden sein, aber beim Abreifsen des Ankers zum Indifferenzpunkt zurückkehren, und so gleichsam durch einen verkehrten Strich den Magnet schwächen. Man mufs nie einen schwachen Magnet auf einen starken legen, weil sonst der Magnetismus im ersteren geschwächt wird. Um daher einen Lamellenmagnet zu machen, lege man gleich nach dem Streichen zwei Magnete von möglichst gleicher Kraft zusammen, dann zwei auf zwei, vier auf vier u. s. f. Beim Auseinandernehmen eines Lamellenmagnets fanden sich immer eine oder mehrere Lamellen fast ohne allen Magnetismus. Herr SINSTEDEN wollte diese sich selbst bildende Erscheinung von vorn herein nachahmen, und legte zwischen die Lamellenbündel (von je vier Lamellen) Stahl- oder Eisenplatten von gleicher Gröfse, ohne aber mittheilungswerthe Resultate zu erlangen. In hartem Stahl durchdringt der Magnetismus nur träge die ganze Dicke der Lamelle, deshalb müssen die Magnete für Maschinen mit Eisenarmaturen, gleichsam Reservoiren des gesammten Magnetismus versehen sein. Tragmagnete müssen in der Mitte die dickste Lamelle haben, um auf den Traganker die gröfste Kraft auszuüben. Die Magnete für Maschinen müssen auf den kommenden und gehenden Eisenkern am meisten wirken, deshalb müssen sie oben und unten eine stärkere Lamelle haben. Die zusammengesetzten Magnete werden im Ganzen gestrichen. Man legt die Pole an die Pole eines starken Elektromagneten, unmittelbar, oder, wenn sie nicht passen, mit eisernen Zwischenstücken. Dann streicht man mit einem dicken Eisenstück vom Bogen des Stahlmagnets öfter über die Schenkel hinweg nach den Polen hin, schliefst die Kette mit einem dicken Kupferbogen, nimmt einen Draht der Spirale von der Kette ab, dann auch den Kupferbogen, schliefst wieder durch die Spirale, und wiederholt dieselbe Operation, je nach der Gröfse der Magnete drei bis zehn Mal. Darauf bringt man ein Stück Pappe oder Holz zwischen die Pole beider Magnete, und entfernt den Stahlmagnet langsam, so dafs seine Pole immer denen des Elektromagnets gegenüber bleiben. Erst in einer Entfernung von 1 bis 1½ Fufs legt man einen Anker vor. Die so erhaltene Tragkraft übertraf die nach der Häckerschen Formel zu erwartende. Derselbe Magnet nach der Eliasschen Methode als Ganzes behandelt erhielt dieselbe Tragkraft. Ein Magnet zeigt um so stärkere freie Kraft an den Polen, je mehr die entgegengesetzten Magnetismen an den Polen sich binden können. Es ist daher am vortheilhaftesten, diese Mitte recht breit, und von weichem Eisen zu machen. Mit Rücksicht auf die oben besprochene Unzweckmäfsigkeit des Uebersättigens der Magnete wird endlich noch über das Streichen mit vorgelegtem Anker gesprochen.

In Bezug auf die Eisenkerne fand Herr Sinsteden auch für die Maschine gut isolirte Drahtbündel allen anderen Kernen vorzuziehen, wiewohl Dove gerade das Gegentheil behauptet. Das Verfahren, gehörig solide Bündelkerne herzustellen, wird beschrieben. Der Örtlingsche Commutator wird dem Stöhrerschen vorgezogen; bei ersterem sind die Vorrichtungen zur Stromunterbrechung und zum Stromwechsel getrennt zu brauchen. Die halbkreisförmigen Metallstücke werden etwas kleiner als ein Halbkreis gemacht, die hölzernen etwas gröfser; die Federn dürfen nicht auf grofsen Flächen der Walzen aufliegen, sondern nur in einer schmalen Linie, damit sie nicht beide Metallstücke zugleich berühren können, was bei Stöhrer möglich ist, weil seine Metallstücke etwas mehr als einen Halbkreis betragen. Andrerseits dürfen auch nicht beide Federarme zu lange beide Holzstücke zugleich berühren. Beim Örtlingschen Commutator werden alle diese Uebelstände vermieden; wenn man den Oeffnungsstrom erzeugen will, so werden statt der gespaltenen Federn einfache eingesetzt, welche stetig am Metalle ihrer Walzen festliegen, während eine dritte Feder stetig den Trennungsstrom leitet, aber in alternirender Richtung. Das Resultat dieser Unterschiede ist, dafs die STÖHRERsche Maschine einem Elektromagnet nur eine bleibende Tragkraft von 18 Pfund verleiht, die hier beschriebene einem kleineren Hufeisen 260 Pfund.

In einem Nachtrage bespricht Herr SINSTEDEN die vortheilhafteste Lage der Induktoren gegen die Magnetpole, und gewinnt das Resultat, dafs in dem Falle, wo die gleichwirkende Kraft eines hydroelektrischen Stromes durch den eines Magnetoelektromotors ersetzt werden soll, die STÖHRERsche Einrichtung vorzuziehen ist, bei der die Induktoren den Polflächen gegenüberstehen, wenn es sich dagegen nur um die Hervorbringung starker Funken oder physiologischer Erscheinungen handelt, die PETRINAsche, bei der die Induktoren über den Schenkelflächen liegen.

Herr STÖHRER führt gegen diese Betrachtungen aus, dafs Herr SINSTEDEN seine Maschinen nicht im jetzigen Zustande ihrer Wirksamkeit vor Augen gehabt habe, sondern in dem vom Jahre 1843. Auch jene haben indefs weniger magnetisirten Stahl enthalten, als die SINSTEDENschen (jene 24 Pfund, diese 27). Sie übertrafen dieselben dabei an chemischer und physiologischer Wirkung, während auf die elektromagnetischen wenig Rücksicht genommen war. Als Herr STÖHRER Inductoren mit weniger dicken Windungen nahm, erhielt er auch mit seinem Commutator weit stärkere Elektromagnete; dagegen konnte ein solcher nur wenig Widerstand überwinden, und wird deshalb unbrauchbar zur Anwendung für die Telegraphie. Die neueren Maschinen übertreffen die älteren überdies bedeutend an chemischer, Licht- und physiologischer Wirkung. Herr STÖHRER beschreibt weiter seine verschiedenen Commutationsvorrichtungen, welche an den neueren Maschinen den von SINSTEDEN beschriebenen ähnlich sind, und berichtigt die von demselben über Commutation überhaupt ausgesprochenen Ansichten. Die Beschreibung fällt indefs zu sehr in das rein mechanische Gebiet, um an diesem Orte aufgenommen zu werden. In den Eisenkernen wird massives Eisen den Drahtbündeln vorgezogen; die Eigenschaft der letzteren, die Polarität noch wechseln zu können, brauche hier nicht zu Hülfe genommen zu werden, weil das Eisen, wenn man es durch Gegenüberstellen magnetischer Pole magnetisch macht durch seine Trägheit dem Magnetismus nicht solche Hindernisse entgegen zu stellen scheine, als bei der Magnetisirung durch eine Spirale. Die Lamellen werden einzeln mit aufliegendem Anker an einem Elektromagnet gestrichen, nach jedem Strich wird der Strom unterbrochen, dann werden alle Lamellen mit ihren Ankern auf einander gelegt; nach mehren Tagen werden die Anker abgeschoben, und der ganze Magnet wird wieder an den Elektromagnet gebracht, dessen Strom 10 bis 12 Mal unterbrochen wird. Nach der letzten Unterbrechung wird der Anker angelegt. Die schädliche Einwirkung der Lamellen auf einander, namentlich die Bildung von Folgepunkten, fand Herr Stöhrer durchaus nicht bestätigt, nur müssen die Lamellen möglichst gleiche Härte und gleiche Form haben; sie brauchen aber gar nicht an allen Stellen gleichförmig auf einander zu liegen.

Stoddard. Elektromotorische Tangentialmaschine. Sill. Am. J. VII. 432.

Ein Apparat, in dem ein Leitungsdraht um einen Magnet rotirt. Der Leitungsdraht steht mit dem unteren Ende in einem zuleitenden Quecksilbernäpfchen, mit dem oberen rollt er an der inneren Seite eines Ringes entlang, der den senkrecht aufgehängten Magnet umgiebt, und die Leitung weiter führt.

Prof. Dr. *Beetz.*

A n h a n g.

Telegraphie und Kraftmaschinen.

Séguier. Note sur les télégraphes électriques. C. R. XXIX. 106*; Inst. No. 815, p. 261*; Dingl. pol. J. CXIII. 390*.

Highton. Improvements in electric telegraphs. Rep. of pat. inv. XIII. 133. 213*; Dingl. pol. J. CXIII. 13*.

Barlow. Improvements in electric telegraphs. Rep. of pat. inv. XIII. 341*; Dingl. pol. J. CXIII. 341*.

Gintl's ambulanter Telegraph. Dingl. pol. J. CXIV. 429.

Poole. Construction and working of electric telegraphs. Rep. of pat. inv. XIII. I. 69*.

Bockewell. Improvements in making communications from one place to another by means of electricity. Rep. of pat. inv. XIV. 65*.

Zur Geschichte der elektromotorischen Telegraphen. Berl. Gewbl. XXX. 247*; Eisenbahnz.

Brett. Elektromagnetischer Druckapparat. Berl. Gewbl. XXXI. 162*. Pol. Notizbl.

Amyot. Télégraphie électrique. C. R. XXVIII. 271. 295*.

Wishaw. On the present state of electrotelegraphy. Athen. 1143. 973*; Inst. No. 831, p. 392*; Arch. d. sc. ph. et nat. XIII. 51*; Rep. Brit. Ass.

Botto. Note sur un nouveau système de télégraphie électrique. Arch. d. sc. ph. et nat. XII. 310*.

Steinheil. Beschreibung und Vergleichung der galvanischen Telegraphen Deutschlands. Abh. d. Bair. Ac. V. 607*.

Stöhrer. Anwendung der magnetoelektrischen Maschinen und constanten Säulen zur elektrischen Telegraphie. Pogg. Ann. LXXVII. 485*.

Bemerkungen über galvanische Batterien und elektromagnetische Telegraphen. Berl. Gewbl. XXXI. 106*.

Jacobi. Ueber die Polarisation der Leitungsdrähte. Bull. d. St. P. VII. p. 1*; Arch. d. sc. ph. et nat. XI. 301*; Inst. No. 811, p. 231*.

Dujardin. Isolation des fils métalliques. C. R. XXVIII. 20*.

Drescher. Ueber die Fortleitung des Drahtes für elektrische Telegraphen. Pol. Centralbl. 1849. 1165*. Die elektromagn. Tel. Cassel. 1848.

Ricardo. Improvements in insulating and suspending the wires of eletric telegraphs. Lond. J. of a. XXXIV. 159*; Rep. of pat. inv. XIV. 1*.

Wishaw. Protection des communications du télégraphe électrique. Inst. 825, p. 327*.

Walker. Application of the galvanic circuit to on astronomical clock and telegraph register in determining local distances of longitudes and in astronomical observations generally. Sill Am. J. VI. 216; Astr. Nachr. XXVIII. 273*.

Loomis. On the determination of the difference of longitude by means of the electric telegraph. Phil. Mag. XXXIV. 303*. Inst. No. 802, p. 158*.

Locke. On the electro-chronograph. Sill. Am. J. VIII. 231*; C. R. XXXIII. 295*.

Garnier. Horloges électromagnétiques. C. R. XXIX. 189*.

Highton. Sur l'action de l'aurore boréale sur les télégraphes électriques. C. R. XXVIII. 46*; Inst. No. 784, p. 9*; Fror. Not. X. 26*; Arch. d. sc. ph. et nat. X. 121*.

Casselmann. Einflufs der Gewitter auf telegraphische Drahtleitungen. Pol. Centr. 1849. p. 1165*.

Barlow. On the spontaneous electric currents observed in the wires of the electric telegraph. Phil. Trans. 1849, p. 61*.

Baumgärtner. Existence de courants électriques décélée par les fils des télégraphes. Arch. d. sc. ph. et nat. XI. 37*; Inst. No. 811, p. 232*.

Hjorths. Electromagnetic engine. Mech. Mag. L. 409. 433*. Dingl. pol. J. CXIII. 425*; Pol. Centralbl. 1849. 899*.

9. Magnetismus.

a. Eisenmagnetismus.

Cam. Duteil. Ueber die Kenntnifs der alten Aegypter vom Magnetismus. Pogg. Ann. LXXVI. 302*; Inst. No. 787. 34*; C. R. XXVIII. 154*.

W. Thomson. A mathematical theory of magnetism. Phil. Mag. XXXV. 540*.

A. Delesse. Sur le pouvoir magnétique du fer et de ses produits métallurgiques. C. R. XXVIII. 35*. Inst. No. 786. 27*.

— — Sur le pouvoir magnétique des minéraux. C. R. XXVIII. 227*. 437*. Inst. No. 792. 76*. No. 796. 106*. Ann. d. ch. et d. ph. XXVI. 148*. Arch. d. sc. ph. et nat. X. 325.

— — Sur le pouvoir magnétique des roches. C. R. XXVIII. 498*. Inst. No. 798. 121*.

Durocher. Note sur le pouvoir magnétique des roches. C. R. XXVIII. 589*.

J. Reich. Beobachtungen über die magnetische Polarität des Pöhlberges bei Annaberg. Pogg. Ann. LXXVII. 32; Abh. d. Sächs. Gesellsch. d. W. Bd. I. No. VI.

Despretz. Note sur la déviation de l'aiguille aimantée par l'action des corps chauds ou froids. C. R. XXIX. 225*. Inst. No. 817. 273*.

Pouillet. Note historique sur divers phénomènes d'attraction, de répulsion et de déviation qui ont été attribués à des causes singulières et qui s'expliquent naturellement par l'action de certains courants d'air dont on n'avait pas soupçonné l'existence. C. R. XXIX. 245*.

Despretz. Réponse aux observations de Mr. Pouillet, lues dans la dernière séance de l'Academie. C. R. XXIX. 273*.

J. Dienger. Ueber die Gleichgewichtslage einer Magnetnadel, die unter dem Einflusse eines Magneten steht und über magnetische Curven. Grun. Arch. XII. 307*.

J. Frick. Vergleichende Versuche über das Magnetisiren des Stahls mit der Spirale von Elias und mit Elektromagneten. Pogg. Ann. LXXVII. 537*.

C. Woestyn. Phénomènes presentés par un barreau aimanté. C. R. XXVIII. 289*. 420*.

— — Note sur les aimants. Ann. d. ch. et d. ph. XXVI. 520*.

W. R. Grove. On the direct production of heat by magnetism. Phil. Mag XXXV. 153*; Sill. J. 1849. VIII. 266*; Pogg. Ann. LXXVIII. 567*; Fror. Not. XI. 81*; Arch. d. sc. ph. et nat. XI. 210. Athen. 1849. 1131.

Joule. Ueber den Einflufs, welchen die Magnetisirung auf die Gestalt der Eisenstäbe äufsert. Dingl. pol. J. CXIII. 392*; pol. Notizbl. 1849. No. 16.

A. Delesse. Ueber die magnetische Kraft des Eisens und seiner metallurgischen Produkte.

— — Ueber die magnetische Kraft der Mineralien.

— — Ueber die magnetische Kraft der Felsen.

J. Durocher. Bemerkung über die magnetische Kraft der Felsen.

F. Reich. Beobachtungen über die magnetische Polarität des Pöhlberges bei Annaberg (in Sachsen).

Um die magnetische Kraft der Eisenerze, der Mineralien und Felsarten im Allgemeinen zu untersuchen, wurden einzelne Stücke einer jeden der zu untersuchenden Substanzen gewählt, die von gleicher Dichte waren, dieselben hierauf zu Körnern von nahezu gleicher Gröfse pulverisirt, und dieses Pulver der Untersuchung unterworfen. Von einem Magneten wurde nämlich zuerst ermittelt, wie grofs das Gewicht des gröfsten Stahlstückes (Steyerschen Stahles) war, das er tragen konnte, und dieses als Einheit angenommen, seine magnetische Kraft bei der Untersuchung der magnetischen Metalle gleich 100, bei den Versuchen mit Mineralien etc. gleich 100,000 gesetzt. Die Pulver der einzelnen Substanzen wurden nun mit dem Magneten in Berührung gebracht, und bestimmt, wie grofs das Gewicht einer Substanz war, die vom Magneten noch angezogen wurde. Dieses Gewicht mit der Einheit verglichen, ergab die magnetische Kraft des zu untersuchenden Körpers.

Auf diese Weise hat Herr Delesse gefunden, dafs die magnetische Kraft des Gufseisens durch Pulverisiren um 30—50 Procent erhöht werden kann, dafs das reine Eisen, welches durch Reduction mittelst Knallgas gewonnen und in einem Strom dieses Gases abgekühlt wurde, gleich 100, jene des käuflichen Eisens 90—110, die des Nickels (?) 35 gesetzt werden konnte. Auf den in den magnetischen Metallen durch den angewendeten Magneten inducirten Magnetismus wurde bei Ermittelung jener Zahlen von Herrn Delesse nicht Rücksicht genommen. Ferner ging aus jenen Versuchen, welche mit Gufseisen, Schmiedeeisen, Eisenschlacke etc. gemacht wurden, hervor, dafs beim Eisen und Stahl die fremdartigen Beimischungen auf die magnetische Kraft gröfseren Einflufs ausüben, als die Bereitungsart jener Metalle selbst.

Aus den Untersuchungen, die Herr Delesse mit einer grofsen Anzahl von Mineralien anstellte, geht hervor, dafs die Bestandtheile eines Minerals dessen magnetische Kraft fast allein bestimmen und ändern. Je mehr Eisen und magnetische Metalle dasselbe enthält, desto gröfser ist seine magnetische Wirkung, und rührt sein Magnetismus von einem Gehalte an Eisen her, so ist letzteres im Mineral entweder als Protoxyd oder Sesquioxyd enthalten. Dasselbe bestätigt auch Herr Durocher. Jene Metalle, welche zum gröfsten Theile aus Kalk-, Kiesel- und Thonverbindungen bestehen, sind sehr wenig magnetisch, und zeigen hingegen in höherem Grade die diamagnetischen Erscheinungen. In solchen Mineralien, welche durch Erwärmung leicht elektrisch werden, wie Turmalin, Axinitete und die in der Regel schwach magnetisch sind, scheint es, dafs der Magnetismus von der Elektricität ganz unabhängig ist.

In derselben Weise, wie die Versuche mit den Mineralien vorgenommen wurden, hat Herr Delesse auch verschiedene Felsenarten auf ihre magnetische Kraft untersucht. Durch diese Untersuchungen wurden als magnetisch befunden: alte und frische Lava, die Trachyten (magnetische Kraft zwischen 1400 und 350), Trassoïd, Basalt (3000—1500), Basaltschlacke (820), Anamesit, Phonolith, Melaphyre, Serpentin, (2500 bis 430). Geringen Magnetismus besitzen: Perlit, Obsidian, Bimsstein (50), Dolerit, Hyperit, Euphotide, welche letztere nur magnetisch sind, wenn sie Eisenoxyd enthalten; ebenso die Varioliten, Dioriten, der Schalstein, die

Amphiboliten, Eurith und die compakten Feldspathe, dann Granit. Endlich bemerkt noch Herr Delesse, dafs die geschichteten Felsen sehr geringen Magnetismus besitzen, dafs dieser bei allen geschichteten Felsen einer und derselben Art von derselben Gröfse ist, und dafs die Gröfse der magnetischen Kraft für alle diese Felsarten bestimmte Grenzen nicht überschreitet. Ist die magnetische Kraft bei einem Felsen gröfser, so enthält derselbe Eisenoxydul, ist sie geringer, so gehört er zum Uebergangsgebirge; man kann daher den Magnetismus als charakteristisches Merkmal für die Felsarten, besonders für jene annehmen, deren Korn nicht mehr zur Bezeichnung ihrer äufseren Merkmale dienen kann.

Herr Durocher findet ebenso wie Herr Delesse, dafs die nicht geschichteten Gesteine ungleich magnetisch, die Granitfelsen sehr wenig magnetisch sind, indem die Magnetnadel selten durch den Einflufs der letzteren eine Ablenkung erfährt; ferner fand er bei Untersuchung von Diorit-, Trapp-, Basalt-, Pyroxen-, Porphyrgesteinen, Trachyten und Lava nur vier Exemplare bemerkbar auf die Magnetnadel einwirkend, während die Amphibolitfelsen sehr starken Magnetismus besitzen. Im Allgemeinen ist aber nach Herrn Durocher der Magnetismus der Felsen von drei Hauptbedingungen abhängig, nämlich von dem Eisengehalte, von dem Verhältnisse des Protoxydes zum Sesquioxyd dieses Metalles, welche in den Gesteinen enthalten sind und endlich von dem Gehalte der Verbindungen dieser Oxyde unter sich oder mit den Bestandtheilen der Felsen. Wiewohl die Messungen des Herrn Delesse keine vergleichbaren Resultate zulassen, so geht dennoch aus diesen Beobachtungen im Allgemeinen dasselbe hervor, was über Gesteinmagnetismus von andern Forschern schon gefunden wurde.

Die Beobachtungen des Herrn Reich am Pöhlberge bei Annaberg zeigen ebenfalls, dafs bei Basaltfelsen ein Gesteinmagnetismus vorhanden ist, und aus seinem Berichte geht weiter hervor, dafs, wenn nicht die Gesteine magnetisch sind, eine magnetische Kraft der Gebirge, denen sie angehören, nicht entdeckt werden kann. Aus den bisher über den Magnetismus der Felsen bekannt gewordenen Beobachtungen geht nämlich hervor, dafs man sowohl Gestein-, als Gebirgsmagnetismus annehmen müfste. Es sind aber die meisten Beobachtungen einmal zu nahe an den Bergen und dann an zu wenig Punkten für einen und denselben Berg angestellt worden, um entscheiden zu können, ob jene Berge nur einen lokalen Einfluſs auf die magnetischen Instrumente ausüben, oder selbst Polarität besitzen. Die Beobachtungen von SABINE (Report on the Oth meeting of the British association for the advancement of science. Vol. V. 97.) am Loch Scavig in Schottland zeigen, daſs die eruptiven Gesteine gröſsere Abweichungen der Magnetnadel bewirken, als die sedimentären. Auſserdem sind auch viele Störungen in gröſseren Entfernungen beobachtet worden, die auf die Wirkung des Gebirgsmagnetismus schlieſsen lieſsen, wenn die Anzahl der Beobachtungen sich auf viele Punkte auf verschiedenen Seiten der Felsen sich beziehen würde. Solche Beobachtungen wurden von HUMBOLDT am Heidelberge, von COOK in den Südseeinseln und im Nootka-Sunde (GILB. Ann. XXXV. 219. 237.), von LA PEYROUSE an verschiedenen Punkten von Teneriffa (GILB. Ann. XXXII. 81.), von BORDA am Krater vom Pic von Teneriffa, von LÖWENHORN auf Island (ZACH. monatl. Corr. 1800. 529; GILB. Ann. XXIX. 438.), PARRY in den nördlichen Eismeeren, HANSTEEN in Norwegen (Magn. d. Erde, Arch. 146; GILB. Ann. LXXV. 189; POGG. Ann. III. 225.), KREIL in Italien und in den Alpen, BUSSAT im Thale von SIOULE (FOURNET etc.), TREMBLEY auf dem Mont Cremont und dem Kirchthurme von Courmayeur (SAUSSURE, Voyage. Ausg. v. 1786. IV. 107.) vorgenommen, und es zeigt sich wohl hieraus, daſs Lava, Basalt-, Trappgesteine etc. Magnetismus besitzen, und daſs der Gesteinmagnetismus oft auf groſse Entfernungen wirken könne, wie dies besonders von JAMESON (Edinb. new. philos. Journ. 1831. 285.) und HANSTEEN bestätigt wird. Die von Herrn REICH vorgenommenen Beobachtungen am Pöhlberge sind nun in beiden Beziehungen vollständiger; sie wurden an 24 verschiedenen Punkten um diesen Berg herum vorgenommen und zwar in Entfernungen von 200 bis 300 Schritten vom Berge selbst. Die magnetischen Azimuthe dieser Punkte wurden durch eine Bussole von Herrn WEISS gemessen und die Resultate graphisch dargestellt. Wenn die einzelnen Beobachtungspunkte mit A, B, C... G bezeichnet werden, und die magnetische Deklination für $A = 0$ gesetzt wird, so ergiebt sich jene für *B* = 0, für *C* = 0°,5, für *D* = +0°,45, für *E* = —0°,25, *F* = —0°,2, *G* = —0,15, *H* = —0,25, *J* = —0°,2, *K* = —0,5, *L* = —0°,3, *M* = —0°,2, *N* = —0°,2, *O* = —0°,2, *P* = —1°,2, *Q* = —1°,5, *R* = —1°,3, *S* = —1°,2, *T* = —1°,2, *U* = —1°,2, *V* = —1°,2, *W* = —1°,2, *X* = —1°,1, *Y* = —1°,25. Hieraus ergab sich nun, obgleich das benutzte Meſsinstrument keine genauen Messungen zulieſs, die Zehntel eines Grades nicht mehr genau angab, daſs die magnetische Wirkung des Berges auf groſse Entfernung nicht mehr einwirkt, daſs eine Polarität dieses Berges nicht angenommen werden kann, und schien der Magnetismus von der Beschaffenheit des Gesteines, nicht aber von der Masse des Berges selbst abhängig zu sein. Um den Einfluſs der im Boden sowohl, als der in der Nähe der Beobachtungspunkte angehäuften Basaltblöcke im Allgemeinen zu ermitteln, wurde die Bussole auf einzelne in der Nähe von *E* befindliche, unregelmäſsige und säulenartige Basaltblöcke gestellt; hierbei konnte eine Ablenkung der Nadel bis zu 60°, ja sogar eine solche von 90° wahrgenommen werden, während jede Verrückung des Compasses einen ganz veränderten Stand der Nadel zur Folge hatte. In einer Höhe von vier Fuſs über diesen Säulen war der Einfluſs auf die Compaſsnadel schon sehr gering, indem an zwei solchen Punkten *a* und *b*, welche um vier Fuſs (die Höhe des Statives) über die Säulen lagen, die Abweichung in *b* nur um 1°,3 stärker war, als jene in *a*. Aus allen diesen Resultaten ergiebt sich also, daſs die magnetische Polarität der Basalte nur auf einzelne unregelmäſsig vertheilte Punkte beschränkt ist, schon in geringen Entfernungen wechselt, und auf groſse Entfernungen nicht mehr einwirken kann.

Ueber den Magnetismus der Mineralien und der Felsen ist die Literatur [1]) folgende:

Hermelin. Ueber das Verhalten des Magnetes in Gruben. Schwed. Abh. 1767. p. 329.

Mayer. Ueber die magnetische Kraft des Eisensumpferzes. Böhm. Gesellsch. d. Wiss. 1788. p. 238.

[1]) Eine Zusammenstellung hierüber findet man in Gehlers phys. Wörterb., neue Ausgabe. VI. 643. Rep. V. 256. 266. Pogg. Ann. LXXVII. 33.

Klapproth. Beiträge zur chemischen Kenntnifs der Mineralkörper. II. 142.

Hauy. Verzeichnifs der Mineralien, welche nach magnetischer Einwirkung Eisengehalt zeigen. Gilb. Ann. LXIII. p. III.

Fournet. Aperçus sur le magnetisme des minerais et des roches; Ann. de la soc. d'agriculture, histoire naturelle et arts utiles de Lyon 1848.

Gmemin. Ueber den Basaltberg in der Sibirischen Tartarei, in dessen Reise durch Sibirien. Göttingen 1752. IV. 344.

Wächter. Ueber den Magnetismus des Schnarcher, des Ilsensteins und der Hohen Klippen am Harze. Gilb. Ann. V. 376.

Hausmann. Ueber denselben Gegenstand. Crells chem. Ann. 1803. II. 207.

Jordan. Erklärung der magnetischen Erscheinungen am Harzer Granit. Gilb. Ann. XXVI. 256.

v. Zach. In Bode's astron. Abhandl.; Supplementband 1793. p. 263.

Freiersleben. Bemerkungen über den Harz. II. 46.

v. Arnim. Uebersicht der magnetischen nicht metallischen Stoffe. Gilb. Ann. V. 384.

Schröder. In seiner Abhandlung vom Brockengebirge. 1790. p. 75.

Lasius. Beobachtungen über das Harzgebirge. I. 86.

v. Humboldt. Ueber den Magnetismus des Haideberges. Allg. Literaturz. 1786. 169; 1797. 38. 68. 87. Neues bergmännisches Journ. I. 257. 542. Gren's neues Journ. d. Physik. IV. 136. Von Moll. Jahrber. III. 301. Gilb. Ann. IV. 451. V. 389. 393. Crell's chem. Ann. 1797. 100. Ueber magn. Thonporphyr in Peru. Gilb. Ann. XVI. 461.

Hardt. Ueber den polarisirenden Serpentin von Haideberg bei Zelle im Baireuthschen. Gilb. Ann. XLIV. 89. Moll's Jahrb. II. 403.

Bischof u. Goldfuss. Beschreibung des Fichtelgebirges. I. 496. Schweigg. Journ. XVIII. 297.

Flurl. Ueber magnet. Wirkungen auf einen Serpentinrücken bei Kretschenreuth, in dessen Schrift über Gebirgsformationen in den dermaligen Kurpfalzbayerischen Staaten. 1805. 42.

Galbraith. Ueber den Magnetismus von Arthur's-Seat. Edinb. new. philos. Journ. 1831. p. 287.

Zimmermann. Ueber magn. Serpentin vom Frankensteiner Schlofs bei Darmstadt. Gilb. Ann. XXVIII. 483.

Bouguer. Figure de la terre. Voy. au Pérou. p. LXXXIII.

Schulze. Ueber magn. Basaltfelsen der Eifel. Schweigg. Journ. LII. 221.

Reuss. Magn. Wirkungen an der hohen Wostroi im Böhm. Mittelgebirge. Schweigg. Journ. LIII. 236.

Blesson. Magnetismus und Polarität der Thoneisensteine. Gilb. Ann. LII. 272.

Zeune. Ueber Basaltpolarit. 1809. Allg. Lit. Zeit. Inst. 1805. 169.

v. Schlottheim. Ueber die Eigenschaft verschiedener Steinarten auf den Magnet zu wirken. Crell's chem. Ann. 1797. 105.

Nöggerath. Ueber die magn. Polarität zweier Basaltfelsen in der Nähe von Nürburg in der Eifel. Schweigg. Journ. LII. 221.

Gillet. Description d'un Feldspath rougeatre du Hartz, ayant les propriétés de l'aimant. Soc. phil. an. 6. p. 51.

Saussure. Voyage dans les Alpes. II. 291.

Brugmann's Beob. über die Verschiedenheiten des Magnets. Aus. d. Lat. von G. Eschenbach.

Berzelius. Analysen. Pogg. Ann. XXIII. 346. v. Kobell in Pogg. Ann. XXIII. 347.

Durocher. Sur le pouvoir magnetique des roches. C. R. XXV. 209. Bull. d. la soc. géologique, 2. sér. IV. 108.

Delesse. Sur le pouvoir magn. du fer et de ses produits metallurg. Ann. d. Mines. 4. ser. XIV. 81.

— — Sur le magnetisme polaire des minéraux et des roches. Ann. d. ch. et d. ph. XXV. 3. sér. 195; C. R. XXVII. 548.

Thomson. Ueber die mathematische Theorie des Magnetismus. Phil. Mag. XXXV. 540.

Herr Thomson berichtet, dafs es wünschenswerth, die Lehre vom Magnetismus einer neuen mathematischen Entwickelung zu unterwerfen, und hiebei anstatt der Hypothese der beiden magnetischen Fluiden die bis jetzt ermittelten Thatsachen und insbesondere die Erfahrungen Coulomb's [1]) zu benützen. Für diese neue Theorie könnten die von Poisson [2]) aufgestellten Principien zu Grunde gelegt werden. In einer Schrift (die übrigens nicht veröffentlicht ist) hat Herr Thomson die Elemente einer neuen mathematischen Theorie des Magnetismus niedergelegt, und wird in der Fortsetzung eine Originalabhandlung über magnetische Vertheilung, sowie über Inductionserscheinungen des Magnetismus und Diamagnetismus liefern.

[1]) Mém. 1, 2, 7. sur l'éctric. et le magnétisme. 1785. p. 569. 578. 1789. 455. Mem. sur le magnétisme, de la Meth. observ. sur la phys. 43. p. 249. Gren. n. Journ. d. Ph. II. 298.

[2]) Mém. d. l'Acad. 1821. p. 247. 448. Ann. d. ch. et d. ph. XXV. 113. 2. sér.

Woestyn. Erscheinungen, welche ein Magnetstab darbietet.
— — Notizen über Magnete. C. R. XXVIII. 289. 420. Ann. d. ch. et d. ph. XXVI. 520.

Durch die Versuche des Herrn Woestyn sollen die Thatsachen bestätigt werden, dafs, wenn zwei Magnete mit ihren gleichnamigen Polen in Berührung gebracht werden, der stärkere den schwächeren anzieht, während der Berührung eine Umkehrung der Pole im letzteren statt findet, und Folgepunkte erzeugt werden. Da aber diese Abhandlung nichts Neues enthält, so können sowohl der übrige Theil derselben, so wie auch jene Ansichten über die Entstehung der Folgepunkte, über den Akt der Magnetisirung etc. hier übergangen werden und es mag daher genügen, jenen Abhandlungen des Herrn Woestyn im Vorstehenden Erwähnung gethan zu haben.

Duteil. Ueber die Kenntnifs der alten Aegypter vom Magnetismus. C. R. XXVIII. 154.

Aus den bis jetzt gemachten Nachforschungen geht hervor, dafs die richtende Kraft, mit welcher die Erde auf leicht bewegliche Magnete wirkt, schon tausend und mehr Jahre vor unserer Zeitrechnung den Chinesen bekannt war [1]), und es läfst sich daher annehmen, dafs die Chinesen zuerst diese Eigenschaft der Magnete kannten [2]). In einem Briefe an Herrn Alexander v. Humboldt erwähnt nun Herr Duteil, dafs wenn auch die Aegypter die Magnetnadel nicht kannten, sie doch wenigstens von der Richtung der Magnetpole Kenntnifs haben mufsten, und dafs ihre Priester diese Kenntnifs benützten, um Amulette, in Form von mystischen Augen zu verfertigen, die in beweglicher Lage aufgehängt, sich nach der Richtung der Süd-Nordlinie einstellten. Solcher mystischen Augen fanden sich nämlich, da Herr Duteil das ägyptische Museum im Louvre inventarisirte, dreizehn, die aus einer eisenhaltigen Substanz gefertigt waren,

[1]) Humboldt's Kosmos. I. 187. 429. (Examen crit. de l'hist. de la Géogr. T. III. p. 36.).

[2]) Humboldt's Kosmos. II. 293. 468.

und von welchen fünf noch magnetische Polarität zeigten. Von diesen ist No. 111 (Nummer des Kataloges) gleichförmig braun, hat die Dichte 3,82, ist muthmafslich Eisenglanz, mäfsig stark magnetisch, und besitzt, an einen Coconfaden aufgehängt, eine östliche Abweichung von 25°; No. 88 hat dieselben äufseren Merkmale, und besitzt eine wesentliche Abweichung von 75°. No. 93 ist braun gefleckt, hat die Dichte von 3,77, besteht aus Eisenglanz, ist mäfsig stark magnetisch, und zeigt eine östliche Abweichung von 30°. No. 70 ist schwarz, von der Dichte 4,38, oxydulirt und schwach magnetisch, und zeigt eine östliche Abweichung von 5°; endlich No. 75 ist sehr schwarz und metallisch glänzend, hat eine Dichte von 4,98, ist schwach magnetisch, und zeigt eine westliche Abweichung von 10°, wenn es ebenso, wie die vorigen Exemplare, in der Mitte mit einem Coconfaden aufgehängt wurde. Die am Ende seines Berichtes von Herrn Duteil ausgesprochene Vermuthung, bezüglich des Ursprunges der Bussole, kann der oben gemachten Erwähnungen halber, keine weitere Berücksichtigung finden.

J. Dienger. Ueber die Gleichgewichtslage einer Magnetnadel, die unter dem Einflusse eines Magneten steht, und über magnetische Curven. Grun. Arch. XII. 307.

I. Denkt man sich aus zwei Punkten S und N, deren Entfernung $SN = 2L$ ist, Kreise mit demselben Radius a beschrieben, für diese die Centrallinie SN als Abscissenachse und die Mitte von SN, nämlich M als Ursprung der senkrechten Coordinaten, und bezeichnet man den Kreis von S mit S, den von N mit N, so ist bekanntlich für jeden Punkt von N:

$$(1.)\quad (x-L)^2+y^2 = a^2,$$

und für die Gleichung von S:

$$(2.)\quad (x+L)^2+y^2 = a^2.$$

Wenn nun eine Gerade $x=+b$, den Kreis N in V, und S in W schneidet, so sind die Gleichungen der Geraden NV und SW beziehungsweise:

$$(3.)\quad y = \pm\frac{\sqrt{(a^2-(b-L)^2)}}{b-L}(x-L)$$

und

$$(4.)\quad y = \pm\frac{\sqrt{(a^2-(b+L)^2)}}{b+L}(x+L).$$

Sucht man nun die Coordinaten des Durchschnittspunktes dieser beiden Geraden, und verbindet die erhaltenen Werthe so, daſs die Gröſse b wegfällt, so erhält man

$$(5.)\quad \frac{x+L}{\sqrt{(y^2+(x+L)^2)}}-\frac{x-L}{\sqrt{(y^2+(x-L)^2)}} = \frac{2L}{a},$$

die Gleichung einer Curve, welche man magnetische nennen kann, wenn NS die Achse eines Magneten darstellt, der auf einen beliebigen Punkt dieser Curve wirkt. Aus dieser Gleichung ersieht man nun, daſs wenn $-x$ statt x gesetzt wird, die Gleichung unverändert bleibt, ebenso, wenn man $-y$ statt y einführt, woraus also folgt, daſs diese Curve symmetrisch zu beiden Axen liegt; daſs ferner a eine willkürliche Constante ist, daher, wenn NS einen Magneten bedeutet, für diesen es unendlich viele magnetische Curven giebt. Bedeuten φ und φ' die Winkel, welche die auf einen beliebigen Punkt der Curve von N und S wirkenden Kräfte mit der Abscissenaxe bilden, so ist $\cos\varphi = \frac{x-L}{\sqrt{(y^2+(x-L)^2)}}$, $\cos\varphi' = \frac{x+L}{\sqrt{(y^2+(x+L)^2)}}$, daher

$$(6.)\quad \cos\varphi'-\cos\varphi = \frac{2L}{a}$$

eine constante Gröſse. Geht die Curve durch einen Punkt im Raume, und man legt durch diesen und NS eine Ebene, nimmt diese als Ebene der x und y, verfährt wie oben, und setzt die Abscisse jenes Punktes $= c$, seine Ordinate $= d$, so wird

$$a = 2L\cdot\frac{\sqrt{(d^2+(c+L)^2)}\sqrt{(d^2+(c-L)^2)}}{(c+L)\sqrt{(d^2+(c-L)^2)}-(c-L)\sqrt{(d^2+(c+L)^2)}},$$

welcher Ausdruck bei $c = x$ und $d = y$ unbestimmt wird.

II. Ist nun auſserhalb NS ein kleiner Magnet $ns = 2l$, der um seine Mitte C leicht beweglich ist, und nimmt man C als Ursprung der senkrechten Coordinaten, ferner CNS als Ebene der x, y, legt durch C die Abscissen parallel zu NS, dann die Achse der y gegen NS, setzt $(ns, x) = \alpha$, $(ns, y) = \beta$, $(ns, z) = \gamma$, sodann $Ns = \varrho$, $Nn = r$, $Ss = \varrho_1$, $Sn = r_1$, so wird

$$\varrho = \sqrt{((a-L-l\cos\alpha)^2+(b-l\cos\beta)^2+(l\cos\gamma)^2)} \text{ und}$$

$$\cos(\varrho, \chi) = \frac{a-L-l\cos\alpha}{\varrho},$$

$$\varrho_1 = \sqrt{((a+L-l\cos\alpha)^2+(b-l\cos\beta)^2+(l\cos\gamma)^2)} \text{ und}$$

$$\cos(\varrho_1, \chi) = \frac{a+L-l\cos\alpha}{\varrho_1},$$

wobei a und b die Constanten von M bedeuten sollen. Ist nun A die Gröfse der magnetischen Kraft in der Entfernung 1 wirkend, so wirken auf die kleine Nadel die vier Kräfte $\frac{A}{\varrho^2}$, $-\frac{A}{\varrho_1^2}$, $-\frac{A}{r^2}$ und $\frac{A}{r_1^2}$, und man hat daher aus $bl\cos\gamma\left[\frac{1}{\varrho^3}+\frac{1}{r^3}-\frac{1}{\varrho_1^3}-\frac{1}{r_1^3}\right] = 0$, $\cos\gamma = 0$, also $\gamma = 90$, daher bleibt die Nadel in Ebene (xy); und es ist $\sin\alpha = \cos\beta$; man hat also aus der dritten Gleichgewichtsbedingung:

$$(a\sin\alpha - b\cos\alpha)\left[\frac{1}{\varrho^3}+\frac{1}{r^3}-\frac{1}{\varrho_1^3}-\frac{1}{r_1^3}\right]$$

$$-L\sin\alpha\left[\frac{1}{\varrho^3}+\frac{1}{\varrho_1^3}+\frac{1}{r^3}+\frac{1}{r_1^3}\right] = 0,$$

woraus

$$\tang\alpha = \frac{b[(b^2+(a+L)^2)^{\frac{3}{2}}-(b^2+(a-L)^2)^{\frac{3}{2}}]}{(a-L)(b^2+(a+L)^2)^{\frac{3}{2}}-(a+L)(b^2+(a-L)^2)}.$$

Verlegt man das System parallel mit sich selbst nach M, setzt $a = x$, $b = +y$, $\tang\alpha = \frac{dy}{dx}$, so wird

$$\frac{dy}{dx} = \frac{y[(y^2+(x+L)^2)^{\frac{3}{2}}-(y^2+(x-L)^2)^{\frac{3}{2}}]}{(x-L)(y^2+(x+L)^2)^{\frac{3}{2}}-(x+L)(y^2+(x-L^2)^{\frac{3}{2}}},$$

welche Gleichung mit der in (5.) übereinkommt, wenn von dieser $\frac{dy}{dx}$ bestimmt wird [1]). Hierdurch kann man also die Gleichgewichtslage der Nadel bestimmen.

[1]) Man sehe Berl. Ber. II. 576.

W. R. Grove. Ueber direkte Wärmeerzeugung durch Magnetisirung. Phil. Mag. XXXV. 153.

Ein Versuch, den Herr Grove schon im Jahre 1845 veröffentlichte, führte ihn auf den Gedanken, es müsse beim Magnetisiren des Eisens eine Molekularveränderung stattfinden, in Folge welcher eine Molekularfriction in der ganzen Masse des Körpers eintritt, durch welche Wärme erzeugt wird. Bei jenem Versuche wurde nämlich in einer mit aufgelöstem Eisenoxyd gefüllten Glasröhre, welche mit einer Spirale umgeben war, durch welche ein elektrischer Strom ging, eine Veränderung der Flüssigkeit wahrgenommen, so lange die Kette geschlossen war: es schien nämlich die Flüssigkeit durchsichtiger zu werden, es entstand ein Aufblitzen in der Flüssigkeit. Um jene Vermuthung zu prüfen, wurde als Anker eines Elektromagneten ein cylindrisches Gefäfs aus weichem Eisen benützt, dasselbe mit Wasser gefüllt und mit schlechten Wärmeleitern umgeben, und es zeigte sich nun, während die Kette geschlossen und geöffnet wurde, dafs das Wasser eine höhere Temperatur annahm, als der Elektromagnet, während eine solche Erwärmung weder durch Mittheilung, noch durch Strahlung eintreten konnte. Aehnliche Wärmewirkungen zeigte eine weiche Eisenstange, die durch einen rotirenden Stahlmagneten magnetisirt, dann jedes magnetische Metall, das dieser Untersuchung unterworfen wurde, während bei nicht magnetischen Körpern solche Erscheinungen nicht wahrgenommen werden konnten. Es schliefst Herr Grove hieraus, dafs jede Magnetisirung von einer Temperaturerhöhung begleitet sei.

Joule. Ueber den Einflufs, welchen die Magnetisirung auf die Gestalt der Eisenstäbe äufsert.

Ueber die Versuche des Herrn Joule [1]) wurde bereits schon Bericht erstattet [2]).

[1]) Phil. Mag. XXX. 76. 225; Arch. d. sc. ph. et nat. IV. 398.
[2]) Berl. Ber. III.

Frick. Vergleichende Versuche über das Magnetisiren des Stahls mit der Spirale von Elias und mit Elektromagneten. Pogg. Ann. LXXVII. 537.

Die Magnetisirung von Stahlstäben durch Elektromagnete ist bekanntlich bis jetzt als die zweckmäfsigste erkannt [1]). Ein Mittel, durch welches man mit Leichtigkeit und Schnelligkeit sowohl gerade als hufeneisenförmige Stäbe stark magnetisiren kann, und wobei nicht leicht Folgepunkte entstehen können, wurde von Elias [2]) angegeben, und es besteht dies in der Anwendung einer Inductionsspirale, in welcher man den zu magnetisirenden Stab hin- und herschiebt. Eine Vergleichung dieser Methode mit der durch Anwendung von Elektromagneten hat nun Herr Frick vorgenommen. Die Spirale, welche letzterer anwendete, war von 3 Millim. dickem und 9 Meter langem Kupferdraht, die Höhlung des Cylinders hatte 45 Millim. Durchmesser und die Wandstärke, so wie die Länge derselben, betrugen 27 Millim.; der bei den Versuchen benützte Elektromagnet war 0,62 Meter lang, die Schenkel 27 Millim. dick, und auf diesen war ein 3 Millim. dicker Kupferdraht, von 9 Meter Länge, gewunden. Durch Anwendung von Grove'schen und Bunsenschen Ketten von verschiedener Gröfse und Zusammensetzung konnten schwache und starke Ströme für die Magnetisirung erzeugt werden. Aus vielen Versuchen ergab sich nun, dafs: *a*) bei nicht sehr grofser Stromstärke die Anwendung von Elektromagneten vortheilhafter, als jene der Spirale erscheint; *b*) bei geringer Stromstärke mittelst der Spirale das Umkehren der Pole in harten Stäben nicht immer möglich ist; *c*) beide Verfahren bei grofser Stromstärke gleiche Resultate liefern; *d*) bei schwachen Strömen unter Anwendung des Elektromagneten der Doppelstrich beibehalten werden kann; dafs aber *e*) bezüglich der Kraft und Zeit, welche man bei beiden Methoden nöthig hat, um das in jedem Falle nöthige Maximum zu erreichen, die Spirale von grofsem Vortheile ist.

[1]) Rep. II. 141.
[2]) Pogg. Ann. LXII. 249; Berl. Ber. II. 575.

Despretz. Ueber die Abweichung der Magnetnadel durch den Einflufs erwärmter oder abgekühlter Körper.

Pouillet. Geschichtliche Notizen über die verschiedenen Erscheinungen der Anziehung, Abstofsung und Ablenkung, welche eigenthümlichen Ursachen zugeschrieben werden, und welche ihre natürliche Erklärung in gewissen Luftströmungen finden, an deren Existenz man nicht dachte.

Despretz. Antwort auf die Mittheilungen des Herrn Pouillet. C. R. XXIX. 225, 245, 273.

Um über die Arbeiten von Ducros [1]) berichten zu können, stellte Herr Despretz eine Reihe von Versuchen an, durch welche der Einflufs der umgebenden Körper auf die astatische Nadel eines empfindlichen Galvanometers ermittelt werden sollte. Aus diesen Versuchen ergab sich, dafs wenn irgend ein Körper in die Nähe der Glocke eines Galvanometers oder mit dieser gar in Berührung gebracht wird, eine Abweichung der Nadel erfolgen kann, die von 5°, 10°, sogar auf 20° und noch viel höher kommen kann. So wird schon eine Ablenkung hervorgebracht, wenn man die Hand auf die Glocke des Galvanometers legt oder auch nur in deren Nähe bringt; ferner kann schon in gröfserer Entfernung eine auf eine Glasplatte gesetzte, brennende Wachskerze, eine auf Ziegelstein gelegte glühende Kohle eine gröfsere Ablenkung der Magnetnadel erzeugen. Aehnliche Ablenkungen konnten auch, jedoch in vermindertem Grade durch Eis von 0° hervorgebracht werden, wenn dieses mit der Glocke des Galvanometers in Berührung kam. Diese Erscheinungen veranlafsten Herrn Despretz, anstatt der Magnetnadeln, andere leichte Körper in Form von Nadeln aufzuhängen, wie Papier, Strohhalme etc. und der Untersuchung zu unterwerfen. Da nun hiebei dieselben Ablenkungen durch die Nähe erwärmter Körper wahrgenommen wurden, so schlofs hieraus Herr Despretz, dafs diese Erscheinungen nicht magnetischer Natur sind, sondern durch die strahlende Wärme jener Körper hervorgebracht werden, welche in die Nähe der Glocke des Galvanometers gebracht werden.

[1]) C. R. XXIX. 16. 26. 57. 128. 151. 174. etc.

Die Erklärung, welche Herr Despretz jenen Erscheinungen gab, hatte von Seite des Herrn Pouillet eine Berichtigung zur Folge. Letzterer berichtete nämlich, dafs schon im Jahre 1751 von Bertier im Gegenwart von Réaumur, le Roy, Nollet, Bouger, Guettard et Buache dargethan wurde, wie lange Nadeln aus Stroh und andern specifisch leichten Körpern, wenn sie an Seidenfäden aufgehängt und in einen Kasten eingeschlossen werden, durch Einwirkung einer Flamme und anderer erhitzter Körper, die in der Nähe des Kastens sich befanden, aus ihrer Ruhelage abgelenkt wurden [1]). Es wurde ferner von Fresnel im Jahre 1825 gezeigt, dafs, wenn man unter den Recipienten einer Luftpumpe zwei Scheiben an einen Coconfaden so aufhängt, dafs sie sich berühren, die Luft in der Glocke verdünnt, und hierauf in ihrer Nähe vermittelst einer Sammellinse ein Sonnenbild erzeugt, eine Abstofsung beider Scheiben wahrgenommen werden kann [2]). Aehnliche Attractionen und Repulsionen wurden im Jahre 1826 von Lebaillif, dann in den Jahren 1827 und 1828 von Laigey [3]) durch zahlreiche Versuche bestätigt. Um auf den Grund dieser Erscheinungen zu gelangen, wurde von Herrn Pouillet schon im Jahre 1829 eine Reihe von Experimenten angestellt, die er übrigens nicht veröffentlichte, von welchen er aber die Resultate mittheilte [4]). Bei diesen Untersuchungen wurden die Körper sowohl in einer mit Luft erfüllten, als auch in einer luftverdünnten Glocke aufgehängt. Im lufterfüllten Raume wurden die Experimente dadurch angestellt, dafs in einer Büchse von 30—40 Centim. Länge, 20 Centim. Breite und 20—30 Centim. Höhe drei Strohhalme von 25—30 Centim. Länge mittelst eines Haares so aufgehängt wurden, dafs sie sich leicht in horizontalen Ebenen bewegen konnten. Durch die Torsionskraft des Fadens brachte man die Nadeln in parallele Lage. Die Büchse war an der Seite mit einem Glasfenster von 1 Decim. im Quadrate versehen. Wenn man nun dieser Oeffnung eine Kerzenflamme in einer Distanz von 2—3 Meter gegenüberhielt, so wurde die obere Nadel nach

[1]) Mem. de l'Acad. d. scienc. 1751. Hist. p. 38.

[2]) Bull. de la Soc. Philom. Juin 1825. p. 84.

[3]) Bull. de Ferussac. 1827. VIII. 287; 1828. IX. 87. 167. 239.

[4]) Ann. d. ch. et d. ph. 2. sér. XL. 196.

einer, die untere nach der entgegengesetzten Seite und die mittlere theils nach einer, theils nach der anderen Seite hin abgelenkt. Aehnliche Erscheinungen konnten nach Berührung der Büchse mit der Hand oder anderen erwärmten Körpern wahrgenommen werden, während beim Abkühlen der Büchse die Ablenkungen nach entgegengesetzter Seite erfolgten. Durch Anbringen einer Zwischenwand konnte die Einwirkung des Körpers auf die Strohhalme beseitigt werden. Aus diesen Beobachtungen ging also hervor, dafs durch die Luftströmungen in der Büchse, welche von den kälteren Stellen der Wände nach den wärmeren gingen, jene Erscheinungen erzeugt wurden. Um die Beobachtungen im leeren (luftverdünnten) Raume anzustellen, wurde ein Recipient einer Luftpumpe von 30—40 Centim. Länge und 20 Centim. Durchmesser horizontal gestellt, sodann mit einer eisernen Glocke verschlossen. Letztere war mit drei Röhren versehen, von welchen die eine zum Verdünnen der Luft im Recipienten, die zweite zum Aufnehmen erhitzter Metallstangen und die dritte dazu bestimmt war, mittelst Haaren die Strohhalme im Recipienten aufhängen zu können. Brachte man in die zweite Röhre, nachdem die Luft im Recipienten verdünnt war, erhitzte Eisenstäbe, so konnte man eine Abstofsung der Nadeln wahrnehmen. Diese Abweichung fiel aber nur klein aus, wenn man die Glocke mit der Hand berührte, oder wenn Eis in die Röhre gebracht wurde. Hieraus ging also wieder deutlich hervor, dafs jene Erscheinungen der Abstofsung, Anziehung und Ablenkung durch Luftströmungen hervorgebracht werden.

Diesen Mittheilungen des Herrn POUILLET folgten nun weitere Erörterungen von Seiten des Herrn DESPRETZ, aus denen hier aber nur entnommen werden soll, dafs der Einflufs der Luftströmungen auf die Pendelbewegung schon von CAVENDISH [1]) erkannt, und später von BAILY, dann von DU BOIS-REYMOND nachgewiesen wurde.

Der Einflufs der Luftoscillationen auf den Stand der Magnetnadel wurde im Jahre 1841 von LAMONT [2]) einer strengen Unter-

[1]) Phil. trans. 1798. p. 471.

[2]) Ueber das magnetische Observatorium der K. Sternwarte bei München, München 1851; Repert. VII. p. XXXIV.

suchung unterworfen. Es wurden hiezu mehrere Deklinationsinstrumente angewendet, von welchen jedes mit einer Magnetnadel, von 1 Gramme Gewicht, versehen war, die unter einer Glasglocke an einem Coconfaden aufgehängt wurde. Die Glocke war oben durchbohrt und an einem Messingdrahte aufgehängt, der Magnet trug in der Mitte einen kleinen Spiegel und aus der Glasglocke war ein Stück herausgeschliffen und ein Planglas eingekittet, durch welches man auf den Spiegel sehen konnte, während die untere Oeffnung der Glocke durch eine Glasplatte verschlossen war. Vermittelst eines Fernrohres von 7‴ Oeffnung konnte man nun an einer Skala von Glas, bei welcher die einzelnen Theile den Angularwerth von 30″ hatten, den Stand der Magnetnadel zu verschiedenen Zeiten im Laufe des Tages beobachten. Durch eine grofse Reihe correspondirender Beobachtungen, die im Mai 1841 in verschiedenen Lokalen der Sternwarte angestellt wurden, ergab sich, dafs jede Temperaturveränderung eine eingeschlossene Luftmasse in circulirende Bewegung versetzt; dafs diese Bewegung einmal zu Stande gebracht, lange Zeit andauert (immer abnehmend) und einen frei hangenden Magneten von seiner wahren Richtung beständig nach einer Seite hin ablenkt; dafs endlich durch das Steigen und Fallen der Temperatur des Beobachtungsraumes der Stand der Magnetnadel stets geändert wird. Den Einflufs der Luftoscillationen auf den Stand der Magnetnadel kann man nach Lamont erkennen, wenn man die Glocke, in welcher die Magnetnadel eingeschlossen ist, mit einem Tropfen Weingeist bespritzt. Es wird durch die Verdunstung des Weingeistes innerhalb der Glocke Kälte erzeugt, die anstofsenden Luftschichten fallen herunter, die oberen folgen nach, und es entsteht so nach einigen Minuten eine Strömung der Luft, welche die Nadel um 5′ ablenken kann, und obgleich immer schwächer werdend, noch nach ¾ Stunden einen merklichen Einflufs auf den Stand der Magnetnadel ausübt. Durch einen ähnlichen Versuch wurde auf Lamont's Veranlassung [1]) von Baily der Einflufs der Luftströmungen auf die Bewegung eines Pendels bestätigt (Mem. of the Royal astronomical Society, Vol. XII.). Es wurde nämlich von

[1]) Pogg. Ann. LXI. 101. 109.

Baily gezeigt, dafs das Torsionspendel seines Apparates, mit dem er die mittlere Dichtigkeit der Erde bestimmt hat, durch Luftströmungen längere Zeit nach einer Seite abgelenkt wird, wenn man den Pendelkasten mit einem Tropfen Weingeist bespritzt. Zur Beseitigung jener störenden Ursachen machte Lamont unter der Glocke Glasstreifen fest, wodurch die Magnete vor dem Einflusse der Luftströmungen geschützt wurden.

Prof. Dr. *Kuhn.*

b. Diamagnetismus.

R. Phillipps. On electricity and steam. Phil. Mag. XXXIII. 509. XXXIV. 502. XXXV. 490*; Inst. No. 819, p. 295*; Arch. d. sc. ph. et nat XII. 308.

Faraday. Experimental researches in electricity. Ser. XXII. On the crystalline polarity of bismuth and other bodies, and its relation to the magnetic form of force. Phil. Trans. 1849. 1*; Phil. Mag. XXXIV. 75*; Arch. d. sc. ph. et nat. XII. 89*; Sill. Am. J. VII. 425*; Inst. No. 189, p. 52*; Dingl. pol. J. LXI. 156*; Pogg. Ann. LXXVI. 144*; Athen. 1103. Dec. 16. 1848.

Plücker. Ueber die neue Wirkung der Magnete auf einige Krystalle, die eine vorherrschende Spaltungsfläche besitzen. Einflufs des Magnetismus auf die Krystallisirung. Pogg. Ann. LXXXI. 576*.

— — Ueber die magnetischen Beziehungen der positiven und negativen optischen Axen der Krystalle. Pogg. Ann. LXXVII. 477*; Phil. Mag. XXXIV. 450*; Inst. No. 816, p. 272*.

— — Ergebnisse fortgesetzter Beobachtungen in Betreff des Verhaltens krystallinischer Substanzen gegen den Magnetismus. Pogg. Ann. LXXVIII. 421*.

Wiedemann. Notiz über das elektrische Verhalten krystallinischer Körper. Pogg. Ann. LXXVII. 534*.

E. Becquerel. Recherches relatives à l'action du magnétisme sur tous les corps. C. R. XXVIII. 623*; Inst. No. 803, p. 161*.

Plücker. Ueber den Einflufs der Umgebungen eines Körpers auf die Abstofsung, die er durch einen Magneten erfährt. Pogg. Ann. LXXVII. 578*.

Bertin. Note sur les phénomènes de polarisation magnétique observés dans les verres trempés et dans les parallelopipèdes de Fresnel. C. R. XXVIII. 500*; Inst. No. 798, p. 123*.

Melloni. Sulle condizione della fiamma e de'fluidi elastici; con un appendice relativo all'effetto della compressione ne corpi diafani che producono la rotazione della luce polarizata per mezzo della calamite. Rend. d. Nap. V. 172*.

Plücker. Note sur un grand nombre de faits nouveaux du magnétisme et de diamagnétisme. C. R. XXVIII. 504; XXIX. 268.

WARD. On motion exhibited under the influence of magnetic and diamagnetic forces. Athen. 1844. p. 990*; Inst No. 833, p. 406*.

— — On a theory of induced electric currents suggested by diamagnetic phenomena. Athen. 1144, p. 990*; Inst. No. 830, p. 406*.

ÖRSTED. Sul diamagnetismo. Rend. d. Nap. No. 43, p. 93*. (S. diesen Bericht IV. 375.).

REUBEN PHILLIPPS. Ueber Elektricität und Dampf. Phil. Mag. XXXIII. 509; XXXIV. 502; XXXV. 490.

REUBEN PHILLIPPS unterwirft den Dampf in Bezug auf seine magnetischen und elektrischen Eigenschaften einer neuen umfangreichen und minutiösen Untersuchung. Die zuerst von FARADAY (Exp. res. 18 Ser.) und ARMSTRONG (Philos. Mag. Ser. III., XXII. 1; XXIII. 194.) angestellten Untersuchungen erfahren hierdurch viele Erweiterungen und Modifikationen. Die erste Abtheilung behandelt die durch Dampf von beträchtlicher Condensation erzeugten magnetischen Wirkungen, die zweite die Erzeugung von statischer Elektricität. Der den Untersuchungen unterworfene Dampf wurde durch eine kleine ARMSTRONG'sche Elektrisirmaschine gewonnen, deren Condensator im Allgemeinen nicht mit Wasser gefüllt war.

Zur Untersuchung der magnetischen Eigenschaften des Dampfes wurde ein höchst empfindliches astatisches Nadelpaar angewandt, welches bei der gröfsten Leichtigkeit (Nähnadeln waren durch einen Papierstreifen verbunden und an einem einfachen Coconfaden aufgehangen) eine Schwingungsdauer von 2 Minuten zeigte. Dieses Nadelpaar wurde durch ein Mikroskop mit etwa 450 facher Vergröfserung beobachtet, während der Dampf durch Röhren von verschiedener Substanz, verschiedener Form und von verschiedenem Kaliber, oder auch in freier Luft sich aus dem Kessel in der Nähe dieses Nadelpaares vorbei bewegte. Die unmittelbaren Wärmewirkungen wurden durch einen grofsen und dicken Schirm von Zink abgehalten.

Strömte der Dampf von 35 Pfd. Druck aus einer kurzen engen ($\frac{5}{80}$ Zoll Durchmesser) Messingdüse durch eine viel längere, weitere ($\frac{9}{80}$ Zoll) Glasröhre nahe dem Nadelpaar vorbei, so wurde dasselbe so abgelenkt, als ob ein der Richtung des Dampfes gleichgerichteter elektrischer Strom an der Stelle der Glasröhre gewirkt hätte. Nach Wegnahme des gläsernen Ansatzrohres wurde dieselbe Wirkung erzielt, gleichviel ob der ARMSTRONG'sche Condensator trocken oder mit Wasser gefüllt war.

Dafs aber die hier gewonnene magnetische Wirkung kaum zum geringsten Theil von der in Bewegung befindlichen ARMSTRONG'schen Elektricität herrühren konnte, wurde folgendermafsen dargethan. Es wurde eine ARMSTRONG'sche Düse angeschraubt, der Condensator mit Wasser gefüllt und die gewonnene ARMSTRONG'sche Elektricität durch ein Galvanometer von gewöhnlicher Construction gesandt. Unter den günstigsten Bedingungen ergab sich eine Ablenkung der Galvanometernadel von 3°—4°. Nun wurde ein VOLTA'sches Element so vorgerichtet, dafs es an demselben Galvanometer dieselbe Ablenkung gab, und zugleich wurde der Strom desselben in der Entfernung des Dampfstrahles an dem hier benutzten Nadelpaar vorbeigeführt. Die an dem letzten beobachtete durch den VOLTA'schen Strom hervorgebrachte Ablenkung war aber weit geringer, als diejenige, welche der Dampf gab, mochte seine freie Elektricität gleich beim Austritt aus der Düse durch ein Drahtnetz abgeleitet worden sein, oder nicht. Die Ablenkung durch den Dampfstrahl war überdem gleich grofs, mochte die ARMSTRONG'sche Düse, oder die früher bezeichnete messingne Ausflufsröhre angewandt werden, obschon der Dampfverbrauch bei ersterer weit stärker war, als bei letzterer.

Die Analogie der Wirkung des Dampfes mit der eines elektrischen Stromes führte nun darauf, ihn in der Form einer Spirale dem Nadelpaar darzubieten. Eine 6 Fufs lange Zinnröhre von der Weite der obigen Glasröhre wurde zu einer Spirale von 6 Windungen aufgerollt, das eine Ende mit der Messingdüse verbunden „und die Windungen horizontal geordnet, wie die eines Galvanometers" (?). Durch diese Disposition konnte eine weit beträchtlichere Ablenkung wahrgenommen werden, als durch einen einfachen Dampfstrahl; schon bei einem Dampfdruck von etwa 5 Pfd. auf den Quadratzoll begann die Ablenkung und vermehrte sich mit dem Druck. Ein continuirlicher Dampfstrahl brachte eine gröfsere Ablenkung hervor, als der erste Stofs. Wurde nun aber die Spirale unmittelbar, mit Weglassung der Messingdüse, an dem Dampfkessel befestigt, so erhielt die Wirkung auf die Magnetnadel für verschiedene Dampfdrucke ein Maximum, das etwa bei 10—15 Pfd. auf den Quadratzoll lag. Bei einem Druck von 40 Pfd. war die Wirkung auf die Magnetnadeln kaum noch wahrnehmbar.

Dafs die Ablenkung der Magnetnadeln hauptsächlich von den Windungen hervorgebracht wurde, in welche der Dampf zuerst eintrat, zeigte folgende Abänderung des Versuches. Bei dem vorigen Versuch standen nämlich die Nadeln so, dafs die Spirale vorzüglich auf die unterste derselben wirken konnte. Wurden die Nadeln aber gehoben, so dafs die obere in die Ebene der obersten Windung, die untere in die der untersten Windung zu stehen kam, so brachten die ersten Dampfstöfse eine entgegengesetzte Wirkung hervor, als im vorigen Versuch beobachtet wurde; ein dauernder Dampfstrahl verminderte aber rasch die Ablenkung (jedenfalls deswegen, weil durch die gleichmäfsige Erwärmung der Spirale der Dampf in den verschiedenen Theilen derselben eine gleichmäfsigere Constitution erhielt).

Wurde ein Eisenkern, bestehend aus einem unmagnetischen Stück Flintenlauf, in die Spirale gelegt und befand sich seine Axe senkrecht auf der Richtung der Nadeln, so wurde eine mehr als doppelt so grofse Ablenkung beobachtet, als durch die Spirale allein. Mehre Abänderungen des Versuches zeigten, dafs die Vermehrung der Ablenkung nicht der erkältenden Wirkung des Eisenkernes auf den Dampf zuzuschreiben sei.

Aus folgendem Versuch geht hervor, dafs die Condensation des Dampfes nicht allein der Grund jener Ablenkung der Magnetnadel sei. Wurde nämlich die Spirale direkt an den Kessel befestigt und die (engere) messingne Düse an das Ende derselben gebracht, so strömte mehr Wasser als Dampf aus derselben. Dennoch aber war die Ablenkung mit und ohne Eisenkern genau so stark als früher.

Mit einer 9 Fufs langen und $\frac{1}{4}$ Zoll dicken Zinnröhre, die spiralförmig um einen Eisenkern gewunden war, konnten bei 40 Pfd. Dampfdruck auf den Quadratzoll Ablenkungen von 20° —30° erzielt werden.

Strömte Luft von derselben Temperatur als die umgebende, die in einem kupfernen Gefäfse bis zu 40 Pfd. Druck auf den Quadratzoll comprimirt worden war, durch die genannten Röhren, so konnte keine Ablenkung der Magnetnadel nachgewiesen werden.

Der Verf. meint nun aus diesen Versuchen schliefsen zu müssen, dafs eine Temperaturdifferenz nothwendig ist, um die magnetischen Effekte zu erzeugen. Die gröfste Wirkung des ersten Dampfstofses, so wie die einer engeren Ausflufsdüse, die in ein weiteres Rohr mündet, würden daraus erklärlich sein. Da die Versuche zeigen, dafs die magnetische Wirkung mit der Entwickelung von Reibungselektricität durch Dampf nichts gemein habe, ist der Autor zweifelhaft, ob er die Erscheinungen durch eine Contaktwirkung zwischen den benachbarten und in Bewegung befindlichen Wasser- und Dampftheilchen erklären soll, oder ob nicht überhaupt anzunehmen sei, dafs der Magnetismus, als irgend eine Funktion der gewöhnlichen Materie und des Aethers betrachtet werden müsse.

In dem zweiten Theile der Abhandlung (Phil. Mag. XXXV. 490.) wird die durch den Dampf hervorgebrachte statische Elektricität behandelt. Durch die angestellten Versuche glaubt sich der Verf. berechtigt, an der Annahme FARADAY's zu zweifeln, dafs diese Elektricität allein dadurch entstände, dafs die aus dem Dampfstrahl ausgeschiedenen Wassertheilchen an den Röhrenwänden sich reiben. Wäre dieses der Fall, so müfste nothwendig am Kessel sich eben so viel von der einen Elektricität ansammeln, als von der entgegengesetzten an einem Drahtnetz, welches in den Dampfstrahl gestellt wird, und die Elektricität des Dampfes aufsammelt. Es zeigte sich aber ganz im Gegentheil, dafs durch geringe Abänderungen der Versuche die Elektricität des Kessels positiv oder negativ werden konnte, dafs die Elektricität des Kessels eine sehr verschiedene Intensität von der des Dampfes hatte, ja sogar, dafs der Dampf sowohl als der Kessel positive Elektricität abgeben konnten. Trat nämlich der Dampf von 40 Pfd. Druck auf den Quadratzoll aus dem Kessel durch eine kurze Messingdüse in ein weiteres Glasrohr, war das Glasrohr am vorderen Ende mit Zinnfolie umwickelt und diese mit dem Kessel in leitende Verbindung gesetzt, so war der Kessel negativ elektrisch. Wurde aber die Verbindung zwischen dem Glasrohr und dem Kessel unterbrochen, so war das Instrument positiv und ein Collektor aus Drahtgase in dem Dampfstrahl war ebenfalls positiv. Wurde zwischen die Messingdüse und dem Kessel der Armstrong-sche Condensator gebracht, und die Glasröhre durch Draht mit der Düse verbunden, so zeigte sich die Glasröhre und der Kessel negativ, der Dampf positiv elektrisch; wurde aber der Condensator und die Glasröhre weggenommen, so wechselten die Elektricitäten bei einem gewissen Dampfdruck, bei höherem und niederem Druck waren sie aber wie vorher. Wurde der Condensator, die Messingdüse und die blos durch Kork und Kautschuck mit ihr verbundene Glasröhre angewandt und der Dampfstrahl 1 Zoll vom Ende der Glasröhre mittelst eines Drahtnetzes untersucht, so zeigte er sich negativ, in einer Entfernung von 1 Fufs war er aber positiv. Wahrscheinlich rührte aber die negative Ladung des Drahtnetzes von einer Reibung des Dampfes und der Luft an dem Metall desselben her. Mehr noch: strömte der Dampf unmittelbar aus der Messingdüse gegen ein 9 Zoll entferntes Drahtnetz und wurde dieses mit dem Kessel und mit einem Elektrometer in leitende Verbindung gesetzt, dann schlug dasselbe mit starker positiver Elektricität aus.

Wurde nun statt der Glasröhre ein Stück Flintenlauf vor die messingne Ausflufsdüse gestellt und durch Draht mit dem Kessel in Verbindung gesetzt, dann zeigte sich sowohl der Kessel als der Dampf mit positiver Elektricität geladen. Die Reibung gegen das Drahtnetz konnte jetzt keinen Einflufs auf die Elektricität des Dampfes ausüben, da der Strahl nur noch mit äufserst geringer Geschwindigkeit austrat, es müfste alsdann auch die Elektricität des Drathnetzes negativ sein. Wo aber war die jener positiven Elektricität entsprechende negative zu suchen? Es wurde ein Metallstreifen isolirt und seitlich in die Nähe des Dampfstrahles gestellt, so jedoch, dafs er von demselben nicht getroffen werden konnte, und dieser wurde mit einem sehr empfindlichen Elektroskop in Verbindung gesetzt. Dieses Elektroskop zeigte nun wirklich negative Elektricität an, und zwar wollte es scheinen, als ob es desto stärker ausschlüge, je mehr Wasser aus dem Dampf condensirt wurde.

„Diese Thatsachen vertragen sich nun sehr wohl mit der Ansicht, daſs die Wassertröpfchen positiv, die gasförmige Materie aber negativ geladen ist. Wenn daher ein Dampfstrom durch eine Röhre geleitet wird, oder ein Drahtnetz berührt, dann werden die Wassertheilchen vom Dampf und von der Luft getrennt und hinterlassen dieselbe mit negativer Ladung."

Auch das Ansehen und der Ton des Dampfstrahles änderten sich, sobald die elektrischen Effekte auftraten, und zwar so, daſs sie mit der gröſseren oder geringeren Entladung von tropfbarem Wasser in Uebereinstimmung zu bringen waren.

Verf. schlieſst endlich aus diesen Versuchen, daſs, wenn Wassertheilchen durch eine Dampfwolke geschleudert werden, dieselbe die positive Elektricität (der in der Dampfwolke befindlichen Dunstbläschen mit diesen) aufsammeln und die Gasmasse negativ elektrisch geladen zurücklassen. Hieraus erklären sich der Blitz, die positiv elektrische Ladung des Regens und Nebels, und die negative Ladung der oberen Regionen, welche besonders nach heftigen Gewittern hervortritt. Die oberen Luftschichten der heiſsen Klimate seien sonach besonders stark mit negativer Elektricität geladen. Indem sie nach den Polen abflieſsen, führen sie diese Ladung mit sich nach jenen Regionen. Und wenn nun Nebelmassen sich dort bis zur Höhe dieser Luftschicht erstrecken, dann leuchten sie durch die allmälige Entladung derselben und zeigen so das Phänomen des Nord- und Südlichtes.

Es ist zu bedauern, daſs vorliegende Abhandlung nicht mit Figuren begleitet wurde. Manche dunkle Stelle, die natürlich auch hier dunkel bleiben muſste, hätte durch wenig Linien besser aufgehellt werden können, als es durch weitläufige Beschreibung möglich werden konnte.

M. Faraday. 22. Reihe von Experimentaluntersuchungen über Elektricität. §. 28. über die Krystallpolarisation des Wismuths und anderer Körper, nebst deren Beziehungen zur magnetischen Krystallform. Philos. Transact. 1849. 1.

Die vorliegende Versuchsreihe wurde angestellt, um einige anomale Erscheinungen zu erklären, welche Faraday bisweilen an Wismuthstangen beobachtete, die in Glasröhren gegossen worden waren. Jene Anomalien rühren nämlich von mehr oder weniger ausgebildeten Krystallen her, und finden in Folgendem ihre Erklärung. Wismuth ist ein dimorpher Körper; die in der Natur vorkommenden Krystalle gehören dem regelmäfsigen Systeme an, die künstlich dargestellten aber dem rhombischen. Wenn man nun einen künstlich dargestellten Krystall oder eine Gruppe von Krystallen an einem Seidenfaden im magnetischen Felde aufhängt, so nimmt dieselbe, unabhängig von der Form, eine ganz bestimmte Richtung an; es stellt sich nämlich eine Senkrechte zu den Hauptspaltungsflächen parallel zur Verbindungslinie zwischen den Magnetpolen. Die durch jene Senkrechte im Krystall gegebene Axe nennt Faraday die Magnekrystallaxe (Magnecrystallic axis). Ist der Krystall so aufgehangen, dafs diese Magnekrystallaxe in einer zur Aufhängeaxe senkrechten Ebene schwingen kann, so stellt sich der Krystall mit der gröfsten Kraft ein, fallen aber beide Richtungen zusammen, so verliert der Krystall dieses Einstellungsvermögen. Wird der Krystall geschmolzen, so stellt er sich nach dem Erkalten nur noch in Folge des Magnetismus der Form (Diamagnetismus) ein, die Wirkung der Magnekrystallaxe ist aber verschwunden.

Aehnliche Erscheinungen wurden an Krystallen von Antimon, Arsen, Irid, Osmium, Titan, Tellur, schwefelsaurem Eisenoxydul und schwefelsaurem Nickeloxyd beobachtet, so dafs sowohl diamagnetische als magnetische Substanzen die Erscheinung zeigen. Die Magnekrystallaxe hat aber nicht in allen den genannten Substanzen dieselbe Lage, beim Eisenvitriol z. B. steht sie senkrecht auf den beiden Ebenen des rhombischen Prisma's. Bei Antimon wurden zugleich die schon früher (Exp. res. 2309) am Kupfer nachgewiesenen Revulsionserscheinungen beobachtet.

Dahingegen aber waren an Krystallen von Zink, Kupfer, Zinn, Blei, Gold, Diamant, Steinsalz, Flufsspath, Boracit, Kupferoxydul, Zinnoxyd, Zinnober, Bleiglanz und von andern Körpern die beschriebenen Erscheinungen nicht nachzuweisen.

Zum näheren Studium dieser Magnekrystallkraft wurden noch folgende Versuche angestellt: Ein Eisenvitriolkrystall, der viermal so lang als breit war, wurde an einem Seidenfaden aufgehangen. Nachdem er eine Ruhelage angenommen, wurde ein Eisenkern so gegen ihn gestellt, dafs seine Richtung den Winkel zwischen der gröfsten Längsausdehnung des Krystalls und der Magnekrystallaxe halbirte. Wurde nun der Eisenkern magnetisirt, so wich der Krystall derart zurück, dafs das Einstellungsvermögen der Magnekrystallaxe den Magnetismus der Form überwog. Die analoge Erscheinung wurde auch am Wismuth nachgewiesen.

Wurde ein Krystall an einer Torsionswage oder an einem 30 F. langen Pendel einem Magnetpole so dargeboten, dafs die Magnekrystallaxe parallel oder winkelrecht zur Axe des Magneten stand, so wurde kein Unterschied zwischen der Gröfse der Abstofsung in beiden Lagen nachgewiesen (Später hat jedoch Herr Tyndall einen solchen Unterschied beobachtet).

Die innigen Beziehungen dieser Magnekrystallkraft zu der von Plücker entdeckten Abstofsung der optischen Axen der Krystalle konnte dem grofsen Forscher nicht entgehen.

Im nächsten Gefolge dieser Untersuchungen finden wir nachstehende drei Abhandlungen von Plücker:

Plücker. Ueber die neue Wirkung des Magnets auf einige Krystalle, die eine vorherrschende Spaltungsfläche besitzen. Einflufs des Magnetismus auf die Krystallbildung. Pogg. Ann. LXXVI. 576.

Nach Faraday sollte eine Krystallplatte, welche in der Richtung der Magnekrystallaxe aufgehangen wird, **kein** Einstellungsvermögen (abgesehen von dem Magnetismus aus der Form) besitzen. Plücker hieng nun eine Wismuthplatte an einem Seidenfaden so auf, dafs die Ebenen der vollkommensten Spaltbarkeit horizontal lagen. Auf der Oberfläche der Platte zeichneten sich die drei anderen Spaltungsrichtungen durch feine Linien ab, die sich unter 120° durchsetzten. Dieser Versuch zeigte, dafs eine Richtung dieser Linien, welche besonders vorherrschte, sich äquatorial einzustellen strebte. Die Erscheinung war so, als ob neben der Hauptaxe noch eine zweite vorhanden gewesen wäre, die auf einer zweiten, weniger vollkommenen Spaltungsfläche senkrecht stünde.

Merkwürdigerweise verhält sich aber das Antimon nach Plückers Versuchen grade umgekehrt als nach Faraday's. Bei einem stark diamagnetischen Antimonblättchen wurde eine Abstofsung der Magnekrystallaxe mit Ueberwindung des Diamagnetismus der Form beobachtet. Beim Antimon steht nun die Hauptspaltungsfläche senkrecht auf der Verbindungslinie zwischen den beiden ausgezeichneten Ecken der Krystallform. Diese Verbindungslinie ist aber die optische Axe, es bestätigt sonach das von Plücker beobachtete Verhalten die Annahme einer Abstofsung der optischen Axen, bei Wismuth und Arsenik wird aber eine Anziehung dieser Axen anzunehmen sein, wenn nicht, wie es wahrscheinlich wird, die Richtkraft der Magnekrystallaxe „für ein specifisches Verhalten der Spaltungsfläche als solcher" spricht.

Wie nun die Hauptspaltungsflächen eines Krystalles eine bestimmte Lage zwischen den Polen annehmen, wenn er zwischen denselben frei beweglich aufgehangen wird, so nehmen nach Plückers Versuchen die Flächen auch dieselbe Lage an, wenn der Krystall zwischen den Polen eines thätigen Magneten entsteht. Plücker liefs Wismuth in einer Porzellanschale oder in einem ausgehöhlten Kohlenstückchen langsam im magnetischen Felde erstarren. Es zeigte sich nicht allein, dafs die Hauptspaltungsflächen vorzugsweise sich äquatorial orientirt hatten, sondern auch, dafs ein so gewonnenes Wismuthstück nach dem Erkalten zwischen den Polspitzen aufgehangen, dieselbe Lage einnahm, in der es erstarrt war. Wismuth, das in derselben ausgehöhlten Kohle entfernt vom Magneten erstarrte, stellte sich nur nach dem Diamagnetismus der Form ein.

Plücker. Ueber die magnetischen Beziehungen der positiven und negativen optischen Axen der Krystalle. Pogg. Ann. LXXVII. 447.

Der Verf. theilt in kurzen Aphorismen einige Erscheinungen mit, auf welche ihn fortgesetzte Versuche über die Wirkung des Magnetismus auf Krystalle führten. Wir finden hier zuerst, daſs die Axen optisch negativer Krystalle abgestoſsen, optisch positiver hingegen von den Magnetpolen angezogen werden. Die Magnekrystallaxe definirt der Verf. als diejenige Richtung, welche den Winkel der beiden optischen Axen halbirt. In optisch einaxigen Krystallen fällt sie mit der optischen Axe zusammen.

Versuche mit einem Cyanitkrystall haben gezeigt, daſs er sich in Folge der Richtkraft des Erdmagnetismus allein nach Norden stellt, und da seine magnetische Axe nicht mit der Längsrichtung des Krystalls zusammenfällt, kann er sogar so aufgehangen werden, daſs er nach dem astronomischen Nordpol zeigt. Der Krystall ist sogar polar, indem er immer dasselbe Ende nach Norden richtet, verliert aber zwischen den Polen eines Magneten temporär seine Polarität.

Plücker. Ergebniſs fortgesetzter Beobachtungen in Betreff des Verhaltens krystallisirter Substanzen gegen den Magnetismus. Bonn. 26 Nov. 1849. Pogg. Ann. LXXVIII. 421.

In der citirten Abhandlung begegnen wir einer weiteren Ausführung dessen, was in dem voranstehenden Briefe an Faraday mitgetheilt war. Es möge noch folgendes referirt werden. Dieselbe Polarität, welche Plücker früher am Cyanit nachwies, fand er auch am Augit und dem einaxigen Zinnstein. Eisenglanzkrystalle von Elba blieben in jeder Lage zwischen den Magnetpolen stehen, wenn sie darin eine Weile gehalten worden waren. Es ist dieses vielleicht eine Folge eines bestimmten Grades von Coërcitivkraft, die vielleicht auch dem Stahl durch eine gewisse Härtung ertheilt werden kann.

WIEDEMANN. Notiz über das elektrische Verhalten krystallisirter Körper. POGG. Ann. LXXVII. 534.

Verf. entdeckte zugleich mit PLÜCKER, dafs Wismuth, welches zwischen den Polen eines Magneten erstarrt ist, alsdann frei beweglich zwischen denselben aufgehangen, sich in diejenige Lage einstellt, in welcher es sich während des Erstarrens befand. Zugleich war er auf die Vermuthung gekommen, dafs die optischen Axen positiver Krystalle nicht abgestofsen, sondern von den Polen eines Magneten angezogen würden, und glaubte sich zu diesen Folgerungen berechtigt, weil eine auf solchen Krystallen gebildete elektrische Figur ihre kürzeste Ausdehnung in der Richtung der Krystallaxe hat (POGG. Ann. LXXVI. 404.). Die Einstellung der Krystalle im magnetischen Felde erklärt nämlich Herr Verf. daraus, dafs die Krystalle ein verschiedenes Leitungsvermögen für Elektricität nach verschiedenen Richtungen zeigen, dafs zwischen den Polen eines Magneten in ihnen Molekularströme inducirt würden, welche sich natürlich in der Richtung der besten Leitung bewegen, der Krystall müsse sich also so einstellen, dafs diese Richtung der besten Leitung äquatorial zu stehen komme.

EDMOND BECQUEREL. Ueber die Wirkung des Magnetismus auf alle Körper. C. R. XXVIII. 623.

PLÜCKER. Ueber den Einflufs der Umgebungen eines Körpers auf die Abstofsung die er durch einen Magneten erfährt. POGG. Ann. LXXVII. 578.

E. BECQUEREL untersucht die Wirkungen, welche ein mächtiger Elektromagnet auf die verschiedenen Körper ausübt, dadurch, dafs er dieselben in der Form von kleinen Cylindern an einer sehr empfindlichen Drehwage aufhängt, und die auf jene geäufserte Anziehung oder Abstofsung mit derselben mifst. Indem er die Substanzen mit verschiedenen Mitteln umgiebt, wundert er sich über den bedeutenden Einflufs der Umgebungen auf das diamagnetische oder magnetische Verhalten der geprüften Substanz, und wird sogar verleitet, folgende Schlüsse als die Resultate seiner Untersuchungen aufzustellen:

1) Alle Körper werden unter dem Einflufs eines Magneten derart magnetisch, wie das weiche Eisen, nur ist der inducirte Magnetismus bei verschiedenen Substanzen von verschiedener Intensität.

2) Die momentane Magnetisirung eines Körpers hängt nicht von der Masse desselben ab, sondern von der Art und Weise, wie sich der Aether in diesem Körper vertheilt findet.

3) Eine Substanz wird von einem magnetischen Centrum mit der Differenz der Wirkungen angezogen, welche auf die Substanz und dasjenige Volumen des umgebenden Mittels ausgeübt werde, das aus der Stelle gedrängt wird.

Um zu erklären, dafs weifses Wachs, Wismuth, Phosphor und andere Substanzen, im leeren Raume fast eben so stark zurückgestofsen werden, als im lufterfüllten, nimmt der Verf. an, dafs im leeren Raume immer noch der „Aether" als umgebendes Mittel wirke und dieses stärker angezogen werde, als die in ihm befindlichen genannten Substanzen.

Ein Vergleich des magnetischen Verhaltens durchsichtiger Flüssigkeiten mit der Gröfse der Drehung der Polarisationsebene, welche ein starker Magnet in ihnen hervorruft, zeigte, dafs die Drehung immer desto schwächer ausfiel, je stärker die Substanz vom Magnet angezogen, und desto stärker, je stärker dieselbe abgestofsen wurde. Eine genaue Proportionalität der Zahlen hat sich jedoch nicht ergeben.

Auch die Gase werden in Bezug auf ihr magnetisches Verhalten untersucht, indem die Wirkung des Magneten auf verschiedene feste Körper zuerst in luftleerem Raume und dann in demselben Raume untersucht werden, wenn er mit verschiedenen Gasen angefüllt war. Es zeigte sich, dafs Stickstoff, Stickoxydul, Wasserstoff und Kohlensäure keine wahrnehmbare Wirkung vom Magneten erfuhren, dafs aber Sauerstoff in starkem Grade magnetisch ist und atmosphärische Luft ebenfalls eine magnetische Wirkung ausübt, die jedoch nur $\frac{1}{5}$ von der des Sauerstoffes beträgt. Dasselbe Verhalten des Sauerstoffes stellte sich auch heraus, wenn er sich in den Poren von Kohle verdichtet hatte.

Ein mit Sauerstoff geschwängerter Cylinder, von sonst diamagnetischer Kohle, oscillirte zwischen den Stäben des Magnets, wie ein magnetischer Körper. Dahingegen wurde eine geringe Abstofsung wahrgenommen, wenn Kohlensäure oder Stickoxydul sich in der Kohle condensirt hatten.

Ein Vergleich der magnetischen Kraft des Sauerstoffes mit der des Eisens zeigt, dafs Sauerstoff $2\frac{1}{2}$ Mal so stark angezogen wird, als eine gleich schwere Menge von concentrirter Eisenchlorürlösung. Die Luftmasse, welche die Erde umgiebt, übt nach diesen Rechnungen eine eben so starke magnetische Wirkung, als eine Eisenschicht äufsern würde, welche in der Dicke von $\frac{1}{10}$ Millimeter die ganze Erde überzöge.

Diese Abhandlung des Herrn Becquerel rief eine nähere Erörterung Plückers hervor über die Erweiterung des archimedischen Princips für den Fall, wenn eine Flüssigkeit und ein in dieselbe eingetauchter Körper von zwei oder mehren Kräften angezogen (oder abgestofsen) werden, welche von verschiedenen Richtungen her auf dieselben einwirken. Diese Erörterungen eignen sich wenig zu einer auszugsweisen Mittheilung, daher Ref. nur die Hauptsätze und einiges auf die vorangehende Abhandlung Bezügliche folgen läfst.

„Die Anziehung eines magnetischen Körpers, der in eine magnetische (oder diamagnetische) Flüssigkeit eingetaucht wird, nimmt grade um so viel ab (oder zu), als die magnetische Anziehung (oder diamagnetische Abstofsung) der aus der Stelle getriebenen Flüssigkeit vor dem Eintauchen betrug. Die Abstofsung eines in dieselbe Flüssigkeit eingetauchten diamagnetischen Körpers nimmt, umgekehrt, grade um so viel zu (oder ab) als die magnetische Anziehung (oder diamagnetische Abstofsung) der aus der Stelle getriebenen Flüssigkeit betrug."

Das archimedische Princip erleidet aber folgende allgemeine Erweiterung:

„Wenn nicht speciell die Kraft der Schwere und diese allein, sondern wenn beliebig viele Kräfte, nach beliebigen Punkten Anziehung und Abstofsung auf die kleinsten Theilchen eines festen

Körpers und der ihn umgebenden Flüssigkeit ausüben, wie dieses zum Beispiel bei jedem Magneten der Fall ist, so erleidet der eingetauchte Körper eine Wirkung, die der Wirkung auf denselben Körper, wenn er im leeren Raume sich befände, weniger der Wirkung auf diejenige Flüssigkeit, die früher seine Stelle eingenommen hatte, gleich ist. Ebenso verhält sich's auch, wenn wir nicht die Totalwirkungen nehmen (deren jede im Allgemeinen einer resultirenden Kraft und einem resultirenden Kräftepaare zuzuschreiben ist), sondern diese Wirkungen, wie sie, nach einer gegebenen Richtung zerlegt, stattfinden."

Diese Gesetze lassen sich zur Anschauung bringen, wenn man ein gegen den Magnetismus wenig empfindliches Aräometer (eine Glasröhre mit Quecksilber beschwert) in eine magnetische oder diamagnetische Flüssigkeit bringt. Wird dasselbe mit einer magnetischen Flüssigkeit umgeben, über einen Magnetpol gestellt, dann steigt es, unter dem Magnetpol sinkt es aber tiefer in die Flüssigkeit. In diamagnetischer Flüssigkeit verhält es sich umgekehrt. Zwischen den Magnetpolen bewegt es sich im ersten Falle dem nächsten Pole zu, im zweiten von beiden Polen fort.

Das archimedische Princip würde in dieser Erweiterung auch auf Gase Anwendung finden; daſs aber der leere Raum einen hydrostatischen Druck ausübe, kann nach diesen Principien nicht angenommen werden. Der in demselben von E. Becquerel hypothetisirte imponderabele Aether kann, eben weil er nicht an wägbare Materie gebunden ist, nicht die von demselben postulirte Wirkung hervorbringen. Die dort aufgestellte Hypothese ist also schon aus diesem Grunde falsch, und erweist sich als unhaltbar, will man sie an gewisse Folgerungen aus derselben, so wie an viele durch Versuche bekannte Thatsachen anzulegen versuchen.

Bertin. Ueber die magnetischen Polaritätsphänomene an rasch gekühlten Gläsern und Fresnelschen Parallelepipeden. C. R. XXVIII. 500.

Die von Bertin gemachten Beobachtungen sind in folgender Weise zusammengestellt:

1) Wenn die Molekularkonstitution des Glases durch Druck, Erhitzung, schnelle Kühlung so sehr geändert worden ist, dafs lebhafte Farben in polarisirtem Lichte auftreten, dann bringt der Magnetismus keine Aenderung dieser Farben mehr hervor.

2) Haben in einem Fresnelschen Parallelepiped vier totale Reflexionen eines polarisirten Lichtstrahles stattgefunden, dann wird die Polarisationsebene des reflektirten Strahles nicht mehr durch den elektrischen Strom getheilt (?), wenn auch die Parallelepipede aus einem für die Wirkung des Magnetismus sehr empfindlichen Glase geschnitten sind. Nur eine Vermehrung und Verminderung der partiellen Depolarisation, welche durch die Reflexion entsteht, wird noch hervorgebracht, deren Sinn und Gröfse von der Richtung des elektrischen Stromes und dem Azimuth der Polarisationsebene des reflektirten Lichtes abhängt. Was die letztere Funktion betrifft, so vermehrt ein rechtsdrehender Strom die Depolarisation in dem ersten, dritten ... Oktanten und vermindert sie im zweiten, vierten ...; der umgekehrte Strom bringt die entgegengesetzte Wirkung hervor. Die gröfste Differenz zwischen der Wirkung von zwei entgegengesetzten Strömen findet immer in der Mitte eines jeden Oktanten statt, d. h. von 45° zu 45°, wenn man in einem Winkelabstand von der Reflexionsebene um $22\frac{1}{2}°$ anfängt zu zählen. Die kleinste Differenz zeigt sich beim Beginn und Ende eines jeden Segmentes in folgender Weise: In den Azimuthen 0°, 90°, 180°, 270° wirken beide Stromrichtungen in demselben Sinne und mit der gröfsten Kraft; in der Mitte eines jeden Quadranten, also in 45°, 135°, 225°, 315°, wirken die beiden Ströme noch in demselben Sinne, aber ihr Effekt ist Null.

Melloni. Ueber die Beschaffenheit der Flamme und der elastischen Flüssigkeiten, mit einem Anhang über die Wirkung der Compression durchscheinender Körper, welche die Rotation der Polarisationsebene mittelst des Magnets erzeugen. Rend. d. Nap. V. 172.

Melloni referirt über die Untersuchungen Faraday's, betreffend das Verhalten der Flamme und der Gase im magnetischen

Felde (Fortschritte der Physik, Jahrg. 1847. S. 500). Faraday war zu der Annahme gekommen, dafs alle Gase diamagnetisch seien. Der Verf. glaubt sich hingegen zu dem Schlusse berechtigt, dafs alle Gase magnetisch seien. Ein entscheidender Versuch, meint derselbe, würde sich ergeben, wenn man eine Platinspirale mittelst des elektrischen Stromes unter Wasser erhitzte, und beobachtete, ob die aufsteigende erwärmte Flüssigkeit [1]) innerhalb des magnetischen Feldes eine axiale oder äquatoriale Tendenz erhielte. Verf. glaubt das erstere Verhalten weissagen zu zu müssen, obschon er den vorgeschlagenen Versuch nicht angestellt hat. Zeige sich aber eine axiale Tendenz innerhalb des sicher diamagnetischen Wassers, so wäre die magnetische Eigenschaft der Gase bewiesen. (Die Gase brauchten nur weniger diamagnetisch zu sein als das Wasser, so würden sie trotz der diamagnetischen Natur doch sich axial bewegen).

In einem Zusatz referirt Melloni über einen damals noch nicht veröffentlichten Versuch Matteucci's, durch welchen derselbe mittelst Compression verschiedener Gläser eine Drehung der Polarisationsebene, ähnlich der von Fadaday entdeckten Drehung durch den Magneten, nachgeahmt hat.

Plücker. Ueber eine grofse Zahl neuer Fälle von Magnetismus und Diamagnetismus. C. R. XXVIII. 504; XXIX. 268.

Herr Plücker hatte auf Veranlassung eine Zusammenstellung der von ihm entdeckten Erscheinungen im Gebiete des Magnetismus und Diamagnetismus der Akademie zu Paris übersandt. Da dieselbe jedoch den gesetzlichen Raum von 4 Seiten der Comptes rendus überschritt, wurden blofs die Randbemerkungen derselben abgedruckt, aus welchen wir so viel entnehmen, dafs über die meisten der daselbst besprochenen Gegenstände in unserer Zeitschrift schon referirt worden ist.

[1]) Jedenfalls soll nach des Verf. Vorschlag durch die Spirale eine Wasserzersetzung vorgenommen und beobachtet werden, welche Tendenz die aufsteigenden gasförmigen Zersetzungsprodukte im magnetischen Felde zeigen. Der Referent.

Ward. Ueber die Bewegung der Metalle unter dem Einflufs der magnetischen und diamagnetischen Kräfte.

— — Ueber die Theorie der durch Diamagnetismus inducirten Ströme. Inst. No. 833. p. 406.

Aus beiden Notizen ist nichts Neues zu entnehmen.

---

10. Erdmagnetismus.

C. Kreil. Ueber den Einflufs der Alpen auf die Aeufserungen der magnetischen Erdkraft. I. Bd. der Denkschriften der Wiener Akad., math. naturwissenschaftliche Klasse. Wien. Ber. V. 347.

H. Lloyd. Results of observations made at the magnetical Observatory of Dublin during the years 1840—43, first series, magnetic Declination. Transaction of the R. Irish Academy. Vol. XXII. P. I.

A. D. Bache. Observations at the magnetic and meteorological Observatory at the Girard College, Philadelphia 1840—45. Washington 1847.

J. A. Broun. Observations in Magnetism and Meteorology made at Makerstoun in Scotland in the Observatory of General Sir Th. Mak Dougall Brisbane, Bart. 1845—1846. Edinburgh 1849.

K. Koristka. Ueber den Einflufs der Höhe und der geometrischen Beschaffenheit des Bodens auf den Erdmagnetismus. Berichte über die Mittheilung von Freunden der Naturwissenschaften in Wien. VI. Bd. S. 139.

E. Plantamour. Observations météorologiques et magnétiques faites à l'Observatoire de Genève 1849. (tiré de la Bibliothèque Universelle).

K. Kreil und K. Jelinek. Magnetische und meteorologische Beobachtungen zu Prag. 8. Bd. Prag 1848.

Airy. Magnetical and meteorological Observations made at the Royal Observatory, Greenwich, London 1849.

A. Quetelet. Annales de l'Observatoire de Bruxelles. Th. VII. Bruxelles 1849*; Inst. 808, p. 204*. 818. p. 286*.

A. T. Kupffer. Annuaire météorologique et magnétique du Corps des Ingénieurs des mines. Année 1846. St. Petersbourg 1849.

A. B. Orlebar. Observations made at the magnetical and meteorological Observatory at Bombay. Apr.—Dec. 1845. Bombay 1846.

CH. LANGBERG. Magnetiske Jagttagelser paa en Reise i Christiansand-stift i Sommeren 1845. Nyt. Mag. Bind VI. p. 56*.

LAMONT. Ueber die Ursache der täglichen regelmäfsigen Variationen des Erdmagnetismus. POGG. Ann. LXXVI. 67*.

DE LA RIVE. Sur les variations diurnes de l'aiguille aimantée et les aurores boréales. Ann. d. ch. et d. ph. XXV. 310*; C. R. XXVIII. 51*; Phil. Mag. XXXIV. 286*; Arch. d. sc. ph. et nat. X. 297. XII. 222*.

BARLOW. On the cause of the diurnal variations of the magnetic needle. Phil. Mag. XXXIV. 344*; Arch. d. sc. ph. et nat. X. 299*.

SABINE. Remarks on Mr. DE LA RIVE's theory for the physical explanation of the causes, which produce the diurnal variation of the magnetic declination. Phil. Mag. XXXIV. 466*; Inst. 816, p. 296*.

NORTON. On the diurnal variations in the declination of the magnetic needle. SILL. Am. J. VIII. 35. 216. 350*.

SABINE. Contributions to terrestrical magnetism. Phil. Trans. 1849. 173*.

GROVE. On the orbitual motion of the magnetic pole round the north-pole of the earth. Athen. 1142, p. 935*; Inst. 821, p. 312*.

GOLDSCHMIDT. Beobachtungen der magnetischen Declination während eines Nordlichtes. C. R. XXVIII. 173*.

REICH. Beobachtung über die magnetische Polarität des Pöhlberges bei Annaberg. POGG. Ann. LXXVII. 32*.

RELSHUBER. Beobachtungen während des Polarlichts am 18. Okt. 1848. auf der Sternwarte zu Kremsmünster. Wien. Ber V. 2. 133*.

KREIL u. FRITSCH. Magnetische und geographische Ortsbestimmungen im österreichischen Kaiserstaat. Prag 1849. 4.

DOPPLER. Ueber bisher noch unbenutzte Quellen magnetischer Declinationsbeobachtungen. Wien. Ber. 1849. Heft 4, p. 249*.

— — Ueber eine Reihe Declinationsbeobachtungen. Wien. Ber. 1849. Heft 6 u. 7, p. 1*.

BACHE. Magnetische und meteorologische Beobachtungen in Philadelphia.

Ich halte es für zweckmäfsig, obiges Werk näher zu analysiren, weil dabei Gelegenheit geboten ist, auf die eigenthümlichen Verhältnisse, unter welchen in den nordamerikanischen Freistaaten wissenschaftliche Arbeiten zu Stande kommen, aufmerksam zu machen, und einerseits den lobenswerthen Eifer der Gelehrten, andererseits aber die Mängel des Systems zu berühren.

Das magnetische Observatorium in Philadelphia wurde im Jahre 1838 auf Kosten des Girard Collegiums (Universität) erbaut, und eine zweistündliche Beobachtung der drei magnetischen Componenten begann im Jahre 1840 unter der Aufsicht des Herrn Bache, desselben thätigen und einsichtsvollen Gelehrten, den die Regierung nach Hasslers Tod an die Spitze der Küstenvermessung gestellt hat. Die Beobachtungen sind mit einer einzigen kurzen Unterbrechung und mehreren Modifikationen nahe fünf Jahre fortgesetzt worden. Die Kosten zum Unterhalte der Assistenten wurden anfangs durch Subscription beigebracht, später theils von gelehrten Gesellschaften, theils von dem topographischen Bureau getragen. Die Beaufsichtigung und Leitung der Arbeiten übernahm Herr Bache unentgeltlich, ebenso erhielt Prof. Frazer keine Vergütung für die Mühe, die er der Anstalt mehrere Jahre hindurch, während Herr Bache anderweitig beschäftiget war, gewidmet hat. Dies zeigt nun alles von grofser wissenschaftlicher Regsamkeit und von einer höchst lobenswerthen Bereitwilligkeit, der Wissenschaft Opfer zu bringen; daneben wollen wir aber auch zugleich die Schattenseite etwas näher betrachten.

Das vor uns liegende Werk besteht aus drei Bänden, mit 3212 Seiten in grofs 8, und 87 lithographirten Tafeln in grofs Querfolio: der zweite und dritte Band hat kein Titelblatt und die Paginirung läuft ununterbrochen fort, als wenn die drei Bände zusammen gebunden werden sollten, so dafs man ein wahrhaft amerikanisches Buch, von ungefähr 12 Pariser Zoll in der Dicke, erhalten würde [1]).

Die Einleitung enthält eine Beschreibung des Observatoriums und der Instrumente, dann eine Angabe der Reduktionsconstanten, zum Theile jedoch ohne die nöthigen und wesentlichen Details, so dafs man da, wo offenbare Unrichtigkeiten vorkommen, aufser

[1]) Ich habe obiges, obwohl es nicht gerade einen wesentlichen Mangel bildet, nicht unerwähnt lassen wollen, weil ähnliche und zum Theil störende Unordnungen in amerikanischen Publikationen gar nicht selten vorkommen. Unter Anderm besitze ich einen Abdruck der magnetischen Beobachtungen von Cambridge, wo der Text (Einleitung) ganz ordentlich fortläuft bis pag. 88 und da mitten in einem Satze aufhört. Es folgen Tabellen bis pag. 144 und auf der 145sten Seite wird der pag. 88 abgebrochene Text wieder aufgenommen, ohne dafs sich hier, oder sonst irgendwo in der ganzen Schrift, eine Bemerkung fände, wodurch der Leser auf die vorgefallene sonderliche Unordnung aufmerksam gemacht würde.

Stand ist, sie zu berichtigen. So z. B. wird S. VI. der Werth eines Theilstriches des Bifilars zu 0,0000365 (die Horizontalintensität = 1 gesetzt) angegeben, während der bloſse Anblick der Beobachtungen zeigt, daſs jener Werth wenigstens doppelt so groſs sein muſs. Zu bemerken ist, daſs in den fünf Jahren nur zwei Bestimmungen des Werthes der Theilstriche gemacht worden sind, wobei die gefundenen Zahlen um ein volles Zehntel des ganzen Betrages von einander abweichen.

Die Untersuchung über den Temperaturcoëfficienten des Bifilarstabs, S. XV bis XXI., ist höchst unbefriedigend. Am Ende wird angenommen, daſs 1° Fahrenheit eine Aenderung in der Ablesung von 2,6 Theilstrichen hervorbringe (die einzelnen Beobachtungsreihen geben Werthe, die von 1,5 bis 3,1 gehen). Nun aber ist aus sonstigen Untersuchungen bekannt, daſs der Temperaturcoëfficient eines 25 pfündigen Göttinger Stabs zwischen 0,0009 und 0,0010 für einen Reaumurschen Grad beträgt, während die obige Bestimmung diesen Coëfficienten = 0,000213 geben würde.

Am Ende der Einleitung folgt ein Druckfehlerverzeichniſs, wo nicht weniger als vierhundert und fünfzig Druckfehler in den Tabellen und über einhundert Berichtigungen in den Lithographien angezeigt sind.

Die Beobachtungen selbst habe ich nicht näher untersucht, eben so wenig die am Ende gegebenen monatlichen Resultate, mit Ausnahme der Horizontalintensität, wovon ich mehrere Monate mit den gleichzeitigen Bestimmungen von Toronto verglichen habe. Man wird sich nach dem Obigen nicht mehr darüber wundern, wenn ich sage, daſs in der Form und Gröſse der Curven die Uebereinstimmung, die nach allen bisher gewonnenen Resultaten in der Wirklichkeit bestehen muſs, nicht vorhanden ist. Man vergleiche nur beispielsweise folgende Zahlen [1]).

[1]) Ich habe hier nicht einen einzelnen Monat, sondern einen ganzen Jahrgang genommen. Wenn bei einem ganzen Jahrgange die Uebereinstimmung so wenig befriedigend ist, so kann man sich vorstellen, daſs die Abweichungen bei den einzelnen Monaten sehr beträchtlich sein müssen. Die Reduktion ist durchgeführt mit den von Herrn Bache selbst gegebenen Constanten. Herr Sabine hat im I. Band der Toronto Observations die Terminalbeobachtungen von Philadelphia und Toronto verglichen und graphische Darstellungen der Declination und Intensität gegeben. Den Mangel an Uebereins-

Tägliche Bewegung der Horizontalintensität für das Jahr 1842 in Zehntausendstel ausgedrückt:

Göttinger Zeit	Philadelphia	Toronto
6h Morgens	4,6	8,3,
8 -	6,2	7,8,
10 -	7,2	9,0,
12 Mittags	8,9	9,6,
2 -	4,9	6,6,
4 -	0,0	0,0,
6 -	2,0	2,7,
8 -	6,7	11,9,
10 -	8,2	17,6,
12 -	5,6	14,9,
2 -	4,4	11,4,
4 -	3,8	9,8.

Ich muſs noch den häufigen und höchst nachtheiligen Assistentenwechsel erwähnen, und beifügen, daſs in dem Zeitraume vom 1sten Juni 1840 bis 30sten Juni 1845 nicht weniger als 38 Assistenten an den Beobachtungen Theil nahmen.

Ich gebe nun sehr gerne zu, daſs die angezeigten Mängel noch beseitigt werden können, eben so bin ich weit entfernt, dem verdienstvollen Gelehrten, der die Beobachtungen zu leiten hatte, jene Mängel beimessen zu wollen, dagegen muſs ich das in diesem Falle befolgte und in Amerika auch sonst nicht ungewöhnliche System, wornach ein bereits mit Geschäften überhäufter Gelehrter nebenbei, und ohne pecuniäre Entschädigung, noch weitläufige Arbeiten zu besorgen übernimmt, unbedingt verwerfen. Wenn eine wissenschaftliche Arbeit mit Erfolg ausgeführt werden soll, so muſs sie einem Gelehrten übertragen werden, der seine Zeit und Mühe darauf verwenden kann, und der auch dafür in entsprechender Weise entschädiget wird.

stimmung bei der Horizontalintensität hat er nicht beachtet, was leicht daraus zu erklären ist, daſs es hier vorzüglich nur um das gleichzeitige Steigen und Fallen sich handelt: dagegen sagt er von den Beobachtungen der Vertikalintensität (S. LXIX.) man nehme in den Curven für Toronto und Philadelphia so wenig Uebereinstimmung wahr, daſs er es nicht für unzweckmäſsig gehalten habe, sie lithographiren zu lassen.

Broun. Magnetische Beobachtungen in Makerstoun bei Edinburg.

Diejenigen, welche magnetische Beobachtungen in neuerer Zeit angestellt haben, können in zwei Klassen getheilt werden.

Die einen haben an bestimmte Vorschriften (solche findet man namentlich in den Resultaten des magnetischen Vereins von Gauss und Weber, in der Instruktion, welche die K. Societät in London publicirt hat u. s. w.) sich gehalten und hiernach ihre Instrumente aufgestellt, ihre Aufzeichnungen und Reduktionen ausgeführt.

Die Anderen haben mit Benützung dessen, was von früheren Beobachtern vorlag, die Instrumente und Methoden einer umständlichen Untersuchung unterworfen und an die Ergebnisse dieser Untersuchung, nicht an die Vorschriften allein, sich gehalten.

Inwiefern aus Arbeiten der erstern Art ein wissenschaftlicher Nutzen gezogen werden kann, will ich hier nicht näher erörtern; was aber die bisher gewonnenen Resultate betrifft, so rühren sie sämmtlich von Arbeiten der letztern Klasse her.

Hiezu gehören nun auch die Beobachtungen, welche Herr Broun von 1841 bis 1846 in Makerstoun angestellt hat und welche auf Kosten der K. Societät in Edinburg (der erste Band 1845, der zweite 1849) veröffentlicht worden sind. Es würde zu weit führen, wollte ich hier in Detail nachweisen, durch welche Mittel Herr Broun die Variationen sowohl als die absoluten Werthe der magnetischen Constanten zu bestimmen, und durch welche sinnreichen Einrichtungen er fremdartige Einflüsse zu erkennen und unschädlich zu machen gesucht hat.

Es genüge im Allgemeinen zu bemerken, dafs der Praktiker sehr viel Lehrreiches über die Erzielung richtiger magnetischer Bestimmungen, und der Theoretiker zuverläfsige Anhaltspunkte seiner Rechnungen und Spekulationen in den Arbeiten des Herrn Broun finden wird [1]).

[1]) Denjenigen, welche an der Untersuchung des Erdmagnetismus Interesse nehmen, wird es ohne Zweifel angenehm sein, zu erfahren, dafs Herr Broun in neuester Zeit die Leitung des magnetischen Observatoriums in Trevandrum (Hauptstadt des Radschah von Trancore in Ostindien, 8° nördlich vom Aequator) übernommen hat,

DE LA RIVE. Theorie der Variationen des Erdmagnetismus.
BARLOW. Ueber die magnetischen Variationen.
SABINE. Ueber die Theorie der magnetischen Variationen von DE LA RIVE.
LAMONT. Ueber die Ursache der täglichen magnetischen Variationen.
NORTON. Ueber die Variationen des Erdmagnetismus.
LLOYD. Ueber die Beobachtungen der Declination in Dublin.

Herr DE LA RIVE hat in einem ziemlich weitläufigen Schreiben an Herrn ARAGO die Resultate seiner Untersuchung über die tägliche Bewegung der Magnetnadel mitgetheilt: er nimmt dabei als wirkende Kraft die elektrischen Ströme an, welche in der Luft und auf der Erdoberfläche durch die Temperaturänderungen entstehen müssen. Wenn man einen Körper, ganz gleichgültig aus welcher Substanz, an dem einen Ende erwärmt, an dem andern erkältet, so geht die positive Elektricität von dem warmen Ende zum kalten und die negative Elektricität von dem kalten Ende zum warmen. Wenden wir diesen Satz auf die Atmosphäre an, so folgt, dafs das untere Ende eine Luftsäule, stets negativ, das obere stets positiv sein wird. Die so bestehende elektrische Spannung gleicht sich auf zweierlei Wegen aus, auf einem normalen Wege und auf einem abnormen. Was den normalen Weg betrifft, so mufs bemerkt werden, dafs die Leitungsfähigkeit der Atmosphäre am gröfsten an den Polen ist, weil dort eine feuchtere Luft die Erde bedeckt, und hiernach nimmt Herr DE LA RIVE eine Strömung in den obern Luftregionen vom Aequator zu den Polen an. Von den Polen strömt dann die Elektricität an der Erdoberfläche gegen den Aequator hin. Wir haben demnach einen geschlossenen elektrischen Strom in Norden und einen andern in Süden; als Grenze der beiden Ströme betrachtet Herr DE LA RIVE nicht den Aequator, sondern den Parallelkreis, in welchem eben die Sonne sich befindet.

und wir demnächst über die magnetischen Variationen am Aequator, wovon bis jetzt so wenig Zuverlässiges bekannt ist, nähere Kunde erwarten dürfen.

Die abnorme Ausgleichung der elektrischen Spannung der Atmosphäre geschieht durch Gewitter, Wasserhosen, stürmische Bewegung der Luft und durch das Nordlicht.

Herr de la Rive zeigt ferner, wie ein elektrischer Strom vom Aequator gegen den Nordpol das Nordende der Nadel nach Osten bewegen wird, während ein Strom vom Aequator nach dem Südpole in der südlichen Hemisphäre gerade den entgegengesetzten Erfolg hervorruft, wie ferner der Effekt mit dem Steigen der Temperatur proportional zunehmen, also zwischen 1 und 2 Uhr Nachmittags am gröfsten sein wird, ganz mit der Beobachtung übereinstimmend. Als einen auffallenden Beweis der genauen Uebereinstimmung zwischen seiner Theorie und der Erfahrung führt er ferner die Beobachtungen von St. Helena an, wovon Herr Sabine die Resultate bekannt gemacht hat, und zeigt, wie die Vormittagsbewegung der Nadel westlich geht, so lange die Sonne südlich vom Zenith jener Insel ist, und östlich, wenn die Sonne nördlich vom Zenith sich befindet.

Endlich erklärt er umständlich, wie das Nordlicht durch die elektrische Strömung entsteht, und führt als besonders merkwürdig die Thatsache an, dafs Herr Matteucci am 17ten Nov. 1848, während eines Nordlichtes eine starke Strömung in dem Telegraphendraht zwischen Ravenna und Pisa beobachtet hat.

Durch diesen Anlafs findet sich Herr Barlow (dessen Beobachtungen ich bereits in dem III. Bande der Berl. Berichte S. 555 erwähnt habe) bewogen, an seine im Jahre 1847 erlangten Resultate zu erinnern, und die Priorität der Entdeckung, dafs an der Erdoberfläche galvanische Ströme vorhanden sind, und diese Ströme die magnetischen Variationen erzeugen, für sich zu vindiciren. Er führt vielerlei Ergebnisse an, woraus ich nur hervorheben will, dafs die stärkste Strömung von Nordost nach Südwest sich gezeigt hat, und dafs eine Uebereinstimmung mit der Magnetnadel in so weit statt fand, als von Morgens 8 Uhr bis gegen Abend eine Strömung nach der einen Richtung, während der Nacht eine Strömung nach der andern Richtung sich einstellte, dafs aber einzelne auch ganz grofse Aenderungen der Strömung in den Drähten vorkamen, ohne irgend eine Bewegung der Deklinationsnadel zu erzeugen.

Endlich bemerkt Herr Barlow, dafs die K. Societät in London seine Ansichten über den Zusammenhang zwischen den erwähnten Strömungen und der täglichen Variation der Nadel nicht getheilt habe, woraus dann eine Verzögerung in der Publikation seiner Arbeit entstanden sei.

An die obigen Arbeiten reiht sich zunächst der Aufsatz des Herrn Sabine an, der als eine Kritik der Erklärung der täglichen Variationen von de la Rive zu betrachten ist.

Diese Erklärung, sagt er, sei zwar von der Art, dafs jeder der sich genauer mit den Bewegungen der Magnetnadel beschäftiget habe, sogleich ihre Unzulänglichkeit erkennen müsse. Gleichwohl sei zu befürchten, dafs eine Theorie, welche auf grofse Auctoritäten sich stützt, und mit voller Zuversicht unter Berufung auf „anerkannte Principien" und „unbestreitbare Thatsachen" vorgetragen werde, dennoch bei Vielen Eindruck machen möge, und aus diesem Grunde habe er sich zu einer näheren Besprechung derselben veranlafst gefunden.

Was die von Herrn de la Rive zu Grunde gelegte Hypothese, das Vorhandensein galvanischer Ströme in der Richtung vom Aequator zu den Polen, betrifft, so geht Herr Sabine auf eine nähere Prüfung ihrer Existenz nicht ein; sondern begnügt sich nachzuweisen, dafs die aus jener Hypothese abgeleiteten Sätze mit den Beobachtungsresultaten in entschiedenem Widerspruche stehen.

Zuerst betrachtet er die Beobachtungen von St. Helena: aus diesen hatte Herr de la Rive eine glänzende Rechtfertigung seiner Ansichten ableiten zu können geglaubt: nun stellt sich aber heraus, dafs sie gerade das Gegentheil beweisen. Der blofse Anblick der Zahlen lehrt nämlich, dafs der Uebergang von östlicher zu westlicher Bewegung nicht, wie es die Theorie fordert, da eintritt, wenn die Sonne das Zenith von St. Helena, sondern, wenn sie den Aequator erreicht.

Als einen zweiten Beweis von der Unzulänglichkeit der aufgestellten Theorie führt Herr Sabine die Beobachtungen vom Cap der guten Hoffnung an. Hier, obwohl die Sonne nie das Zenith erreicht, eben sowohl als in St. Helena, hat die Nadel im Sommer- und Winterhalbjahr entgegengesetzte Bewegung, während nach der Theorie die entgegengesetzte Bewegung nur dann zu Stande kommen kann, wenn die Sonne auf der entgegengesetzten Seite des Zeniths sich befindet [1]).

Ich habe mich ebenfalls mit dem Probleme der täglichen Variationen beschäftiget und dabei einen ganz eigenthümlichen Weg eingeschlagen, und ein Resultat erlangt, welches mit allen bisherigen Ansichten im Widerspruche steht. Was den eingeschlagenen Weg betrifft, so halte ich die Ueberzeugung fest, dafs es ganz und gar unzulässig sei, eine einzelne Componente etwa die Deklination, worauf sich bisher die meisten Erklärungsversuche bezogen haben, herauszuheben, vielmehr müssen die drei Componenten zusammen genommen werden. Aufserdem mufs man, insofern die Variationen verschiedener Punkte der Erdoberfläche in Betracht gezogen werden sollen, die Componenten auf ein geographisches, nicht auf ein magnetisches Coordinatensystem beziehen; deshalb gewähren die Deklinationsvariationen, die auf den magnetischen Meridian sich beziehen, keine geeignete Grundlage für Untersuchungen dieser Art.

Zieht man aber die drei Componenten zugleich in Betracht und vergleicht die Variationen verschiedener Punkte der Erdoberfläche, so werden zwischen diesen gewisse Verhältnisse bestehen, welche davon abhängen müssen, wo die wirkenden Kräfte sich befinden und wie sie beschaffen sind. Die wirkenden Kräfte können nun im Innern der Erde, oder im Raume aufserhalb der Erde, oder an der Erdoberfläche selbst sich befinden. Hinsichtlich ihrer Beschaffenheit scheint es nach dem gegenwärtigen Stande unserer Kenntnisse am zweckmäfsigsten, galvanische Ströme (für welche ein System magnetisch wirkender Theilchen substituirt werden könnte) anzunehmen. Untersucht man unter dieser Voraussetzung die Verhältnisse, die zwischen den gleichzeitigen Va-

[1]) Den Grund hiervon sucht Herr Sabine in dem Umstande, dafs der magnetische Aequator, d. h. die Linie, welche die Punkte kleinster Intensität verbindet, in der Nähe von St. Helena und vom Cap vorübergeht.

Ich habe in den Berl. Ber. 1847, S. 559 die Ansicht dargelegt, dafs auf St. Helena in den Wintermonaten nicht eine Bewegung in entgegengesetztem Sinne, sondern eine Verspätung der Wendepunkte stattfindet.

riationen bestehen müssen, so ergiebt sich, dafs sie am einfachsten sind, wenn die wirkenden Kräfte der Erdoberfläche angehören: es ergiebt sich ferner, dafs wenn man die gleichzeitigen Variationen auf einem einzigen Parallelkreise kennt, man entscheiden könne, ob die wirkenden Kräfte der Erdoberfläche angehören oder nicht: endlich ergiebt sich noch, dafs zu letzterm Behufe, anstatt die Variationen aller in demselben Parallelkreise gelegenen Punkte zu kennen, man mit den 24 stündigen Variationen desselben Punktes ausreiche, unter der besondern Voraussetzung, dafs die Variationen an allen Punkten des Parallelkreises in gleicher Weise von der Zeit abhängen, d. h., dafs die Sonne, der wir wohl das Entstehen der täglichen Variationen zuzuschreiben haben, bei gleicher Stellung in jedem Punkte eines Parallelkreises gleiche Wirkung hervorbringe.

Diesen letzteren Satz habe ich nun auch auf die Münchener Variationen angewendet und das Resultat ist, dafs die Kräfte, von welchen die täglichen Variationen unmittelbar abhängen, nicht an der Erdoberfläche, auch nicht nahe an der Erdoberfläche, oberhalb oder unterhalb derselben sich befinden [1]).

In der Einleitung zu diesem Aufsatze findet man die Idee ausgesprochen, dafs die magnetischen Variationen mit einer im Weltraume bestehenden elektrischen Spannung (deren Vorhandensein insbesondere aus den Erscheinungen der Cometenschweife geschlossen worden ist) in Zusammenhang zu bringen sei; ich darf übrigens nicht unerwähnt lassen, dafs ich auf diese, vorläufig aller speciellen Begründung entbehrende Idee, selbst kein Gewicht lege.

Herr Lloyd hat in den Denkschriften der Dubliner Akademie die Resultate seiner Deklinationsbeobachtungen von 1840—43 bekannt gemacht und einen Zusammenhang zwischen den Temperaturänderungen und den Variationen auf eigenthümlichem Wege nachzuweisen gesucht. Er betrachtet nämlich nicht die Curven

[1]) Dieser Satz gilt nur für den Fall, dafs die Aenderungen der Nadel durch magnetisch wirkende Theilchen hervorgebracht werden, wie Herr Edlund (Berättelse om Framstegen i Fysik under år 1849. S. 163) richtig bemerkt hat.

der täglichen und jährlichen Bewegung selbst, sondern die Gröfse dieser Bewegungen, wofür er die Summe der Ordinaten jener Curven nimmt. Auf solche Weise stellt sich in der That eine jedenfalls höchst merkwürdige Uebereinstimmung heraus und zwar sowohl bei der täglichen als bei der jährlichen Bewegung. Dabei sind aber folgende Umstände nicht aufser Acht zu lassen. Gesetzt die tägliche Bewegung der Deklination sei eine Folge der Erwärmung der Erdoberfläche, und man wählt ein Monat, worin eine kalte und eine warme Periode vorkommt, so müfste ein entsprechender Unterschied bei der Deklinationsbewegung sich zeigen.

Dies mufs ich nun entschieden in Abrede stellen: somit wäre die eben erwähnte Uebereinstimmung in der Bewegung der Temperatur und Deklination dahin zu deuten, dafs beide in ähnlicher Weise von dem Sonnenorte abhängen. Was aber insbesondere die jährliche Periode betrifft, so wird man kaum sich erwehren können, gegen deren Existenz einiges Mifstrauen zu hegen, wenn man bedenkt, dafs jeder Beobachter zu einem total verschiedenen Resultate gelangt ist. Beispielsweise führe ich folgende Resultate an:

Die Göttinger Beobachtungen geben keine jährliche Periode.

Die Münchener Beobachtungen ebenfalls keine jährliche Periode.

Die Beobachtungen von Makerstoun zeigen eine doppelte Oscillation mit den Wendepunkten Ende April, September, Anfang Dezember, Anfang Februar, jedoch so, dafs die Jahre 1843 —1846 ein Minimum geben, wo in den Jahren 1847—1849 ein Maximum vorkommt.

Die Beobachtungen von Dublin zeigen eine Oscillation mit dem Minimum im Februar und dem Maximum im August.

Man mufs hiebei bedenken, dafs es sich überall blos um Bruchtheile einer Minute handelt, und jeder der mit magnetischen Bestimmungen sich beschäftiget hat, wird wohl wissen, wie vielerlei Veranlassungen vorkommen können, welche im Stande sind, die Bruchtheile einer Minute unsicher zu machen.

Endlich mufs ich noch bemerken, dafs die jährliche Periode davon abhängt, wie man den Betrag der Sekularabnahme festsetzt. Hier zeigt sich nun ein ganz eigenthümliches Verhältniſs bei den Dubliner Beobachtungen, was man am deutlichsten aus folgender Tabelle ersehen kann, wo ich die Sekularabnahme für München, Makerstoun und Dublin neben einander gestellt habe.

	München	Makerstoun	Dublin
1840—41	—	—	3',96,
1841—42	6',48	5',23	8',90,
1842—43	6',72	5',60	8',55,
1843—44	6',85	5',79	3',33,
1844—45	6',78	5',74	6',32.

Sollte nicht die groſse Unregelmäſsigkeit der Sekularbewegung, welche, im Widerspruche mit allen übrigen Bestimmungen, in den Dubliner Beobachtungen sich offenbart, bei der jährlichen Periode Einfluſs ausgeübt haben? Ich muſs hier noch bemerken, daſs Herr Lloyd bei der Berechnung der jährlichen Variation den Betrag der Sekularbewegung für alle Jahre gleich und $= 6',06$ annimmt.

Die magnetische Theorie des Herrn Norton habe ich bereits im III. Bande der Berl. Berichte S. 553 kurz erwähnt. Allgemein stellt er sich vor, daſs jedes materielle Theilchen Vibrationen aussende, die nach Umständen als Licht, Wärme oder Magnetismus sich äuſsern können und deren Stärke der Wärme proportional anzunehmen sind.

Von dieser allgemeinen Spekulation zu dem Erdmagnetismus übergehend, giebt er folgende Sätze als Grundlage seiner Untersuchungen an:

1) Jedes Theilchen an der Erdoberfläche und bis zu einer gewissen Tiefe hinab, ist der Mittelpunkt einer magnetischen Kraft von solcher Beschaffenheit, daſs, wenn man beliebige Vertikalkreise um ein solches Theilchen zieht, die Richtung der Kraft an jedem Punkte eines solchen Kreises mit der Tangente zusammenfällt.

2) Diese Kraft hat auf den Nord- und Südpol der Nadel entgegengesetzte Einwirkung, und zwar wird ein Nordpol, wenn er sich nördlich von dem Theilchen befindet, abwärts, und wenn er sich südlich befindet, aufwärts gezogen.

3) Der Magnetismus eines Theilchens der Erde in einer gegebenen Distanz ist der Temperatur proportional: der Magnetismus nimmt in der Ferne nach einem uns unbekannten Gesetze ab.

Hieraus folgert er dann insbesondere, dafs die Horizontalintensität der mittlern Temperatur (nach Fahrenheit ausgedrückt) dafs die Vertikalintensität dem Temperaturunterschiede zweier gleichweit von der isogeothermischen Linie südlich und nördlich gelegener Punkte proportional sei, dafs endlich die horizontale Richtung der Nadel senkrecht auf der isogeothermische Linie stehe.

Dieselben Grundsätze und dieselbe Untersuchungsmethode, wodurch er früher zu diesen Resultaten gelangt war, wendet er nun weiter auf die täglichen Variationen der drei Elemente an, und sucht nachzuweisen, dafs sie durchgängig mit den Temperaturänderungen gleichen Gang einhalten.

Zur Begründung seiner theoretischen Deduktionen wählt er die magnetischen und meteorologischen Beobachtungen von Philadelphia.

Dafs Herr Norton unter der grofsen Masse vorhandener Beobachtungsresultate gerade solche herausgesucht hat, die (wie oben nachgewiesen wurde) auffallende Mängel enthalten und überhaupt nach der jetzigen Reduktion völlig unbrauchbar sind, zeugt eben nicht von einem besonders gründlichen und umfassenden Studium dieses Faches.

Bei der Vergleichung der Theorie mit den Beobachtungen von Philadelphia treten, wie man es von vornherein erwarten konnte, grofse Abweichungen hervor, zu deren Erklärung dann Winde, Verdunstung, Thaubildung beigezogen werden. Wären übrigens richtige Beobachtungen zur Vergleichung genommen worden, so würde das Ergebnifs ungefähr dasselbe gewesen sein.

Airy. Magnetische Störung vom 17. December 1848.

Herr Airy macht in No. 664 der astronomischen Nachrichten die am 17. Dec. 1848 Abends im Greenwicher Observatorium photographisch registirten Deklinationsvariationen bekannt, die ersten Bestimmungen dieser Art, die bisher veröffentlicht worden sind. Es trat an jenem Tag eine sehr grofse magnetische Störung (gleichzeitig mit einem Nordlichte) ein, und Dr. Goldschmid hatte in Göttingen die Aenderungen der Deklination von Minute zu Minute aufgezeichnet.

Werden die Greenwicher und die Göttinger Beobachtungen (letztere findet man in No. 659 der astr. Nachr.) graphisch dargestellt, so zeigt sich dazwischen im Allgemeinen eine befriedigende Uebereinstimmung, jedoch treffen die Wendepunkte durchgängig zwei bis drei Minuten später in Greenwich als in Göttingen ein. Ferner fehlen in der Greenwicher Curve jene kleinere Schwankungen, die sonst immer bei magnetischen Gewittern wahrgenommen werden und die man in der Göttinger Curve auch in diesem Falle findet: wahrscheinlich liegt der Grund davon in den Mitteln, die in Greenwich zur Beruhigung des Magnetstabs angewendet worden sind.

Kreil. Geographische und magnetische Ortsbestimmung.

Den Anfang von Kreils „magnetischen und geographischen Ortsbestimmungen im Oesterreichischen Kaiserstaate" habe ich in den Berl. Ber. (Bd. III. S. 545) angezeigt. Der erste Band ist im Jahre 1848, der zweite 1849 erschienen. Eine ausführlichere Beurtheilung behalte ich mir vor, wenn das Werk vollendet ist.

K. Koristka. Einflufs der Höhe auf den Erdmagnetismus.

In der Sitzung der Freunde der Naturwissenschaften in Wien vom 7. Dec. 1849 hat Herr Karl Koristka einen Vortrag gehalten über den „Einflufs der Höhe und der geometrischen Beschaffenheit des Bodens auf den Erdmagnetismus."

Herr Koristka hatte mittelst einer Bussole und eines kleinen Magnetstabes die absolute Horizontalintensität von 4 Punkten in und bei Schemnitz bestimmt und folgende Ergebnisse gefunden:

Höhe	absolute Intensität.
3400 Fufs	1,862,
2800 -	1,927,
2000 -	2,032,
1500 -	2,041.

Er giebt ferner eine Uebersicht der Arbeiten, welche zum Zweck gehabt haben, die Abhängigkeit der magnetischen Intensität von der Höhe zu bestimmen, und zieht sonst mancherlei Verhältnisse in Betracht, ohne jedoch neue oder entscheidende Thatsachen beizubringen.

Was die obigen Bestimmungen betrifft, so würden sie allerdings als ein höchst merkwürdiger Beitrag zur Untersuchung des Einflusses der Höhe zu betrachten sein, wenn nicht einerseits alle diejenigen Details fehlten, worauf man auf die Genauigkeit der Messungen schliefsen könnte, anderseits aber mehrfache Gründe vorhanden wären, die Fehlergrenzen als ziemlich weit anzunehmen. Insbesondere ist es mir nicht einleuchtend, wie Herr Koristka mittelst eines Sekundenpendels „dessen Länge er für die Breite und Seehöhe von Schemnitz rectificirt hatte" in freier Luft eine genaue Bestimmung der Schwingungsdauer des Magnetstabes erhalten konnte.

KREIL. Einflufs der Alpen auf den Erdmagnetismus.
REICH. Magnetische Polarität des Pöhlberges.

Herr KREIL hat im Mai 1849 der Wiener Akademie eine (bald darauf in Druck erschienene) Denkschrift übergeben „über den Einflufs der Alpen auf die Aeufserungen der magnetischen Erdkraft."

Er giebt zuerst die Resultate der von ihm an 150 Punkten der Oesterreichischen Monarchie ausgeführten magnetischen Messungen und stellt durch Vergleichung mit der Theorie von GAUSS den regelmäfsigen Lauf der Curven fest, alsdann hebt er diejenigen Punkte heraus, die von dem regelmäfsigen Laufe beträchtlich sich entfernen. Die nähere Betrachtung dieser Punkte lehrt sogleich, dafs sie fast ohne Ausnahme Gebirgsgegenden angehören, namentlich aber zeigt sich ein auffallender Einflufs der Alpenkette in ihrer ganzen Ausdehnung auf sämmtliche magnetischen Elemente.

Die Wichtigkeit dieser Thatsachen für die Untersuchung des Erdmagnetismus bedarf wohl keiner besonderen Darlegung; zugleich ist es aber, wie Herr KREIL selbst bemerkt, einleuchtend, dafs ein eigentlicher Nutzen für die Theorie erst dann daraus sich ziehen läfst, wenn Umfang und Gröfse der Störung für die ganze Ausdehnung des Alpengebietes näher bestimmt sein wird, und auch anderwärts ähnliche Messungen ausgeführt sind.

Ohne von der Arbeit des Herrn KREIL genauere Kenntnifs zu haben, hat Herr REICH zu entscheiden gesucht, ob Berge, aus magnetischem Gesteine bestehend, auf einen gröfsern Umkreis Einflufs ausüben. Zu diesem Zwecke hat er an 24 Punkten um den aus Basalt bestehenden Pöhlberg bei Annaberg, die Deklination bestimmt und zieht aus seinen Beobachtungen den Schlufs, dafs, obwohl das Gestein des Pöhlberges in der Nähe beträchtliche magnetische Anziehung ausübt, dennoch „eine magnetische Polarität dieses Basaltberges, welche auf die Richtung der Magnetnadel in einigermafsen beträchtlicher Entfernung einwirkt, nicht oder wenigstens in sehr geringem Grade vorhanden ist."

Herr REICH hält überhaupt den Gebirgsmagnetismus, d. h. eine magnetische Wirkung die ein Berg, als ein Magnet betrachtet, in einem gröfsern Umkreis hervorbringen soll, für sehr problematisch, während der Gesteinmagnetismus, d. h. die magnetische Wirkung einzelner Steinmassen in der Nähe durch mannigfache Beobachtungen nachgewiesen sei.

Eine vollständige Entscheidung hierüber werden wir wohl erst erlangen, wenn wir Specialuntersuchungen mehrerer Länder in derselben Weise ausgeführt, wie sie von Herrn Kreil in Oesterreich und in neuerer Zeit von mir in Baiern begonnen worden, besitzen.

Vorläufig bemerke ich, dafs ich das Vorhandensein von Lokaleinwirkungen, die sich auf einen grofsen Umkreis ausdehnen, namentlich in und an der Alpenkette, die in Süden Baiern begrenzt, als eine unzweifelhafte Thatsache annehme, diese Wirkung aber nicht den Gebirgsmassen selbst, sondern einem in den Gebirgen befindlichen und seitwärts von dem Gebirgszuge unter dem Boden fortgesetzten magnetischen Gesteine zuschreibe. (Vergl. Berl. Ber. III. Bd. S. 545 u. 546).

Doppler. Bestimmung der Sekularbewegung der Deklination aus alten markscheiderischen Messungen.

Herr Doppler hat in einem sehr umständlichen Vortrage, in der Sitzung der Wiener Akademie vom 14. April 1849 dargelegt, wie man durch Vergleichung markscheiderischer Messungen aus älterer und neuerer Zeit über die Sekularänderung der magnetischen Deklination Kunde erhalten könnte. In Folge der von der Akademie deshalb gemachten Vorstellung ertheilte das Ministerium an die betreffenden Behörden den Auftrag, die Compafsrichtung der alten Bergwerksschachte neu zu bestimmen und die Ergebnisse mit den in den Archiven vorhandenen Angaben aus älterer Zeit zu vergleichen. In den spätern Sitzungsberichten kommen theils von Herrn Doppler selbst, theils von den Vorständen einzelner Bergwerke, Messungen und Vergleichungen obiger Art, und zwar bis zum Jahre 1569 zurückgehend, vor. Was uns bis jetzt vorliegt, berechtiget vollkommen zu der Erwartung, dafs die sorgfältige Durchforschung der Archive, wozu jedoch begreiflicherweise längere Zeit gehört, zu werthvollen Ergebnissen führen wird.

Sabine. Beiträge zum Erdmagnetismus. No. IX.

Herrn Sabine ist bekanntlich die oberste Leitung der auf Kosten der brittischen Regierung ausgeführten magnetischen Beobachtungen und Expeditionen übertragen. Die Resultate erscheinen in den Transactions der Royal Society unter dem Titel Contributions to terrestrial Magnetism.

Von diesen Contributions liegt uns jetzt die neunte Lieferung vor. Sie enthält neue Bestimmungen der magnetischen Constanten an verschiedenen Punkten der Erdoberfläche, und zeichnet sich, gleich den übrigen Arbeiten desselben Gelehrten, durch sorgfältige Redaktion und strenge Kritik aus.

Dr. *Lamont.*

Chr. Langberg. Magnetische Beobachtungen angestellt auf einer Reise in Christiansand Stift im Jahre 1848. Nyt Mag. VI. 56.

Durch zahlreiche Beobachtungen (mitgetheilt im Mag. for Nat. Vidensk. 1825, 1. Heft) hat Hansteen gezeigt, dafs die Umgegend von Christiania im Areal von mehreren Meilen einen starken Lokalmagnetismus besitzt, wodurch die horizontale magnetische Kraft bedeutend gröfser gefunden wird, als sie nach der geographischen Lage erwartet werden sollte. Hansteen schlofs aus seinen Beobachtungen, dafs auf einem Christiania umgebenden Areal von etwa 4 Quadratmeilen die horizontale Kraft so grofs ist, dafs sie sowohl südlich als nördlich von diesem Areal bedeutend kleiner ist, und dafs der Uebergang plötzlich ist.

Indessen hatte man noch keine vollständige Beobachtung über den magnetischen Zustand der Orte westlich von Christiania Fjord und in Christiansand Stift; als aber die Kenntnifs des magnetischen Zustandes dieser Orte und die Ausdehnung des anomalen magnetischen Feldes von Christiania jetzt von gröfserem Interesse geworden, seitdem in Christiania ein permanentes magnetisches Observatorium errichtet worden ist, suchte der Verf. diese Lücke durch die vorliegenden Beobachtungen auszufüllen. An vielen Orten längs der Küste zwischen Christiania und der südlichen Spitze von Norwegen bis Egersund wurde die relative und absolute horizontale Kraft und die magnetische Neigung beobachtet, und alle Intensitätsbeobachtungen durch die gleichzeitige Ablesung des Bifilarstandes in dem magnetischen Observatorium auf eine gemeinsame Epoche reducirt. Diese Beobachtungen zeigen, dafs an allen Orten, auf beiden Seiten der Fjorde, und bis nach Mandal auf der einen und Gothenburg auf der anderen Seite die horizontale magnetische Kraft mit einer Ausnahme (Fredrichswärn) kleiner ist als in Christiania, welche Stadt selbst hart an der Nordgränze des anomalen Territoriums liegt; denn bei Johnsrud, etwa 2 Meilen westlicher, ist die Intensität wieder die normale.

Ein Vergleich mit der von Hansteen gegebenen Karte der magnetisch isodynamischen Linien für das nördliche Europa (Mag. for Nat. Vid. 1825, Heft 1) zeigte, dafs die Intensität sowohl bei Johnsrud als bei Christiansand und Gothenburg als die normale zu betrachten sind, und die vorliegende Beobachtungen zeigen, dafs während die Intensität nach Süd allmählig ihre normale Gröfse erreicht, dieser Uebergang nördlich bei Christiania und Johnsrud plötzlich ist. Der Mittelpunkt der Lokalanomalie scheint in Fredrichswärn zu liegen, wo die Intensität ein Maximum hat, und von da aus nimmt sie nach allen Seiten ab, doch mit verschiedener Geschwindigkeit.

Um die Form der isodynamischen Linien um Fredrikswärn herum zu bestimmen, findet der Verf., dafs die horizontale Intensität gleich grofs ist an allen Orten, deren Abstand von Fredrikswärn proportional ist, mit folgenden Zahlen: Nach N. 52, NNO. 114, NO. 147, ONO. 189, O. 213, NW. 109, W. 55, SW. 131.

Die Gröſse der totalen magnetischen Kraft in dem anomalen Territorium folgt nahe demselben Gesetz; sie wird gleich groſs sein an Orten, deren Abstand von Fredrikswärn proportional ist den Zahlen: Nach N. 15, NNO. 127, NO. 100, ONO. 111, O. 131, NW. 83, W. 40, SW. 72.

Prof. Dr. *Langberg.*

Sechster Abschnitt.

Meteorologie.

A. Klimatologie.

Schmidt. Gewicht und Gewichtsverhältnisse der Atmosphäre. Pogg. Ann. LXXVIII. 275*.

Dove. Ueber den Wassergehalt der Atmosphäre. Pogg. Ann. LXXVII. 369*; Inst. No. 826 und 834; Berl. Monatsb. 1849. 145*.

H. und A. Schlagintweit. Untersuchungen über die physikalische Geographie der Alpen in ihren Beziehungen zu den Phänomenen der Gletscher, zur Geologie, Meteorologie und Pflanzengeographie. Leipzig, Barth 1850*.

H. Schlagintweit. Untersuchungen über die Vertheilung der mittleren Jahrestemperatur in den Alpen. München 1850*.

Haeghens, Martins et Béranger. Annuaire météorologique de la France. 3. année. Paris 1851*.

Kupffer. Mittlere Temperaturen in Russland. Pogg. Ann. LXXVII. 357*; Bull. d. l'Ac. d. St. P. VII.

Lamont. Ueber die Temperaturverhältnisse in Baiern. München 1849*.

Mauroy. Observations destinées à accompagner les cartes des vents et des courants de l'Océan atlantique septentrional. Inst. No. 791*.

Babinet. Théorie des courants de la mer. Inst. No. 807*. C. R. XXVIII. 749*.

Witterung des Jahres 1846 zu Karlsruhe. Freiburg im Breisgau 1849*.

Observations made at the magnetical and meteorological observatory at Hobarton. Vol. I, commencing with 1841*.

van Heyningen. Meteorologische Waarnemingen gedaan gedurende eene reis van Nederland naar Java aan bord van het Koopvaardyship Gertrude. 1849.

Fritsch. Grundzüge einer Meteorologie für den Horizont von Prag.

Meese. Das Klima von Riga, berechnet nach den Beobachtungen des Collegienrathes Deeters. 1842 bis 1848. Correspondenzbl. d. Naturforscherver. z. Riga. 1849. p. 91*.

Köler. Einige Beobachtungen über die Temperatur der Seeoberfläche im Nordatlantischen Meere. Göttingen 1849.

B. Meteorologische Erscheinungen und Beobachtungen.

Babinet. Sur les rapports de la température avec le développement des plantes. Inst. No. 902.

Bravais. Ueber die Höhe der Wolken. Ann. d. chim. et d. ph. (3.) XXIX. 497*; Pogg. Ann. LXXVII. 156*.

Rebmann. Snowy mountains in eastern Africa. Phil. Mag. XXXIV. 388*.

Person. Sur la pluie qui tombe à différentes hauteurs. C. R. XXIX. 281*; Pogg. Ann. LXXIX. 174*; Inst. No. 829. 329*.

Stamkart. Over de snelheid van den wind.

Dove. Ueber den Einfluſs der Windesrichtung auf die Temperatur eines der freien Ausstrahlung und der Insolation ausgesetzten Bodens und seiner Pflanzendecke. Berl. Monatsb. Dec. 1848.

Lefébvre. Beitrag zur Hygrometrie. Ann. d. chim. et d. phys. (3.) XXV. p. 110; Pogg. Ann. LXXXVIII. 182*.

Reid. The Progress of the developpement of the law, of storms and the vanable winds. Lond. 1849.

Willkomm. Ueber die Calina oder den Höhenrauch in Spamien. Pogg. Ann. LXXVIII. 431*.

Quetelet. Sur l'électricité de l'air pendant les neuf premiers mois de l'année 1849. Extrait du T. XVI. des Bull. d. l'Acad. d. Brux.

Smits. Methode om de hoogte van bergen te berechnen.

Crahay. Sur la période de froid vers le milieu du mois de may. Bull. d. Brux. XVI. 1. 466*. 612*.

Quetelet. Variations brusques de température en Belgique en Janvier 1849. Inst. No. 803.

Rozet. Sur le refroidissement des masses d'air qui s'élèvent dans l'atmosphère. C. R. XXVIII. 726*; Inst. No. 808. p. 201*.

Vrolik. Over den vasdom van plant en vrucht eener verscheidenheit van Kalabas.

Ball. Sur les moyens de rendre la télégraphie électrique applicable aux recherches météorologiques. Inst. No. XVII. 55.

Belli. Note sur les météores aqueux. C. R. XXVIII. 696*.

Dove. Monatsisothermen. S. d. Ber. IV. 460.

— — Ueber die periodischen Aenderungen des Druckes der trockenen Luft in Sitka. Berl. Monatsb. 1849. 116*.

Babinet. Rapport sur un mémoire de Mr. Rozet sur la formation des nuages. C. R. XXVIII. 301*.

Leboeuf. Annonce d'une saison pluvieuse. C. R. XXVIII. 158. 672; XXIX. 233*.

Haymart. Considérations sur la possibilité de prévoir d'avance quelquesuns des changements qui surviennent dans l'état des l'atmosphère. C. R. XXVIII. 557*.

Liais. Oscillations régulières diurnes du baromètre. Inst. No. 833. p. 402*.

Liais. Reflexions sur un point de la théorie de la grèle. C. R. XXIX. 411*. 311.

Glaisher. Remarks on the weather during the quarter ending. December 31. 1848. Phil. Mag. XXXIV. 182*. March. 1849. Phil. Mag. XXXIV. 366*. June 1849. Phil. Mag. XXXV. 137*.

Miller. Some remarks on a paper entitled: On the depth of rain which falls in the same localities in different altitudes in the hilly districts of Lancashire etc. by S. C. Homersham. Phil. Mag. XXXIV. 308*; Inst. No. 802. p. 159.

Warlemont. Orage avec grèle extraordinaire. Bull. d. Brux. XV. II. 278*; Inst. No. 783. p. 6*.

Deville. Grèle tombée à Guadeloupe. C. R. XXVIII. 606*; Inst. No. 802. p. 153*.

Gautier. Variations de la pression atmosphèrique observées à Bruxelles. Inst. No. XVII. 132*.

Martin. Ueber den Orcan, der am 14. Febr. 1849 in Bedfordshire wüthete. Fror. Not. IX. 310*; Ann. of nat. hist. 1849. 15.

H. Schlagintweit. Die Regenverhältnisse in den Alpen. Pogg. Ann. LXXVIII. 145*.

Colla. Phènomènes météorologique. Inst. No. 818. p. 288*.

Malcolm. On a extraordinary state of the weather in India. Athen. 1843. p. 960*. Inst. No. 825. 344*.

Dove. Ueber die barometrischen Erscheinungen an der Küste des ochotskischen Meeres. Berl. Monatsb. 1849. 176*; Inst. No. 834. p. 412*.

— — Ueber die täglichen Veränderungen des Barometers in Hindostan. Berl. Monatsber. 1849. 361*.

Albert. Schilderungen eines Sturmes. Fror. Not. X. 215*.

Ronalds. Annual report on the Kew-observatory. Athen. 1142. p. 934*. Inst. No. 821. 310*.

Prettner. Meteorologische Beobachtungen in Klagenfurth. Wien. Ber. 1849. Hft. 4. 276*.

Columbus. Meteorol. Observationen in Linz und Kivitschlag. Wien. Ber. Hft. 4. 261*.

Hildreth. Abstract of a meteorological Journal, kept at Marietta, Ohio. Sill. J. VII. 240*.

Dilke, Mac-Leod, Martins. Observations météorologiques. Inst. No. 801, p. 146.

Quetelet, Crahay, van Oyen, Selys-Longchamps. Variations thermométriques et barométriques en Belgique et en France le 18—19 Janv. 1849. Inst. No. 803. p. 164*.

Miller. On the meteorology of the lake-district in Cumberland and Westmoreland. Phil. Mag. XXXV. 70*.

Glaisher. Reduction of the thermometrical observations. Phil. Mag. XXXV. 151*. Phil. Trans. 1849. 307*.

Acosta. Observations udométriques sur divers points de la nouvelle Grenade. Ann. d. chim. et d. phys. XXVI. 279*; C. R. XXVIII. 639*.

Crahay. Sur les variations brusques de température et de pression atmosphérique pendant les mois de Janv. et de Févr. 1849. Bull. de Brux. XVI. I. p. 8. 317*; Inst. No. 808. p. 206*.

— — Températures observés à Louvain pendant le mois de Mai 1849. Bull. d. Brux. I. 612*.

Gaulhier. Sur les variations de la pression atmosphèrique à Bruxelles. Bull. d. Brux. XVI. I. 139.

Hansteen. Meteorologiske Constanter for Christiania. Nyt Mag. VI. 37*.

Trechel. Meteorologische Beobachtungen. Mitth. d. naturf. Ges. in Bern. 1847. No. 89. 22*.

Démidoff. Observations météorologiques. C. R. XXVIII. 51*; Inst. No. 784. p. 10*.

Cipriano Mosquera. Observations météorologiques. C. R. XXVIII. 78*.

Chalette. Observations météorologiques à Châlons s. M. C. R. XXVIII. 565*.

Fraysse. Observations météorologiques à Trivas. C. R. XXVIII. 769*.

Plantamour. Resumé météorologique de l'année 1848 pour Genève et le Grand St. Bernard. Arch. d. sc. ph. et nat. XI. 89.

Regelmässige Beobachtungen in den Ann. d. chim. et d. phys., C. R., Arch. d. sc. ph. et nat., Phil. Mag., Ann. and Mag. of nat. hist., Rendic. della R. Ac. d. Nap. Inst.

C. Apparate zur Meteorologie.

Babinet. Mesure de l'intensité des rafales de vent. C. R. XXVIII. 521; Inst. No. 799. p. 129*.

Schultze. Beschreibung eines sich selbst registrirenden Barometers. Pogg. Ann. LXXVI. 604*; Pol. Centr. 1849. 862*.

— — Verbesserung an Barometern. Dingl. pol. J. CXII. 316*.

Bryson's sich selbst regulirende meteorologische Uhr. Dingl. pol. J. CXIV. 430*; Pract. Mech. Journ. Sept. 1849. p. 130.

Stampfer. Vorschlag eines Barometers, welches die mittleren Barometerstände für beliebige Zeitperioden angiebt. Wien. Ber. Hft. 3. p. 221*.

Moritz. Sur un thermomètre de l'Academia del Cimento. Bull d. St. Pét. VIII. 19*.

BABINET. Ueber den Zusammenhang zwischen Temperatur und Pflanzenentwickelung. Inst. No. 902.

Es wird in dieser Notiz darauf hingewiesen, wie unsicher man heut zu Tage noch darüber ist, in welchem Verhältnisse die Vegetation zur Temperatur stehe. Nach RÉAUMUR, ADAMSON, VON HUMBOLDT, DE CANDOLLE, BOUSSAINGAULT, DE GASPARI und QUETELET scheint man das Gesetz aussprechen zu können: Eine Pflanze braucht, wenn man von einer gewissen Temperatur zu rechnen anfängt, eine stets gleiche Quantität von Wärme, um sich bis zum gleichen Grade zu entwickeln. Es sind aber hier noch zwei Dinge unbekannt, einmal die Temperatur wovon man anfangen muss, und zweitens die Weise, worauf man die Wärmequantität in Rechnung bringen muss, die z. B. eine Pflanze von der ersten Keimung zur Blüthe und zur Fruchtformung bringt.

Sei a die Anfangtemperatur, t die wirkliche, z die Zeit in Tagen, so ist nach DE GASPARIN $z(t-a) =$ Constante, also

$$z(t-a) = z'(t'-a), \quad a = \frac{zt - z't'}{z - z'}.$$

Prof. QUETELET meint die Geschwindigkeit der Entwickelung sei der Zeit und dem Quadrate des Temperaturüberschusses proportional, also

$$z(t-a)^2 = z'(t'-a')^2, \quad a = \frac{t\sqrt{z} - t'\sqrt{z'}}{\sqrt{z} - \sqrt{z'}}.$$

Herr BABINET selbst hat die sonderbare Meinung aufgenommen, die Wirkung des Temperaturüberschusses, oder besser die Wirkung der dem Temperaturüberschusse proportionalen Wärmequantität sei mit einer constanten Kraft zu vergleichen, sich selbst also proportional, und dem Quadrate des Zeitverlaufes, während welchen sie wirkt, also

$$z^2(t-a) = z'^2(t-a), \quad a = \frac{z'^2 t - z'^2 t'}{z'^2 - z'^2}.$$

Unser Urtheil ist: wo man drei so verschiedene Formeln nebeneinander setzt, weiſs man noch nichts davon. Es ist also wünschenswerth, dass bald Versuche angestellt werden, am besten, wie Herr BABINET vorschlägt, mit Convallaria maialis, und dergleichen, die nicht dem Sonnenlichte ausgesetzt zu werden brauchen.

Man untersuche, in welcher Temperatur man sie halten muss, um sie in 25, anstatt in 36 Tagen zur Blüthe zu bringen.

Rozet. Ueber die Erkältung der Luft beim Aufsteigen Inst. No. 808.

Auf die Bitte des Herrn Babinet hat Herr Rozet, der sich um die Beobachtung der atmosphärischen Erscheinungen in gebirgigen Gegenden so verdient gemacht hat, an recht schönen Tagen in der Kette des Corbières die gleichzeitigen Temperaturen bestimmt, welche an verschiedenen Höhen eines gleichmäſsig abfallenden Berges gemessen wurden. Einmal fand er zwischen 686 und 890 Meter Höhe 4°,00 C. Unterschied, einmal an einem anderen Berge, zwischen 641 und 865 Meter, 3°,0 C. Unterschied, beide Male war der Wind gleichmäſsig, aber ziemlich stark, so wie auch das dritte Mal, als er an dem nahen senkrechten Berg (Rots) von 1230 M. bis 1050 M., also 180 Meter herunterkam, und einen Unterschied von 45° C. fand. Einmal bei Windstille war der Thermometer oben höher als unten. Die Ausdehnung der Luft ist natürlich die einzige Ursache der niedrigen Temperaturen in gröſseren Höhen. Das Faktum brauchte nicht constatirt zu werden, allein es ist gewiſs interessant, es durch einzelne Beobachtungen bestätigt oder beleuchtet zu sehen.

Rebmann. Schneeberge im östlichen Afrika.
Phil. Mag. 1849. Mai. p. 389.

Nach Herrn Rebmann würde, ungefähr 100 engl. Meilen gerade westlich von Mombas, unter 4° südl. Breite, sich ein mächtiger Berg befinden, Kilimandjàro, auf einem hohen Tafellande sich erhebend, so dass sein Gipfel mit ewigem Schnee bedeckt ist. Die Höhe dieses Berges wurde gegen 20000 engl. Fuſs geschätzt. Der Weg über ihn führt in die Landschaft Mono-Moezi. Moezi heiſst in den Sprachen dieser Gegend Mond, und daher ist es nicht unwahrscheinlich zu schlieſsen, dass der Kilimandjàro-Berg einen Theil des Mondgebirges ausmacht, in welches Ptolemäus die Quellen des Nils verlegt, und aus Schnee entstehen läſst, der sich in den Seen des Flusses ansammelt.

Ueber die in verschiedenen Höhen aufgefangenen Regenmengen von Herrn C. C. Person. Pogg. Ann. LXXIX. 174.

Es werden in dieser Notiz die Regenmengen angegeben, welche vom Januar 1846 bis August 1849 zu Besançon fielen, oben im Fort Breguille, und 194 Meter tiefer im Facultätsgebäude. Wir haben einen Theil von diesen Beobachtungen schon erwähnt. Nun hat aber kürzlich auch Herr Acosta eine Reihe udometrischer Beobachtungen veröffentlicht, die in Neu-Grenada, in Höhen von 1000 bis 2600 Meter über dem Meere, angestellt sind. Es werden diese Beobachtungen selbst nicht mitgetheilt, wir erinnern uns auch nicht sie gesehen zu haben, aber zweifeln nicht an der Richtigkeit der Schlüsse mit den Beobachtungen von Besançon, in Uebereinstimmung, dafs der Unterschied der Regenmengen in den sechs Sommermonaten sehr viel kleiner ist, als in den sechs Wintermonaten. Zu Boja beträgt dieser Unterschied im Sommer nur 5 Proc., im Winter dagegen 46. Zu Bojota ist derselbe weniger hervorstechend, doch immer noch sehr merklich, weil er 20 Proc. im Sommer, und mehr als 60 im Winter beträgt. Wir haben früher Herrn Person beigestimmt, als er dieses Abnehmen der Differenz im Sommer der grösseren Höhe der Wasserdampfatmosphäre zuschrieb, und auch geben wir ihm gerne Recht, wenn er hinzufügt, dafs im Sommer eine gröfsere Quantität im Fallen verdampft. So ist es wirklich in Grenada, und im Juni 1847 in Paris vorgekommen, dafs in das untere Pluviometer weniger Wasser gefallen ist, als in das obere. Wohl könnte es sein, wie Herr Person vermuthet, dafs der Wassermangel Aegyptens von einer vollständigen Verdampfung herrührte, oder lieber mit herrührte, da die ebenen Sandflächen die Bedingungen dazu zu verwirklichen scheinen. Die Resultate des Herrn Person werden von Herrn Poggendorff noch mehr verstärkt, als er die Beobachtungen von den Herren Gray und Phillips erwähnt, Ann. 33. 1215, 38. 1235 und 43. 1422.

Das Klima von Riga nach den Beobachtungen des Collegienrathes Dr. Deeters, berechnet von Nicolaus Meese, 1842 bis 1848. Alter Titel.

Correspondenzblatt des naturforschenden Vereins zu Riga, redigirt von Dr. C. J. G. Müller und Dr. W. Sodoffsky. Dritter Jahrgang. 1849. S. 91—115.

Es sind die monatlichen mittleren Werthe angegeben, auch Extreme. Vorläufig sei es genug, nur für die Jahreszeiten die Werthe zu geben; wenn das Klima von mehreren angrenzenden Oertern bekannt sein wird, werden wir die Zeiträume so klein als möglich nehmen. Aus den folgenden Zahlen kann man das Klima wohl kennen lernen:

December	1842	1843	1844	1845	1846	1847	1848	Mittel
Jan. Febr.	—	—0,54	—3,21	—5,01	—3,16	—4,81	—4,67	—3,57
Frühling	+5,40	4,13	5,25	4,52	5,76	4,88	7,69	+5,38
Sommer	12,71	14,09	12,34	13,72	15,07	13,54	13,47	13,56
Herbst	2,33	4,20	2,51	4,80	4,47	4,96	4,39	3,95
Juli	4,42	5,56	4,06	4,53	5,32	4,26	5,48	4,8

Wo die Summe der 90 Tage einer Jahreszeit 400° R. mehr oder weniger sein kann, da kann ein einzelnes Datum in verschiedenen Jahren und zwei aufeinander folgende Tage sicherlich um viele Grade differiren. Auch ist aufgezeichnet die Vertheilung von Regentagen, heiteren Tagen, Schneetagen, neblichten Tagen. Wir glauben, dafs es genüge, angedeutet zu haben, was darin zu finden sei, aber mit dem Herrn Verf. ganz übereinstimmend in dem Worte: Der Wind macht bekanntlich das Wetter, fügen wir noch folgende kleine Tabelle hinzu, die angiebt, wievielmal jeder der Winde in den verschiedenen Monaten im Mittel wehe.

	Dec.	Jan.	Febr.	März	April	Mai	Juni	Juli	Aug.	Sept.	Oct.	Nov.	Jahr
N.	29	25	38	53	92	88	63	58	51	37	24	16	574
NO.	9	13	13	10	7	8	13	8	9	10	9	8	117
O.	29	22	13	47	25	8	6	22	18	18	18	20	216
SO.	27	57	27	34	15	29	13	17	27	30	51	33	360
S.	47	42	37	39	24	20	19	20	38	49	68	77	480
SW.	22	25	19	20	10	14	20	26	18	18	19	15	226
W.	38	30	35	25	21	18	38	38	30	32	24	30	359
NW.	16	3	16	18	26	42	38	28	26	18	4	11	246

Die Zahlen für Mai und Juni für Nord sind mir verdächtig; wahrscheinlich ist jede um 10 zu hoch.

Die Düna bricht bei der Stadt im Mittel aus den letzten 37 Jahren am 25. März, nach dem Sprichwort 8 Tage später als die Au bei Mitau, und 4 Wochen ehe die Neva ausgeht, dreimal im Februar, 23mal im März, 11mal im April, am letzten am 19. April. Das erste Zufrieren des Stromes (dem bisweilen noch ein monatlanges Wiederoffensein folgt) findet Statt nach dem Durchschnitt der letzten 17 Jahre im Mittel am 24. November, 2mal im October, 9mal im November, 6mal im December.

Dr. F. J. Stamkart. Ueber die Geschwindigkeit des Windes, so wie sie in Amsterdam, vom Gebäude der Vereinigung Felix-Meritis aus, wiederholt bestimmt worden ist, verglichen mit den Schätzungen der Stärke des Windes, welche (ganz in der Nähe, 2 Stunden weit) im Hause Zwanenburg, zwischen Harlem und Amsterdam, angestellt worden sind.

Mit grofser Genauigkeit hat der Herr Verf. sich die Mühe gefallen lassen, um aus der scheinbaren Geschwindigkeit und der Richtung, womit und worin der Rauch aus den Kaminen aufstieg, die Geschwindigkeit der Winde zu bestimmen. Einfache Winkelmessungen und Bestimmung eines Zeitverlaufes waren offenbar dazu ausreichend, wenn die Richtung des Windes und der Azimuth und Abstand des Schornsteines, vom Standpunkte des Beobachters, die beiden letzten Gröfsen natürlich ein für alle Beobachtungen an demselbigen Schornsteine zu bestimmen, bekannt waren. Die Geschwindigkeit des Windes ist in Amsterdam also 125mal beobachtet, 50mal ist sie durch Beobachtungen von zwei Schornsteinen, einige male durch die von drei bestimmt. Die Stunden der Beobachtung waren mit wenigen Ausnahmen die, worauf zu Zwanenburg beobachtet wird, d. h. Mittags 1 Uhr, Morgens 7 Uhr, aber im December und Januar Morgens 8 Uhr. Abendbeobachtungen konnten natürlich nicht angestellt werden. Es werden die Geschwindigkeiten noch corrigirt, da die Stärke des Windes proportional sein mufs mit $G^2 d$, G Geschwindigkeit,

d Densität der Luft. So werden also Geschwindigkeiten, die bei verschiedener Dichtigkeit dieselbe Stärken liefern, proportional sein mit $G\sqrt{a}$. So viel möglich mufste nun noch in Betracht gezogen werden, dafs der Wind zu Halfweg Haarlem sich ganz ungestört bewegte, nicht aber über Amsterdam, so dafs hier eine geringere Geschwindigkeit zu erwarten war als am ersten Orte. Wirklich zeigte auch ein Schornstein mit *K* bezeichnet, der zufällig nur mit Ost- und Westwinde benutzt war (es versteht sich, dafs diejenigen Schornsteine, welche ein, um nahe 90° mit der Windesrichtung differirendes Azimuth haben, am geeignetesten sind, genaue Resultate zu liefern) gröfsere Geschwindigkeit als andere Schornsteine: ersterer war an einer Seite der Stadt, wo Ost- und Westwinde frei durchwehen konnten, die anderen mehr in der Mitte. Nach Berücksichtigung von allem diesem sind neben den Schätzungen der Stärke zu Halfweg Haarlem, die mit 0, 2, 4, 6, 8, bezeichnet sind, die gleichzeitig aufgezeichneten Beobachtungen der Geschwindigkeit gestellt, weiter die mittlere Geschwindigkeit, die jeder Schätzung zukommt, berechnet, und nach der Methode der kleinsten Quadrate mit ziemlich grofsem Zeitaufwande, also der wahrscheinliche Fehler des Mittels und das Maafs h der Genauigkeit von einer Beobachtung berechnet, welches ich hier Alles im Endresultate zusammenstelle.

Geschwindigkeit für die fünf Zahlen der Stärke

Zahl	Mittlere Geschw.	Warsch. Fehler	h	Zahl der Beob.
0	3,36	±0,29	0,4402	8
2	6,87	±0,19	0,3225	31
4	10,67	±0,24	0,3084	21
6	14,46	±0,48	0,3255	5
8	18,80	—	—	1

Noch werden verschiedene Berechnungen über Wahrscheinlichkeit der verschiedenen Geschwindigkeiten geführt; ich gebe nur an, in wieviel folgenden Jahren die verschiedenen Geschwindigkeiten zu erwarten seien.

Geschwindigkeit	0,25,	1,	2,	3,	4,	5,	6,
Zahl der Tage	0,17,	1,66,	8,62,	21,17,	31,80,	38,67,	41,90,
Geschwindigkeit	7,	8,	9,	10,	11,	12,	13,
Zahl der Tage	41,81,	38,98,	34,37,	29,30,	23,53,	17,67,	12,65,
Geschwindigkeit	14,	15,	16,	17,	18,	19,	20,	21 u. m.
Zahl der Tage	8,48,	5,59,	3,46,	2,10,	1,40,	0,79,	046,	0,34.

Die mittlere Geschwindigkeit zu Amsterdam ist 7,80 Meter über dem Ocean (Nordsee), wahrscheinlich = 8,40, womit also ein Lufttheilchen gerade Süd vor Nord gehend, 6,17 mal oder 6,7 mal die Erde umlaufen würde.

Es folgt nun noch eine Vergleichung der Stärkeschätzungen zu Zwanenburg = Halfweg Haarlem, den Geschwindigkeiten zu Amsterdam gemessen, und den Schiffstermen der Holländer. Auch eine Untersuchung, in wie weit die Seeleute in diesen Schätzungen übereinstimmen, und diese ist wirklich überraschend befriedigend. Es ist bekannt, dafs die Schätzung ein wenig von dem Schiffe selbst abhängig ist, aber die Vergleichung gleicht die Differenz aus.

Es werden die folgenden Namen übereinstimmend gefunden mit den beistehenden schätzenden Nummern und Geschwindigkeiten in Metern:

No. 0 heifst Stilte G = 13 M.,
- 1 Flaanwekoelte 3,5 M.,
- 2 Labberkoelte 5,7,
- 3 Ligte Bramzeilskoelte 7,9,
- 4 Bramzeilskoelte 10,2,
- 5 Styve Bramzeils- en Marszeilskoelte 12,4,
- 6 Gereefde Marszeilskoelte 14,6,
- 7 Digtgereefde Marszeilskoelte 16,8,
- 8 Onderzeilskoelte 19,0,
- 9 Gereefde Onderzeilskoelte 21,2,
- 10 Storm 23,4.

Es hat also Herr Stamkart so viel und so gewissenhaft aus diesen Messungen abgeleitet, als es nur möglich war.

Die Dauer dieser Geschwindigkeiten kann man für verschiedene Jahreszeiten aus der folgenden Tabelle sehen.

Geschw. in Metern	December Januar Februar	März April Mai	Juni Juli August	September October November
0.25	9.001	—	—	9.001
1	.008	.003	.003	.004
2	.037	.014	.020	.024
3	.083	.039	.054	.058
4	.108	.067	.086	.084
5	.109	.095	.115	.104
6	.106	.116	.126	.114
7	.099	.122	.123	.115
8	.089	.117	.113	.105
9	.078	.104	.099	.093
10	.068	.089	.084	.081
11	.057	.071	.065	.067
12	.043	.053	.047	.052
13	.034	.039	.029	.037
14	.025	.026	.016	.025
15	.018	.019	.009	.017
16	.012	.011	.005	.010
17	.008	.007	.002	.005
18	.008	.005	.002	.003
19	.005	.002	.001	.001
20	.003	.001	.001	—
21 und mehr	.001	—	—	—

(Besser wäre es noch, den Decimalpunkt ganz weg zu lassen, und also die Dauer = 100 anstatt = 1 zu setzen.)

H. W. Dove. Ueber den Einfluſs der Windesrichtung auf die Temperatur eines der freien Ausstrahlung und der Insolation ausgesetzten Bodens und seiner Pflanzendecke.

(Gelesen in der Akademie der Wissenschaften am 11ten Dec. 1848.)

Diese Abhandlung giebt uns die Resultate aus 14jährigen Beobachtungen, 71000 in der Anzahl, durch Berechnung und gehörige scharfsinnige Combinationen hervorgerufen. In dem Pflanzengarten von Chiswik bei London wird seit dem Jahre 1816 ein Barometer, Thermometer und ein Daniell'shes Hygrometer dreimal täglich beobachtet, Morgens, Mittags und Abends; aufserdem aber ein gegen terrestrische Rückstrahlung und gegen die Sonnenstrahlen durch einen Schirm von geöltem Zeuge geschütztes, im Schatten aufgehängtes Rutherfordsches Thermometer, für Bestimmung der täglichen Extreme im Schatten; für die Extreme im Freien hingegen ein mit schwarzer Wolle bedecktes Minimumthermometer, welches im Brennpunkte eines parabolischen Hohlspiegels der vollen Himmelsansicht ausgesetzt ist, endlich ein Maximumthermometer, ebenfalls mit schwarzer Wolle bedeckt, zwei Zoll über einem Grunde von Gartenerde, auf der Südseite einer vier Fufs davon entfernten Gartenmauer, welches von den Sonnenstrahlen den ganzen Tag hindurch getroffen wird. Es werden von Herrn Dove in vier Tabellen die beiden mittleren Minima (im Schatten und aufser dem Schatten) mitgetheilt, welche jedem Winde in jedem Monate des Jahres, und im ganzen Jahre zukommen; ebenfalls die beiden mittleren Maxima.

Man sieht daraus, dafs der Einflufs der Richtung des Windes auf die Temperatur des Bodens ein sehr erheblicher sei, durch die Wirkung, welche die ihn begleitende Trübung oder Aufhellung auf seine Ausstrahlung äufsert. Bei SW. fällt das Mittel der Strahlungskälte in keinem Monat unter den Frostpunkt, bei NW. NNO. hingegen die Hälfte des Jahres hindurch, vom November bis April. Bei der grofsen Regelmäfsigkeit der vom Drehungsgesetz abhängigen Veränderungen des Barometers, verglichen mit den viel weniger deutlichen des Thermometers und Hygrometers, kann man daher im April, wenn der Wind mit steigendem Barometer von West nach Nord herumgeht, auf einen Nachtfrost rechnen, in gewissen Fällen auch im Mai, denn das Monatsmittel der Ausstrahlungskälte fällt nur einen halben Grad F. über den Frostpunkt. Daraus folgt, dafs das Barometer, in Verbindung mit Beobachtung der Windfahne, für den Gärtner und Landwirth das Wichtigste unter den meteorologischen Instrumenten ist. Aus den 4 Grundtabellen werden nun zusammengestellt die 5te und 6te, welche den Unterschied der mittleren Minima im

Schatten und im Freien, und die mittleren Maxima im Schatten mit denen im Freien angeben; nur im December und Januar ist der letztere Unterschied gröfser als ersterer.

Es versteht sich, dafs die Temperatur im Schatten lange nicht so sehr schwankt während des Laufes des Tages als jene im Freien; beide Veränderungen werden wieder für jeden Monat in Tabelle 7 und 8 gegeben. Bei Ostwind beträgt nach diesen im Juli die Veränderung für den freien Boden innerhalb 24 Stunden 24° R., im Schatten nur 11°, dann erreicht aber das mittlere tägliche Maximum in der Sonne die Höhe von 31°, während der Condensationspunkt der Dämpfe nur 12° beträgt. In diesen täglichen Veränderungen, aber mehr noch in den jährlichen, wie man aus Tabelle 9 und 10 sehen kann, in denen die mittleren Werthe aus dem Minimum und Maximum im Schatten und die aus dem Minimum und Maximum im Freien, aufgezeichnet sind, ist es deutlich, wie die aufheiternden Winde gröfsere Schwankung veranlassen als die, welche den Himmel mit Wolken trüben.

„Da die Thaubildung", so bemerkt Herr Dove sehr wahr, „dadurch bedingt wird, dafs die Temperatur des durch Ausstrahlung erkalteten Bodens unter den Condensationspunkt der in der Luft enthaltenen Wasserdämpfe herabreicht, so kann, wenn das Ausstrahlungsminimum mit dem durch das Hygrometer ermittelten Thaupunkt verglichen wird, die gröfsere oder geringe Wahrscheinlichkeit der Thaubildung bei verschiedenen Windrichtungen dadurch annähernd bestimmt werden." Man findet dann in 11 und 12 die Schattenwärme bei Tage und den Thaupunkt, in 13 Temperatur minus dem Thaupunkt und in 14 Thaupunkt minus dem Ausstrahlungsminimum. Diese letzte Tabelle zeigt, dafs zu allen Jahreszeiten und für alle Windesrichtungen diese Differenz positiv ist, und dafs demnach die Bedingungen für die Thaubildung im Mittel stets vorhanden sind, am stärksten im Herbste.

Aus Tabelle 15, 16 und 17, wo die mittlere Höhe des Barometers, der Druck des Dampfes und der trocknen Luft angegeben werden, geht hervor, wie genau sich die atmische Windrose der barometrischen anschliefse. Ausserdem ist noch in Tabelle 18—34 eine Wiederholung zu finden von den früheren, aber nur für die Jahreszeiten, wo der Gegensatz schärfer hervortritt, als bei dem einzelnen Monate. Ich werde nur 30 und 31 reproduciren.

Unterschied der Temperatur und des Thaupunktes

	Winter	Frühling	Sommer	Herbst	Juli
S.	0.64	3.46	5.24	1.41	2.68
SW.	0.58	3.90	4.97	1.57	2.76
W.	1.37	4.56	5.60	2.22	3.44
NW.	1.69	5.87	5.85	2.46	3.97
N.	1.92	4.89	6.22	2.40	3.86
NO.	1.86	5.50	6.13	2.19	3.94
O.	1.23	6.20	7.07	0.73	3.81
SO.	0.94	5.03	7.48	2.03	3.80

Unterschied des Thaupunktes und Ausstrahlungsminimum

	Winter	Frühling	Sommer	Herbst	Juli
S.	9.77	12.06	10.51	11.15	10.88
SW.	9.36	11.06	11.64	11.79	10.96
W.	9.98	11.16	11.42	12.19	11.18
NW.	10.11	10.27	12.64	12.40	11.35
N.	10.28	11.17	11.83	11.22	11.12
NO.	8.19	10.15	11.74	11.57	10.46
O.	7.80	10.71	11.26	11.82	10.39
SO.	8.49	11.89	11.25	10.12	10.44

Herr Dove erinnert uns endlich an das grofse Gewicht, welches die Vergleichung der barometrischen Windrose mit der thermischen hat, da doch die secundäre, eben wie das ganze secundäre Klima, kaum mehr die primäre erkennen läfst, da so erhebliche Modificationen durch Trübung, Niederschläge und Passate hervorgerufen sind.

Witterung des Jahres 1846 zu Karlsruhe und in Vergleichung mit anderen Orten des Grofsherzogthums. Aus den Beiträgen zur Rheinischen Naturgeschichte, herausgegeben von der Gesellschaft für Beförderung der Naturwissenschaften zu Freiburg im Breisgau. Erster Jahrgang. Erstes Heft 1849, S. 101.

Aus den Beobachtungen vom Prof. STIEFFEL selbst zu Karlsruhe sind: 1) Für das Barometer die Mittel für die Stunden 7 Uhr Morgens, 2 Uhr Mittags und 9 Uhr Abends in jedem Monat gegeben, ferner der höchste Stand, der tiefste, der Unterschied beider, und der Mittelstand des Monats überhaupt. 2) Eine gleiche Einrichtung hat die Tabelle für die Temperatur. 3) Der Dunstdruck ist mit dem LAMONTschen Instrument beobachtet. 4) Die Feuchtigkeitsprocente sind nach AUGUST berechnet. Die Bewölkung ist nach Graden angegeben, die Windrichtung nach der Windfahne und dem Zuge des Rauches hoher Kamine. 8) Auch die Niederschläge sind aufgezeichnet. Die Beobachtungen der anderen Stationen sind nicht immer vollständig. Uebrigens findet man aufser Karlsruhe selbst in dieser Weise einen Beitrag für die Klimatologie von Heudorf, Hüsingen, Schwörstadt, Staufen, Pforzheim, Eppingen, Mannheim, Wertheim geliefert; für diese sind nur Monatsmittel enthalten. Man hat sich allerdings sehr zu freuen, dafs man sich so sehr zu bestreben anfängt, die Beobachtungen von mehreren Stationen zu sammeln. Es schliefst eine Tabelle die Reihe, welche die Differenzen angibt, die in Temperatur, Dunstdruck, Feuchtigkeit, Bewölkung, Windrichtung und Niederschlägen an den genannten Stationen mit Karlsruhe Statt gehabt haben; leider nicht für jede Beobachtungsstunde (wie sehr gewünscht), sondern nur durchschnittlich im Jahre. Auch die Angaben fehlen nicht, wer die Herren Beobachter waren, und mit welchen Instrumenten und an welchen Orten sie beobachtet haben.

Hermann Köler, M. D. Einige Beobachtungen über die Temperatur der See-Oberfläche im Nord-Atlantischen Meere. Göttingen 1849.

Herr Köler hat einige Seereisen gemacht und jedesmal Temperatur u. s. f. aufgezeichnet, als: 1) von New-York nach Galveston, 2) von New-York nach St. Domingo, 3) von St. Domingo nach Newport, 4) von Pernambuco nach London, 5) von Hamburg nach New-York, 6) von New-Orleans nach Liverpool, 7) von Lissabon nach New-York, 8) von Boston nach Liverpool, 9) von Hamburg um das Kap der guten Hoffnung, 10) von Liverpool nach Berny (Guinea), 11) zurück, 12) von Hamburg nach Cadix, 13) zurück, 14) von Hamburg nach Cadix, 15) von Malaga nach Hamburg. Das Werkchen ist gleichsam das Extrait aus den Journalen des Schiffes, Länge und Breite sind immer beigegeben, so dafs man einfach nur durch das Ordnen der Data interessante Bestimmungen gewinnen kann für die Temperatur. Nur seltsam ist der Wind mit aufgezeichnet. Sicherlich ist, wie Herr Köler sagt, die Kenntnifs der Temperaturverhältnisse des Oceans nicht nur von hohem wissenschaftlichen Interesse für den Physiker, den Meteorologen und den Geographen, sondern auch von unverkennbarem praktischen Werthe für den Seefahrer. Darum wird denn auch in Amerika und in den Niederlanden so grofser Werth darauf gelegt, und nicht nur die Sammlung, sondern auch die Anordnung und Benutzung dergleichen Angaben eifrigst befördert.

William Reid. Die Fortschritte in Entwickelung des Gesetzes der Stürme. London 1849.

Ein Buch wie dieses bringt sicherlich die Meteorologie als Wissenschaft nicht viel weiter, denn es enthält nicht viel, was nicht auch in Thom's Werk, das wir früher ankündigten, enthalten wäre; aber es gibt einen so grofsen Beweis von dem Nutzen der Meteorologie und der Nothwendigkeit, dafs alle Nationen, und insbesondere die Seefahrenden, die Meteorologie befördern müssen, dafs ich meinte, auch dieses Werk kürzlich erwähnen zu müssen. Es steht neben den Werken von Redfield, Riddington und Thom. Ueberall in der Welt mufs man es haben, weil es überall, in der Nähe des Meeres wenigstens, brauchbar und gewünscht ist. Es gibt praktische Beispiele, wie manches Schiff, des Herrn Verfassers früheren Rathgebungen folgend, sich vom Untergang frei gehalten hat, und weiset an, wie man durch genaues Achtgeben auf das Barometer, und auf die Richtung und Richtungsveränderung des Windes, sich überzeugen kann, auf welcher Seite von dem Mittelpunkte des Sturmes man sich befinde, und wie man von dannen kommen könne. Durch mannigfaltige Holzschnitte wird der Verlauf manches Sturmes von dem einen Tage auf den anderen vorgestellt, die Schiffe in den verschiedenen Partieen eines Wirbels abgebildet, und die Richtung angezeigt, wie sie aus dem Wirbel am besten herauskommen. Was mich aufser diesem praktischen Nutzen besonders interessirt hat, ist, dafs auch die Wogen (undae) des Meeres von diesem Wirbel ergriffen werden, dafs nämlich an einem Orte, einer Küste, wo der Sturm nicht vorüberzieht, die Wogen aus verschiedenen Richtungen kommen übereinstimmend mit den verschiedenen Richtungen, woraus in einiger Entfernung die Winde wehen. Es ist dadurch bereits möglich einen Wirbel zu erkennen, auch wenn man noch gar nicht vom Winde ergriffen ist, denn nun kommen die Wogen aus Nord nach einigen Stunden aus West in der nördlichen Hemisphäre oder aus Ost in der südlichen, so sind sie aufgetrieben von Winden, die in der nördlichen Hemisphäre erst Nord dann West, oder in der südlichen von Winden, die erst Nord dann Ost wehten, in jedem Falle also einem fortrückenden Wirbelsturme angehörten. Es wird dadurch auch erklärt, wie das Meer so ungeheuer tobt in einem Wirbelsturme, denn nahe dem Centrum sind die Wogen kurz, nachher in allen Richtungen bewegt, und von diesen verschiedenen Systemen können sich nun die Berge und die Thäler manchmal höchst ungünstig für das Schiff zusammenfügen.

In dem zehnten Kapitel sind manche Bruchstücke von einem Beobachtungsjournale an den Bermuden Lat. 32° N., Long. 65° W. gegeben, woraus man sehen kann, wie manche Stürme nichts anderes sind, als Reste von tropischen Orkanen. Die heftigen Winde (Gales) drehen sich durch den Compafs, machen das Barometer sinken, nachher wieder steigen. Herr Reid giebt jedesmal, wenn er aus diesen Phänomenen auf den Bermuden einen solchen Wirbelsturm erkannte, eine Abbildung bei, wo die Achse des Sturmes und die ungefähre Richtung und Entfernung, die der Mittelpunkt des Sturmes vor den Bermuden hatte, angezeigt ist.

Herr Reid schliefst das Werk mit dem Wunsche, dafs die Handelsschiffe, so wie die der Royal navy in gleicher einfacher Weise bezeichnen möchten, wie grofs ihre Geschwindigkeit jedesmal war, dafs ihre Schiffsjournale, in soweit sie auf die physikalische Geographie Beziehung haben, bekannt gemacht werden mögen, oder jedenfalls einem zur Einsicht gegeben werden mögen, da nur aus der Vereinigung und Vergleichung neues Licht aufgehen könne, und mit bestimmten Worten deutet er an, dafs bei gewöhnlichem Wetter die Beobachtungen einmal am Tage genug sein können, dafs aber während eines solchen Wirbelsturmes nicht zu viel aufgezeichnet werden könne, das nicht noch Früchte bringen könne. Der Herr Verf. zeigt, wie grofsen Werth er auf diese Beobachtungen lege, da er von allen Regionen der Erde sie sammelt, und in seinem schätzbaren Buche discutirt.

Beobachtungen, angestellt auf dem magnetischen und meteorologischen Observatorium zu Hobarton in Van Diemensland, und auf den Südpolexpeditionen von 1841 an.

Mit diesen interessanten Beobachtungen beginnt, wie wir hoffen, eine lange Reihe fortgesetzter, nicht allein magnetischer, sondern auch meteorologischer genauer Beobachtungen am grofsen Observatorium zu Hobarton, 42° 52',5 Breite Süd vom Aequator, und in 147° 27',5 Länge Ost. In Zeit ist die Differenz von Göttingen 9 Stunden 10 Minuten. Die stündlichen Beobachtungen von Jan. 1841 bis Sept. 1848 fortgesetzt, fallen somit immer gerade mit dem Anfange einer Stunde, sowohl in Göttingen als in Hobarton selbst, zusammen, da sie während dieser zehn Minuten so ziemlich gemacht wurden. Das angekündigte Werk enthält: 1) Folgerungen (abstracts) aus den erwähnten stündlichen Beobachtungen, welche im Sept. 1848 unterbrochen sind, in der (richtigen) Meinung, dafs sie lange genug fortgesetzt wären, um die tägliche Aenderung der unterschiedenen magnetischen und meteorologischen Elemente kennen zu lernen.

Es gehört hierzu die Beschreibung von der Aufstellung der Instrumente, und von den Instrumenten selbst. Die östliche Declination der Magnetnadel nimmt von 1843—1848 jährlich im Mittel 1',46 zu. Im Laufe des Jahres nahm sie von Sept. bis März in je vierzehn Tagen 0',10, von März bis Sept. in je vierzehn Tagen 0',02 zu. In Tafel VI. sind die mittleren stündlichen Stunden der Declinationsnadel für jeden Monat in jedem Jahre angegeben, in Tafel VII. für jeden Monat im Mittel. Tafel VIII. gibt das nämliche wie Tafel VII., aber in der guten Form; sie gibt die mittleren stündlichen Abweichungen. Tafeln XII., XIII., XIV. geben das nämliche für die horizontale Componente des Magnetismus. Tafeln XVI., XVII., XVIII. für die vertikale Componente. Tafel XXIII. gibt für jede Stunde des Tages jedes Monates des Jahres die ganze magnetische Kraft. Graphische Darstellungen machen die Uebersicht leicht, und die Vergleichung mit den Beobachtungen von Toronto zeigt, wie dort, wie zu Hobarton, aber in den entgegengesetzten Jahreszeiten übereinstimmende Veränderungen Statt haben.

Die meteorologischen Instrumente sind, gleich wie die magnetischen, in einer Höhe von 105 Fufs über der mittleren Meereshöhe aufgestellt, es sind die nämlichen, die in St. Helena und Toronto in Gebrauch sind.

Tafeln XXV., XXVI., XXVII. und XXVIII. geben für jede Stunde des Tages, von jedem Monate in jedem Jahre, die mittleren Anzeigen des Thermometers, des Barometers, des Dampfdruckes und der Feuchtigkeit und die Mittel aus diesen mittleren Werthen, Tafel XXIX. bis XXXIII. geben das nämliche für jeden Monat des Jahres im Mittel. Für die Kenntnifs der Klimatologie, so weit als die von Herrn Sabine angewandten Berechnungen dazu hinreichend sind, wünschen wir die Tafeln XXXIV. und XXXV. mitzutheilen.

Tafel XXXIV. Abweichung der Monatsmitttel [1])

Monate	Thermometer	Elasticität des Dampfes	Feuchtigkeit	Barometer Zolle	Trockne Luft
Januar	+8,63	+0,050	—10	—0,032	—0,085
Februar	+7,89	+0,070	— 5	+0,037	—0,032
März	+5,43	+ 060	— 5	+ 049	+ 010
April	—0,30	+ 004	— 1	+ 033	+ 030
Mai	—4,18	—0,020	+ 6	+ 032	+ 053
Juni	—8,14	—0,046	+10	+ 034	+ 081
Juli	—9,75	— 055	+12	+ 033	+ 089
August	—7,45	— 048	+ 7	+ 002	+ 049
September	—3,55	— 032	+ 1	+ 023	+ 010
October	—0,36	— 017	— 3	—0,016	+ 002
November	+4,12	+0,018	— 6	— 112	— 129
December	+7,66	+0,036	—11	— 034	— 069

Tafel XXXV. Abweichung der Stundenmittel

Stunden	Thermometer	Elasticität des Dampfes	Feuchtigkeit	Barometer Zolle	Trockne Luft
Mittag	+6,10	+0,017	—11	—0,009	—0,024
1	+6,98	+ 018	—13	— 023	—0,040
2	+7,17	+ 017	—13	— 030	— 045
3	+6,70	+ 016	—13	— 034	— 049
4	+5,66	+ 012	—11	— 028	— 039
5	+3,87	+ 007	— 8	— 022	— 028
6	+1,76	+ 003	— 4	— 009	— 012
7	+0,09	+ 002	— 1	+0,004	+ 003
8	—1,11	+ 0	+ 2	+ 015	+ 016
9	—1,89	—0,001	+ 3	+ 019	+ 013
10	—2,55	— 004	+ 5	+ 019	+ 024
11	—3,08	— 006	+ 5	+ 016	+ 014
12	—3,59	— 008	+ 6	+ 009	+ 018
13	—4,03	— 011	+ 7	+ 002	+ 014
14	—4,41	— 013	+ 7	—0,002	+ 012
15	—4,81	— 015	+ 8	— 007	+ 005
16	—5,09	— 018	+ 8	— 009	+ 010

[1]) Die Temperatur ist in Fahrh. Graden, der Druck in engl. Zoll, die relative Feuchtigkeit in Proc. ausgedrückt. Das Jahresmittel ist: Th. 53,48° F., Dampfel. 0,302″, Rel. F. 76, Bar. 29,781″, Trockne Luft 29,478″.

Tafel XXXV. Abweichung der Stundenmittel

Stunden	Thermometer	Elastiicität des Dampfes	Feuchtigkeit	Barometer Zolle	Trockne Luft
17	—5,21	— 016	+ 8	+0,003	+0,014
18	—4,80	—0,013	+ 8	+0,004	+ 018
19	—3,62	—0,002	+ 7	+ 013	+ 022
20	—1,80	—0,002	+ 4	+ 019	+ 022
21	+0,49	+0,004	— 1	+ 020	+ 017
22	+2,66	+0,008	— 5	+ 015	+ 008
23	+4,55	+0,013	— 8	— 003	— 009

Man sieht, diese Gröfsen sind in der zweckmäfsigsten Weise publicirt. In einem folgenden Bande werden nun weitere Folgerungen aus den Beobachtungen versprochen; wir hoffen dann mehr partielle Abweichungen zu erhalten. Diese Mittheilungen sind in CIV. Seiten 4. enthalten, es folgen die stündlichen Original-Beobachtungen selbst, für 1841 und 1842 von Seite 2 bis 308. Die Declination, die horizontale Kraft, magnetische und meteorologische Terminobservationen, der Stand des Barometers, des Thermometers, des feuchten Thermometers, die Feuchtigkeit der Luft, und die Elasticität des Dampfes. Es scheint mir, dafs die Publicirung der meteorologischen Beobachtungen zu sehr nach derselben Regel Statt findet wie jene der magnetischen. Im Magnetismus ist es eine ganz andere Sache; die Erscheinungen sind gleichzeitig auf der ganzen Erde, wenigstens auf sehr grofsen Strecken, so dafs ein Observatorium, wo es gegründet sein mag, sogleich mit anderen in Verbindung gedacht werden kann, und die Beobachtungen in Rapport gebracht werden können. Dem ist nicht so mit den meteorologischen Erscheinungen, darum hat die Welt im Allgemeinen nicht so grofsen Nutzen von den stündlichen Beobachtungen selbst; sie wird ihn nur dann haben, wenn überall so viele Observatorien errichtet sind, dafs in einer Stunde die meteorologischen Veränderungen sich von dem einen bis zum anderen fortgepflanzt haben. Auch ist die Wissenschaft selbst noch nicht so weit fortgeschritten. Darum würde ich ganz zufrieden sein mit den täglichen mittleren Werthen von jedem Orte, d. h. mit der letzten Spalte von allen diesen folgenden Tabellen.

Die Werke werden sonst zu kostspielig. Jedenfalls würde es nicht vortheilhaft sein, dafs diese mittleren Werthe nicht besonders zu haben sind, und nicht einmal die meteorologischen gesondert von den magnetischen, wenn nicht die Liberalität der Brittischen Regierung aufserordentlich grofs wäre. Die täglichen mittleren Werthe von 1843—1848, die doch für jedes Instrument auf einer Seite hätten mitgetheilt werden können, die aber noch wieder ausführlichere Berechnung vom geehrten Herausgeber würden erfordert haben, sind diesmal nicht beigegeben. Die Stärke und Richtung des Windes wird weiter zweistündlich auch für 1841 und 1842 mitgetheilt; auch folgt noch ein meteorologisches Journal, wo für die 3te, 9te, 15te und 21ste Stunde des Tages die Temperatur der Luft, der Thaupunkt, die Maximum- und Minimumtemperatur, die Kraft des Sonnenstrahles, die Heiterkeit des Himmels, der Regen und die Ansicht des Himmels angegeben werden.

Das höchst interessante Werk schliefst mit Beobachtungen von der magnetischen Inclination von 1841 — 1847, an jedem Dienstage und Freitage; dann mit magnetischen und meteorologischen Terminbeobachtungen auf der Reise in die Nähe des Südpoles, und endlich mit Bestimmungen der absoluten horizontalen Intensität in Hobarton Observatory.

Wir hoffen, dafs in Van Diemensland bald mehrere Observatorien sich dem grofsen Hobarton Observatory anschliefsen werden, dafs alle die täglichen mittleren Werthe publiciren werden, gleich wie wir dieses von allen Observatorien für Meteorologie wünschen. Wenn man nicht anfängt, tägliche mittlere Werthe von vielen Orten in kleine zweckmäfsige Form zusammenzudrängen, so wird man sich nicht über Klimatologie erheben, die Meteorologie wird keinen Schritt machen können. Später werden häufiger angestellte Beobachtungen wünschenswerth erscheinen. Die Windesrichtung möchte man schon jetzt mehr als einmal am Tage zu kennen wünschen.

Die magnetischen und meteorologischen Beobachtungen, welche zu St. Helena nach derselben Regel angestellt sind wie in Toronto und Hobarton, sind auch in ganz derselben Weise von Herrn Lieutenant Colonel Sabine herausgegeben.

Die Anordnung ist eine ganz gleiche; so wie in den Hobarton-Beobachtungen, kann man auch in den von St. Helena sich leicht zurecht finden und bekommt Antwort auf jede Frage.

A. Bravais. Ueber die Höhe der Wolken. Ann. d. chim. et d. phys. Ser. III. T. XXIX. p. 497. Pogg. Ann. LXXVII. 156.

„Ich stelle, sagt Herr Bravais, an einem hochgelegenen Ort, auf einem der Thürme der Sternwarte, ein graduirtes Instrument auf, dessen Limbusebene vertikal ist. Winkelrecht an dieser Ebene ist eine rectanguläre Glasplatte befestigt. Die untere Fläche derselben ist geschwärzt, die obere horizontale ist dem Zenith zugewandt, und sie sendet nur durch schiefe Reflexion ein Bild der Wolken. In Richtung des in mein Auge gelangenden Gesichtsstrahls, und im Azimuth des Limbus des Instrumentes, befindet sich in schiefem Abstande von etwa 50 Meter ein Behälter mit Wasser, der mir ebenfalls ein Bild der Wolken zusendet. Das Geschäft des Beobachters besteht nun darin, dafs er mittelst einer Stellschraube die seinem Auge benachbarte Glasplatte um eine horizontale (gegen den Limbus winkelrechte) Axe dreht, und um einen kleinen Winkel, den ich ω nennen werde, neigt. Man bringt die Bilder zur Coïncidenz, in ähnlicher Weise wie bei der Beobachtung mit einem Sextanten. Der Winkel zwischen dem Horizont und dem vom Rande der Wolke auf das Wasser des Behälters gefallenen Lichtstrahl ist eine constante und bekannte Gröfse. Ich will ihn k nennen. Sein Werth ist hier $34^\circ 45'$. Die drei Winkel des Dreieckes, gebildet von der Wolke, dem Behälter, und der Glasplatte, sind bekannt. Der Winkel an der Wolke sei 2ω, der Winkel, dessen Scheitel auf der Glasplatte liegt, ist $2k-2\omega$. Nennt man endlich h die senkrechte Höhe der Glasplatte über dem Wasserbehälter, und H die Höhe der Wolke über diesem Behälter, so findet man leicht

$$H = \frac{h \sin(2k-2\omega)}{\sin 2\omega}.$$

Die Gröfse h ist constant, ihr Werth ist 21,8 Meter. Daraus ergiebt sich H. Ich halte es für überflüssig, die Vorsichtsmafsregeln zu zergliedern, die ich anwende, um den von der Spiegelfläche mit dem Horizont gebildeten Winkel ω mit Genauigkeit zu bestimmen. Es hält schwer, diesen Winkel bei jeder einzelnen Beobachtung über eine Minute genau zu messen, allein, wenn man das Mittel aus mehren Beobachtungen nimmt, erreicht man unter günstigen Umständen eine Genauigkeit von 30—45 Sec. Im Allgemeinen variirt dieser Winkel von 3—25 Min. und selbst darüber hinaus. Sei nun n die Zahl von Sekunden, welche das Bild der Wolke im Behälter gebraucht, um auf der Oberfläche des Wassers in diesem Behälter eine Länge l zu durchlaufen. Das Auge des Beobachters mufs während dieser neuen Beobachtung unbeweglich bleiben, oder wenigstens dem Bilde folgen, indem es durch eine kleine unverrückbare Oeffnung sieht. Sei h' die gemessene Höhe dieser Oeffnung über der reflectirenden Fläche, so wird die Geschwindigkeit der Wolke pro Sekunde offenbar sein

$$l\,\frac{(H+h')}{nh'}.$$

Um l und n leicht zu messen, ziehe ich vor, einen künstlichen Horizont von gewöhnlicher Form anzuwenden, und darin das Bild der Wolke, das eine Curve l beschreibt, zu betrachten. Letztere ist leicht gemessen. Durch dieselbe Beobachtung finde ich leicht das Azimuth der Bahn der Wolke mit Genauigkeit. Bei allen diesen Rechnungen vernachläfsige ich, als sehr erlaubt, die Krümmung des Erdbodens und die terrestrische Refraction."

Unter den, aus meinen Beobachtungen abgeleiteten Resultaten haben einige Interesse für die Meteorologie. Am 21. Juni 1842 flogen Cumuli, getrieben von Südwestwind mit der entsetzlichen Geschwindigkeit von 34 Meter in der Secunde über die Stadt Lyon hinweg. Gewitter und Wasserhosen begleiteten diesen, für unser Klima anomalen Zustand der Atmosphäre. Zur selben Zeit hielten sich lichte Cirrhi, in einer lothrechten Höhe von etwa 10000 Meter, fast unbeweglich. Bei einer so bedeutenden Höhe, wie die letztere, war es unmöglich, den Werth derselben genauer als bis etwa $\frac{1}{8}$ zu erhalten, allein man kennt die mittlere Höhe der Cirrhi so wenig, dafs diese Annäherung schon bemerkenswerth ist. Ich habe niemals Wolken angetroffen, deren Höhe entschieden über 10000 Meter gewesen wäre.

Dr. Hermann Schlagintweit und Dr. Adolph Schlagintweit. Untersuchungen über die physikalische Geographie der Alpen, in ihren Beziehungen zu den Phänomenen der Gletscher, zur Geologie, Meteorologie und Pflanzengeographie. Mit 11 Tafeln und 2 Karten. Leipzig, Verlag von Johann Ambrosius Barth. 1850.

Nur ein kleiner Theil von diesem reichhaltigen Werke fällt unter die Rubrik, worüber ich ein Urtheil zu geben aufgefordert bin. Die geehrten Herren Brüder hatten die Güte, mir einige Capitel daraus zuzuschicken, und ich habe sie mit Freude aufgenommen, durchgelesen und dem Zusammenhang mit dem Ganzen nachgespürt. Auch die Aufsätze in Poggendorffs hochgeachteten Annalen für Physik und Chemie waren mir bereits als Bruchstücke davon sehr aufgefallen

Man wird schon in den Tagesberichten von Froriep eine Uebersicht von der ganzen Arbeit gewonnen haben, ich kann also sehr kurz über alles weggleiten was nicht unmittelbar zur Meteorologie gehört.

Von den VII. Kapiteln der ersten Abtheilung (die vier Theile sind in dem Titel genannt) werden die vier ersten, die physikalischen Eigenschaften des Eises, die Firnregionen, die Topographie der Gletscher, und die Structur enthaltend, so wie die siebente den Substanzverlust der Gletscher betreffend, wohl von Andern besprochen werden, die Bewegung und Oscillationen der Gletscher im 5ten und 6ten Capitel behandelt, mögen hier erwähnt werden. Die ganze Abtheilung verdanken wir besonders dem Herrn Dr. Hermann Schlagintweit. Die Methode, nach welcher die Bewegung bestimmt ist, ist sehr zweckmäfsig und einfach. Irgendwo auf dem Eise wird ein Stab festgesetzt, und sein Ort zum Durchschnittspunkt zweier festen Linien gemacht, deren Enden an den festen Wänden des Gletscherthales deutlich und unbeweglich angedeutet sind. Wenn der Stab nun nach einigen Tagen fortgerückt ist, so wird ein anderer Stab auf den Durchschnittspunkt gestellt, und man kann von da aus den Abstand und die Richtung zum fortgeschobenen Stabe leicht bestimmen. Wir sagen auch die Richtung; dafs heifst es konnte bestimmt werden, ob ein gegebener Punkt und wieviel er seitwärts auswich; wenn man nicht auch diesen Zweck hat würde die Methode von Herrn Desor [1]) in 1844 angewandt, wohl nicht sicherer sein, aber schneller zum Ziele führen.

Am Pasterzengl. fanden sie (S. 114) aus sehr zahlreichen Beobachtungen folgende mittlere Geschwindigkeiten für 24 Stunden. Im oberen Theile bei den Burgställen 6 Centimeter und 11 Ctm. Im mittleren Theile bei der Johannishütte 7, 18, 23, 28, 24, 9 und 8 Ctm. Am unteren Boden, nach einer steilen Senkung, 33 und 43 Ctm. Am Hintereisgletscher an der oberen Station 12 Ctm., an der unteren 8 Ctm., und beim Vernagtgletscher, oben 6 und 13 Ctm., und weiter unten 6, 9 und 8 Ctm. Die Verschiedenheit der Geschwindigkeit rührte davon her, dafs einige Blöcke mehr auf der einen oder anderen Seite, andere in grösserer Entfernung von beiden Seiten gelegen waren; die Mitte rückte stets am schnellsten fort. Dann hatte auch die Temperatur einen beschleunigenden Einflufs, so wie eine reichlichere Circulation des Wassers. Diese Umstände werden natürlich ausführlicher discutirt. Ferner sehen wir, dafs die Herrn Verf. das Fortrücken der Gletscher im Allgemeinen (S. 122) einer Verschiebbarkeit der einzelnen Theile der Gletschermassen zuschreiben. Diese Verschiebbarkeit ist bedingt durch eine feine Zersplitterung der Eismasse, welche durch den bedeutenden Druck der übereinander angehäuften Eismassen und durch den Widerstand der Unterlage um so leichter hervorgebracht wird, da das Eis ein sehr spröder Körper ist. Hat so die Bewegung einmal begonnen, so wird die Zersplitterung durch die Reibung gegen die Unterlage wohl etwas vermehrt. Die Schnelligkeit der Bewegung wird durch die Neigung der Unterlage und durch die verticale Höhe, d. h. Dicke, des Eises, auf welches sich der hemmende Einflufs der Reibung vertheilt, wesentlich verändert. Von dem letzteren Umstande ist die Vertheilung

[1]) Nouvelles excursions et séjours dans les Glaciers et les hautes régions des Alpes de Mr. Agassiz et de ses compagnons de voyage par E. Desor. Neufchatel et Paris 1845.

der Schnelligkeit in der Gletschermasse unmittelbar bedingt; es wird nemlich dadurch bewirkt, dafs die Mitte stets schneller sich bewegt als der Rand, und dafs die oberen Theile schneller gehen als die unteren, welche dem Sitze der Reibung näher sind. Das letztere wurde besonders von Agassiz an einer vertical gestellten Spaltenwand beobachtet. Sie verwerfen die Rutschtheorie von Gruner und Saussure, aber auch die Dilatationstheorie von Charpentier. Einigen Einflufs auf die Bewegung scheint aber die Dilatation ebenfalls auszuüben, indem nach Désor (S. 161) die Temperatur des Eises im Innern mehrmals nach der Winterkälte —2°,2 C. gefunden wurde, und so weit kann gewifs das Wasser gefrieren. Aber es sind nicht die physischen Gründe, die uns zur Beurtheilung aufgetragen sind, wir müfsten denn die Sache ausführlicher aufnehmen. Die Herrn Verf. bemerken noch mit Recht wider die Plasticitätstheorie von Forbes, dafs das Eis die Eigenschaften eines festen Körpers so entschieden zeige, dafs sie diesen Begriff gewifs von ihm nicht trennen dürfen. Sie schreiben der grösseren Menge Wasser, die im Sommer überall in den Haarspalten vorhanden ist, auch eine Beschleunigung der Gletscherbewegung durch seine Schwere zu. Auch trägt dieses Wasser, dureh die grofsen Spalten unter dem Gletscher anlangend, dazu bei, dafs das Eis an der unteren Oberfläche noch etwas mehr abschmilzt. Sehr wahr bemerken noch die Herren Schlagintweit, dafs diese untere Oberfläche nicht unter 0° sein kann, und dafs also nicht die Rede ist von einem Anfrieren an dem Boden.

Die Oscillationen der Gletscher, d. h. die Veränderungen ihrer absoluten Gröfse, wurden in drei Gruppen gebracht:

1) Oscillationen von den Schwankungen der Temperatur abhängig.

2) Oscillationen durch Schneeanhäufung und Moränenbildung bedingt.

3) Das unregelmäfsige Vordringen einzelner Gletscher.

Die erste Ursache der Oscillationen steht am nächsten mit der Meteorologie der betreffenden Orte in Zusammenhang, die mittlere Temperatur des Jahres kann eine Quantität Eis schmelzen, und je nachdem diese gröfser oder kleiner ist als die Quantität, die durch die Bewegung des Gletschers nachgeführt wird, wird der Gletscher abnehmen, d. i. zurückweichen oder grösser werden, d. h. vorwärts rücken. Die Endmoräne deutet das Maximum der Gröfse an, die ein Gletscher je erreicht hat, also war es nur von den Gletschern unsicher, die dicht an ihre Endmoräne sich anschlossen, ob sie vielleicht noch im Ausbreiten begriffen wären; sonst beobachtete man an allen Gletschern in 1846, 1847 und 1848, in welchen Jahren die Verf. Messungen angestellt haben, ein Zurückweichen, am meisten an den secundären Gletschern. Bei diesen secundären und im Allgemeinen bei den kleinern Gletschern, zeigen sich ziemliche Unregelmäfsigkeiten, wenn man die Zu- und Abnahme allein von der Temperatur abhängig machen wollte. Wirklich ist denn auch 2) die Einwirkung durch Schuttanhäufungen nicht zu vernachläfsigen. Auf den grofsen Gletschern kommen die Moränen und der Schutt mehr gleichmäfsig vor, sie haben also immer nahe denselben Einflufs; dagegen ereignet es sich oft, dafs ganze Strecken auf den secundären Gletschern ohne Schutt und Gerölle gefunden werden; diese Partieen schmelzen dann leichter, wenn auch der betreffende Sommer nicht sehr heifs ist. Merklicher noch scheint es zu sein, dafs selbst in heifsen Sommern bei vielem Schutt nur wenig Abschmelzung Statt findet. Der dritte Einflufs ist ein sehr besonderer und unregelmäfsiger, durch die Unterlage bedingt. Wenn ein Gletscher bei seinem langsamen allmäligen Vorrücken den Rand einer Terrasse oder eine andere sehr bedeutende Unebenheit erreicht, und er rückt nun noch etwas weiter fort, so geht nun die regelmäfsige Bewegung in die unregelmäfsige über, denn er bricht in grofsen Stücken ab, die nun eine grofse Strecke erfüllen können. Die Bruchstücke nehmen einen gröfseren Raum ein, als zuvor die zusammenhängende Masse, und füllen bisweilen das Bett eines dort dahin fliefsenden Baches aus, wie beim Vernagtgletscher z. B. periodisch der Fall ist, wie aus den vom Herrn Verf. gesammelten Daten hervorgeht. In diesen Zeiten haben die tiefer gelegenen Gegenden immer die Gefahr vor Durchschreifsen des hinter dem Eisdamme angesammelten Wassers. Auf das Klima der Orte, in deren Nähe ein Gletscher sich befindet, übt er einen wärmeerniedrigenden aber ausgleichenden Einflufs aus. Ist die Temperatur unter 0°, so fügt er der Kälte nichts zu, aber ist sie ziemlich hoch, so macht er viele Wärme latent.

Die zweite Abtheilung ist von Herrn Dr. Adolph Schlagintweit bearbeitet. Die hypsometrischen Bestimmungen sind von grofser Wichtigkeit, und auch ihre Anzahl sehr grofs (191 Pte.); die vier folgenden Kapitel geben Ansichten über die Thalbildung und die Formen der Gebirgszüge in den Alpen (dieses stützt sich unmittelbar auf die vorhergehenden Höhenbestimmungen), Beobachtungen über die geognostische Zusammensetzung der Oetzthaler Gruppe und der Tauern, über die Bildung und Temperatur der Quellen, und die Isogeothermen der Alpen, und über die Veränderungen der Oberfläche durch Erosion und Verwitterung.

Es ist das Kapitel über die Thalbildung zu weit aufser meinem Bereich, als dafs ich etwas anderes davon sagen sollte, als dafs zweckmäfsige Profile von Querthälern und Ansichten von dem Venterthale, so wie von dem Grofsglockner, sehr schön ausgearbeitet, in der Weise, wie die Zeichnungen aus den Hochregionen der Alpen von Agassiz den Leser in Stand setzen, die beigebrachten numerischen Daten zu beurtheilen, um mit Herrn A. Schlagintweit in seinen Schlüssen einverstanden zu sein, wenn er die Ursache der Entstehung der Thäler in eine Reihe von successiven Hebungen, verbunden mit späteren Senkungen, setzt. Die grofsen Mulden, welche sich am Ende der Thäler und in ihrer weiteren Entwickelung befinden, und im kleineren Maafsstabe an den Abhängen der Berge wiederholt sind, scheinen besonders auf ein Zurückweichen der Massen hinzuweisen. Die Thalbildung, meint weiter der Herr Verf., sei wohl dann erst erfolgt, als die allgemeine Aufrichtung der Schichten vollendet war. Denn diese letzteren behalten oft auf grofse Strecken gleiches Streichen und Fallen, und werden häufig von einer Reihe von Thälern durchsetzt, ohne die geringste Veränderung zu erleiden.

Auch das XI. Kapitel, von dieser Abtheilung das vierte, ist sehr interessant, auch der vielen Bestimmungen wegen, die darin vorkommen. Der Entstehung der Quellen (vormals in so verschiedener Hinsicht besprochen) ist hierin nachgespürt, die eigenthümlichen Erscheinungen im Kalkgebirge sind angeführt und aufgeklärt. Als die Höhengrenze der Quellen in den Alpen ergaben 8500 und 9000 Par. Fufs; setzet man die mittlere Gipfel- und Kammhöhe zu 10800—11000, so erhält man als Abstand der Quellengrenzen 2000 Fufs. In dem nördlichen Kalkalpenzuge kann diese Grenze bei 6000—6500 Fufs Höhe angenommen werden, d. h. dort 1500 unter der mittleren Gipfel- und Kammhöhe. Bei den Temperaturbestimmungen ist die gehörige Vorsicht gebraucht worden, und die vorhandene, nicht zahlreiche, Literatur sorgfältig benützt.

Die Schlüsse pag. 268 sind sämmtlich sehr wahr in theoretischer Hinsicht, und sehr übersichtlich zusammengestellt. Ich schliefse meinen Bericht über dieses Kapitel mit der Mittheilung der allgemeinen Zusammenstellung der bis damals in den Alpen bestimmten Quellen, welche Seite 261 enthalten ist, und die Vertheilung der Quellentemperatur in den verschiedenen Alpengruppen zeigt.

Allgemeine Zusammenstellung

Kalkalpen			Tauern			Südlicher Abfall und Jaufe und Timbls			Nördliche Schweiz		
Ort	Höhe	°C.	Ort	Höhe	°C.	Ort	Höhe	°C.	Ort	Höhe	°C.
München	1540	9,0 +							Samling	1451	9,4
Erpfendorf	1770	8,8							Albisrieden	1716	8,0
Hall	2015	8,6 +				Eisack I.	2220	10,1			
Kitzbühel	2350	7,6				Eisack II.	2300	11,0	Peterzell	2408	7,7
Krün	2520	7,5 +	Winklern	2878	6,7				Ebenalp	2714	6,3
Hinterauthal	3020	6,2	Döllach	3168	6,9 +	Ollang	3040	8,9	Engelsberg	3040	6,5
Kohlstatt	3113	5,6				(Südl. Afall)			Guttannen	3253	6,2
Isar II.	3664	4,6 +	Möllthal	3420	6,8 +						
Kiblersklamm	3750	5,4	Heiligenblut	3940	6,7 +	Gasteig	3951	5,2 +	Hochalp	3825	5,9
Beim Reichen	4070	4,9				(Jaufen u. Timbls)			Sewelibrunn	4091	6,0
			Fusch	4293	6,4	Drau	4198	5,3 +	Martisbrunn	4256	5,0
				4994	6,0 +	(Südl. Abfall)			Rigi	4404	6,3
				5130	5,8				Schwander Almend	4465	5,6
				5256	5,4 +						
									Frachmunt	4593	5,3
									Kamor	4667	5,0
Lachthal	4780	3,57	Briccius						Schwarzberg	4674	5,5
Gebra	5100	3,5	Kasereck								
			Gössnitz I.						Pilatus	5262	4,1
Dachstein	5546	2,38							Staffelberg	5345	3,8
Streiteck	5550	3,6									
Isar I.	5726	3,4 +							Brunni	5754	3,7
			Gössnitz II.	5796	5,0	Jaufen	5770	4,4 +	Blanke Alp	5796	2,9
			Margaritze	6525	3,1 +	—	5907	3,7			
			Petersbrunnen	6581	3,4 +	—	6310	3,2	Rossboden	6576	3,5
			Trog	6947	4,2						
			Freiwand	7020	3,1 +	Timbls	7030	2,2			
			—	7148	3,1 +						
			Wasserradkopf	7190	3,4						
Dachstein	7395	1,1	Johannisquelle	7581	3,0 +						
			Hochthor	8128	1,9						
			Salmshöhe	8223	2,7 +						
			Goldzeche	8858	0,8						

Wo die Beobachtungen an starken Quellen angestellt waren, habe ich das Zeichen + hinzugefügt. Für die Bestimmung der Temperatur sind diese die besseren; für Construction der Isogeothermen, der beigegebenen graphischen Darstellung sind wohl die mäfsigen die wichtigsten, weil sie am häufigsten sind.

Die geologische Abtheilung schliefst, wie wir sagten, mit dem Kapitel XII. Die Veränderungen der Oberfläche durch Erosion und Verwitterung. Das Kapitel fängt an mit einer Hydrographie der Hochalpen, woraus wir die Masse und jährliche Vertheilung des Wassers, dessen Temperatur und Geschwindigkeit kennen lernen, und Bestimmungen antreffen von den Suspensionen und Auflösungen; sämmtlich Gegenstände, die zur guten Deutung der Processe der Erosion und Verwitterung nothwendig gekannt werden müssen. Eine kurze Erwähnung aus diesem Kapitel will ich noch von den Beobachtungen über die Entleerung des Vernagtsee's im Oezthale machen.

Der See wird dadurch gebildet, dafs ein Gletscher das Wasser des Anderen aufhält. Ist der hydrostatische Druck zu einer bestimmten Gröfse gewachsen, so wird der Eisdamm durchbrochen, und der Ausflufs erfolgt sehr rasch. Nun besteht das Oezthal, wie wir sahen, aus einer Reihe von Becken, die mit Thalengen abwechseln, ein Typus der für beinahe alle Querthäler der Alpen gilt. Durch diese Art von Bodengestaltung wird der Ausbruch ähnlicher aufgestauter Wassermassen, die nicht nur hinter Gletschern, sondern sehr häufig auch hinter Lawinen oder hinter Erdstürzen vorkommen, wie z. B. der Passeirer Wildsee etc. wesentlich modificirt. Erstens füllen sich die Becken und die Schnelligkeit des Wassers wird vermindert. Der Unterschied kann sehr grofs werden. Im vorliegenden Falle kam das Hochwasser am unteren Ende des Thales erst nach 26 Stunden an, während das Wasser im gewöhnlichen Rinnsale nur wenig über 6 Stunden braucht, um dieselbe Strecke zurückzulegen. Zweitens wird durch diese Abwechslung der Becken mit Thalengen auch die Menge der Geröll- und Schuttmassen, welche durch das Wasser bewegt werden, bedeutend vermehrt. In den Becken fallen diese grofsen und kleinen Fragmente zu Boden, sie sind oft ganz dick damit bedeckt; in den Thalengen, wo das Wasser wieder eine grofse

Geschwindigkeit erlangt, belädt es sich aufs Neue mit Schutt, der dann im nächsten Becken abgesetzt wird. Es wird auf diese Weise eine Gesteinmasse in Bewegung gesetzt, deren Volumen jenes des ursprünglich im See enthaltenen Wassers vielmal übertrifft. Die Wassermasse, deren Entleerung hier beobachtet wurde, war sehr grofs; Herr A. Schlagintweit berechnete sie zu 230 Millionen Kubikfufs; in den oberen Becken hatte bei variabler Höhe und Breite die Wassermasse im Vertikaldurchschnitte 1440 Quadratfufs Oberfläche.

Die dritte Abtheilung: Meteorologische Untersuchungen, verdanken wir dem Herrn Dr. Hermann Schlagintweit. Kap. XIII. gibt die Vertheilung der Temperatur, XIV. den atmosphärischen Druck und die Winde, XV. die atmosphärische Feuchtigkeit, XVI. die optischen Erscheinungen der Atmosphäre, XVII. deren Kohlensäuregehalt (diesen nach den Beobachtungen von A. und H. Schlagintweit.)

Untersuchungen über die Vertheilung der Temperatur in den Alpen. Kap. XIII.

Mit grofser Sorgfalt sind viele Beobachtungen in den Alpen gemacht, theils mit Instrumenten, die Herrn Schlagintweit an verschiedenen Stationen hinterlassen hatten, und welche sämmtlich von Herrn A. Greiner angefertigt waren, theils mit Instrumenten von Kapeller in Wien unter der Leitung von Herrn Prettner, an Stationen, die auch zum Systeme von Orten gehören, an welchen die Oesterreichische Akademie unter sich vergleichbare Beobachtungen anstellen läfst. Alle Thermometer sind mit Standardthermometern verglichen, und nach Celsius getheilt. Auch waren Maximum- und Minimumthermometer beigegeben.

In zweckmäfsigen Tabellen sind nun die Namen der Orte, die drei Coordinaten derselben, die Zahl der Beobachtungsjahre, die Stunden der Beobachtung eingetragen. Ferner sind die Alpen in Gruppen vertheilt; es werden Temperaturtafeln gegeben, I. für die östlichen Alpen, II. für die nördlichen Kalkalpen, III. für die Centralalpen, IV. für den Westrand der Alpen, V. für den Südrand der Alpen, worin für die betreffenden Orte die mittleren Temperaturen der verschiedenen Monate eingetragen sind, so wie sie aus der erwähnten Beobachtung in 1848 — 1849 hervorgegangen sind, oder auch aus den Temperaturtafeln von DOVE und den Arbeiten von SCHOUW, MAHLMANN u. s. w. bekannt waren.

Wir übergehen die Bedingungen der Wärmeabnahme mit der Höhe.

Zuerst wird nun die Temperaturabnahme zwischen den Stationen von 0 bis 3000 P. F., und dann die für gröfsere Höhen untersucht, wo die lokalen Unregelmäfsigkeiten bereits weniger grofs sind. Die Daten der letzten Tabelle, wobei noch Fälle mit entschiedenen lokalen Störungen ausgeschlossen sind, geben für Gruppe I. 540 F., für II. 480 bis 620 F., für III. 530, 590, 480 und 630 F. Erhebung für 1° C. Abnahme für Gruppe IV. 510 und 530, und für V. 480, 480 und 560 F., im Mittel 540 Par. F. = 90 Toisen = 166 Meter Erhebung für 1° C. Abnahme.

Weiter stützt sich Herr H. SCHLAGINTWEIT auf diese Daten, um daraus eine Tabelle für die Höhe der verschiedenen Isothermen abzuleiten; er findet durch graphische Interpolation folgende Werthe (S. 345):

	Erheb. am Nordrande Par. Fuss	Central-alpen Par. Fuss	Gruppe des Mont Blanc Par. Fuss	Erheb. am Südrande Par. Fuss
+13°	—	—	—	0
12°	—	—	400	760
11°	—	—	1060	1500
10°	900	1100	1660	2200
9°	1500	1700	2260	2900
8°	2100	2300	2860	3500
7°	2700	2900	3410	4100
6°	3250	3450	3960	4700
5°	3750	4000	4500	5300
4°	4240	4490	5040	5900
3°	4730	4970	5580	
2°	5200	5450	6120	
+1°	5650	5930	6660	
0°	6100	6400	7200	
— 1°	6560	6870	7730	
2°	7040	7320	8250	
3°	7540	7770	8750	
4°	8040	8230	9250	
5°	8550	8700	9750	
6°	9060	9200	10240	
7°		9700	10730	
8°		10200	11220	
9°		10700	11710	
10°		11210	12200	
11°		11720	12700	
12°		12240	13200	
13°		12760	13700	
14°		13280	14200	
—15°		—	14700	

Aufser dieser interessanten Darstellung der Jahrestemperaturen bemerkt der Herr Verf. noch, dafs die höheren Stationen der Alpen, besonders wenn sie auf Gipfeln liegen, im Sommer am meisten mit dem nördlichen Amerika übereinstimmen; im Winter hingegen sind sie etwas weniger kalt, so dafs das Alpenklima bei gleichen mittleren Temperaturen (von der Höhe abhängig) noch etwas constanter ist, als jenes des polaren Amerika.

Die Schneegrenze (ihre höchste Sommerlage) fällt in die Nähe der Jahresisotherme von —4° C. Mehr hatte ich nicht annotirt aus der mir zugeschickten Abhandlung [1]); als ich aber das Werk selbst über die physikalische Geographie aufschlug, so fand ich ausführliche Belege aus vielen Beobachtungen. Man sieht wie Januar auch in den Alpen der kälteste Monat ist, Juli der wärmste. Zwischen 0° und 12000 F. ist die Temperaturabnahme für 1° C. in den verschiedenen Monaten natürlich sehr verschieden. Die dazugehörige Erhebung ist nämlich:

December	710	Par. F.
Januar	710	- -
Februar	600	- -
März	560	- -
April	520	- -
Mai	460	- -
Juni	450	- -
Juli	436	- -
August	440	- -
September	480	- -
October	600	- -
November	620	- -

Schon aus der Betrachtung der Monatsmittel, wie sie in den Tabellen über die absolute Höhe der Monatsisothermen, S. 354 bis 357, und in Tafel IX. gegeben ist, folgt, dafs die Temperatur in der Höhe weniger schwankt als am Boden, es sind jedoch auch Mittel gegeben aus den täglichen Extremen in den verschiedenen Monaten zu Klagenfurt und Sagritz, die es näher beweisen. Den früheren Beobachtungen von Saussure werden neue Beobachtungen zur Seite gestellt, um den täglichen Gang der Temperatur zu zeigen, nämlich auf der Johannishütte, Heiligenblut und in Lienz während 23 Tagen. Auf der Johannishütte ist auch dem Einflufs nach-

[1]) Ein Theil dieses Kapitels, nemlich jener der die mittlere Jahrestemperatur behandelt, ist 1850 in München separat gedruckt worden.

gespürt, welchen der Gletscher ausübt; dieser deprimirt nämlich in seiner nächsten Umgebung, d. h. an seiner Oberfläche, die Temperatur von 9 Uhr Morgens bis 2 Uhr Mittags; natürlich, wie wir früher sahen, die Temperaturen über Null vermindert er. Eine kleine andere Tabelle, S. 369, zeigt, wie dieser Einfluſs von Oberfläche bis zu 134 F. vertikaler Erhebung über den Gletscher abnimmt. Noch sind gesammelt absolute Extreme einzelner Tage an verschiedenen Punkten, aber auch in sehr verschiedenen Zeiten, so daſs daraus wohl nicht viel mehr zu ziehen ist, als etwa welches die gröſste Wärme an sehr hohen Puncten war.

Aus den Resultaten die am Schlusse dieses Kapitels zusammengestellt sind, dürfte noch besonders erwähnt werden, daſs in gleicher Höhe die Wärme in jenen Alpentheilen gröſser ist, wo mehr Masse erhoben ist, (wo also in derselben Höhe mehr Oberfläche vorhanden ist, die sich durch Besonnung erwärmt, und ihre Wärme der Luft mittheilt) als in den Gebirgsgruppen von geringerer Erhebung.

In den letzteren, wo z. B. bei 6000 Fuſs nur noch einzelne Gipfel vorkommen, ist die Temperatur der Luft in der Nähe solcher Gipfel von der Temperatur der freien Atmosphäre nicht verschieden. In den Centralalpen aber, wo bis 6000 F. noch einzelne Thäler reichen, und jedenfalls Abhänge von groſser Ausdehnung vorhanden sind, ist die Temperatur durch den Einfluſs, den das besonnte Gestein ausübt, merklich wärmer.

Das nun folgende Kapitel lehrt uns vom Barometer, daſs er in gröſseren Höhen, an einem Gipfel oder wo in der Umgebung groſse Firnmassen sich befinden (also kein nacktes Gestein), am Mittage ein Maximum erreicht. Die richtige Erklärung wird gegeben und auch richtig gezeigt, daſs die Veränderung des monatlichen Standes in anderer Weise von der Temperaturschwankung afficirt wird. Für Mailand, Grätz, Genf, Zürich, München, Bogenhausen, St. Gallen, Innsbruck, Bern, Andechs, Tegernsee, Peissenberg, St. Gotthard, St. Bernhard sind die monatlichen Mittel des auf 0° reducirten Barometerstandes nebeneinander gestellt. Der Druck der trocknen Luft in Linien ausgedrückt ist in den einzelnen Monaten:

	Mailand	Grätz	Bogenhausen	Peissenberg
December	331,4	323,0	315,4	297,2
Januar	30,6	21,8	16,1	7,6
Februar	30,9	21,1	15,9	6,7
März	30,3	20,7	14,7	6,6
April	28,7	19,3	13,6	6,9
Mai	28,4	18,2	13,4	7,0
Juni	27,4	17,9	13,2	6,5
Juli	27,4	17,5	13,3	7,6
August	27,4	17,6	13,0	7,0
September	28,2	19,2	13,6	7,3
Oktober	29,6	19,5	14,7	7,3
November	29,9	21,2	14,7	6,7

Was die Winduntersuchungen angeht, so können wir vollkommen mit der Mittheilung der Resultate übereinstimmen. Im Innern der Gebirge sind die abgelenkten Winde eine sehr häufige Erscheinung. Die Unregelmäfsigkeit und Heftigkeit des Windes wird dadurch sehr vermehrt; die letztere kann bisweilen eine Schnelligkeit von mehr als 100 F. in der Sekunde erreichen.

Der Dampfgehalt, Kap. XV., ist natürlich kleiner an einer Gletscheroberfläche, aber die Feuchtigkeit daselbst gröfser. Um die Vertheilung der atmosphärischen Feuchtigkeit in den einzelnen Monaten zu beurtheilen, besitzen wir für die Alpen nur sehr wenig Beobachtungspunkte. Auch für die Alpenstationen scheint es gemeinsamer Typus zu sein, dafs die absolute Dampfmenge mit dem Steigen der Temperatur in der Jahresperiode wächst; die Oscillation, d. h. der Unterschied des trockensten und feuchtesten Monates, nimmt mit der Höhe ab (auch in der freien Atmosphäre?); ebenso die Gröfse des Jahresmittels.

	Mailand	Bogenhausen	Peissenberg
December	2,17	1,96	1,84
Januar	2,51	1,62	1,70
Februar	2,00	1,81	1,60
März	2,22	1,98	1,80
April	3,16	2,76	2,38
Mai	4,04	3,52	2,77
Juni	5,35	4,33	3,79
Juli	5,37	4,61	3,98
August	5,58	4,52	3,84
September	4,86	4,13	3,62
October	3,72	3,25	2,80
November	3,19	2,45	2,28

Sehr richtig ist auch, was Herr Schlagintweit über Thau- und Wolkenbildung sagt.

Für die Regenverhältnisse ergibt sich aus seinen Untersuchungen, dafs die Masse des Niederschlages in horizontaler Richtung mit der Annäherung gegen mächtige Gebirge zunimmt. So z. B. wenn man in der Oberitalienischen Ebene vom Meere gegen die Alpen hinschreitet, findet man immer mehr Regen; in vertikaler Richtung tritt bis 5000 F. keine Abnahme ein; von da aufwärts wird die Menge schnell kleiner, verliert sich aber selbst für die höchsten Alpengipfel nie zu einem ganz zu vernachläfsigenden Minimum. Mehre Male haben die Herren Schlagintweit über 10000 F. Regen beobachtet, in kleinen Tropfen, ungefähr 2 Par. Lin. in 3 und 4 Stunden. Die Häufigkeit der Schneefälle im Sommer nimmt mit der Höhe rasch zu, schliefst aber wäfsrige Niederschläge selbst für die Hochregionen nicht aus. Schon zwischen 4000 und 5000 F. und von da aufwärts, zeigt der Niederschlag ein Frühlings- (Schnee-) maximum, und ein zweites im Sommer (Gewitterregen). Die Alpen vermehren die Menge der atmosphärischen Niederschläge, aber nicht als condensirendes Kälteresevoir. Sie bewirken dies vielmehr durch ihren Einflufs auf die Unregelmäfsigkeit der Windesrichtung; dadurch geschieht es, dafs die Luftmassen von verschiedener Temperatur und Feuchtigkeit öfter und inniger gemischt werden, und Niederschläge unter Umständen hier erzeugt werden; unter denen in der freien Atmosphäre ein trockner und kalter und ein warmer und feuchter Luftstrom ohne Mischung und ohne Niederschlag sich bewegen würden. Sehr pflichten wir den geehrten Verf. bei: In den Nordabfällen der Alpen herrschen die Sommerregen, in den südlichen, und besonders in den westlichen, die Herbstregen vor.

Wir geben die Zusammenstellung der ombrometrischen Stationen nach der Höhe.

	Höhe	Jahre	Menge	Procentische Vertheilung Winter	Frühl.	Sommer	Herbst
Cercivento	—	17	74,7	18	19	29	34
Verona	—	36	34,6	18	23	29	30
Triest	—	15	41,2	23	22	24	31
Venedig	—	19	23,1	18	23	25	34
Padua	—	48	31,9	21	22	26	31
Görz	265	6	60,1	22	26	23	29
Mailand	431	68	35,7	21	24	24	31
Trient	700	5	40,4	27	21	23	29
Turin	857	15	35,3	15	30	30	25
Tolmezzo	938	25	90,0	21	20	25	34
Genf	1253	31	28,0	20	21	29	30
Zürich	1254	5	32,8	20	23	33	24
Lausanne	1533	65	35,8	17	19	35	29
Bern	1790	65	42,1	20	21	36	23
Freiburg	1950	3	44,8	12	26	34	28
Andech	2160	55	29,3	20	23	43	24
Tegernsee	2251	8	43,9	17	18	44	21
Peusenberg	3015	70	20,6	12	21	48	29
Haller Salzb.	4528	8	46,1	22	24	34	20
St. Bernhard	7668	14	55,8	30	25	20	25
Südabhang der Alpen			54,25	20	22	26	32
Nordseite der Alpen			33,92	19	20	35	26
Westabhang der Alpen			44,25	20	24	16	40
Südliches Deutschland			25,0	18	21	37	24
Nord- und Mittel-Deutschland			19,9	20	23	37	20
Brittische Inseln			23,9	23	20	27	30
Britt. Inseln, Bergland			38,8	26	19	25	30

Es scheint, daſs wir Tolmezzo, als einen sehr extremen Punkt, in dieser Hinsicht in Europa nur mit Coimbra und Bergen zu vergleichen, auſser Acht lassen müssen. Uebrigens kann man den Einfluſs der Erhebung in vertikaler Richtung nicht aus den so geordneten Zahlen sehen. Es sind nämlich hier die Orte nur nach der Höhe geordnet, und lokale Stellungen in den Thälern und die Richtung des Thales in Beziehung auf die herrschende Windesrichtung haben viel gröſseren Einfluſs, als innerhalb gewisser Grenzen die absolute Höhe allein Wir müssen uns bestimmt gegen die procentische Mittheilungsweise erklären in jeder Wissenschaft. Vor Jahren zeigten wir, daſs die Methode um die Zusammensetzung der chemischen Verbindungen procentisch anzugeben, den Fortschritten der Chemie unendliche Hindernisse in den Weg legt; dafs die relative Methode viel besser sei; lassen wir denn in der Meteorologie keine schlechte Methode einführen. Man setze die Regenmenge in einer bestimmten Jahreszeit = 100, und berechne das Verhältnifs für die übrigen, man kann dann leichter berechnen, leichter und kürzer mittheilen und kürzer überblicken und fassen.

Für den Haller Salzberg sind die Quantitäten der Niederschläge und die Zahlen der Regen- und Schneetage für jeden Monat von jedem der acht Jahre, 1838—1846, gesondert angegeben.

Das XVI. Kapitel handelt von den optischen Erscheinungen der Atmosphäre, woran sich die Transmission der Wärme füglich reihen liefs. Am 4. Sept. 1848 1 Uhr 10 Minuten wurde an den Rachern in fünf Minuten durch das Pyrheliometer eine corrigirte Differenz (Zunahme) von 5°,75 C. gegeben. Pouillet hat als Maximum der Zunahme am 11. Mai 1838 Mittags 12 Uhr zu Paris 5°,1 C. gefunden, merklich weniger also, denn die geringere Deklination der Sonne im September wiegt wohl die geringere Breite von der Rachern auf. Auch findet man in diesem Kapitel eine Tabelle mit Beobachtungen von beschatteten und besonnten Thermometern auf Alpengipfeln und während des Laufes eines Tages auf der Johannishütte, so wie am Gletscher bei 900 Par. F. horizontaler Entfernung vom Ufer. Es kann hieraus abgeleitet werden, dafs am Gletscher, in der erkälteten Atmosphäre, die Besonnung relativ stärker wirkt, aber selbst wenn sie mit geschwärzten Thermometern experimentirten, ist es, sicherlich der störenden Umstände wegen, den Herren Verf. nicht gelungen, ein Verhältnifs der Insolation zur Höhe mit Sicherheit anzugeben, S. 433.

Auch auf die Durchsichtigkeit ist besonders Acht gegeben, die Methode der Bestimmung, der Einflufs derselben auf die Schätzung von der Gröfse und Entfernung der Gegenstände, sind genau angegeben und discutirt.

Besonders mufs hier auch noch eine merkwürdige Beobachtung auf dem Kamme der Wildspitze erwähnt werden (S. 453). Es zeigte sich dort, an hohen weifsen Kalkwänden in beträchtlicher Entfernung, dafs unmittelbar vor der Entstehung grofser Nebelmassen eine ganz deutliche, rothe Färbung hervorgebracht wurde. Dies Phänomen ist der Entstehung der Morgen- und Abendröthe ganz analog. Hier wurde es bei hohem Stande der Sonne (3 Uhr 18. Sept. 1847) beobachtet.

Cyanometrische Versuche gaben für die Farbe der Atmosphäre die folgenden Procente von Kobalt, welche in einer Mischung von Kremserweifs nöthig sind, um die Dunkelheit der Farbe wiederzugeben.

In der Höhe von	2000 Par. F.	40 Proc. Cub.
- - - -	3000 - -	41 - -
- - - -	4000 - -	43 - -
- - - -	5000 - -	45 - -
- - - -	6000 - -	47 - -
- - - -	7000 - -	55 - -
- - - -	8000 - -	64 - -
- - - -	9000 - -	72 - -
- - - -	10000 - -	80 - -
- - - -	11000 - -	87 - -
- - - -	12000 - -	92 - -

Die Beobachtungen an diesem Instrumente scheinen sehr genau zu sein, zugleich wurden sie auch für verschiedene Zenithdistanzen gemacht. An einem jeden einzelnen Ort geben sie das HUMBOLDTsche Gesetz des Cosinus der Zenithdistanzen getreu wieder.

Kap. XVI. gibt einiges über den Kohlensäuregehalt der Atmosphäre. Dieses Kapitel ist beiden gemeinschaftlich.

Ueber den Sauerstoffgehalt entschieden die beiden angestellten Versuche nicht, sondern dienten nur als Probe für den Apparat, der zunächst zur Analyse der vom Schneewasser absorbirten Luft benützt wurde; sie gaben für die Johannishütte in Gewicht 23,01, für die Rachern 22,92, doch ist die in den Gletschern eingeschlossene Luft etwas reicher an Sauerstoff. Das Anthrakometer war gut eingerichtet, und gab für 10000 Theile Luft, nachdem die gehörige Vorsicht in Allem angewandt worden war, die folgenden Quantitäten Volumina und Gewichtstheile:

Gehalt an Kohlensäure in 10000 Theilen

Datum	Station	Höhe	Red. Barometer	Luft im Schatten	Ref. Thermometer	Wind	Zustand der Atmosphäre	Rauminhalt	Gewichtsinhalt
18 Aug. 3 Uhr	Lienz	2314	791,4	20,6	14,3	NW.	17. Abends heftiger Gewitterregen	4,2	6,4
20 Aug. 3 Uhr	Johannish. I.	7581	570,7	7,0	5,5	SO.	Nebel in der Nähe	4,8	7,3
4 Sept. 2 Uhr	Rachern	10382	512,8	4,9	1,6	NW. schwach	Aeusserst rein wolkenlos	5,8	8,7
6 Sept. 12 Uhr	Johannish. II.	7581	571,7	12,5	8,3	NW.	Kleine Cirrhi	4,7	7,2
6 Sept. 3 Uhr	Pasterze	7450	568,9	2,5	1,4	O.	Einige Wolken im Westen	3,2	4,9
9 Sept. 3 Uhr	Heiligenblut	4004	654,0	19,4	16,1	SW.	Leichter Regen	4,1	6,1

Der Kohlensäuregehalt nimmt zu mit der Höhe, aber in der Nähe des Gletschers, siehe die Beobachtung an dem Pasterzengletscher, ist der Gehalt geringer, da die Kohlensäure von dem Wasser des schmelzenden Eises absorbirt wird. Das Maximum des Kohlensäuregehaltes wird sicherlich in gebirgigen Gegenden höher liegen als in der freien Atmosphäre [1]).

Es bleibt noch ein Theil übrig, jener, welcher die pflanzengeographische Untersuchungen enthält. Kap. XVIII. gibt zahlreiche Bestimmungen von den Grenzen der Vegetation nach der Höhe, Kap. XIX. die periodischen Erscheinungen der Vegetation, Kap. XX. den Einflufs der Höhe auf die Dicke der Jahresringe bei den Coniferen, und Kap. XXI. handelt über die Vegetationsverhältnisse des oberen Möllgebietes. Ich habe schon zu lange (für meinen Auftrag) bei den Einzelheiten dieses ungemein schätzbaren Werkes verweilt, um auch hier einen längeren Auszug zu machen. Es reiche hin, auf einige Schlüsse aus

[1]) Vergleiche die neuen Bestimmungen des Kohlensäuregehaltes von Dr. A. Schlagintweit. Pogg. Ann. Bd. LXXXVII.

Die Zunahme hat sich auch hier bestätigt; der höchste Versuch wurde bei 13000 Par. F. gemacht. Diese letzteren Versuche bilden einen Theil der „Neuen Unters. über die phys. Geogr. der Alpen, von A. und H. Schlagintweit"; 4. mit 1 Atlas in Fol. Leipzig 1853. bei T. O. Weigel.

dem XIX. Kapitel aufmerksam zu machen. Es scheint mir vorzüglich folgendes Resultat wichtig: Untersucht man die Summe der Temperatur oder die Summe der Quadrate der Temperatur zwischen den verschiedenen Vegetationsepochen, so zeigt sich nach beiden Methoden, dafs viele Pflanzen an ihren höchsten Grenzen in den Alpen für dieselben Entwickelungsstufen eine geringere Wärmemenge erhalten als in den Ebenen; besonders bei den Cerealien tritt dieses deutlich hervor.

Bei einem Vergleiche einzelner Orte in den Alpen ergibt sich, dafs die Abweichungen der Vegetationsepochen durch die Vertheilung der Temperatur in den Monaten und in noch kürzeren Perioden bedingt sind. Punkte gleicher Höhe und mittlerer Jahrestemperatur, deren Klima mehr extrem ist, sind in der Entwickelung der Pflanzen jenen voraus, welche geringere Temperaturvariationen haben. (Dieses Resultat spricht sicherlich wider die dritte Hypothese des Herrn Babinet, die mir doch ausserdem am wenigsten annehmbar vorkömmt.)

Aufser den graphischen Darstellungen der Wärmeverhältnisse der Instrumente u. s. w., zieren dieses Werk noch 2 Karten, 5 farbige Lithographien, und zahlreiche andere Ansichten von Hochalpenparthieen, die von den Verf. nach der Natur aufgenommen wurden; das Ganze ist überhaupt sehr schön ausgestattet.

J. van Heyningen. Meteorologische Beobachtungen während einer Reise von den Niederlanden nach Java. 1849.

Dieser junge Naturforscher der bereits verstorben, kurz nachdem er diese Beobachtungen bekannt gemacht hat, hat sie angestellt in der Ueberzeugung von dem grofsen Nutzen, welchen dergleichen Beobachtungen haben können. Sie können sie jedoch nur dann haben, wenn mehrere gleichzeitig in nicht zu sehr von einander entfernten Orten angestellt sind. Er hat sie mir übersandt indem er die Hoffnung aussprach, dafs Jemand aus dem reichen Schatze der Schiffsjournale ein solches Werk nochmals zu Stande bringen möchte wie Honburg eins lieferte. Wir kennen die Arbeiten von Anders, können nun auch hinzufügen, dafs in den vereinigten Staaten von Amerika schon neue Bestimmungen gegeben sind, und dafs die Niederlande bald folgen werden. Er preiset sehr das Aneroïd, und dessen Vorzug vor dem Barometer auf dem Meere. Der Barometerstand ist jeden Mittag nach dem Aneroïdstande aufgezeichnet, so wie die Richtung und Kraft des Windes; die Temperatur der Luft und des Wassers an der Oberfläche und auch bisweilen in der Tiefe der Meere, ist aber bei Mangel an einem zweckmäfsigen Instrumente nicht genau genug bestimmt, um einigen Werth zu haben. Der Tod hat ihn gehindert, die chemische Analyse des Wassers zu machen, das er in verschiedenen Breiten gesammelt hatte. Am 6. Mai fand er in 26° NBr. ONO. schwach, aber stärker mit immer steigendem Barometer in 23° NB. Zwischen 19° und 15° war der NO.-Passat am stärksten, was auch bei früheren Reisen der Fall gewesen ist. Der Wind war, als sie dem Aequator sich näherten, nördlicher, und in 10° NBr. 20° WL. von Greenwich hatte er NWW. und SW., er fiel hier offenbar in die Region der variabelen Winde. In 5° und 4° NNW. kam bisweilen der SO. durch, der aber wieder durch Ungewitter aus SSW. zurückgetrieben wurde, wodureh starke Schwankungen des Barometers hervorgerufen wurden. In circa 2° NBr. begann das Barometer zu steigen mit NO., der sich langsam durch O. nach SO. bis S. drehte 23 bis 24 Mai, bis endlich am 1. September der Passat fest stand und das Barometer ruhig blieb. In 27° SW. bis 28° WL. wurde der SO. wieder durch variable Winde vertrieben. Am 9. Juni kamen sie im Indischen Ocean in 24° SW. am 17. Juli in demselben Passat, in 18° SW. am 20. bis 21. Juli war er beinahe ganz N., ohne dafs das Barometer davon Einflufs zeigte. Die drei Tage, wo das Schiff die Wendekreise passirte, stand das Barometer auf 764° W. Die Beobachtungen über die Temperatur des Meeres geben nicht viel Neues, er fand am 25. Mai in 1° NBr. 0°40′ WL. 26°5′ C. als niedrigste Temperatur des Wasser szwischen 9° NBr. und 9° SBr., aber die Beobachtungen stehen so zu vereinzelt da, um viel mit ihnen machen zu können. Wir vereinigen uns also mit dem Wunsche des Beobachters, dafs sämmtliche Beobachtungen von Seefahrern angestellt, durch Vereinigung und Vergleichung doppelt den Werth gewinnen mögen. Ich mufs noch erwähnen, dafs Herr van Heyningen seine Resultate graphisch in eine Karte niedergelegt hat.

Annuaire météorologique de la France pour 1851. Par MMr. Hägnens, Chr. Martins et de Bérigny, avec des notes scientifiques par MMr. Barral et Bixio, J. M. Bertrand de Doue, Blondeau, A. Bravais, J. Delcros, Dupré, de Gasparin, W. Gray et J. Phillipps, J. Häghens, T. W. C. Krecke, Lortet, Ch. Martins, A. Perrey, J .M Peyré, E. Plantamour, Pouillet, A. Quetelet et des séries météorologiques. 3 Année. Paris, Gaume Frères, Libraires-éditeurs. Rue Cassette 4. 1851.

Dieser dritte Band der Annuaires enthält wieder drei Theile. I. Éphémérides et tables usuelles. II. Instructions et Notices. III. Observations météorologiques faites pendant l'année 1849. Die 110 Seiten, welche den ersten erfüllen, könnten, wie uns dünkt, auch entbehrt werden, sie sind meistens von astronomischem Werth, aber sie werden dann auch in der Connaissance des temps gefunden. Etwa zwanzig Seiten davon sind der Hygrometrie von Frankreich gewidmet, und geben uns die drei Coordinaten für 2000 Orte. Reduktionstabellen, die hier auch vorkommen, müssen nach Jedes Gewohnheit ihm zur Hand sein, und müssen nicht in einem Buche aufgeschlagen werden. Von den in der zweiten Abtheilung gesammelten Notizen, ist manche schon bekannt, aber hier ausführlicher auseinander gesetzt, so dafs jede Notiz eine vollständige Untersuchung ausmacht. Die erste ist Anweisung über die Werkzeuge, welche eingerichtet sind, um das Regenwasser zu messen, von Herrn Dr. Lortet; dieser ist zugefügt eine Beschreibung von den Pluviometern am nationalen Observatorium zu Paris und Versailles vom Prof. M. J. Häghens, weiter ein kurzer Bericht über die Beziehung der Regenfälle zu Orange, zu der Höhe des Barometers von 1817 bis 1849 durch Herrn de Gasparin übernommen aus dem zweiten Bande seines Cours d'Agriculture. Aus drei Tabellen läfst sich die Wahrscheinlichkeit berechnen, dafs es mit einem gewissen Barometerstande regnen wird: die erste giebt an, wie vielmal es für jeden Stand zwischen 1817 und 1849 geregnet hat, die zweite wie grofs die Quantität des Wassers war, die dritte wie vielmal der Barometer diesen Stand anzeigte in jedem Monat, Januar oder Februar u. s. w. Der Quotient der Zahlen von 1 durch 3, wie von 1 durch 2 giebt die gewünschte Wahrscheinlichkeit. Noch folgt ein Auszug aus verschiedenen Reports of the meeting of the british association for advancement of science 1832 p. 401, 1834 p. 560 et 1835 p. 171, von Herrn Ch. Martins, gemacht aus den Versuchen über die Regenmengen, die in verschiedenen Höhen über dem Boden fallen, in York und England unternommen auf den Wunsch der brit. assoc. durch W. Gray und J. Phillips, begleitet von Bemerkungen von Herrn J. Phillips: dann haben wir die auch bereits bekannten Beobachtungen von Herrn C. C. Person über den Regen der in verschiedenen Höhen fällt (ein Auszug der Comptes rendus des sc. 1849, 2 semestre. T. XXIX. p. 281) und endlich ist von Herrn Prof. Häghens noch beigegeben eine Tabelle aus den verschiedenen Bänden der Connaissance des Temps mit Verbesserung der Druckfehler ausgezogen, welche für jeden Monat von 1847 bis 1849 die Regenmengen vergleichender Weise neben einander stellt, welche in den zwei Regenmessern des nationalen Observatoriums zu Paris aufgefangen worden sind. Die Totalsumme

	Hof	Terrasse
für den December	1323,54	1115,98
- - Januar	1251,59	1049,82
- - Februar	1296,41	1062,74
- - März	1264,65	1070,53
- - April	1447,07	1252,57
- - Mai	1771,94	1601,89
- - Juni	1703,83	1580,38
- - Juli	1607,03	1502,85
- - August	1617,20	1483,27
- - September	1899,32	1730,59
- - October	1544,00	1320,34
- - November	1745,76	1476,26

immer also auf dem Hofe mehr als auf der Terrasse.

In diesen erwähnten Notizen hat man also nahe alles gesammelt, was über die Bestimmung und Ursache dieser Differenz vorgeschrieben, gedacht und beobachtet ist.

Die Notiz „Sur les Halos", gefolgt von Anweisungen zur Beobachtung dieser Phänomene, ist von Herrn Bravais, Schiffs-Lieutenant, Professor an der polytechnischen Schule, ausführlich und gründlich dargestellt; wir haben sie früher schon angekündigt. Messungen sind beigegeben, und angegeben, wie die angulären Gröfsen dieser Halos von den Höhen, in welchen sie sich zeigen, von der Höhe der Sonne also abhängig sind. Im Institut sind wirklich ausgeführte Messungen gesammelt, die die Theorie bestätigen.

In einem früheren Bande der Fortschritte haben wir die Frage behandelt über das Klima von Frankreich aus den Epochen der Weinlese, hier haben wir einen Aufsatz von Herrn Alexis Perrey, Prof. an der Facultät der Wissenschaften zu Dijon. Sur les époques des vendanges dans la Cote-d'or (dans le vignoble de Vollenay). Wenn man von 1689 an die Jahre in Gruppen eintheilt, so findet man, dafs die mittleren Data in diesen Gruppen waren wie folgt:

von	1689	bis	1700	12	Jahre	mittlere	Epoche	19. Sept.
-	1701	-	1725	25	-	-	-	24. Sept.
-	1726	-	1750	—	-	-	-	24. Sept.
-	1751	-	1775	—	-	-	-	24. Sept.
-	1776	-	1800	—	-	-	-	25. Sept.
-	1801	-	1825	—	-	-	-	2. Oct.
-	1826	-	1850	—	-	-	-	1. Oct.

Die Extreme dieser 160 Epochen sind 28. August 1719, und 25. October 1816; wenn man nun darauf achtet, dafs man 1822 am 15. August hat lesen können, so liefert dies einen Unterschied von zwei Monaten. Hieraus schliefst Herr Prof. Perrey mit Recht, dafs das Klima nicht verschlimmert sei, da doch in den letzten Jahren auch darum später die Weinlese stattfindet, da man die Erde anders zubereitet und mehr auf die Qualität als auf die Quantität der Ernte Acht giebt.

Herr Ch. Martins giebt nun ein Essai sur la nature et l'origine des différentes espèces des brouillards secs; es ist davon früher schon etwas mitgetheilt. In diesem Aufsatze hier sind auch die Citate beigegeben, welche Herr Martins benutzt hat, und ist das Ganze vollständiger ausgebildet. Es handelt: 1) Ueber die trocknen Nebel durch den Rauch bei Moorbränden hervorgebracht. 2) Ueber die trocknen Nebel durch vulkanische Eruptionen hervorgebracht (Dry fog), die Geschichte des Nebels von 1783 wird ganz durchgeforscht. 3) Ueber die trocknen Nebel am Horizonte von unbekanntem Ursprung. *a*) Callina der Spanier. *b*) Einer von Bravais und Martins auf den Faulhorn beobachtet in 1841. *c*) Ein anderer am Kopfe des Pic de Saucy in Auvergne 1886 Meter hoch, am 22. August 1849 von Lecoq und Martin gesehen. *d*) Beobachtungen über den Rauch am Horizonte in Cumana, gemacht von Herrn A. von Humboldt. 4) Ueber wahrhaft trockne Nebel.

Ein paar kleinere Mittheilungen (eine Liste der Erdbeben im Jahre 1849, geführt von Herrn Alexis Perrey, und eine Notiz über eine vom Blitze getroffene Eiche zu Edmondstone bei Edinburgh, welche Zerreissung ähnlich war der von den Bäumen, die durch die elektrischen Wirbel (trombes) von Monville und Chartenay erreicht waren, und woraus wieder auf die elektrische Natur dieser Wirbel geschlossen wird, da doch die erwähnten Bäume ganz anders sich zeigen, als wenn sie von gewöhnlichem Winde entwurzelt wären) kommen wir zu einer Bemerkung von Herrn Pouillet, des Institutmitgliedes, sur la hauteur, la vitesse et la direction des nuages, einem Auszug aus den Comptes rendus 1849, 2. Semester, T. XI. No. 19. Hieran schliefsen sich jedoch noch die Beobachtungen mehrerer Methoden, um die Elemente zu messen, nämlich eine von Herrn Dupré für Gegenden, wo wenig von einander abstehende Oerter viel in Höhe differiren, dann von der bereits beschriebenen Methode des Herrn Bravais, und von dem Instrumente des Herrn Dr. F. W. C. Krecke, auch zu finden in der Description de l'Observatoire météorologique et magnétique à Utrecht 1850; endlich noch zwei kurze Notizen, eine von Herrn Peyré, um durch Reflexion eines stark erleuchteten Ortes (z. B. von der Place du Caroussel zu Paris) auf eine einförmige Wolkendecke die Höhe dieser letzten zu bestimmen, und die andere von Herrn Quetelet: Sur les variations annuelles dans les couches supérieures de l'atmosphère. Wenn man die Resultate der oberen Windesrichtungen bei Jahreszeiten ordnet, so wiegt der SW. über mit einer Neigung zum WSW. im Herbst, Winter und Frühling. Im Sommer geht dieses Maximum zum WSW. und selbst über West, und ist diese Neigung zum Westen in den Sommermonaten in ganz Europa beobachtet worden. Es gibt aber ein zweites Maximum in NO., mit einer Neigung nach ONO.; dessen Richtung liefert also eine bemerkenswerthe Differenz mit den Ergebnissen der unteren Schichten, wo das zweite Maximum sich im Ost stellt, zum ONO. hinneigend. Prof. Quetelet läfst es unbestimmt, ob diese Differenz wirklich sei, oder nur einer ungenügsamen Beobachtung zuzuschreiben. Mir scheint es fremder, dafs das eine Maximum so gut übereinstimmt, eben so westlich ist, als dafs das andere ein bischen weniger Ost ist. Wahrscheinlich ist die Geschwindigkeit der oberen Luftströme gröfser, dann aber auch die Drehung aus dem Meridiane geringer. Der Herr Commandant Delcros hat gesorgt, dafs hier seine Notiz zu finden sei über die Höhe des Mont Blanc und des Mont Rose nach barometrischer und geodätischer Messung bestimmt. Der Herr Verf., der die beiden Methoden seit dreifsig Jahren angewandt hat, spricht sich zu Gunsten der ersten aus; in bergigen Gegenden sei die terrestrische Refraction überaus grofs und ungleich an verschiedenen Stunden, so dafs dieser Vorwurf sich nicht nur auf die barometrischen Messungen erstreckt. Man findet für diese terrestrische Refraction an verschiedenen Stunden des Tages Formeln und kleine Tafeln. Wir wollen nicht diese anführen, sondern eine, die den Einflufs der Stunde auf barometrische Messungen zeigt. Die Höhe des Mont Blanc wurde von Herrn Bravais und Martins gefunden von den nachstehenden Oertern aus:

Oerter	Mittlere Höhe	Differenzen der mittleren Höhe 2 Uhr Meter	4 Uhr Meter	6 Uhr Meter
Genf	4802,8	— 4,7	+ 5,1	—25,6
Chamonix	4813,2	+13,0	+20,0	—23,8
Chougny	4802,8	— 5,4	+ 5,4	—22,9
Lyon	4802,1	— 2,4	+11,4	—34,3
Aosta	4812,2	+10,7	+16,2	—20,9
Marseille	4813,7	+19,0	+23,1	—32,2
Mailand	4815,4	+ 9,6	+19,8	—14,1
Groſser Bernhard	4817,8	— 7,4	+15,9	— 0,5
Les Rousseaux	4810,4	—	—	—

	Die Höhe des Montblanc	Montrose
Am Ende ist aus allen geodätischen Messungen	4809,6	4639,6
Aus allen barometrischen Messungen	4810,0	4653,3

Die barometrischen Messungen von Saussure, von Herrn Delcros aufs Neue berechnet, haben indeſs für den Montblanc 4817,3 gegeben, also eine etwas gröſsere Differenz. Wie wünschte man nicht, daſs die sorgfältigen Messungen der Herren Bravais und Martins auch an anderen Stunden des Tages angestellt wären, um besser den Einfluſs zu kennen.

Wirklich fanden wir Seite 318 des Annuaire 1851 eine Note des Herrn Bravais; man habe demnach von der gefundenen Höhe abzuziehen wenn sie gemessen ist:

Am Mittage	$\frac{1}{79}$	der Höhe
1 Uhr	$\frac{1}{93}$	- -
2 Uhr	$\frac{1}{103}$	- -
3 Uhr	$\frac{1}{125}$	- -
4 Uhr	$\frac{1}{173}$	- -
5 Uhr	$\frac{1}{300}$	- -
6 Uhr	$\frac{1}{1000}$	- -

Nach Beobachtungen von Kämptz in Jahre 1832 und Bravais und Martins im Jahre 1841 } Faulhorn.

Die späteren Beobachtungen von Herrn Bravais und Martins am groſsen Plateau des Montblanc angestellt, geben die folgenden Zahlen für die Differenz zwischen dem Plateau und Genf.

	Meter
Mittag	3521,6
2 Uhr	3526,0
4 Uhr	3507,2
6 Uhr	3493,0
8 Uhr	3480,7
10 Uhr	3468,7
Mitternacht	3452,6
6 Uhr Morgens	3456,2
8 Uhr Morgens	3493,2
10 Uhr Morgens	3512,6

Zwischen dem Col du Géant und Genf geben die Beobachtungen von de Saussure:

	Meter
Mittag	3000,4
2 Uhr	3004,8
4 Uhr	2989,5
6 Uhr	2973,0
8 Uhr Abends	2957,6
8 Uhr Morgens	2967,0
10 Uhr Morgens	2985,6

Die Herren Escher von der Linth und Mousson haben den genannten Herren eine empirische Tafel mitgetheilt, von Horner zusammengestellt. [Wir geben, was im Annuaire davon aufgenommen ist.]

Correction an den Höhen anzubringen in Zehntel Toisen.

Höhe in Toisen	Mittags	1 Uhr	2 Uhr	3 Uhr	4 Uhr	5 Uhr	6 Uhr
200	— 6	— 4	— 3	— 1	+1	+ 3	+ 5
400	—14	—11	— 7	— 2	+1	+ 6	+11
600	—24	—18	—13	— 4	+2	+11	+20
800	—37	—28	—20	— 6	+3	+17	+31
1000	—52	—40	—28	— 8	+5	+23	+44
1200	—70	—54	—37	—11	+7	+32	+58

Dieses letzte ist vom gröfsten Gewicht, denn a priori wissen wir, dafs die Correction von der Höhe und von der Höhendifferenz abhängig sein mufs.

Die Bemerkung des Herrn Quetelet über den Einflufs der Elektricität auf die Höhen des Barometers ist allerdings sehr wahr. Sie hätte aber nicht aus den Beobachtungen abgeleitet werden müssen, man konnte a priori darauf schliefsen, und brauchte nur nachher die Beobachtungen damit zu vergleichen, um etwaige Abweichungen auffinden zu können, und um die Gröfse ihrer Wirksamkeit zu bestimmen.

Es gehört hierher vielleicht die Notiz des Herrn Prof. J. M. Bertrand de Doué: Ueber die verglichene Häufigkeit der oberen und unteren Winde unter dem Klima du Puy de Velay und ihre Verbreitung.

Herr Bertrand de Doué sagt, es sei zu bewundern, dafs die mühsamen Untersuchungen der deutschen Meteorologen, die so viel zur Begründung und Entwickelung der Theorie der Winde beigetragen haben, nicht die Häufigkeit der oberen Winde beachtet haben; er kenne keine Spur davon in den immensen Arbeiten von Dove etc. Herr Bertrand hat nun aber selbst durch zweijährige Beobachtungen gelernt, dafs bisweilen die oberen Wolken anders ziehen, als die niedrigeren, und diese wieder in anderer Richtung als die, welche die Windfahne andeutet. Nun hat der Herr Verf. Tabellen gemacht, wie vielmal jede Windesrichtung die obere, mittlere oder untere war, und wie vielmal die verschiedenen Richtungen einerlei geworden sind, oder discordant blieben. Die mittlere Windesrichtung wurde vielmals von der oberen und unteren regiert und bestimmt. Die Beobachtungen sind nur in 1849 und 1850 gemacht, können also noch nicht alle gewünschte Früchte tragen. Allerdings ist es eine Sache von grofsem Gewicht, die oberen Luftströmungen zu kennen.

Vielleicht kann die sechste Tabelle, dem Aufsatze beigegeben, etwas dazu beitragen.

Verglichene und relative Häufigkeit der Winde in den verschiedenen Jahreszeiten des Jahres 1849 und 1850:

1 8 4 9

	Winter		Frühling		Sommer		Herbst	
	obere	untere	obere	untere	obere	untere	obere	untere
NO.	31	152	45	135	51	85	43	64
O.	7	29	12	7	13	14	7	—
SO.	45	42	28	178	17	78	23	105
S.	26	250	90	39	80	111	189	224
SW.	95	135	89	120	93	78	135	80
W.	182	146	250	92	304	185	227	265
NW.	397	132	247	323	178	206	211	136
N.	217	114	239	108	264	243	164	126

1 8 5 0

	Winter		Frühling		Sommer		Herbst	
	obere	untere	obere	untere	obere	untere	obere	untere
NO.	70	134	85	281	77	168	118	173
O.	—	—	7	11	4	44	—	15
SO.	4	82	48	116	31	47	24	88
S.	31	86	81	109	63	77	52	95
SW.	15	83	127	91	171	40	135	62
W.	118	127	184	76	231	109	130	73
NW.	482	427	179	211	227	201	210	190
N.	310	61	289	105	196	347	331	304

Wir haben noch von einem Aufsatze etwas zu sagen, worin wir eine Zusammenstellung von gleichzeitigen meteorologischen Beobachtungen verschiedener Stationen finden; deſswegen ist er sehr wichtig. Augenblicklich hat die Zusammenstellung von Beobachtungen nur drei Tage hintereinander Früchte getragen, so bald sie versucht war; daſs denn unsere Stimme nicht länger mit leerem Klange wiedertöne durch Europa, sondern alle sich vereinigen, um meteorologische Beobachtungen zusammenzubringen, und alles halb verloren zu rechnen, was nicht zusammen gebracht ist. Eine reiche Ernte wird die Meteorologie davon tragen!

Der Aufsatz, den wir im Auge haben, ist von den Herren Barral und Bixio über die Luftfahrt vom 27. Juli 1850, nebst Anhang über die Aufsteigung von Gay-Lussac. Wir wissen, wie sie eine Wolke durchbohrt haben, 1000 Meter dick, von kleinen Eistheilchen geladen, worin die Kälte bis zu —39°,67 stieg, wie sie aber, da die Seile, womit ihr Schiff an dem Ballon befestigt war, zu kurz wurden, dagegen gedrückt worden, und wie sie dann eine Oeffnung in dem Ballon haben machen müssen, wie sie vom ausströmenden Hydrogenium grofse Belästigung empfunden haben, nicht lange oben haben bleiben können, aber doch glücklich auf den Boden zurückgekommen sind, nur mit dem Verluste von manchen kostspieligen, und von dem so hochverdienten Regnault und anderen ausgezeichneten Physikern Frankreichs angefertigten Instrumenten.

Während ihrer Luftfahrt haben sie nun eben keine neuen Erfahrungen machen können. Die Berechnung hat aber nachher manches gelehrt. Sie hatten im Voraus Sorge getragen für Beobachtungen, und hatten namentlich Herrn Person zu Besançon, de Bréauté zu Dieppe, Bertin zu Strafsburg, Häghens zu Versailles, Moruel zu Orleans, Renou zu Vendôme, Malaguti zu Rennes, Girardin und Routeau zu Rouen, und Isidore Pierre zu Caen gebeten, am 26. und 27. Juli jede Viertelstunde barometrische und thermometrische Beobachtungen anzustellen. Sie sind im Annuaire aufgenommen aus den Comptes rendus und verbessert. Auf diese Mittheilungen folgt ein Brief von Herrn Bravais an Herrn Matthieu über den Einflufs der Stunde des Tages auf die Resultate von barometrischen Messungen, deren wir bereits am passenden Orte erwähnt haben. Weiter findet man eine Note der Herren Barral und Bixio über die thermometrischen und barometrischen Aenderungen über die Oberfläche von Europa. Der grofse Arago gab den Anstofs, und nun beeiferten die Herren Barral und Bixio sich, Beobachtungen allerwege zu sammeln; sie erhielten noch sechszehn Beobachtungsreihen für 26., 27. und 28. Juli aus Frankreich, zwei aus Algier, eine aus Cadix, eine aus England (Cambridge), fünf aus Belgien von

Herrn Prof. Quetelet, fünf von Herrn Dr. Kreche aus den Niederlanden, fünf aus Deutschland, zwei aus Schweden und Norwegen, sieben aus Rufsland und Polen, zwei von Herrn Plantamour aus Genf, fünf aus Italien, im Ganzen 60; diese sind nun mitgetheilt. Nur mit zwei Ausnahmen war für alle Oerter von Europa die Temperatur vom 27sten niedriger, als die vom 26sten, der Barometerstand mit fünf Ausnahmen höher, die Temperaturen von dem 28sten sind nur für die Hälfte der Oerter vollständig, und im Allgemeinen wieder höher für die nördlicheren Stationen, so auch der Barometer. Daraus ging schon mit einiger Wahrscheinlichkeit hervor, die erkältende Ursache habe sich von Nord nach Süd hin bewegte, die Herren wünschten die Geschwindigkeit dieser Ursache, welche wahrscheinlich von den ausgedehnten Wolken in der oberen Atmosphäre, welche sie durchbohrt hatten, und dergleichen andere herrührte, zu bestimmen. Sie mufsten sich nun auf weniger (neun) Orte beschränken, die eine hinlängliche Menge von Beobachtungen geliefert hatten, zertheilten diese in drei Gruppen, jede von drei Orten, und fanden:

Aus Christiania, München und Florenz eine Geschwindigkeit von	139 bis 219 Kilom.
Aus Utrecht, Brüssel und Marseille eine Geschwindigkeit von	80 bis 103 Kilom.
Aus La Chapelle (bei Dieppe), Caen und Cadix	126 bis 199 Kilogr.

Die Wolke bewegte sich nicht gerade in dem Meridian, wie sich's versteht, eine mittlere Geschwindigkeit von 148 ist also ziemlicher Unsicherheit unterworfen.

Auch die Feuchtigkeit ist für die Oerter merklich von dem Meridiane von Marseille angegeben, auch für den Dampfdruck. Der Dampfdruck nahm zu zu Christiania, Utrecht, Nymwegen, Gent, Mailand, Florenz, er nahm ab bis Brüssel, Versailles, München, Rosseaux, Dijon, Bordeaux, Orange, Marseille von 26. bis 27. Juli, den folgenden Tag nahm er zu zu Christiania, Utrecht, Versailles, Rousseaux, Sainte Moulaine, Dijon, ab zu Nymegen und Florenz, von den anderen Oertern sind keine Resultate gekommen.

Oestlich von diesem Meridiane hatten zu Upsala und Kasan die Dampfdrucke abgenommen, vom 26sten bis 27sten zugenommen, am 27sten bis 28sten zu Prag hat er sich umgekehrt verhalten, und zu Wien beide Male zugenommen.

So also, sind die bemerkenswerthen Worte der Herren Barral und Bixio, indem die Temperatur niedriger ward, und der Barometer stieg, verminderte sich die Spannung des Dampfes, die Quantität des Wassers in der Luft [aufgelöst], aber die relative Feuchtigkeit nahm zu. Diese Abnahme der Spannung des Dampfes durch einen West- oder Südwestwind, erklärt wohl wie das relative Vacuum durch dessen Condensation hervorgerufen, hauptsächlich in Mittel-Europa, und nicht so sehr in den sehr nördlichen Theilen eine Zunahme des Luftdruckes durch das Einladen (l'appel) der oberen Schichten bedingt hat.

Noch werden wir aufmerksam darauf gemacht, wie der Regen, je nachdem er aus mehr niedrigen, oder aus höheren Schichten herstammt, und also weniger oder mehr kalt ist, den Dampfgehalt der unteren Luftschichten mehr oder weniger erhöhen oder selbst vermindern kann, wie hier der Fall war. Wirklich scheint es also eine sehr hohe Wolkenschicht gewesen zu sein, die von Nord nach Süd über Europa ziehend, die Temperaturerniedrigung hervorgebracht hat. Man lese diesen Aufsatz, und erkenne, wenn schon eine so kleine Störung aus Zusammenstellung von nicht zu diesem Zwecke gemachten Beobachtungen richtig hat können gedeutet werden, wie grofs die Früchte sein mögen, wenn von allen Oertern die angestellten Beobachtungen auch vereinigt werden möchten. Beobachtungen von tausend Oertern auf der Erde während eines Jahres würden die Fundamente anweisen für das Gebäude der Meteorologie, falls sie vereinigt würden, überall zu haben wären für geringen Preis, und kritisch untersucht würden. Noch tausend während eines anderen Jahres, und man wird anfangen können, darauf zu bauen! Aber nicht gesammelte Beobachtungen und nicht Berechnungen von Abweichungen werden, zu Millionen gemacht, dennoch keine Früchte tragen für Meteorologie.

Darum stimmen wir überall denen bei, die die Beobachtungen zu vereinigen sich bestreben, darum sei Ehre und Dank gebracht der Redaktion und den Herausgebern des Annuaire météorologique, worin nun auch wieder die Beobachtungen für 1849 von Versailles, Le Puy, Dijon, Lyon, Metz, Rodez, Toulouse, Rouen, Bordeaux, Orange, Marseille, Goersdorff, Nantes, Bourg, für Limoges 1789—1802, 1808, 1828—1829, 1845, 1849—1850. Für Hippolyte-de-Caton für 1850 in einem Bande vereinigt, sind in der III. Abtheilung. Weiter findet man meteorologische Beobachtungsreihen correspondirend mit denen am Faulhorn und Montblanc, angestellt zu Paris, Marseille, Lyon, Aoste, Zürich, Genf, am grand St. Bernard, zu Bern, Luzern und Milan in 1841, 1842 und 1844.

Und doch sind sie wohl in einem Bande nur erhalten, aber noch nicht übersichtlich dargestellt, und immer müssen wir noch ein Paar Bemerkungen machen übereinstimmend mit denen von früheren Jahren. 1) Vielleicht haben die Herrn Verf. gute Ursache, warum sie die drei Abschnitte vereinigen. Im Falle, dafs der eine den anderen unterstützt, so ist es sehr gut, kann aber nicht auch der eine dem Debite des anderen schaden? Allerdings mufs man gestehen, dafs das Ganze überaus billig zu haben sei. 2) Warum werden nicht in einer übersichtlichen Tabelle von allen Oertern die mittleren Stände der Instrumente an jedem Tage des Jahres angegeben. Bei der grofsen Mühe, welche sich Beobachter und Sammler nicht verdriefsen lassen, würde diese nicht so sehr grofs sein und einen sehr grofsen Nutzen gewähren. 3) Wir glauben, dafs man bereits für recht viele Oerter zur Berechnung der mittleren Stände eines jeden Datums schreiten kann, und wo man dieses kann, mufs man und nichts anders als die Abweichungen der Beobachtungen von diesen Normalständen mittheilen. Eher dieses und nichts anderes, als alles andere und dieses nicht, denn die detaillirten Beobachtungen, woraus diese hervorgehen, sind immer jeder Zeit zu haben für eine Untersuchung.

Wir hoffen, dafs Deutschland, England und Frankreich sich in dieser Hinsicht gegenseitig werden zu verstehen wissen, und sprechen den Wunsch aus, dafs es den Herren Herausgebern des Annuaire météorologique nicht an Unterstützung mangeln wird. Wenn sie sich an mich wenden, und mittlere Werthe eines jeden

Tages geben wollen, werde ich auch meinerseits gerne mich an sie anschliefsen, und nach ihrem Wunsche einiges aus anderen Theilen von Europa mittheilen.

Grundzüge einer Meteorologie für den Horizont von Prag, entworfen aus den an der K. K. Universitäts-Sternwarte daselbst in den Jahren 1771 bis 1846 angestellten Beobachtungen von Karl Fritsch, Assistenten an der Kön. Sternwarte, Vicepräsident des naturwissenschaftlichen Vereins „Lotos", ordentlichem Mitgliede der Kön. Böhm. Gesellschaft der Wissenschaften zu Prag, correspondirendem Mitgliede der Kais. Akademie der Wissenschaften in Wien, etc. (Aus den Abhandlungen der Kön. Böhm. Gesellschaft der Wissenschaften, V. Folge, VII. Band, besonders abgedruckt, Prag. 1850.)

Nachdem über die früheren Beobachtungen vor 1800 gesprochen ist, die damaligen Thermometer und Barometer mit den heutigen verglichen sind, werden für Temperatur, Luftdruck, Dampfdruck, Feuchtigkeit, Regen, Schnee, Hagel, Gewitter, Zodiacallicht, Bewölkung, Wind in Richtung und Stärke, Eisbedeckung der Moldau allerlei Tabellen entworfen, die man nur denken kann, so dafs eine ungeheure Arbeit darauf verwendet sein mufs. Wir werden uns daher sehr beschränken müssen in unseren Mittheilungen, da man, wenn man darauf einigen Werth legt, das Werk selbst einsehen mufs. Es sei genug, wenn wir ein Stück von der 113ten Tabelle mittheilen, und von dem Folgenden sprechen.

Wir hoffen, dafs nun für die Jahre von 1840 oder wenigstens von 1851 an, die Abweichungen werden gegeben werden, welche von dieser Normaltemperatur, Normalbarometerstand u. s. w. zu Prag vorgekommen sind. Wir haben also wieder einen Ort mehr, für welchen wir den normalen Gang kennen. Wie es möglich ist, dafs Herr Fritsche sage, Sternschnuppenschwärme und tiefe

Barometerstände scheinen gleichzeitige Phänomene zu sein, und dazu seien in seinen mittleren Barometerständen die Daten enthalten, begreifen wir gar nicht; eher geben diese mittleren Werthe der Temperatur Anleitung, eine Temperaturerniedrigung zu sehen Anfang Februars und Mitte des Mai, obgleich auch dieses, wie wir vergangenes Jahr an Herrn Crahay schrieben, nicht evident ist; die Erniedrigung kann scheinbar sein, da vielleicht Ende des Januar und Anfang Mai oder Ende des Mai, die Temperatur zu hoch ist. Es ist gut, solche Erniedrigung zu bemerken, nur mufs sie nicht als Grundlage einer Hypothese angewendet werden; denn sie selbst steht nicht fest. Ungereimt ist die 114te Tabelle, womit Herr Fritsche bemerkt, es sei der Druck und die Temperatur der Luft von den Monatstagen abhängig; auch die Zahlen lehren es nicht. Schade, dafs Herr Fritsche nicht die Sonnenperiode geprüft hat, was doch so leicht gewesen wäre; er war so nahe daran S. 171 unten 27,68. Es scheinen ihm aber meine Untersuchungen darüber, und im Allgemeinen, auch für andere Untersuchungen, meine Changements périodiques de température entgangen zu sein.

Jährlicher Gang von Temperatur und Windesrichtung

Datum	December	Januar	Februar	März	April	Mai
1	2,0 SSW.	—1,7 WSW.	—1,5 WNW.	1,4 WSW.	5,2 WNW.	11,50 W.
2	2,4 -	—1,3 SW.	—1,5 -	1,7 SW.	5,2 W.	11,34 N.
3	2,2 SW.	—1,2 -	—0,8 SW.	2,1 WSW.	5,7 -	11,92 OSO.
4	2,1 -	—1,4 SSW.	—0,6 WSW.	2,2 W.	5,5 -	11,55 SSW.
5	2,3 -	—2,0 SSO.	—0,5 SW.	2,0 -	5,8 WNW.	11,36 NO.
6	2,3 -	—1,9 W.	—0,2 -	2,0 WSW.	6,0 -	11,64 S.
7	1,4 -	—2,1 SSW.	—0,3 -	2,2 SW.	6,6 NW.	12,05 W.
8	1,5 -	—2,3 WSW.	—0,7 -	2,4 SSW.	6,8 NNW.	12,28 ONO.
9	1,7 -	—2,2 -	—0,2 -	2,5 SW.	6,7 O.	12,34 NNW.
10	1,4 WSW.	—2,1 SSW.	—0,2 -	2,3 W.	7,1 W.	11,71 NW.
11	1,2 SW.	—2,0 SW.	—0,1 WSW.	2,3 W.	7,1 WSW.	11,10 WNW.
12	0,9 SSW.	—1,9 -	—0,1 SW.	2,5 SW.	7,2 -	11,28 WSW.
13	1,1 S.	—1,4 -	—0,1 -	2,6 WNW.	7,1 -	11,81 WNW.
14	0,7 SW.	—1,1 -	—0,6 -	2,8 -	7,6 W.	11,60 -
15	0,2 SSW.	—1,7 -	—0,1 -	2,9 NW.	8,0 WSW.	11,63 NNO.
16	0,5 -	—2,0 -	—0,4 S.	2,5 -	8,1 SSW.	11,83 NW.
17	0,3 -	—2,0 -	—0,3 WNW.	2,8 WSW.	8,0 W.	11,80 WNW.
18	0,2 S.	—1,4 -	—0,3 SW.	3,3 WNW.	8,1 N.	12,24 W.
19	—0,1 SW.	—1,2 WSW.	—0,2 -	3,3 W.	8,1 NW.	12,14 NNW.
20	—0,3 S.	—0,8 WSW.	—0,4 -	3,2 WSW.	8,1 -	12,74 NWN.
21	—0,4 SW.	—1,2 SW.	+0,3 SW.	3,3 WNW.	8,0 W.	13,36 NW.
22	—0,2 SSW.	—1,4 WSW.	0,8 -	3,3 NW.	8,1 -	13,45 NNW.
23	+0,5 S.	—1,5 SW.	1,1 WSW.	3,4 WNW.	8,7 WSW.	13,48 NO.
24	+0,6 SSW.	—1,3 -	1,1 -	3,7 SSW.	9,1 WNW.	13,44 NWN.
25	+0,6 SW.	—0,9 -	1,4 SW.	3,8 WNW.	9,3 NNW.	13,29 WNW.
26	—0,4 -	—1,5 -	1,6 WSW.	3,2 SSW.	9,0 NW.	12,88 -
27	—0,5 -	—1,1 SSW.	1,5 -	3,7 NW.	9,3 N.	13,04 NWN.
28	+0,3 WSW.	—0,8 SW.	1,4 W.	4,2 WSW.	9,7 NW.	13,07 NW.
29	—0,1 W.	—1,2 -	1,2 WSW.	4,9 WNW.	10,0 N.	12,42 WNW.
30	—0,6 WSW.	—1,3 -		4,8 W.	10,3 WSW.	13,75 NW.
31	—1,0 W.	—0,9 -		5,0 -		13,73 -

von Tag zu Tag nach 40jährigen Beobachtungen.

Juni	Juli	August	September	October	November
13,1 NW.	15,19 WSW.	16,8 WSW.	14,6 WSW.	10,9 SO.	5,2 WSW.
13,6 -	15,28 -	17,0 W.	14,2 -	10,7 SW.	5,1 -
14,0 W.	15,71 -	16,9 -	14,1 -	10,5 N.	5,4 SW.
14,5 WSW.	15,58 -	17,0 WSW.	14,0 -	10,4 SSO.	4,9 SSW.
14,4 -	15,46 -	16,0 -	14,0 -	10,4 SSW.	4,7 -
14,4 SW.	15,89 -	16,1 -	14,2 -	10,0 -	4,3 SW.
14,2 NW.	15,85 -	15,9 -	14,0 -	9,9 SW.	4,5 SSW.
14,2 -	16,41 W.	15,9 WNW.	13,8 SW.	10,0 W.	4,4 S.
14,6 WNW.	16,36 WNW.	16,0 WSW.	13,6 W.	9,9 -	4,0 SSW.
14,9 NW.	16,53 W.	16,1 W.	13,6 WSW.	9,2 WSW.	4,0 SW.
15,1 W.	16,17 WNW.	16,3 WSW.	13,5 -	8,8 SW.	4,0 SSW.
14,0 -	16,17 W.	16,3 W.	13,3 -	8,7 -	3,3 WSW.
15,0 WNW.	16,12 -	16,4 -	13,0 WNW.	8,7 WSW.	3,0 W.
15,0 -	15,92 -	16,3 -	12,4 -	8,2 -	3,1 SSW.
15,2 -	16,40 WNW.	16,4 WSW.	12,4 -	7,8 W.	3,0 -
14,9 -	16,17 W.	15,9 WNW.	12,4 -	8,0 -	3,3 SW.
14,7 -	16,13 WNW.	15,5 -	12,8 W.	8,2 -	3,1 SSW.
14,3 -	16,05 W.	15,6 W.	12,8 WNW.	7,6 WSW.	3,1 SW.
14,1 -	16,13 -	16,0 -	12,7 W.	7,5 SW.	3,0 WSW.
14,4 -	16,55 WSW.	15,8 WSW.	12,1 -	7,6 SSW.	2,7 SW.
14,7 -	16,40 W.	15,7 W.	12,0 SSW.	7,1 W.	2,8 SW.
14,0 -	16,28 -	15,4 -	12,5 WSW.	6,7 SW.	2,7 -
15,0 -	16,24 -	15,1 -	14,7 -	6,6 SSW.	2,7 -
14,6 -	16,50 -	15,1 -	11,6 SW.	6,9 -	2,3 -
14,8 W.	16,38 WSW.	15,1 -	11,5 -	6,5 SSO.	2,4 -
15,0 WNW.	16,54 -	15,2 WSW.	11,4 WSW.	6,2 SSW.	2,0 -
15,2 -	16,56 W.	15,1 -	11,3 -	6,1 SO.	1,9 SSW.
15,2 -	16,29 WNW.	15,1 -	11,7 -	6,0 SSW.	1,6 -
15,4 -	16,52 -	15,1 WNW.	10,9 SW.	5,4 SW.	2,1 -
15,6 -	16,63 -	15,1 W.	10,9 SW.	5,7 WSW.	2,1 -
	16,65 -	15,0 WSW.		5,5 -	

Ich habe die Andeutung der Windesrichtungen abgekürzt, und nicht die Grade des Azimuthes, sondern die nächste, wahrste und einfachste Bezeichnung, immer wenigstens auf 16 Grade genau angegeben. Wunderbare Anomalien sind 9. April, Anfang Mai; nachher wieder noch grofse Gleichmäfsigkeit am 2. October.

Windrose der Temperatur.

	Dec.	Januar	Februar	März	April	Mai	Juni	Juli	August	Sept.	Oct.	Nov.
S.	+1,34	−0,78	+0,38	4,15	9,76	13,86	15,59	17,63	16,86	16,67	8,61	4,05
SW.	2,69	+0,66	2,14	4,63	8,97	12,64	14,97	16,68	16,06	13,52	8,71	4,56
W.	1,53	−0,35	+0,78	3,87	7,80	12,19	14,41	15,48	15,55	12,74	8,44	4,12
NW.	−0,21	−2,57	−0,83	+2,38	6,12	11,41	14,11	15,19	15,17	12,02	7,73	3,25
N.	−1,21	−3,59	−2,21	+1,93	6,32	10,68	14,35	15,89	15,47	11,73	7,70	2,11
NO.	−1,78	−3,67	−1,91	+1,88	6,93	12,09	15,87	17,08	16,92	12,22	7,42	2,00
O.	−1,07	−2,61	−1,15	+2,18	8,25	13,56	16,13	17,83	16,77	12,97	7,82	2,24
SO.	−0,07	−1,52	−0,12	+2,69	9,62	13,82	15,87	18,30	17,72	13,74	8,89	3,01

Windrose der Niederschläge in Hundertel Pariser Linien.

	Dec.	Januar	Februar	März	April	Mai	Juni	Juli	August	Sept.	Oct.	Nov.
S.	27	21	26	25	49	98	70	57	37	36	22	37
SW.	48	35	26	43	43	81	83	83	69	54	47	41
W.	46	29	31	36	53	72	97	99	105	66	68	50
NW.	48	46	22	65	70	79	128	87	95	82	61	76
N.	44	64	33	35	52	84	141	99	157	101	30	46
NO.	12	25	11	15	74	72	81	78	55	17	4	63
O.	23	17	10	17	21	29	72	106	27	38	18	32
SO.	21	8	13	15	24	40	76	60	22	16	15	25

Wir haben gezeigt, dafs besonders in den kälteren Monaten, wo nicht der aufsteigende Luftstrom so kräftig ist, der Niederschlag hauptsächlich bei Drehung der Windfahne eintreten mufs, wenn er nicht durch übereinander ziehende Luftströmungen hervorgerufen wird (siehe die Beobachtungen von Rozet). Bei einigen theoretischen Aussprüchen wäre es vielleicht nicht überflüssig gewesen, zum Belege die gleichzeitigen Aenderungen von verschiedenen Instrumenten anzugeben; aus mittleren Werthen kann man nichts selbst herausstellen. Man lese das so reichhaltige Werk selbst, um sie zu beurtheilen. Die Tabellen 119 und 120 sind illusorisch.

Mittlere Temperaturen in Russland, von A. Kupffer. Pogg. Ann. LXXVII. 357, Aus den T. VII. des Bulletins de la Classe phys. math. de l'Acad. de St. Pétersbourg.

Im gegenwärtigen Aufsatze ist eigentlich nur allein die mittlere Temperatur von St. Petersburg besprochen. Aus stündlichen Beobachtungen von 1841 an kann man bereits sagen:

1) Die höchste Temperatur trete im Winter um 2^h Nachmittag ein, im Sommer aber bedeutend später, im Mai, Juni, Juli und August nahe an 4^h.

2) Die Gränzen, innerhalb welcher sich die mittleren Temperaturen der einzelnen Stunden bewegen, sind für den

December	0,7	Juni	5,7
Januar	0,9	Juli	5,0
Februar	1,8	August	5,7
März	3,8	September	4,3
April	4,8	October	2,2
Mai	6,0	November	1,2

Natürlich sind sie im Sommer, wo die Sonne grösseren Einflufs hat, weiter von einander; die Entfernungen verhalten sich ungefähr wie die Cosinusse der mittleren Zenithdistancen der Sonne.

Schon ist während 100 Jahren in Petersburg, oder in der Nähe, die Temperatur beobachtet, die nöthigen Correctionen sind angebracht, die Temperatur ist immer ein wenig steigend. Die Jahresmittel sind von

1744—1765	+2,90
1766—1785	2,20
1786—1800	2,51
1806—1825	2,71
1826—1845	2,81

Eigentlich ist es doch nur das Mittel von 1766—1785, das um eine zu erwähnende Quantität von den übrigen abweicht. Die Temperatur von Petersburg scheint uns, der verdienstvollen Arbeit des Herrn Kupffer zufolge, so ganz gut bekannt, daſs er nicht nur allein die monatlichen Mittel, sondern selbst die täglichen mitzutheilen völlig berechtigt ist. Da wir in einem anderen Berichte diese wirklich schon vollbrachte Arbeit anzukündigen haben, geben wir nicht genauer und ausführlicher die anfänglichen Resultate auf, als mit diesen 24 Zahlen.

Mittlere Temperaturen in den zwanzigjährigen Zeiträumen. 1806—1825 *A* und 1826—1845 *B*.

	A	*B*
December	—5,40	—5,23
Januar	—7,48	—7,45
Februar	—6,69	—6,49
März	—3,58	—4,04
April	+1,14	+1,37
Mai	+6,42	+7,12
Juni	11,30	11,79
Juli	13,76	13,69
August	12,72	12,23
September	8,61	8,34
October	3,31	3,68
November	—1,35	—1,30

Dr. J. Lamont. Ueber die Temperaturverhältnisse in Bayern. (Aus den Ann. der Münchener Sternwarte besonders abgedruckt.) München 1849.

Nicht so günstig ist die Meinung des Herrn Dr. Lamont über die Zuverläfsigkeit der Kenntnifs der mittleren Temperaturverhältnisse. Er trägt kein Bedenken, dafs wir jetzt noch von keinem Orte in Bayern eine richtige Temperaturbestimmung besitzen, d. h. eine Temperaturbestimmung, wie sie bei einer wissenschaftlichen Untersuchung zu Grunde gelegt werden soll.

Wirklich überraschte auch mich Seite 12, wo die mittleren Jahrestemperaturen für Regensburg von je fünf Jahren von 1785—1789, von 1790—1794 u. s. w. bis 1834 folgende sind: 6°,32, 6,48, 7,07, 7,23, 7,02, 6,44, 6,04, 6,44, 7,01, 6,98. Auch die zehnjährigen Mittel differiren noch bedeutend, wie man sich überzeugen kann, und selbst die zwanzigjährigen

1785—1804	gibt	6,77
1795—1814	-	7,19
1805—1824	-	6,73
1815—1834	-	6,62

differiren, wenn man auf 1795—1814 achtet, sehr. Zu sehen, dafs derselbe Monat in einem Jahre um den enormen Betrag von 9 Graden wärmer sein kann, als in einem andern, macht einen bange um das Herz, und dafs drei Thermometer neben einander aufgehängt, obgleich wohl graduirt und übereinstimmend, bisweilen gröfseren Unterschied geben, als von einem Grade Réaumur, Seite 4 und 5, stürzte uns ganz und gar in Verzweiflung.

Der geistreiche und unermüdliche Verf. hat jedoch selbst eine Methode anführen können, wodurch wir mehr Sicherheit gewinnen. Längst hat er die Temperaturen an verschiedenen Oertern in Bayern mit den Beobachtungen von München angegeben, und sehr wahr versichert er, dafs man so nur die mittlere Differenz von jedem Orte mit München für jeden Monat zu kennen braucht, um aus dem mittleren Gange in München auch den an jenem Orte zu kennen. Wirklich sind die besagten Differenzen auf Seite 14, für vier verschiedene Jahre angeführt, nicht sehr verschieden. Gestehen wir denn vielleicht ein, dafs für Bestimmung der Vegetationsverhältnisse eine Fraction eines Grades erforderlich sein würde, wenn man die Abhängigkeit dieser Verhältnisse von der Temperatur besser kännte, und dafs man noch nicht auf einige Hundertel die mittlere Temperatur des Jahres in Bayern kennt, so kümmert es uns doch nicht um die Meteorologie. Diese braucht noch nicht so genaue Bestimmungen, nur mufs man immer dahin trachten, sie genauer und genauer zu machen. Wenn ein Monat in zwei verschiedenen Jahren um 9 Grade verschieden ausfallen kann, so ist seine mittlere Bestimmung aus einem Jahre höchstens 5^0_0 unsicher, also in 25 Jahren nur um 1^0, auch wenn man gar nicht auf den Zusammenhang der anderen Monate achtet, und da die Abweichungen eines einzelnen Tages vielleicht auf 20^0_0 von diesem Mittel gehen können, so werden doch die grofsen Abweichungen noch wohl immer als grofse erkannt. Nur die sehr kleinen sind unsicher, haben auch dafür keinen meteorologischen Werth. Immer fortstrebend werden wir dazu gelangen, genau den Gang zu kennen. Die grofsen Arbeiten von Dr. Lamont werden uns Bayern bald ganz gut kennen lehren. Hat er doch schon Seite 20 eine Tabelle mitgetheilt, die Verbesserung der Jahrestemperatur wegen der Höhe über der Meeresfläche, und auf Seite 21 die Sommer- und Wintertemperatur für die Parallelen von Bayern von 10 zu 10 Minuten, und selbst für diese die Verbesserung wegen der Höhe. Wir werden diese Früchte geniefsen können, wenn wir im folgenden Jahre die Hohenpeissenberger Beobachtungen ankündigen können.

Crahay. Ueber die Kälteperiode in der Mitte des Monats Mai. Bulletin d. Brux. XVI. 105.

Mehrere Forscher haben es gesagt und selbst Mädler hat es in Schumachers astron. Jahrbuch für 1843 ausführlich besprochen, dafs es um die Mitte des Mai eine Temperaturerniedrigung gebe, der analog, welche Erman für den 6. Februar und benachbarte Tage angenommen hat. Martins hat gefunden aus 30jährigen Beobachtungen zu Paris, dafs der 11., 12., 13. Mai niedriger seien als die übrigen Tage, und Prof. CRAHAY hält es mit vollem Rechte für eine wichtige Erscheinung, wenn sie sich bestätigt, dafs er 31 Jahre von Beobachtungen in Mastricht, Löwen und benachbarten Orten in dieser Hinsicht geprüft hat. Die mittleren Temperaturen vom 9. bis 19. Mai findet er: 13,99, 14,04, 13,01, 13,35, 13,51, 13,20, 13,04, 14,04, 14,56, 14,06, 14,27, also wirklich eine Erniedrigung für den 11ten, 12ten, 13ten und 15ten. Die Windfahne und des Barometer, das letzte aber nach meiner Ueberzeugung in sehr zweifelhafter Weise, stimmen in ihren Bewegungen hiermit überein. In DOVE's Temperaturtafeln finde ich mehrere Orte die stimmen, andere die nicht stimmen, aber wenn es sich bewähren möchte, so würde ich eher der Meinung von Dr. L. WILHELMY mich anschliefsen, der diese Erkältung der Entwickelung des Pflanzenwachsthums zuschreibt, als Denjenigen, die sie davon herrühren lassen, dafs der Asteroïdenring um diese Zeit die Sonnenstrahlen stellenweise absorbire. Nur mittlere Temperaturen eines jeden Tages an recht vielen Orten werden die Sache ausmachen können.

H. D. A. SMITS. Methode um durch Winkelmessung nahe an der Oberfläche des Meeres die Höhe der Gebirge aus den Abständen, und umgekehrt die Abstände zu berechnen.

Herr SMITS, der lange auf Java und in der Nähe auf dem Meere war, hat gefunden, dafs es manchmal wohl praktisch sei, durch Winkelmessung die Höhe der Gebirge zu bestimmen. Es versteht sich, dafs zu diesem Zwecke zuerst die terrestrische Strahlenbrchnung gut bekannt sein mufs. Hierüber nun spricht der eifrige Officier in drei meteorologischen Beiträgen, dem Werkchen angehängt, und obgleich wir mit seinen theoretischen Folgerungen für die Meteorologie keineswegs einverstanden sein können, so müssen wir doch der eifrigen Bemühung, wodurch er die Abnahme des Luftdruckes nach oben in verschiedenen Stunden des Tages und bei verschiedenen Temperaturen mit guten Barometern durch ein längeres Verweilen in verschiedenen Höhen auf den

Gebirgen von Java nach vielen Beobachtungen zu bestimmen gesucht hat, dankbarst anerkennen.

Von einer Reihe wollen wir das Resultat hier anführen. Der Verf. hat sich einen zweckmäfsigen Ort ausgewählt auf dem Berge Pangerango, südlich von Weltevrede bei Batavia, und 2950 Meter ungefähr hoch. Jede halbe Stunde in dem Monat Mai wurden an den zwei Orten correspondirende Barometer aufgezeichnet, das Mittel gab auf 0° reducirt, das Maximum zu

Pangerango Max. $8^h 55'$ M. Min. 3^h Ab.

Weltevrede Max. $9^h 25'$ M. Min. $3^h 37'$ Ab. Der Unterschied zwischen dem Maximum und Minimum ist auf dem Pangerango $1,50^{mm}$, in Weltevrede $3,03^{mm}$. Die Temperaturen im Mai sind stündlich für

	Pangerango	Weltevrede
6 M.	7,17	23,05
7	8,71	23,79
8	11,13	25,90
9	12,33	27,15
10	12,94	28,04
11	13,83	28,69
Mittag	13,65	29,31
1	13,43	29,65
2 Ab.	12,84	29,78
3	12,29	29,56
4	11,40	29,13
5	10,46	28,56
6	9,16	27,48
7	8,48	26,62
8	8,25	26,14
9	8,30	25,72
10	8,09	25,32
11	8,02	24,91
12	7,82	24,57
13	7,71	24,32
14	7,62	24,06
15	7,53	23,78
16	7,42	23,46
17	7,32	23,21

Die Unterschiede der Temperaturen an der nämlichen Stunde schwanken also zwischen 14,77 und 18,32.

Die Stunden 19 und 20, geben so, wie noch mehr die sechste, und später sehr übereinstimmend 2960,6 Meter Höhe; die Stunden zwischen 20½ und 3, die einzelnen Bestimmungen sind 2965,2, 2955,8, 2957,3, 2956,4, 2958,6, 2959,1 für die Stunde 6—11, geben auch unter sich übereinstimmend 2994,8 Meter, die einzelnen Bestimmungen sind 2986,0, 2996,1, 2995,1, 3001,7, 2999,5, 2994,7. Wahrscheinlich ist die erste Bestimmung die bessere, aber man mufs auf die Stunde des Tages achten, um die Höhe eines Berges gut mittelst des Barometers messen zu können. In gleicher Weise mufs man auf diesem Verhältnisse der Atmosphäre Acht geben für die Berechnung der terrestrischen Strahlenbrechung.

Gewifs, es wäre von grofsem Werthe, wenn man solche Beobachtungen an anderen vereinzelten Bergen in verschiedenen Höhen anstellte, wie es Herr SMITS gethan hat, um die Wechsel der Atmosphäre in verticaler Richtung so zu studiren, wie man die horizontalen gegenwärtig zu untersuchen angefangen hat, und um die letzteren besser zu verstehen, denn sie sind dazu unbedingt nothwendig.

J. H. CROCHEWIT. Ueber die neue Theorie der Atmosphäre von SMITS.

Dr. CROCHEWIT veröffentlichte, bald nachdem er in Java angekommen war, und die fremden Theorieen des Herrn SMITS zu Gesicht bekommen hatte, seine Bedenken aus physikalischen Gründen wider diese neue Theorie der Atmosphäre. Er thut dieses geschickt genug, so wie es von Jemand von seinen Capacitäten zu erwarten ist, aber da das Bedenken am wenigsten die Beobachtung trifft, brauchen wir nicht weiter uns an diesem Orte damit einzulassen.

E. Schmid. Gewicht und Gewichtsverhältnisse der Atmosphäre. Pogg. Ann. LXXVIII. S. 275. (S. Seite 64 d. B.)

Herr Schmid findet eine bedeutend andere Zahl als Marchand, nicht aber anders als Prof. Poggendorff, denn Seite 276 Zeile 24 steht: das Volumen der trocknen atmosphärischen Luft sei 1,954570 Kubikmeilen. Prof. Poggendorff sagt: dieses sei das Volumen des trocknen Sauerstoffes, und schlägt das ganze Volumen, gleich wie Herr Schmid, zu nahe 9,3 Millionen Kubikmeilen an. Nachher scheinen sie sich zu entzweien. Die Bemerkung des Herrn Schmid ist sehr wahr, dafs man, um genaue Bestimmungen zu erhalten, auf das Gesetz der Abnahme der Temperatur mit der Höhe (anders in anderen Breiten) auf Luftdruckbestimmungen an verschiedenen Parallelen zu achten habe auf den Courant ascendant u. s. w.

Ich erwähne hier gelegentlich die Beschreibung eines sich selbst registrirenden Barometers, welches innerhalb 24 Stunden alle 5 Minuten eine Beobachtung aufzeichnet, von G. A. Schultze, Pogg. Ann. Bd. LXXVI. 604. Es scheint sehr empfehlenswerth; merkwürdig ist, dafs es auch für die Temperatur reducirt, da der aufzeichnende Hebel durch zwei ungleiche Metalle tiefer gebracht wird bei höherer Temperatur. Der Preis ist nicht notirt.

Maury. Beobachtungen zur Erläuterung der Karten über Wind- und Meeresströmungen im atlantischen Ocean. Institut. N. 791.

Der eifrige Verf. hat die Journale von vielen Schiffen gesammelt, copirt, zweckmäfsig den Gehalt geordnet, discutirt, und Schlüsse daraus gezogen.

Für jeden Monat sind die Beobachtungen gesondert gehalten; auch noch für jeden Grad Breite und Länge besonders die Resultate aufgezeichnet. Er hat schon von 4000 Schiffen die Beobachtungen gesammelt, und wenn z. B. 1000 davon den 32° NBr. und 10ten W. von Greenwich durchkreuzt haben, so hat er gefunden, dafs so viele davon Nordwinde, so viele Nordostwinde, so viele Ostwinde u. s. w. getroffen haben, er kennt das Verhältnifs für jeden Monat, er kennt auch die mittlere Temperatur, welche man in jedem Monat daselbst antrifft, und auch den mittleren Barometerstand und den Fehler des Compasses. So sind die Resultate für die Monatsisothermen von DOVE für den Erdmagnetismus für die Physik der Erde höchst interessant. Nicht weniger aber für die Seefahrt. Seeleute, auch die sehr viele Reisen machen, kommen nicht oft genug an denselben Ort, um das Gesetzmäfsige daselbst von dem Zufälligen zu trennen. Selbst können sie also nicht den besten Weg auswählen, der wohl derjenige sein wird, wo am wenigsten Stürme wüthen, übrigens aber die Richtung des Windes und der Meeresströmungen am günstigsten sind. So müssen denn die Beobachtungen von allen Seeleuten benützt werden, sonst folgt man einem von ihnen, der zufällig am ersten solchen Weg sich auswählte, der, wäre es auch ein COOK, nicht der beste sein wird. Der dritte folgt dem zweiten, und nun alle weiteren die von drei befolgten, der nun auch von einem Hydrograph aufgenommen wird, und nun nicht mehr für einen Weg gilt der gemacht ist, sondern für einen der gemacht werden soll. Noch mufs man in Acht nehmen, dafs, wenn einer auch ohne genugsame Sorgfältigkeit eine Gefahr irgendwo angedeutet hat, alle diesen Ort meiden, und so das Meer ausgefüllt ist neben den reellen, auch mit einer Menge von imaginären Gefahren.

Hiermit ist der Zweck des Herrn MAURY, der ausnehmend wohl mit den von ihm benützten Hülfsmitteln erreicht werden kann, genugsam angedeutet Was die Resultate angeht, so müssen wir kurz sein. Schon ist, als wir dieses schrieben, die vierte Ausgabe von Herrn MAURY's sealing directions publicirt, aber durch zufällige Umstände noch nicht in unsere Hände gekommen. Darin wird sicherlich schon weit mehr aufgenommen sein. Aber schon in diesem Aufsatze wird angekündigt, dafs die Schiffe, welche den Karten des Herrn MAURY folgten, in 31 Tagen die Reise von den Amerikanischen Häfen nach dem Aequator machten, wozu sie sonst 41 Tage brauchten, man findet die genaue Begrenzung der Region der Calmen zwischen den beiden Passaten für jeden Monat, und das curiose Resultat, dass im NO. Passat zwischen dem Aequator und 10° NBr. von 10° bis 25° W. Länge die herrschenden Winde Süd und West sind. Für das Genauere verweisen wir auf die vierten Edition. Schon sagten wir genug, um die grofse Arbeit in ihrem wissenschaftlichen und practischen Nutzen gehörig würdigen zu können. Niederland wird nächst England der erste von den Staaten sein, welche sich diesem Unternehmen anschliefsen.

M. Quetelet. Plötzliche Temperaturveränderungen in Belgien im Januar 1849. Institut. No. 803.

Herr Quetelet gibt einige gleichzeitige Beobachtungen von Thermometer und Barometer am 11ten, 12ten und 13ten Januar 1849. Löwen und Brüssel halten das Mittel zwischen St. Frond und Dijon; defshalb gebe ich Utrecht und Heelder an deren Stelle. Unglücklicher Weise waren aber in Utrecht die selbstregistrirenden Instrumente im Januar noch nicht ganz gut in Ordnung, so dafs ich die Zeitmomente nicht ganz bestimmt anzugeben vermag. In St. Frond kam das Fallen vor am 11. Jan. Abends zwischen neun und später, in Dijon schon zwischen Mittag und neun Uhr Abends, in Utrecht fror es um sieben Uhr Abends, und wurde es immer kälter, der 12te Januar war 6°,6 C. unter der Normalhöhe, der 13te schon wieder 2°,1 darüber erhoben. Der 12te Januar war nahe 20° F. unter den vorigen und folgenden. Am Heelder fror es am 11ten Januar Mittags 2 Uhr —0°,5, Abends schon —4°,4. Auch da war es noch Abends des 12ten —4°,5, Morgens des 13ten schon wieder +0°,7. Der NO. war den 12ten um 4 Uhr eingefallen, und den 12ten Mitternachts war er wieder S. geworden. Aus dem Berichte über die in den Jahren 1848 und 1849 auf den Stationen des meteorologischen Institutes im Preufsischen Staate angestellten Beobachtungen von

Prof. Dove herausgegeben, entnehme ich noch die Weise, wie sich diese Kälte an anderen Orten habe fühlen lassen.

	8	9	10	11	12	13	
Tilsit	—15,1	—16,9	—19,8	—14,5	— 5,3		
Memel	—10,7	—16,6	—16,8	—12,1	—3,4		
Königsberg	—10,8	—14,9	—17,2	—15,0	—4,1		
Cöslin	— 7,6	—10,4	—16,6	—12,9	—5,2		
Posen	—11,0	—13,2	—15,6	—11,7	—9,8		
Bromberg	—10,2	—	—15,0	—14,7	—9,2		
Berlin	— 7,9	—12,0	—12,4	— 9,7	—7,7		
Frankfurt a. O.	—10,0	—12,0	—12,7	—10,3	—9,9		
Stettin	—12,4	—13,5	—10,4	— 7,2	—7,1		
Breslau	— 8,6	—13,0	—14,3	— 9,7	—11,0	—7,1	
Neisse	— 7,0	—13,0	—14,4	— 9,8	—11,9	—8,3	
Ratiber	—10,2	—18,0	—18,7	—11,1	—12,0	—9,7	
Görlitz	—10,8	—14,6	—12,7	— 7,6	—12,2	—8,3	
Brocken	— 9,5	—11,3	— 7,9	— 4,4	—12,7	—8,7	—0,1
Erfurt	— 8,4	—11,7	— 8,9	— 1,2	—11,6	—5,4	
Paderborn	— 4,0	— 6,9	— 3,2	+ 1,0	— 7,0	—1,0	
Cöln	— 3,5	+ 0,9	— 2,0	— 4,9	+ 0,9	+6,3	

Obgleich wir die Zahlen noch nicht ganz verstehen, weil es Abweichungen sind, und sie also nicht so gut zu den Augen sprechen, als die Niederländischen meteorologischen Jahrbücher, so sieht man doch, dafs die Kälte aus NO. gekommen ist; sie war da früher stärker und auf mehrere Tage ausgedehnt. Hier ist nur ein Weilchen der NO. niedergekommen.

H. W. Dove. Ueber den Wassergehalt der Atmosphäre. Pogg. Ann. LXXVII. 369. Institut. No. 826, 834.

Da die Feuchtigkeit, bestimmter gesprochen der Wassergehalt, d. h. die Menge, die in der Volumeinheit vorhanden, von so grofser Einwirkung ist auf Thiere und Pflanzen, da er auch obendrein für die Meteorologie höchst wichtig ist, so kann es uns nicht wundern, dafs Herr Prof. Dove auch diesen Factor untersucht hat, und wie er immer thut, seine Veränderungen und Gesetzmäſsigkeit über die ganze Erde ins Licht gestellt hat. Wir finden S. 383 Taf. I., wo für West-Europa die Elasticität der Dämpfe im Mittel 3,5^{mm} beträgt, die Oscillation, den Unterschied zwischen Januar und Juli etwas mehr als 3^{mm}, so sind auch Zahlen angegeben für Orte in Amerika, in Ost-Europa und Asien und in der südlichen Erdhälfte. Taf. II. erhält den atmosphärischen Druck für diese und andere Orte, alles gesondert für jeden Monat, und Taf. III. könnte deshalb den Unterschied von je zwei correspondirenden Zahlen aufnehmen, d. h. den Druck der trocknen Luft für jeden Monat. Schon hatte Wenckebach 1841 darauf hingewiesen, daſs die Curve der trocknen Luft regelmäſsiger sein müſste, als die des atmosphärischen Druckes, und daſs sie ein Minimum zeigen müſste über dem Continente im Sommer und nun nach unendlich vervielfältigtem Material gelang es Dove, mehrere Besonderheiten zu entwickeln. Die Angaben des Herrn Kupffer, und insbesondere vom Col. Sabine, schaffen ihm die Gelegenheit, die Untersuchungen über die ganze Welt auszudehnen. Die Details muſs man nothwendig im Original-Aufsatze nachsehen.

Die allgemeinen Regeln sind folgende:

1) An allen Beobachtungsorten der heiſsen und gemäſsigten Zone nimmt die Elasticität der in der Luft enthaltenen Wasserdämpfe mit steigender Temperatur zu, die der trocknen Luft ab. Am bedeutendsten ist die Veränderung von beiden da, wo der Unterschied der Temperaturen der wärmsten und kältesten Monate, worin die Maxima und Minima fallen, am bedeutendsten ist. Uebrigens treten sie sehr stark hervor an Nordgrenzen der nördlichen Moussons. Am Aequator kann das Steigen und Fallen nicht bedeutend sein, da geht das Steigen in Fallen, das Fallen in Steigen über für die nämlichen Monate, da doch die Sommermonate der nördlichen Erdhälfte Wintermonate der südlichen Hälfte sind.

2) Die periodischen Veränderungen des atmosphärischen Druckes folgen nun unmittelbar aus der Zusammenwirkung dieser beiden Veränderungen. Sie stellen sich aber in verschiedenen Gegenden wegen des ungleichen Verhältnisses beider zu einander äusserst verschieden dar.

a) In ganz Asien, und selbst bereits in Petersburg, ist der Einflufs der trocknen Luft überwiegend, das Minimum fällt in den Juli. Im Winter ist an der Nordgränze der Moussons die absolute Höhe des Barometers sehr bedeutend.

b) Im mittleren und westlichen Europa wird der Einflufs der Dampfatmosphäre immer dem der trocknen Luft mehr gleich, und selbst gröfser, man hat zwei Minima, eins im April, und eins im November. [Ja selbst hat man in den Niederlanden, wie ich glaube im Januar und März, zwei, und ebenso im Juni und September zwei andere Maxima, obgleich nicht sehr über dem zwischen ihnen liegenden Minimum erhoben, und fliefst nun östlich von diesen Gegenden jedes Paar zu einem Maximum zusammen, so dafs die zwischenliegenden Minima unmerkbar werden und nur die beiden tiefen Minima vom April und November übrig bleiben.] In den Vereinigten Staaten verschwindet das Frühlingsminimum vollkommen in einen bis zum April fast unverändert bleibenden Druck, hingegen erscheint das Maximum im September wie in Europa.

In Sitcha ist nur ein Steigen und Fallen im Jahre erkennbar, was in Europa nur auf höheren Bergen durch das im Sommer eintretende Anschwellen der ganzen Luftmasse erfolgt. In Irland kann die Curve ebenfalls als convex bezeichnet werden, das Maximum fällt hier in den Mai. Es herrscht hier im Ganzen ein niedriger Druck vor, welcher auch für Cap Horn aus vielen Schiffsjournalen bereits als constatirte Thatsache festgestellt werden kann.

Herr Prof. Dove macht uns aufmerksam, dafs wir erst durch eine Combination von sehr vielen Schiffsjournalen eine Elimination der periodischen Veränderungen erhalten können, da, wie wir sahen, die Art und Weise der Periodicität so sehr verschieden ist für verschiedene Längegrade, und wir nicht nur die verschiedenen Monate, sondern auch die verschiedenen Grade auseinander zu halten haben.

Nirgendwo ist eine so grofse Menge von Barometerhöhenbestimmungen, und zwar für die einzelnen Monate, niedergelegt, als in dieser schätzbaren Abhandlung.

G. Vrolik. Ueber den Wachsthum der Pflanzen und Früchte einer Varietät von Kalabas „Potiron jaune commun" genannt.

Prof. Vrolik hat einige Jahre früher auch den Wachsthum der Cucurbita maxima untersucht, und der ersten Klasse des Königl. Niederl. Instituts übergeben, diesmal wieder den Wachsthum von Pflanze und Frucht der Potiron jaune commun. Die Beobachtungen sind angestellt im Juni, Juli, August und September, täglich um 6 Uhr Morgens, 12 Uhr Mittags und 6 Uhr Abends, mit Aufzeichnung von Temperatur und Wind. In den zwei ersten Monaten war die Geschwindigkeit gleich, nachher abnehmend. Sie ist an einem bestimmten Tage durchschnittlich am gröfsten von Mittag bis 6 Abends. Ausnahmen kommen vor an den Tagen 7. Juli, z. B. als an dem Morgen die Temperatur von 64° bis 79° stieg, hatte der Stengel von 6 Uhr Morgens bis Mittag beinahe 0,1 Meter gewonnen, und dagegen nur 0,03 Meter von Mittag bis 6 Abends, als bei Ungewitter die Temperatur schnell fiel, so am 9. August. Im Allgemeinen waren Tage mit Ungewitter sehr günstig für die Entwicklung. Vielleicht durch den Einflufs der Elektricität, wie der Herr Verf. muthmafst. Ein bewölkter Himmel war dem Wachsthume durchaus nicht vortheilhaft. Regen ist vortheilhaft, wenn er warm ist, nicht wenn das Wetter zugleich kalt ist. Ein klarer warmer Himmel ist am günstigsten. Der 16. Juni, wo mit heiterem Himmel die Temperatur zu 67°, 75° und 81° F. aufgezeichnet wurde, gab in zwölf Stunden einen Wachsthum von 0,16 Meter.

Man sieht, wie interessant diese Messungen sind für die Bestimmung des Einflusses der Temperatur und der anderen Umstände, die nur zu häufig vergessen werden, auf den Wachsthum der Pflanzen. Prof. Vrolik bemerkt noch die Schwierigkeit der Frage: welche Temperatur mufs man für die Pflanzen in Rechnung ziehen?

Prof. Dr. *Buys-Ballot.*

D. Beobachtungen zur meteorologischen Optik.

a. Nordlicht, Zodiacallicht.

Challis. Observations of the aurora borealis of Nov. 17. 1848, made at the Cambridge-observatory. Phil. Mag. XXXVI. 326*. XXV. 69*. Inst. No. 820, p. 302.

Auroreal bow of April 7. 1847; Sill. Am. J. VII. 126*.

Aurora borealis Nov. 17. 1848; Sill. Am. J. VII. 127. 293*.

Smith. On the aurora borealis which occurred on the evening of Friday. Nov. 17. 1848; Phil. Mag. XXXIV. 505*; Inst. No. 802. p. 158.

Coulvier-Gravier. Aurore boréale du 14. Janv. C. R. XXVIII. 89*; Inst. No. 785. p. 18*.

Roche. Aurore boréale du 17. Nov. à Montpellier. Inst. No. 786. p. 19*.

Aurore boréale du 23. Oct. 1848. Inst. No. 787. p. 57*.

Colla. Déscription d'une aurore boréale observée à Parme, le 17. Nov. 1848. Inst. No. 797. p. 95*.

Roche. Aurore boréale du 22. Févr. Inst. No. 795. p. 100*.

Quetelet. Aurore boréale du 21. Nov. 1848. Inst. No. 795. p. 101*.

Liais. Mémoire sur l'aurore polaire (Titel). C. R. XXVIII. 365*.

Sturgeon. Theory of the aurora borealis. James. N. Ed. J. XLVII. 225*.

Challis. An account of the aurora borealis of Nov. 17. 1848. Phil. Mag. XXXV. 69*; Inst. No. 820. p. 302*.

Slatter. On the aurora borealis of February 32. 1849. Phil. Mag. XXXV. 71*; Inst. No. 820. p. 304.

Heis. Aurores boréales. Bull. d. Brux. XVI. I. 3; II. 342*.

Sturgeon. Description of several extraordinary displays of the aurora borealis. James. N. Ed. J. XLVII. 147*.

Piazzi. Sur les phénomènes de la lumière zodiacale. Inst. No. 817. p. 280*.

(Siehe auch „atmosphärische Elektricität." p. 258.).

b. Regenbogen, Ringe, Höfe.

Faye. Arc-en-ciel blanc, produit pendant la nuit sur le brouillard, par une lampe à gaz. C. R. XXVIII. 244*. Inst. No. 790. p. 57*.

Bravais. Description d'un halo accompagné de parasélènes et d'un arc circumzénithal. C. R. XXVIII. 605*; Inst. No. 802. p. 153*.

Lowe. Remarcable solar halos and moeksuns seen at the observatory of Henry Lawson. Phil. Mag. XXXIV. 410*.

Chevaillier. On a rain bow seen after actual sun set. Brit. Ass. XIX. Not. p. 16*; Inst. No. 821. p. 312*.

Plantamour. Halo solaire observé à Genève le 19. Avril 1849. C. R. XXVIII. 571*; Arch. d. sc. ph. et nat. XI. 33*; Fror. Not. I. 296*.

Heuwood. Observation d'un arc atmosphérique incolore. Inst. No. XVII. p. 48*.

c. Luftspiegelung u. dgl.

Hopkins. On Mirage of the sea cost of Lancaster. Brit. Ass. XIX. Not. p. 16*; Athen. No. 1143. p. 961; Inst. No. 826. p. 352*; Fror. Not. XI. 242. 337*.

Wartmann. Sur les ombres atmosphériques. Arch. d. sc. ph. et nat. XII. 40*; Inst. No. 821. p. 352*; Athen. No. 1142. p. 935.

Mädler. Ueber die Horizontalrefraction auf der Oberfläche des Venus. Schum. Arch. No. XXIX. 107*.

d. Lichtpolarisation der Luft.

Wheatstone. Sur les moyens de déterminer les temps solaire par les changements diurnes du plan de polarisation du côté du pôle nord du ciel. Inst. No. 791. p. 63*.

Soleil. Note sur l'horloge polaire de Mr. Wheatstone. C. R. XXVIII. 511*; Inst. No. 802. p. 162*.

Arago. Remarques à l'occasion de la communication de Mr. Soleil. C. R. XXVIII. 513*; Inst. No. 802. p. 162*.

Besolt. Wirkliche Farbe der Sonne. Berl. Gewbl. XXX. 48*.

e. Feuermeteore.

Powell. Observations of luminous meteors. Brit. Ass. XIX. 1*; Inst. No. 821. p. 312*.

de Köningk. Sur un météore lumineux observé à Liège. Bull. d. Brux. XVI. I. 465*; Inst. No. 809. p. 206*.

de Selys-Longchamp. Observation d'un phénomène météorologique. Bull. d. Brux. XVI. II. 546*.

Fire ball in Bombay. James N. Ed. J. XLVII. 370*.

Petit. Bolide. Inst. No. 830. p. 378*.

Potzeys. Météore lumineux. Inst. No. 783. p. 6.

f. Vermischte Beobachtungen.

Wartmann. On some meteorological phenomena. Phil. Mag. XXXIV. 469*; Arch. d. sc. ph. et nat. X. 291*; Inst. No. 896. p. 352*.

— — Cas météorologiques. Inst. No. 799. p. 132.

Forster. On a remarkable appearance during the total eclipse of the moon on harch 19. 1848. Phil. Mag. XXXIII. 160*; Fror. Not. IX. 265*.

Inglis. On an atmospherical meteor seen in Switzerland. Athen. 1143. p. 959*; Inst. No. 829. p. 335.

Malcolm. On a notice of a meteor seen in India on the 19. of last march. Athen. No. 1142. p. 935*; Inst. No. 821. p. 312.

g. Sternschnuppen.

Heis. Ueber periodische Sternschnuppen. Köln 1849. 4; Arch d. sc. ph. et nat. XII. 303.

Dupretz. Inst. No. 783. p. 6*. Bull. d. Brux. XVI. II. 246*.

Quetelet. Inst. No. 795. p. 100, No. 798. p. 125*.

Meyer. Astr. Nachr. XXVIII. 153*.

Coulvier Gravier. C. R. XXIX. 179*.

Thénardet et le Verrier. C. R. XXIX. 180*.

Balard. C. R. XXIX. 269.

Herr Smith, Slatter und Challis beschreiben das Nordlicht, welches am 17. Nov. 1848 zu sehen war, die ersten ohne wesentliche Beobachtungen, die nicht bereits früher gemacht worden wären, zu erwähnen.

Herr Challis dagegen in Cambridge hat durch eine Reihe möglichst sorgfältiger Beobachtungen den Ort der Corona bestimmt, und mit den gleichzeitig in Greenwich gemachten magnetischen Beobachtungen verglichen, nachdem er durch eine Interpolationsformel die Greenwicher Beobachtungen auf seinen Standpunkt reducirt hatte. Die Resultate seiner Untersuchungen, wodurch frühere Beobachtungen bestätigt worden, sind 1) Dafs sich die Corona in der Nähe des Punktes vom Himmel bildet, auf welchen das Südende einer Inclinationsnadel weist, und 2) Dafs während die Beobachtungen keinen Höhenunterschied zwischen beiden Punkten zeigen, wahrscheinlich die Corona 1¼ Grad im Azimuth gemessen, westlicher liege, als jener durch die Inclinationsnadel angezeigte Punkt.

Herr Slatter beschreibt ferner das Nordlicht vom 22. Febr. 1849. Die Höhe des Bogens war zur selben Zeit auch an einem

20 engl. Meilen von dem Beobachtungsorte des Herrn SLATTER entfernten Orte gemessen worden. Aus dieser Messung und der seinigen findet Herr SLATTER die Höhe der Krone des Bogens ungefähr 22,400 engl. Fuſs, und schätzt den Abstand der Fuſspunkte des Bogens (?) auf 12 bis 14 engl. Meilen.

FAYE beobachtete einen weiſsen Regenbogen von 80°—90° Durchmesser, welcher bei nebligem Wetter durch eine Gasflamme hervorgerufen worden war, und glaubt, daſs man denselben durch elektrisches Licht bei Nebel von einer gewissen Dichte leicht werde hervorrufen können, um ihn genauer zu studiren.

Herr HEUWOOD beobachtete einen ungefärbten Regenbogen, der nur an seinen beiden Enden Spuren einer violetten Färbung zeigte.

Von Herrn LOWE wird die Abbildung mehrerer Höfe (halos), mit welchen gleichzeitig mehrere Nebensonnen erschienen, gegeben, und der Verlauf der ganzen Erscheinung beschrieben.

In einem Briefe an ARAGO erwähnt Herr A. BRAVAIS ebenfalls einen Hof, begleitet von Nebenmonden und einem circumzenithalen Bogen, welchen er messen konnte, und theilt daselbst die Messung mit.

Herr Wartmann beobachtete eine Erscheinung der Luftspiegelung auf dem Genfersee bei einem starken Nordwinde. Aus seinen Beobachtungen schliefst er, dafs die Höhe der unteren erwärmten Luftschicht, an deren Gränze die Spiegelung erfolgte, nur 3 bis 4 Meter betragen habe, und dafs sich auch bei heftigem Winde Luftschichten von geringer Höhe nahe an der Oberfläche der Erde noch unvermischt erhalten können. Herr Wartmann erwähnt ferner einen dunklen blauen Strahl, welcher scheinbar von dem Puncte des Horizonts aufstieg, an welchem kurz vorher die Sonne untergegangen war, und betrachtet ihn wohl mit Recht als den Schattenkegel irgend eines Berges unter dem Horizonte in einer mit Dunst erfüllten Atmosphäre.

Herr Maedler bestätigt durch Messungen die Wahrnehmung des Dr. Clausen, dafs zur Zeit der Conjunction der Venus mehr als die Hälfte (bis 240°) des Umfanges sichtbar ist. Herr Maedler erklärt diese Erscheinung durch eine Strahlenbrechung in der Venusatmosphäre, und findet dieselbe $\frac{1}{6}$ stärker als die in der Erdatmosphäre.

Herr Bulard theilte durch Herrn Faye Beobachtungen über Feuerkugeln und Sternschnuppen am 12., 13. und 14. Aug. 1848 mit, aus denen hervorgeht, dafs der gröfste Theil derselben von dem Sternbilde des Pegasus ausging.

Herr Coulvier Gravier zeigt durch, einen Monat fortgesetzte, Beobachtungen, dafs die Zahl der Sternschnuppen in stetiger Zunahme bis zum 10. Aug. gewesen ist, und an diesem Tage ihr Maximum erreicht hat.

Herr Quetelet erwähnt, dafs sowohl in Brüssel als in Gent das Erscheinen der Sternschnuppen in gröfserer Menge am 9. Aug. nicht wahrgenommen wurde.

Dr. *Grofsmann.*

Siebenter Abschnitt.

Physikalische Geographie.

A. Orographie.

B. H. Hodgson. Das Alpenland des Himalaya. Sillim. Amer. Journ. Vol. VIII. p. 133.

Hooker. Höhe des grossen Plateaus von Thibet. Fror. Not. XI. 321. Hookers Journ. of Botany. Nov. 1849.

Pissis. Höhen in Bolivia. Pogg. Ann. LXXVII. 595. C. R. XXIX. 11. Inst. No. 809. 209.

Abich. Höhenbestimmungen in Daghestan und einigen transkaukasischen Provinzen. Pogg. Ann. LXXVI. 149.

Dana. Ueber einige Punkte der physikalischen Geographie von Oregon und Obercalifornien. Sillim. Am. Journ. Vol. VII. 376.

Maddens. Ueber das Himalayagebirge. Fror. Not. IX. 248.

Collomb. Ueber den Schnee der Vogesen. Bull. de la Soc. géol. de la France. IV. 1846—47. Fror. Not. X. 185.

Dana. Review of Chambers ancient sea-margins with observations on the study of terraces. Sillim. Am. Journ. VII. 1.

Chambers ancient sea-margins. Sillim. Am. J. VIII. 33.

Dana. Observations on terraces. Sillim. Am. Journ. VIII. 86.

Heller. Ueber die Staaten Tabasco, Chiápas und Socunosco. Fror. Not. IX. 239. Wien. Ber. 1848.

H. und A. Schlagintweit. Untersuchungen über die physikalische Geographie der Alpen, s. p. 398.

Delcros, Bravais und Martins, Escher v. d. Linth und Mousson. Höhenmessungen, s. p. 423.

Smits. Methode, die Höhe der Gebirge zu finden, s. p. 441.

B. Hydrographie.

Fallysin. Untersuchungen über die Fluth und Ebbe des weissen. Meeres. Bull. d. St. Pét. VII. 370.

Desor. Ueber die Fluth und ihr Verhältniss zu den geologischen Erscheinungen. Fror. Not. IX. 337.

Stanley. Ueber die Länge und Schnelligkeit der Wellen. Rep. Brit. Ass. 1848. Not. p. 38; Inst. No. 790, p. 62.

— — Rapport sur les observations recueillies par la commission hydrométrique.

Gyot. Notice sur la carte du fond des lacs de Neufchatel et Morat.

Redfield. On the drift ice and currents of the Northatlantic. New Haven 1845; Sillim. Am. Journ. XLVIII.

Hagen. Ueber die vermeintliche Abnahme des Wasserstandes in den Hauptströmen Deutschlands. Berl. Monatsber. 1848 316; Inst. No. 790. p. 60.

Tchihatchef. Mémoire sur le bassin supérieur du Jaxarte et de l'oxus. C. R. XXIX. 56.

Werne. Sur les sources du Nil blanc. Inst. 1849. No. 783. p. 7.

Beke. Sur les sources du Nil dans les montagnes de la Lune. Inst. No. 783. p. 7.

J. Davy. Ueber den im Seewasser enthaltenen kohlensauren Kalk. Ed. N. phil. Journ.; Fror. Not. XI. 163.

White. Phil. Mag. Oct. 1849, p. 308.

Marchand. Zerlegung des Wassers vom todten Meere. Pogg. Ann. LXXVI. 462.

Usiglio. Analyse de l'eau de la Méditerranée sur les côtes de la France. Ann. de ch. et de phys. (3.) XXVII. p. 92.

— — Études sur la composition de l'eau de la Mediterranée. ib. XXVII. 172.

Lynch. Tragkraft des Wassers des rothen Meeres. Fror. Not. XI. 201.

Haidinger. Bildung und Zerstörung des Eises auf Flüssen. Wien. Sitzungsber. 1849, p. 24.

Zinken. Bemerkungen über die Quellenbildung. Pogg. Ann. LXXVIII. 280.

Daubré. De la température des sources dans la vallée du Rhin, dans la chaine des Vosges et au Kaiserstuhl. C. R. XXVIII. 495.

v. Fischer-Ooster und C. Brunner. Thermometrische Sondirungen im Thuner See. Fror. Not. XI. 161. Bibl. un. d. Gen. Sept. 1849.

Simony. Ueber die Temperatur der Quellen im Salzkammergut. Pogg. Ann. LXXVIII. 135; Mitth. d. Fr. d. Nat. in Wien V. 258.

Coupvent des Bois. Meeresstrom in der Strafse von Gibraltar. Fror. Not. XI. 120; Athen. No. 1128.

Babinet. Théorie des courants de la mer. Inst. N. 807; C. R. XXVIII. 749.

C. Erdbeben.

Mallet. Rapport sur les faits statiques et dynamiques que présentent les tremblements de terre. Inst. No. 827, p. 359.

— — Sur des expériences en cours d'exécution relatives à la mesure directe de la vitesse du passage de l'ondulation dans les tremblements de terre. Inst. No. 833, p. 408.

Leras. Sur un tremblement de terre, observé à Brest. C. R. XXVIII. 743.

— — Tremblement de terre ressenti le 19. Nov. 1849. C. R. XXIX. 638.

A. Perrey. Liste der Erdbeben im Jahre 1849, s. p. 422.

Das Alpenland des Himalaya von B. H. Hodgson. Sillim. Amer. Journ. Vol. VIII. p. 133.

Die lange Reihe der Schneeberge des nördlichen Indiens ist seit den ältesten Zeiten mit Sanskritnamen bezeichnet worden, welche auch Griechen und Römer aufnahmen, wie z. B. Hemáchal, Hema-achal (Schneegebirge), Hema-alaya, Hamalaya (Schneeplatz). Die höchsten Spitzen des Himalayagebirges sind:

Nanda Devi	25749 Fuſs
Dhavala giri	27060 -
Gosain than	24700 -
Kanchan Jhinga	24000 -
Cholo	26000 -

Die Angaben der Höhe für die beiden ersten Berge sind von Webb und Herbert, für den dritten von Colebrook, für den vierten und fünften von Waugh. Der hier Cholo genannte Pik wird vom Capitain Waugh als Chumalari vermuthet, obwohl die Eingeborenen das nicht behaupten. Waugh's Triangulationspunkte waren in 85 Meilen Abstand.

Hooker. Höhe des grossen Plateaus von Thibet. Fror. Not. XI. 321. Hookers Journ. of Botany. Nov. 1849.

Nach vieler Mühe hatte es Herr Hooker erreicht, nordöstlich von Sikkim aus über das Himalayagebirge weg das Thibetanische Gebiet zu betreten. Der Weg führt etwa 2 deutsche Meilen, nördlich von Tungu, durch einen Pass zwischen den Bergen Kintschin-dschau und Choimoimo, am Fluss Lachen entlang, und geht in 15000 F. Höhe auf ein weites Tafelland aus, welches aus einer Reihe glatter, dürftig begraster Terrassen besteht. 500 F. höher liegt der Rücken eines langen glatten Gebirgskamms, der das nordwestliche Ende des Kintschin-dschan mit dem Choimoimo verbindet, und hier steht die Grenzmarke von Thibet. Man sieht von hier aus südwestlich und westlich die schneebedeckten Spitzen des Choimoimo, östlich niedrige Bergzüge des hohen an die Kette sich anlehnenden Tafellandes, südöstlich die 20000 F. hohe abgeplattete Schneekuppe des Kintschin-dschan, und südlich das trichterförmige Thal des Lachen. Auf dieser Expedition beobachtete der Verf., dafs die Schneelinie an der südlichen Abdachung des Himalaya unter 15000 F., auf der nördlichen über 16000 F. liegt. Die oben genannten hohen Berge steigen schroff aus dem Plateau in die Höhe, ihre schwarzen Wände sind stellenweise mit Eis belegt, und ihre platten Gipfel deckt ein Ueberzug von grünem Schnee.

Ueber 15000 F. beginnt eine neue Flora, die aber zu $\frac{9}{10}$ auf dem Thibetanischen Tafelland wieder verschwindet. Hier sieht man auf der spärlich bewachsenen Erde nur 1 Species Potentilla, Ranunculus, Morina, Cyananthus Carex. Zwischen 14500 und 15500 F. Höhe sammelte Herr Hooker 10 Astragalus-, 7 Ranunculus-, 6 Pedicularis-, und mehre ihm unbekannte Fumaria- und Potentilla-Arten.

Pissis. Höhen in Bolivia. Pogg. Ann. LXXVII. 595.
C. R. XXIX. 11. Inst. No. 809, 209.

Bei der Landesvermessung sind von Pissis einige Höhen von Bolivia trigonometrisch gemessen worden, und zwar wurde gefunden für den

	Meter	
Illimani (im Mittel aus 4 Beobachtungen von verschiedenen Orten aus)	6509	
Schneegränze am Illimani (Oct. 1847)	5260	
Dom von Saujama (isolirter Trachytberg	6414	
Huaina Potosi	6084	
Cerro de Nigro Farellon (bei Oruro)	5383	liegen im Centralplateau, und führen keinen ewigen Schnee.
Cerro de Vilacota	5372	(ebenso)
Pic de Poopo (am gleichnamigen See)	5064	
Pic de Pomosa (bei Calamarca)	4381	
El Pilar (auf dem Plateau la Paz)	4149	
Corro d'Oruro	4134	

Abich. Höhenbestimmungen in Daghestan und einigen transkaukasischen Provinzen. Pogg. Ann. LXXVI. 149.

Am 16. April 1847 hatte Abich der Petersburger Akademie einige Bemerkungen über die Berge Daghestans mitgetheilt, und diesem Bericht eine orographische Skizze beigefügt, von welcher in Pogg. Ann. im angeführten Bande ein Auszug gegeben ist. Hiernach ist Daghestan nach S. und W. vom Hauptkamm des Kaukasus, nach N., W. und N. vom Andischen Gebirge (Thonschiefer), und nach O. von der anuichschen Wasserscheide (Neocomien und Hils, bis nahe an 9000 F. Höhe) begrenzt. Die beiden letzteren Gebirgszüge werden nur durch eine 12 F. breite Kluft von einander geschieden, durch welche der Soulack die Gewässer des umgebenden Landstrichs nach dem caspischen Meere führt. Parallel mit dem Hauptkamm des Kaukasus zieht sich durch Daghestan, und südöstlich weiter bis nahe zum caspischen Meere, ein Nebenkamm, der seine höchste Erhebung (13091 Par. F.) im Schachdag (im SW. von Kuba und S. von Derbent) hat, und, wie die anuichsche Wasserscheide, aus Kreide (auf Schiefer liegend) besteht. Westlich, nicht weit von Schachdag, liegt der nur wenig niedrigere Tschalbuzdag, auf dem sich rother Kalk (wie am Untersberg) mit Nerineenschichten findet. Am Nordabhang des Schachdag, in einer Höhe von 6738 Par F., liegen Schichten einer Mactra, die noch im caspischen Meere lebt. Von dem Längsthal, welches durch die steilen Abfälle des Schachdag und den Hauptkamm des Kaukasus gebildet wird, geht unweit des Dorfes Kinalughi ein Querthal aus, in welchem 7834 F. hoch aus Klüften zwischen Schiefer und Sandstein grosse Mengen Kohlenwasserstoffs ausströmen, der, wie bei Baku, fortdauernd brennt (die ewigen Feuer des Schachdag). Von dieser Stelle liegen in einer geraden Linie südöstlich die heifsen Quellen (39,5° R.) von Kunakent (60 Werst entfernt) und die reichen Naphtabrunnen von Apscheron bei Baku (175 Werst entfernt), nordwestlich die 40° R. heifsen Quellen von Akti. Am reichlichsten sind die heissen Quellen im Umkreis des Sabalou (?) (oberhalb Ardebil in Persien) verbreitet: beim Dorfe Sarein strömen ganze Bäche (zwischen 35° und 37° R.) heifsen Wassers aus Trachyttuff und Conglomerat, und bilden Teiche, deren Wasser oft $\frac{1}{4}$ F. über die Oberfläche durch die ausströmenden Gase (Kohlensäure und Stickgas) in die Höhe geschleudert wird. Während der Erdbeben, welche das Hochland von Ardebil von 2 zu 2 Jahren heimzusuchen pflegen, steigt die Temperatur jener Quellen so hoch, dafs dieselben (was sonst der Fall ist) nicht von Menschen und Thieren benutzt werden können. Im Jahre 1848, nach einem undulatorischen Erdbeben, dauerte die Temperaturerhöhung der Quellen 4 Monate. Nordwestlich von Sarein giebt es noch 5 ähnliche Thermen, von denen die von Kuttursii schwefelhaltig sind, und freie Säure enthalten.

Auf dieser Reise errichtete Abish meteorologische Stationen in Lenkoran und Schamachie. Der Bericht enthält 7 Höhenbestimmungen aus der Kette der anuichschen Wasserscheide (hier ist die höchste der Tschoukoundag 9018 Par. F.), 18 Bestimmungen vom Innern des Daghestanschen Ringgebirges und dessen äusseren Abhängen (hier ist die höchste Spitze der Tschounoum 9018 Par. F.), 11 Bestimmungen aus dem Schachdag-System (hier ist der höchste Punkt Gipfel des Schachdag 13091 Par. F.) und 7 Höhenbestimmungen aus Ghilan und Persien (mit der höchsten Erhebung des Passes auf dem Wege von Lenkoran nach Ardebil 6649 Par. F.). Ausserdem finden sich Tabellen von den Gefällen der Flüsse Koysu und Soulack, Samur, Rion und Araxes. Die mittlere Höhe der Araxesebene beträgt 2464 F.

Dana. Ueber einige Punkte der physikalischen Geographie von Oregon und Ober-Californien. Sillim. Amer. Journ. Vol. VII. 376.

Nachdem der Verf. ein allgemeines Bild der orographischen Verhältnisse von Nord-Amerika entworfen, spricht er speciell von dem nordwestlichen Theile, und zwar demjenigen, welcher Oregon und Nord-Californien einschliefst, von 49° NBr. bis zum Gila, ungefähr 32° NBr. In fünf Abschnitten betrachtet er die Küstenlinie, die Gebirgszüge, die Hauptrichtungen und Charactere der Thäler und Flüsse, die Vertheilung der Wälder und endlich deren Beziehungen zum Klima.

Rücksichtlich der Küstenlinie macht er auf die Zerrissenheit im nördlichen Theile aufmerksam, welche von der Strafse de Fuca beginnt, und von da an nördlich bis in die Behringsstrafse sich fortsetzt, und erinnert an eine gleiche Erscheinung in andern nördlichen und südlichen Gegenden (Ostküste Amerikas von Maine nordwärts, Fjords in Norwegen, Feuerland, Neu-Seeland), welche auf eine Hebung des Landes an diesen Orten hindeute.

Das Küstenland zwischen den hohen Felsengebirgen wird durch eine Kette niedrigerer Gebirge, in Oregon Cascade range, in Californien Sierra nevada, in zwei Theile getheilt. Diese Gebirge enthalten zwischen 50° bis 40° NBr. sieben Schneegipfel, in einer Höhe von 10—16000 Fufs; drei nördlich vom Columbia, die andern südlich. Sie heifsen, vom nördlichen anfangend, Baker, Rainier, St. Helens, Hood, Jefferson oder Vancouver, M. Laughlin oder Pitt und Mount Shasty, alle einst thätige Vulcane; jetzt sagt man blos noch von Rainier und St. Helens, dafs sie bisweilen Dämpfe und Aschenregen ausstossen. Vor allem zeichnet sich der 12—14000 F. hohe Shasty-Prak mit seinem schneebedeckten Krater aus, an dessen östlicher Seite eine süsse Quelle zu Tage kommt. Das Land ist wellig hügelig, theils mit fruchtbaren Boden, theils waldbedeckt, theils Salzquellen und Seen führend, von einem Hauptflufs, dem Clammat, durchströmt. Westlich von Shasty-Prak scheidet eine hohe von Ost nach West laufende Gebirgskette das Clammatland vom Sacramentodistrict.

Die ausführliche Beschreibung der durchreisten Landstriche beschränkt sich wesentlich auf geognostische Angaben, und wir müssen in dieser Beziehung auf das Original verweisen.

Maddens. Ueber das Himalayagebirge. Fror. Not. IX. 248.

Gelegentlich der Frage über die Kulturfähigkeit der höheren Regionen des Himalaya giebt der Verf. einige Mittheilungen über das Klima. Der Boden ist zwischen 5000—7500 F. Höhe meist steril und ungesund. In einer Höhe von 7500 F. gleicht die mittlere Jahrestemperatur der von London, aber die Vertheilung der

Wärme und Feuchtigkeit in den verschiedenen Theilen des Jahres ist ganz anders, denn die am Himalaya in jener Höhe wachsenden Bäume ertragen den englischen Winter nicht. Da die Sonne hier beinahe 2 Monate senkrecht steht und von April bis October von 9 Uhr Morgens bis 4 Uhr Nachmittags unerträglich brennt, so erkranken alle Europäer, ja selbst die Eingebornen. Während der drei Regenmonate ist 12 Stunden des Tages die stechendste Hitze und 12 Stunden bittere Kälte, und zwar nicht blos in engen Thälern, sondern auch auf den Hochebenen. Die üppigen Wiesen längs der Schneeregion liegen zu hoch, als dafs noch Getraide reifen könnte.

Ed. Collomb. Ueber den Schnee der Vogesen. Bull. de la Soc. géolog. de la France. IV. (1846—47.) Fror. Not. X. 185.

Am 2. Mai 1847 beobachtete der Verf. von der Spitze des Hohenecks aus die Schneelinie auf den Vogesen. Sie zeigte sich gegen Norden in einer Höhe von 850—900 Meter, nach Osten in einer Höhe von 950—1000 Meter, nach Süden und Westen in einer Höhe von 1000 Meter. In grofser Entfernung erschien sie als horizontaler Strich längs der ganzen Kette, sie neigte sich aber nach dem Mittelpunkt der Bergkette zu um mehre Grade. Die Schneezone des Hohenecks und Rothenbachs der Centralberge war beträchtlicher, als die der mehr am Rande der Kette gelegenen, obwohl um 100 Meter höheren Berge. Auf dem Hoheneck lagen die gröfsten Schneemassen.

Der Schnee hatte sich vorzugsweise auf den Vertiefungen der östlichen Abhänge angehäuft und diese kranzartig überlagert, so dafs von dem oft mehre Meter breiten überhängenden Rand lange Eiszapfen herunterhingen. Bisweilen hatte sich ein Theil des Schneerandes gelöst, dann zeigte sich eine Rinne als natürlicher Querschnitt des Lagers und man sah im untersten Theile eine blasige Eismasse von verschiedener Dicke (30—40 Centimeter), welche im Februar und März noch nicht da war.

Die Lawinen waren im Winter 1847 sehr häufig, sie verheerten die Wälder stark, stürzten aber, wenn sie aus 1319 Meter Höhe kamen, die Bäume von 20 Centimeter Dicke nicht um. Dagegen im Münsterthale hatten sie mehre Hectaren Wald, selbst die stärksten Stämme, ganz abrasirt. Hier war die Lawine aus 1500 Meter Höhe fast geradlinig auf dem Abhange herabgestürzt, welcher eine Neigung von 46 auf 100 hatte. Die Winterlawinen sind gefährlicher, als die Frühlingslawinen, welche sich als breiartige Masse mit Schmutz bedeckend langsamer fortbewegen.

J. DANA. Ueber CHAMBERS alte Seeränder. SILL. Am. J. Vol. VII. 1.
CHAMBER. Ueber alte Seeränder. SILL. Am. J. Vol. VIII. 33.
J. DANA. Beobachtungen über Terrassen. ib. VIII. p. 86.

Der Verf. dieser Abhandlung unterwirft die Ansichten CHAMBERS (ancient Sea Margins and memorials of changes in the relative level of sea and land, Edinburg und London 1848.) über die Terrassenbildung einer Kritik, und behauptet im Gegensatz zu CHAMBERS, dafs nicht alle durch horizontale Streifen sowohl characterisirten Terrassen der Senkung des Meeresniveaus ihre Entstehung verdanken, sondern dafs ebensowohl durch Binnenseen und Flüsse Terrassenbildung möglich, an vielen Orten sogar wahrscheinlich sei.

Die Sache, um welche es sich handelt, mufs begreiflicher Weise speciell auf dem geologischen Gebiet ausgefochten werden, und zwar nur auf Grund einer grofsen Anzahl angeführter Beispiele. Dies ist denn auch von CHAMBERS geschehen, und nicht minder von DANA. Wir verweisen daher auf die Originalien.

HELLER. Ueber die Staaten Tabasco, Chlápas und Socunusco. FROR. Notiz. IX. 289. Ber. d. Wien. Akadem. 1848.

Herr KARL HELLER theilt unter dem 8. Decbr. 1847 und 12. Febr. 1848 genauere Notizen über die mittelamerikanischen Staaten Tabasco, Chiápas und Soconusco mit. Diese Notizen umfassen die geographische Lage jener Landstriche, die topographische Schilderung (die aber nur ein schwaches Bild von der Configuration des Landes giebt), die Einwohner, Klima, Landeskultur, Vegetation, Fauna und Staatsverfassung. Die weiteren Details würden für einen Bericht zu umfangreich werden, und wir verweisen daher auf die Abhandlung, namentlich da nach des Herrn Verf. Schilderung die Physiognomie des Landstrichs von der bekannter benachbarter Tropenländer in Bezug auf Flora und Fauna wenig oder gar nicht abzuweichen scheint. Im Allgemeinen stehen die fraglichen Staaten, die sehr schwach bevölkert, und gröſstentheils wegen der umfangreichen Ueberschwemmungen sehr ungesund sind, auf einer niedrigen Stufe der Entwickelung. In Tabasco sind die Einwohner Creolen, Mestizen, Indianer, Europäer, und wenige Negerabkömmlinge, die die spanische und 5 Idiome indianischer Sprachen reden; ihre vorzüglichsten Kulturartikel sind Cacao, Zucker, Kaffee, Taback, Reis, Mais und Bauhölzer. Der Staat liegt zwischen 92° und 94° WL. von Greenwich, und zwischen 17° und 18° 45′ NBr., hat 1100 Quadratleguas Flächeninhalt und 63580 Einwohner. Die Staaten Chiápas und Soconusco liegen zwischen 15°—17° 18′ NBr. und 91°—94° WL. von Grenwich, hatten (1838) einen Flächeninhalt von 7500 Quadratleguas und 160083 Einwohner, wovon 147925 auf Chiápas und 12158 auf Soconusco kommen. Das Land ist gebirgiger als Tabasco, hat fruchtbare Thäler, viele Seen, fast dieselben Landesprodukte, aber ein gesundes Klima. Die Einwohner sind Weiſse (Spanier) und Indianer; letztere theilen sich in zwei Klassen: solche, die das Bürgerrecht besitzen, und in freie Indianer. Industrie und Handel liegen noch in der Kindheit, und der letztere ist namentlich erschwert durch die fast unpassirbaren Wege.

Talysin. Untersuchungen über die Fluth und Ebbe des weiſsen Meeres. Bulletin de St. Petersb. Tom. VII. p. 370.

In verschiedenen Punkten des weiſsen Meeres sind unter Leitung des Akademikers Lenz von dem Capitain Matserovsky Beobachtungen über Fluth und Ebbe angestellt, aus welchen die Resultate von Talysin zusammengestellt sind. Derselbe nahm für die Höhe der Fluth die Differenz zwischen der Höhe des Hochwassers und dem Mittel aus den zwei ihm am nächsten stehenden Niedrigwassern, und die Differenz zwischen dem Mittel aus den zwei nach einander folgenden Hochwassern und der Höhe des zwischen ihnen stehenden Niedrigwassers. Diese erste Abhandlung umfaſst die Beobachtungen am Dorfe Kuja an der

Mündung des gleichnamigen Flusses in die Dwinabucht, 65° 5′ NBr. 48° 8′ OL. von Greenwich, während der Monate Juni bis erste Hälfte Octob. 1845, 1846 und 1847. In Betreff der einzelnen Zahlenangaben müssen wir auf die Abhandlung selbst verweisen.

Desor. Ueber die Fluth und ihr Verhältniſs zu den geologischen Erscheinungen. Fror. Not. IX. p. 337.

Sich stützend auf die vom Capitain Davis angestellten Beobachtungen hat der Verf. folgende Sätze aufgestellt:

1) Die Gestaltung und Vertheilung der Sandbänke und Alluvialbildungen ist zum gröſsten Theil von den Fluthströmen abhängig; derartige Niederschläge finden sich überall, wo die Fluthströme genugsam geschwächt sind, um die mit fortgerissenen Substanzen absetzen zu können, die feineren und leichteren Stoffe senken sich deſshalb erst an ruhigeren Orten.

2) Die Bildung meerüberflutheter Bänke ist zur Erhaltung des thierischen Lebens der See nothwendig; diese Bänke wimmeln von Seethieren.

3) Die Deltabildung der Fluſsmündungen steht zur Kraft des Fluſsstromes im umgekehrten Verhältniſs.

4) Die sedimentären Bildungen der neuesten geologischen Epochen entsprechen in jeder Beziehung den Alluvialniederschlägen der heutigen Zeit, wir müssen demnach ihre Bildung denselben Gesetzen zuschreiben.

5) Die Gestalt und Ausdehnung des Festlandes ist demnach, soweit selbiges aus Niederschlägen besteht, von astronomischen Gesetzen, d. h. von der Anziehung, welche der Mond und die Sonne auf den flüssigen Theil unsers Planeten ausüben, und zu allen Zeiten ausgeübt haben, abhängig.

Nach Davis Beobachtungen ist die Vertheilung der Sandbänke von der Stärke des Fluthstroms abhängig. Die Fluthquelle, welche mit nach Norden gekehrter convexer Seite durch den atlantischen Ocean hindurchgeht, läuft mit groſser Schnelligkeit an den Küsten entlang, und schwemmt von den Verwitterungsprodukten derselben eine Menge erdiger Substanzen mit sich fort, welche da, wo der Strom keine Hindernisse findet und schwach wird, sich absetzen (so z. B. die schmalen Bänke, welche die Insel Nantuckit umgeben). Die günstigsten Orte für Sandbänke sind da, wo der Fluthstrom nach Passirung eines Vorgebirges in eine weite Bucht eintritt (z. B. Cape Cod Bay an der Küste von Massachusets und die Bay von Biscaya). In engen Buchten, namentlich wenn die Richtung derselben der Stromrichtung entspricht, ist dagegen die Wasserströmung zu stark, und es bilden sich keine Absätze (Beispiele: die Fundy Bay und die Fjorde in Norwęgen). Am stärksten ist die Sandbankbildung da, wo Fluthknoten entstehen, z. B. an der Küste von Jütland, wo die durch den Kanal und die um Grofsbritannien verlaufende Fluthwellen sich treffen.

Die Bildung von Deltas finden nur statt, wenn an den Mündungen der Flüsse die Fluth sehr schwach oder gar nicht vorhanden ist, Beispiele: der Nil, Missisippi, Orinoco, die Flüsse an der Ostküste der vereinigten Staaten und die meisten europäischen Flüsse, die ins atlantische Meer sich ergiefsen. Wo dagegen die Fluth weit in den Flufs aufsteigt, so eilt das während der Fluthzeit aufgestaute Wasser mit starker Strömung während der Ebbe dem Meere zu, und reifst alle aufgeschwemmten erdigen Bestandtheile mit fort, Beispiele: der Amazonenstrom, Delaware, Rio de la Plata. Auf das Gefälle der Flüsse, also die Schnelligkeit mit welcher sie strömen, scheint Davis gar kein Gewicht zu legen.

R. N. Stanley. Ueber die Längen und Schnelligkeit der Wellen. (Auszug aus einem Briefe an Dr. Whewell.) Report of the british Assoc. for 1848. Notic. and Abstr. p. 38. Inst. No. 790, p. 62.

Die Versuche wurden auf folgende Weise angestellt: Man warf am Hintertheil des Schiffs eine Sparre an der mit Zeichen versehenen Lothleine aus, wenn das Schiff todten Gang vor Wind und See hatte, und wartete bis die Sparre auf dem Kamm der einen Welle war, während des Schiffs Hintertheil sich auf dem

Kamm einer der vorhergehenden Wellen befand. Bei regelmäfsigem Gange der See konnte man dann bis auf 2 oder 3 Faden diesen Abstand genau ermitteln, wenn die Länge der Welle 50 betrug.

Um die Schnelligkeit der Wellen zu bestimmen, wurde die Zeit notirt, wann der Kamm der vorschreitenden Welle die Sparre passirte, und wann er das Schiff erreichte. Der mit der Aufzeichnung der Zeit beauftragte Offizier hatte nichts weiter zu thun, als die Angaben der Uhr zu notiren, wenn der Beobachter „Halt" schrie.

Zur Bestimmung der Höhe der Wellen bediente sich STANLEY des von Frau SOMMERVILLE empfohlenen Verfahrens, welches er schon seit 10 Jahren mit Erfolg anwendet. Wenn das Schiff sich in einem Wellenthal befindet, steigt der Beobachter in das Takelwerk so hoch, bis er genau den Kamm der ankommenden Welle am Horizont sieht. Die Höhe seines Auges über des Schiffs Wasserlinie giebt alsdann ein gutes Maafs für den Unterschied zwischen dem Kamm und der Grundfläche der Wellen ab. Man hat bei dieser Beobachtung das Mittel aus vielen Versuchen genommen, weil selbst bei regelmäfsiger See die einzelnen Wellen sehr bemerkbar in ihrer Höhe wechseln.

Das Resultat der Beobachtungen ist folgendes:

Tag der Beob.	Zahl der Beob.	Stärke des Windes	Schnelligkeit des Schiffs in Knoten	Höhe der Wellen, in Fuss	Länge der Wellen, in Faden	Zeit d. Ganges d. Welle v. d. Sparre z. Hinterth. d. Schiffs in Secunden	Schnelligk. der See, daraus abgeleitet, in Knoten	Bemerkungen
1847 April								
21	-	5	7,2	22	45	10,0	27	Schiff vor dem Wind, See schwer und hohl
23	8	5	6,0	20	43	8,0	24,5	
24	6	4	6,0	20	50	10,0	24,0	
25	9	4	5,0	—	35—40	7,8	22,1	See unregelmässig
26	-	4	6,0	—	33	7,4	22,1	See schwer u. hohl
Mai								
2	6	(4,5)	7,0	22	57	10,4	26,2	See unregelmässig Beob. nicht gut
3	7	5	7,8	17	35	8,9	22	See und Wind ein wenig über Backbord

Bericht über die von der hydrometrischen Commission gemachten Beobachtungen. 1845—47.

Im Jahre 1842 setzte der Maire von Lyon eine Commission aus Bineau, Duverger, Dupasquier, Fournet, Lortet, Seringe Tabareau, unter Vorsitz des Herrn Lortet zusammen, welche meteorologische Stationen im Saonebecken errichten, und über deren Beobachtungen alljährlich berichten sollten. Von den 13 Stationen des Saonebeckens befinden sich im Becken der oberen Soone 4, nämlich Bourbonne-les-Bains (Mr. Blesson), Vesoul (Mr. Kienné), Gray (Mr. Sacquard), Dijon (Mr. Delarue); im Doubsbecken 4, nämlich Fort de Joux (Mr. Vanesc), Montbéliard (Mr. Alexandre), Besançon (Mr. Faubel), Dôle (Mr. Baudelot); im Becken der unteren Saone 5, nämlich Châlon (Mr. Vertray), Lonc-le-Saulnier (Mr. Renevey), Bourg (MMrs. Puvis et Talesse), Montmerle (Mr. Guyoux), Lyon (Mr. Seringe). Ausserdem sind noch 2 Stationen im Rhonebecken errichtet, nämlich Saint-Rambert (Mr. Sauranau) und Fort Lamotte (Mr. Job). Im Laufe des Jahres 1845 sind noch 12 Stationen in einem Theil des Rhonebeckens in Wirksamkeit getreten, und ihre Beobachtungen hat die Commission mit denen anderer meteorologischer Stationen im Rhonebecken ausgetauscht.

Der Text des Rapports enthält Berichte über die etwaigen Erweiterungen der Beobaehtungsorte, Anschaffung von Apparaten, Correspondenz mit andern Beobachtern u. dgl., für jeden Tag eines jeden Monats eine Tabelle, in deren einer Spalte die Summe der Kubikmeter des auf den 3 Abtheilungen des Saonebeckens gefallenen Wassers, in der anderen Spalte die tägliche Wassermenge der Saone in Kubikmetern, berechnet nach dem Maafsstab (Pegel) von Trévoux, und endlich eine tabellarische Uebersicht des mittleren Wasserstandes der Saone für jeden Monat, Zahl der Kubikmeter des im Saonebecken gefallenen Wassers, Wassermenge der Saone, Differenz zwischen dem gefallenen und abgeflossenen Wasser, Verhältniss zwischen letzterem, Mittel der Regenmenge, Abflufs in Millimetern, Differenz zwischen beiden, und Verdampfung in Dijon beobachtet. Dem Texte des Rapport sind beigegcben:

1) 12 Tabellen, eine für jeden Monat, in deren jeder aus den 13 Stationen des Saonebeckens die Menge des an jedem Tage gefallenen Regens oder Schnees in Millimetern, und die Richtung der Winde aus 5 Stationen (St. Jean-de-Losne, Verdun, Châlons, Trévoux und Lyon), die Höhe des Wasserstandes (in Metern) der Saone, und aus 2 Stationen (Vesoul und Faverney) die Wasserhöhe zweier Nebenflüsse der Saone (Drujon und Lanterne) aufgeführt sind.

2) 12 Tabellen, eine für jeden Monat, über das Rhonebecken, in denen aus 20 Stationen die Menge des an jedem Tage gefallenen Regens und Schnees, aus 11 Stationen die Wasserhöhe der Flüsse (Rhone, Isère und Drôme), aus 8 Stationen die Richtung der Winde angegeben sind.

3) Eine Tafel, in welcher graphisch die Beobachtungen aus dem Saonebecken.

4) Eine Tafel, in welcher die Beobachtungen aus dem Rhonebecken und die Lufttemperaturen von St. Bernhard und Genf graphisch dargestellt sind.

Die einzelnen Stationen im Saonebecken für die Regenmenge und die Windesrichtungen sind schon oben angeführt, eben so die Beobachtungsorte der Flufshöhen.

Die einzelnen Beobachtungsorte im Rhonebecken waren:

a) Für die Schnee- und Regenmengen: der grofse St. Bernhard, Genf, Chambéry, Pierre-Châtel, Syam, St. Claude, Varambou, Morestel, Fort-Lamotte, St. Etienne, St. Jean de Maurienne, Grenoble, la Mure, Valence, Privas, Die, St. Hippolyte bei Alais, Briançon, Gap, Marseille.

b) Für die Flufshöhen: der See Seyssel, Sault, Lyon, Valence, Poujin, Arles, Grenoble (Isère), Die (Drôme), la Saulce (Durance).

c) Für die Windrichtungen: der St. Bernhard, Genf, Morestel, Fort-Lamotte, Grenoble, Valence, St. Hippolyte und Briançon.

Der Bericht für 1845 beschäftigte sich besonders mit dem Anschwellen der Saone und Rhone in Folge von Regengüssen oder Schneeschmelzen. Während die Saone im Frühjahr und Herbst in Folge von Regen ihren höchsten Stand hat, ist der höchste Stand der Rhone im Sommer in Folge des Schneeschmelzens in den Hochalpen. Das Verhältnifs zwischen dem durch Regen oder Schnee herabgefallenen Wasser, und dem durch die Flüsse abfliefsenden, liefs sich nicht ermitteln, weil keine Beobachtungen über das Maafs des verdunsteten und vom Boden eingesogenen Wassers vorhanden sind.

Der Bericht für 1846 enthält eine Tabelle der Maxima, Minima und mittleren Temperaturen der 6 Monate April bis September, eine Notiz von dem Orkan, welcher am 17. October über die Sevennen hereinbrach, sich über einen Theil des Rhonebeckens verbreitete, und hier durch den Fall jenes rothen Meteorstaubes sich bemerklich machte, der von Ehrenberg [1]) untersucht ist.

Der Bericht für 1847 besteht nur aus den Tabellen.

A. Gyot. Ueber die Karte des Bodens des Neufchateler und Murtener Sees.

In der Absicht, Beobachtungen über die jährlichen Temperaturveränderungen des Wassers geschlossener Bassins, wie die Schweizer Seen, anzustellen, hat der Verf. im Verein mit Herrn Pourtales-Gorgier das Niveau des Bodens der beiden Seen von Neufchatel und Murten untersucht. Das Resultat ihrer Sondirungen, deren sie gegen 1100 ausführten, alle transversal in gerader Linie durch die Breite des Sees, sind auf einer Karte verzeichnet, welche aufser diesen Durchschnitten mit Angabe der verschiedenen Tiefen, ein topographisches Bild der beiden Seen und deren anliegenden Orte giebt.

Zur Kenntnifs der genaueren Details mufs die Abhandlung und die Karte verglichen werden.

[1]) Bericht der Berliner Akademie 1846, p. 319.

Redfield. Ueber das Treibeis und die Strömungen des nordatlantischen Oceans. New-Haven 1845. Auszug aus American Journal of science XLVIII.

Der Verf. hat über das Treibeis, welches mit den Polarströmen in den nördlichen atlantischen Ocean geführt wird, und besonders wegen der dicken Nebel die es verursacht, den von Europa nach dem nördlichen Amerika steuernden Schiffen gefährlich ist, Notizen gesammelt, und die nach zuverläfsigen Journalen bezeichneten 157 Orte, an denen Treibeis beobachtet wurde, in einer Karte, die den 39—52. Breitegrad und den 65—41. Längengrad umfafst, eingezeichnet.

Im Allgemeinen bestätigt Redfield die schon früher von Rennel gemachten Beobachtungen über die Richtung des doppelten Polarstroms, deren einer von der Grönländischen Küste südwestwärts, bis ungefähr zum 43° NBr., wo er den Aequatorialstrom trifft, herabsteigt, dann an der Südküste der Bank Neu-Foundlands vorbei in den St. Lorenzo-Golf tritt, und hier sich mit dem von der Davis-Strafse kommenden, an der Labrador-Küste entlang gehenden, und durch die Belle-Isle-Strafse in den Lorenzo-Golf eintretenden andern Polarstrom vereinigt. Der früheren Annahme, dafs die nördliche Grenze des Golfstroms die südliche Grenze des Polarstroms sei, und dieser von jener Stelle an ganz westlich gehe, widerspricht Redfield durch die zahlreichen Beobachtungen von Eisinseln oder Eisbergen in der ganzen Breite des Golfstroms, und er behauptet, dafs ein Theil des Golfstroms durch den Polarstrom durchkreuzt wird, denn es wurde sogar südlich von der südlichen Grenze des Aequatorialstroms (im 39° NBr.) ein Eisberg von 100 F. Höhe und 170 F. Länge angetroffen. Hieraus folgt zugleich, dafs die beobachteten Temperaturen der Meeresoberfläche nicht immer durch ihre Höhe die Anwesenheit, durch ihre Tiefe die Abwesenheit des Golfstroms beweisen. Es müssen natürlich an solchen Stellen, wo Theile des Polarstroms, mit Eis beladen, den Golfstrom durchkreuzen, niedrigere Temperaturen beobachtet werden, und im Golfstrom selbst, obwohl die westliche Tendenz seiner Strömung vorherrschend bleibt, doch durch das Schmelzen des Eises und durch die feste Masse der Eisberge verursachte Querströme auf die westliche Richtung des Golfstromes und die südliche und westliche des Polarstroms hervorgerufen werden. Dieses erklärt auch die weit südöstlich von der ursprünglichen südwestlichen Richtung des Polarstroms sich vorfindenden Eisberge.

Ueber die wirkliche Breite des Golfstroms, sofern sie durch thermometrische Beobachtungen festgestellt sei, behauptet der Verf., dafs sie gewifs zu weit ausgedehnt sei. Denn es finde eine Ueberfluthung des Kaltwasserstroms durch den Aequatorialstrom Statt, und der überfluthende Theil sei meist so seicht, dafs schon bei der durch starke Winde erzeugten Wellenbewegung das überfluthende warme Wasser mit dem darunter befindlichen kalten sich so mische, dafs die thermometrische Breite des Golfstroms dann viel geringer sei.

Hagen. Ueber die vermeintliche Abnahme des Wasserstandes in den Hauptströmen Deutschlands. Monatsber. d. Berl. Akad. 1848, p. 316. Instit. No. 790, p. 60.

Hagen legte der Akademie zwei Tabellen der mittleren jährlichen Wasserstände des Rheins vor, von denen die erste aus Beobachtungen in Düsseldorf von 1800—1847 zusammengestellt war, die zweite Beobachtungen in Coblenz von 1818—1847 umfafste. Sie ergeben beide eine Zunahme des Wasserstandes, wiewohl (nach den Düsseldorfer Beobachtungen wenigstens) eine so geringfügige, dafs sie nur als Folge der Witterungsverhältnisse betrachtet werden kann. Die bedeutendere Zunahme nach den Coblenzer Beobachtungen scheint durch die Aenderung des Strombettes nächst unterhalb Coblenz veranlafst zu sein.

Tchihachef. Ueber das obere Becken des Oxus und Jaxartes. C. R. XXIX. p. 56. (Extrait de l'auteur.)

Dieser Auszug des Verf. giebt keine neuen Thatsachen zur Erweiterung der physikalischen Geographie jenes Landstrichs. Er weist nur auf die Stellung des kosakischen Elements als Vermittlers der Civilisation für Asien hin, auf die Wichtigkeit des Plateaus von Pamer (von 15600 F.), welches der einzige Karavanenpafs durch die Kette des Bolortagh und die Hauptader für das Leben der reichen Länder zwischen Aral- und Caspi-See ist. Schliefslich spricht er den Wunsch aus, dafs Rufsland die Durchforschung jener Gegenden, die bisher nur der Buddhistenmönch Nioven Thsang im 7. Jahrhundert, Marco Polo im 13. Jahrhundert und der englische Marinelieutenant Wood 1838 bereist haben, lebhaft unterstütze.

Werne. Ueber die Quellen des weifsen Nils. Instit. 1849. No. 783, p. 7.

Die Entdeckung der Quellen des Nils in 7° 49′ NBr. und 38′ OL. (v. Paris) durch Anton d'Abbadie sucht Werne, welcher 1841—42 die egyptische Expedition auf dem Nil begleitete, und bis 4° NBr. in das Land Bari gelangte, durch mehre Gründe zu widerlegen.

1) Es müfste zwischen Enoria und Cafa (wo d'Abbadie die Nilquellen gefunden zu haben meint) und zwischen Bari durch das Flufsthal doch eine solche Verbindung existiren, dafs an beiden Orten dieselben Hausthiere, Produkte u. dgl. zu finden sein sollten. Dies ist aber durchaus nicht der Fall. Werne meint daher, dafs d'Abbadie gar nicht am Nil, sondern an einem Nebenflufs des Tobat oder blauen Stroms war.

2) Die Eingeborenen von Bari versichern, dafs die Quellen des Nil weit südlicher liegen, und Lakono, der König von Bari, sagte aus, dafs er selbst im Lande Anjan gewesen sei, wo vier Bäche zu dem Hauptstrom sich vereinigten, der in Bari Tubirih genannt wird.

An der südlichsten Stelle, die Werne erreichte, war der Nil ein Strom trüben Wassers, welches über ein felsiges Bett zwischen hohen Ufern dahinströmt. Der Herr Verf. meint, dafs die wahre Quelle des Nil in den Gegenden des Aequators zu suchen sei, wo man auch die Mondgebirge finden werde.

Beke. Ueber die Nilquellen im Mondgebirge. Inst. 1849, No. 783, p. 7.

In der 18. Sitzung (Jun. 1848) der brittischen Association für den Fortschritt der Wissenschaften (Section C. Geologie und physikalische Geographie) legte Herr Beke eine Karte des Nil nach Ptolomaeus vor, und eine andere mit dem Resultat seiner Forschungen über den Lauf dieses Flusses. Er setzt die Quelle desselben unter 2° SBr. und 34° OL. an den äufseren östlichen Rand des Plateaus von Ost-Afrika, ungefähr 300—400 Meilen (milles) von Zanguebar (Insel Menuthias).

Die Angabe des arabischen Geographen Ibn el Wardi, dafs der Nil oberhalb des Landes Zindj (Zanguebar) sich theile, und einen Arm nach Egypten, den andern nach Zindj sende, interpretirt Herr Beke so, dafs der letztere Arm, der Lufidji (auf unsern gewöhnlichen Karten wahrscheinlich der Lufia oder Loffih) sei, der sich unter 8° SBr. in den indischen Ocean ergiefst, und wahrscheinlich einige seiner Quellen in der Nähe derer des Nil habe, was die Eingebornen veranlafst, ihn als einen Theil des Nil zu betrachten.

Die Mondgebirge betrachtet Herr Beke als einen Abhang des grofsen Plateaus, welches sich von Nord nach Süd erstreckt und die Arme des Nil von den nach der Ostküste Afrikas laufenden Flüssen trennt.

Der Zusammenflufs des weifsen und blauen Nils bei Khartum unter 15° 37′ NBr. ist nach Beke die Vereinigung des Aslapsus mit dem Nil, die wirkliche Vereinigung der beiden Arme des Nil (nach Ptolomaeus) setzt Herr Beke unter 9° 20′ NBr., wo der Sobat Telfi sich mit dem weifsen Nil vereinigt.

Endlich nimmt Beke auch noch einen dritten grofsen Arm des Nil an, den Bahr el Ghazel oder Keïlâh, der in den Hauptstrom unter 9° 20′ NBr. einfliefst, und der Nil des Herodot sein soll.

John Davy. Ueber den im Seewasser enthaltenen kohlensauren Kalk. Edinb. new philos. Journ.; Fror. Not. XI. 163.
White. Phil. Mag. Oct. 1849, p. 308. Fror. Not. XI. 164.

Bei der Ueberfahrt von Barbadoes nach England untersuchte J. Davy das Meerwasser auf seinen Gehalt an kohlensaurer Kalkerde, und fand einen Gehalt von $\frac{1}{10000}$ in der Bucht von Carlisle auf Barbadoes, und einen Gehalt von $\frac{4}{10000}$ (mit etwas schwefelsaurem Kalk vermischt) in 15 Meilen Entfernung von Portland Head. Auf dem atlantischen Meere unter 20° 30′ NBr. und 63° 20′ WL., 100 Meilen von jeglichem Land entfernt, und $1\frac{1}{2}$ Meilen von der Küste von Madeira (vor Funchal) wurde das Seewasser durch Ammoniak nicht getrübt, und eben so zeigte es sich in 3 anderen Versuchen auf hohem Meere.

Daraus schliefst Davy, dafs das Meerwasser, mit Ausnahme in der Nähe der Küsten, sehr wenig kohlensauren Kalk enthalte, was aufserdem noch die Analyse des Kesselsteins vom Dampfschiff Conway bestätigte, welches den atlantischen Ocean, das caraibische Meer und den mexikanischen Meerbusen zu befahren pflegt. Und doch bildet sich 50—100 Meilen vom Lande entfernt, welches keine Kreideküsten enthält, eine kreidehaltiger Niederschlag.

Da Davy das zur Untersuchung gewählte Meerwasser von der Oberfläche schöpfte, so wäre es wohl möglich, dafs das Meerwasser in gröfseren Tiefen reicher an kohlensaurer Kalkerde ist. Dafür spricht auch die Bemerkung Darwins, dafs die Korallen sich in gewaltiger Tiefe bilden.

W. White erinnert gegen die Annahme von Davy, dafs kohlensaure Kalkerde, in Meerwasser gelöst, in grofsen Entfernungen vom Lande nur in äufserst geringer Menge noch vorkomme, an die zahlreichen Korallenriffe, welche weit von allem Lande selbst bis auf grofse Tiefen sich hinab erstrecken, denn Sir James Ross fand in 270 und 300 Faden Tiefe noch lebende Korallen.

Marchand. Zerlegung des Wassers vom todten Meere. Pogg. Ann. LXXVI. 462.

Die Probe dieses untersuchten Wassers war durch Herrn v. Kunowski von der nördlichen Spitze des Sees, unweit vom Erguſs des Jordans in denselben, geschöpft. Das spec. Gewicht desselben war = 1,18415 bei + 19° C., 1,1859 bei + 13° C. Die Analyse ergab 21,729 Proc. feste Bestandtheile, und zwar:

Chlorcalcium	2,894
Chlormagnesium	10,543
Chlorkalium	1,398
Chlornatrium	6,578
Chloralumininum	0,018
Brommagnesium	0,2507
Schwefelsauren Kalk	0,088
Kieselsäure	0,003

Gleichzeitig hat Marchand eine Probe Erde aus der westlich vom See gelegenen Salzwüste Zeph untersucht, und darin 16 Proc. in Wasser lösliche Salze gefunden, unter denen namentlich beträchtliche Mengen Brommagnesium.

Früher haben mehre Gelehrte das Wasser des todten Meeres mit sehr abweichenden Resultaten sowohl in dem procentigen Gehalte der festen Bestandtheile, als auch in dem relativen Verhältniſs der einzelnen Stoffe untersucht. Marchand schreibt diese Abweichungen der Zusammensetzung des Meeresbodens und des salzhaltigen Ufers, welches im Süden durch das Steinsalzgebirge von Usdum gebildet wird, zu.

Booth und Muckle (Lynch Expediton der vereinigten Staaten nach dem Jordan, übersetzt von Meissner) haben zu den zahlreichen Analysen des Wassers aus dem todten Meere noch eine hinzugefügt. Das spec. Gewicht fanden sie bei + 15° = 1,22742. Das Wasser enthielt in 100 Theilen:

Chlormagnesium	14,589
Chlorcalcium	3,107
Chlornatrium	1,855
Bromkalium	0,374
Chlorkalium	0,6586
Schwefelsaure Kalkerde	0,0701

Usiglio. Analyse des Wassers des mittelländischen Meeres an den Küsten Frankreichs. Ann. de chim. et de phys. 3. Ser. T. XXVII. 92.

Das Wasser zu dieser Untersuchung wurde westlich, am Fufse des Gebirges St. Clair, ungefähr 4000 Meter vom Hafen von Cette und zwar von der chemischen Fabrik von Villeroy entfernt, genommen. Die beiden Proben sind die eine in 3000, die andere in 5000 Meter Entfernung von der Küste und beide aus 1 Meter Tiefe entnommen. Die Dichtigkeit des Wassers war bei $+21^{\circ}$ C. = 1,0258 (= 3°,5 B.), bestimmt nach Regnault's Methode mittelst constanten Volums bei constanter Temperatur. Die festen Bestandtheile wurden mit Ausnahme der gebundenen Kohlensäure und des Eisenoxyds direkt im Wasser, ohne dasselbe vorher abzudampfen, ermittelt. Das Resultat der Analyse ergab in 100 Theilen des Wassers an festen Bestandtheilen:

	dem Gewichte nach	in 1 Litre Wasser
Chlornatrium	2,9424	30,182 Gram.
Kohlens. Kalkerde	0,0114	0,118 -
Eisenoxyd (?)	0,0003	0,003 -
Chlorkalium	0,0505	0,518 -
Chlormagnesium	0,3219	3,302 -
Bromnatrium	0,0556	0,570 -
Schwefels. Kalkerde	0,1357	1,392 -
Schwefels. Magnesia	0,2477	2,541 -
	3,7655	

Die freie Kohlensäure, welche doch offenbar die kohlensaure Kalkerde und das als Eisenoxyd bestimmte Eisenoxydul in Auflösung erhielt, hat der Verf. nicht ermittelt.

Usiglio. Untersuchung über die Zusammensetzung des Wassers des mittelländischen Meeres. Ann. d. chim. et de phys. 3. Ser. XXVII. 172.

Es enthält diese Abhandlung keine neuen Thatsachen, welche die physikalischen Kenntnisse von den Eigenschaften des Wassers und von Salzlösungen wesentlich bereicherten, und sie mufs daher für diesen Jahresbericht übergangen werden.

Lynch. Tragkraft des Wassers des todten Meeres. Fror. Not. XI. 201. Expedit. to the dead Sea and the Jordan.

Lynch hat einige Versuche über die Tragkraft des Wassers im todten Meere gemacht. Er liefs Pferde, einen Affen und Hühnereier schwimmen, letztere ragten dabei $\frac{1}{3}$ über die Oberfläche des Wassers hervor. Die Dichtigkeit des Wassers des todten Meeres verhielt sich zu dem des atlantischen wie 1,13 : 1,02.

Haidinger. Sitzungsber. der Wien. Akad. 1849, p. 24.

Veranlafst durch den grofsen Schaden, welchen der Eisgang der Donau oft anrichtet, stellte Herr Haidinger den Antrag an die Akademie: aufser der Ergreifung mehrer technischer Mafsregeln eine Commission zusammenzusetzen, um die wissenschaftlichen Arbeiten über das Phänomen der Eisbildung und Zerstörung auf Flüssen einzuleiten, zu überwachen, und von Zeit zu Zeit Bericht darüber zu erstatten. Der Antrag ist genehmigt und das Weitere zu erwarten.

Zinken. Bemerkungen über die Quellenbildung.
Pogg. Ann. LXXVIII. 280.

Als Erläuterung zum Beweis für die Abhängigkeit der Quellen von der Lage und Neigung der Gebirgsschichten, worauf Schlagintweit (Pogg. Ann. LXXVII. 306.) schon aufmerksam gemacht hatte, führt Zinken die Erfahrung der Bergleute an, dafs namentlich auf dem Ausgehenden der Gänge viele Quellen gefunden werden, und dafs nach den Quellen oft das Streichen der Gänge beurtheilt werden könne, dafs man ferner an heitern Morgen und Abenden auf dem Streichen der Gänge einen Nebelstreif ruhend finde, welcher die Anwesenheit des Wassers verräth.

Aehnlich wie Gänge verhalten sich Gebirgslager mit wechselnder Gesteinsart, wodurch nicht selten Klüfte und offene Steinscheiden entstehen, die dann Wasser führen.

Zinken meint, dafs auf genauen und geognostischen Bergwerkskarten das etwaige Vorkommen und die Stärke der Quellen anzugeben, sehr wichtig sei für die Ermittlung, ob nur die Gestalt der Erdoberfläche, oder Schichtenstellung, oder Structur, Steinscheiden u. dgl. die Ursache von Quellen seien, abgesehen von isogeothermalen Rücksichten.

Daubrée. Ueber die Temperatur der Quellen des Rheinthals, der Vogesenkette und des Kaiserstuhls.
Compt. rend. XXVIII. 495.

In der Absicht, die Einflüsse zu studiren, welche auf die Temperatur der Quellen modificirend wirken, hat der Verf. mehre Quellen des Schwarzwaldes, der Vogesen und des Rheinthals untersucht. Folgendes ist das Resultat davon:

1) Die Quellen in der Ebene und auf den niedern Hügeln des Elsafs differiren in ihrer Temperatur um höchstens 0°,8 C., wenn sie in benachbarten Breitegraden und gleich hoch über dem Meere liegen, gleichgültig, wie verschieden auch die geologische Formation und das Niveau des Bodens sei, aus denen sie entspringen.

Die in 180—260 Meter Meereshöhe und zwischen 48° 20′ und 49° Br. gelegenen Quellen des Rheinthales haben eine mittlere Temperatur von 10°,5, das entspricht einer mittleren Höhe von 212 Meter.

2) Die Temperatur der Quellen nimmt nicht gleichmäſsig ab in dem Maaſse wie die Meereshöhe wächst. Denn in der Ebene und den Hügeln bis unter 280 Meter ist 1° Temperaturabnahme für jede 200 Meter, von 280—360 Meter 1° für jede 20 Meter. Ueberhaupt wird die Temperaturabnahme sehr merkbar an steilen Abhängen der Gebirge.

3) Bei allen Beobachtungen, die der Verf. machte, ergab sich ein Ueberschuſs der mittleren Quellenwärme über die der Luft; derselbe ist in 212 Meter Höhe 0°,6, und wächst mit zunehmender Höhe, so daſs er in St. Blasien (Schwarzwald) in 771 Meter Höhe 1°,6 beträgt. Derselbe Ueberschuſs zeigt sich in den Gegenden Mittel- und Nord-Europas, wo mehr Sommer- als Winterregen fallen, und weniger wird er wahrnehmbar sein da, wo die Lufttemperatur mehre Monate des Jahres unter 0° ist, und daher lange Zeit kein Wasser von niedriger Temperatur zu den Quellen gelangen kann.

4) Alle Quellen auswärts von Kaiserstuhl, deren mittlere Temperatur 2° höher ist als die des Orts, wo sie entspringen, z. B. die von Küttelsheim, Reichshofener Papiermühle, Niederbronn, Chatenois, Bad Sulz, Papiermühle Wasselonne, haben ihren Ursprung aus Gängen oder Verwerfungslinien.

5) Eine Ausnahme in der allgemeinen Gleichförmigkeit der Quellen macht die Basaltmasse des Kaiserstuhls (Baden). Die Quellen dieser wasserreichen Hügel, deren Höhe bis zu 558 Meter geht, entspringen an der Grenze des Basaltes und Löſs in einer Höhe von 200—280 Meter. Ihre Temperaturen schwanken zwischen 10°,4 und 14°,5, zwei von ihnen steigen sogar bis 18°,1 und 19°,6. Diese beiden letzteren abgerechnet ist die mittlere Temperatur der andern Quellen = 12°,4. Nun ist aber die Temperatur von Freiburg, welches 14 Kilometer vom Kaiserstuhl entfernt und 150 Meter hoch liegt = 9°,7, also haben die Quellen des Kaiserstuhls eine um 2°,6 höhere Mitteltemperatur. Das basaltische Terrain des Kaiserstuhls scheint, wie das von Basaltgängen durch-

zogene Lias-Terrain von Neuffen (Würtemberg), eine Temperaturzunahme von 1° für jede $10^m,5$ zu haben, eine beträchtliche Abweichung von den bis jetzt bekannten Gesetzen.

Aus dem Angeführten schliefst Daubrée, dafs aufserhalb des Basaltstockes des Kaiserstuhls jede Quelle, deren mittlere Temperatur 2° höher ist als die mittlere Temperatur von Quellen in derselben Höhe, sicherlich eine locale Verwerfung der Schichten der Erdoberfläche andeute.

---

v. Fischer-Ooster und C. Brunner. Fror. Not. XI. 161. Biblioth. univers. de Genève. Sept. 1849.

Bei den thermometrischen Sondirungen, welche durch v. Fischer-Ooster und C. Brunner während der Zeit vom Juli 1847 bis Febr. 1849 von je 6 zu 6 Wochen im Thuner See ausgeführt wurden, ergab sich folgendes Resultat, welches sowohl in Tabellen zusammengestellt, als auch durch graphische Darstellung veranschaulicht ist:

Im März beginnt die Temperatur in den oberen Wasserschichten zu steigen, und erreicht im September ihr Maximum (16°,56 in 3 Meter Tiefe unter der Oberfläche). Von dieser Zeit an kühlen sich die oberen Schichten ab, während die tiefern Schichten nahezu dieselbe Temperatur bis Ende October beibehalten (in 18 Meter Tiefe war am 5. Aug. 11°,43, am 6. Septbr., am 28. Oct. 11°,69, in 24 Meter Tiefe an den gleichen Tagen der 3 angegebenen Monate 10°,4, 10°,5 und 11°,22). Das Minimum der Temperatur (4°,64) fällt in den Monat März. Bis zu einer Tiefe von 135 Meter ist der Einflufs der Jahreszeit noch bemerkbar, wiewohl die Zunahme der Temperatur nach der Tiefe sehr langsam Statt findet. Bei 150 Meter Tiefe aber scheint die Schicht der constanten Temperatur zu liegen, denn hier schwankt die Temperatur in den verschiedenen Jahreszeiten nur um 0°,08 (zwischen 4°,83 und 4°,91).

Pogg. Ann. LXXVIII. 135. Mitth. d. Freunde d. Naturwissensch. in Wien. V. 258.

Simony hat während zweier Jahre mehr als 150 Beobachtungen zu allen Jahreszeiten über die Temperatur von 48 Quellen im Salzkammergut gemacht, die zwischen 1400—7600 Wiener Fuſs über dem Meere und nach allen Himmelsrichtungen lagen. Er zieht aus seinen Beobachtungen folgende Resultate und Schlüsse:

1) Es ergeben sich beträchtliche Temperaturdifferenzen der Gewässer, welche in einem gleichen Höhenniveau zu Tage treten.

2) Die Temperatur der Quellen in den Thalgründen und nächstangrenzenden Theilen der Kalkgebirgsgehänge des Salzkammerguts steht unter dem Mittel der Lufttemperatur.

3) Die gegen Süden hervorbrechenden Wasser sind durchschnittlich um 1,2—1,5° R. wärmer als die der nördlichen Gehänge.

4) Die verschiedenen Tiefen der innern Gebirgsmasse, durch welche die einzelnen Quellen verlaufen, bewirken keinen so grossen Temperaturunterschied der letzten, als man nach der bestehenden Theorie der Chthonisothermen vermuthen sollte.

5) Für die Kalkgebirge ist die Annahme, daſs die in mächtigen Gebirgsstöcken hochansteigenden Chthonisothermen hoher Wärmegrade die atmosphärischen Wasser in Thermen verwandeln, nicht zuläſsig.

6) Im Dachsteingebirge ist die Temperaturzunahme von je 1° R. in kaum geringerer Tiefe als 350—400 F. von der Oberfläche nach dem Innern.

7) Bis zur Höhe von 5000 F. nimmt die Temperatur der Quellen für je 1150 Wiener F. um 1° R. ab. (Aehnliche Resultate [1030—1200 F. Höhenzunahme für 1° R. Temperaturabnahme] erhielt neuerlich Prettner für die Jahreswärme in verschiedenen 1400—5000 F. hohen Punkten Kärnthens).

8) Nimmt man die mittlere Quellentemperatur als wahres Mittel der Jahrestemperatur derselben Höhenregion, so ergiebt sich für die Hochgebirgsgegenden von deren Thalböden bis zur Höhe von 5000 F. eine viel langsamere Abnahme der durchschnittlichen Wärme, als im Allgemeinen (für 700—800 F. 1° R.) angenommen wird.

Der Schlufs unter 4, ist etwas gewagt, denn es hat der Verf. vorausgesetzt, dafs die Wässer des Dachsteins die innersten Theile des Gebirges passiren, was zu beweisen wäre, wenn man annehmen sollte, dafs sie die in Hochgebirgen sich stets sehr verflachenden Chthonisothermen passirt hätten. Auch fehlt hier wie bei Schlufs unter 6, die Grundlage der Berechnung, wodurch der Satz motivirt werden mufs, nämlich die Angabe der mittleren Lufttemperatur auf dem höchsten Plateau des Dachsteins. Dafs man die unter 8, aufgestellte Voraussetzung nicht wohl für die Hochgebirgsgegenden annehmen kann, leuchtet aus einer Betrachtung der verschiedenen Umstände, welche die mittlere Quellentemperatur bedingen, ein.

Aufserdem führt der Herr Verf. noch einige Abnormitäten in beobachteten Quellentemperaturen an. Thermen beobachtete er am südwestlichen Ufer des Hallstadter Sees (1600′ hoch und 8°—17° R. Temper.) und oberhalb der Einmündung des Gosaubachs (10° R.), bei Grubeck im Bezirk Aussee (16°—18° R. und 2500′ hoch), zwischen Mitter- und Ausserweissenbach am Attersee (13,1° R., 1400′ hoch und schwefelwasserstoffhaltig). Quellen von auffallend niederer Temperatur sind auf dem Ausseeer Salzberg, und zwar auf dem Moosberg eine Quelle in 3235′ Höhe constant 2,7° R., eine andere in 3370′ Höhe 1,4° R., eine andere in 3496′ Höhe 1,9° R. (beide scheinen nur einmal, den 21. Sept. 1848 gemessen zu sein). Eine das ganze Jahr fortdauernde Eisbildung findet in einem Stollen hinter dem rothen Kogel (3620′ Meeresh.) Statt, in welchem durch Spalten Wasser von 1—1,2° R. einsickert und bei der Zertheilung über die Wände erstarrt. Der Steinbergbrunnen (3730′ hoch) hat 4°,4 R., die Quelle der Ausseeer Sandlingalpe (3800′ hoch) 3°,8 R., das Brendlerbründl (3780′ hoch) 1°,8 R. Alle Quellen, die aus dem sehr zerklüfteten, fast trümmerartigen Sandling (nur 5420′ hoch) heraustreten, haben eine sehr niedrige Temperatur und dieselbe ist aus der heftigen Zerklüftung und dadurch möglichen vielseitigen Verdunstung des durchsickernden Wassers zu erklären.

Babinet. Theorie der Meeresströmungen. C. R. XXVIII. 749.

Der Verf. vergleicht die Theorie der Meeresströmungen mit den auf Duperrey's Karte verzeichneten hauptsächlichen und beständigen Meeresströmungen in den 5 grofsen Becken, welche gebildet werden durch 1) den nördlichen Theil des atlantischen Oceans, begrenzt im Süd durch den Aequator, im Nord durch den Polarkreis, 2) den südlichsten Theil des atlantischen Oceans, im Nord begrenzt durch den Aequator, im Süd durch eine gerade Linie von der Südspitze Afrikas nach der Südspitze Amerikas, 3) die nördliche, 4) die südliche Hälfte des stillen Oceans, 5) das indische Meer. Babinet fügt hierzu noch zwei Becken: nämlich eines zwischen dem Eis des Nordpols und den südlichen Theilen der Ströme im indischen, im stillen und im atlantischen Ocean, das andere zwischen dem Eis des Nordpols und den nördlichen Grenzen der alten und neuen Welt. Die auf Duperrey's Karte notirten Strömungen stimmen mit der Theorie über den Austausch von warmem und kaltem Wasser zwischen Aequator und Pol, mit Berücksichtigung der Einwirkung, welche die Rotation der Erde auf die von höhern nach niedern Breiten und umgekehrt strömenden Gewässer hervorbringen mufs, überein. Sie zeigen, dafs an den Grenzen der Ströme ihre Intensität am stärksten ist, und dafs der von ihnen eingeschlossene Wasserraum ohne Bewegung bleibt. Der Strom im indischen Meere erstreckt sich nicht auf die dem Festlande Asiens benachbarten Theile, welche unter der Herrschaft der Moussons stehen; daher der kleine Umfang desselben von Nord nach Süd, und die hohe Temperatur des dem Festlande nahen Meeres.

Es scheinen ausserdem noch secundäre Ströme vorhanden zu sein, z. B. einer um Island, und wahrscheinlich nach Babinet einer im nördlichen Eismeer nach Ost, hervorgebracht durch den Impuls der Ausläufer des Golfstroms. Eben so einer im südlichen Eismeer, hervorgebracht durch die drei Ströme des indischen, des stillen und des atlantischen Oceans.

Babinet erwähnt die bekannte Thatsache des Einflusses der warmen Wasserströme, in Verein mit den Winden, auf die höhere Temperatur der Westküsten in den mittleren Breiten, und sucht die überwiegend höhere Temperatur in der nördlichen Halbkugel durch die aus den Tropen dorthin fliessenden Wassermassen zu erklären, welche bei weitem die nach der südlichen Hälfte strömenden an Menge übertreffen.

Coupvent des Bois. Meeresstrom in der Strafse von Gibraltar. Fror. Not. XI. 120. Athenaeum No. 1138.

Nach Mittheilungen von Coupvent des Bois zeigt sich in der Strafse von Gibraltar ein Meerestrom, der auf der Oberfläche aus dem atlantischen Ocean in das Mittelmeer und ein Gegenstrom, der in der Tiefe aus dem Mittelmeer in den Ocean geht, zwischen diesen beiden Strömen aber befindet sich eine Wasserschicht in vollkommener Ruhe.

Mallet. Ueber die statischen und dynamischen Windungen der Erdbeben. Inst. No. 827, p. 359. (1849.)

— — Ueber Versuche zur Bestimmung der Fortschreitungsgeschwindigkeit der Wellenbewegung bei den Erdbeben. Inst. No. 833, 408.

In der Sitzung der brittischen Association für den Fortschritt der Wissenschaften (Section G.) zu Birmingham Septbr. 1849, stattete Mallet einen Bericht über die Erdbeben ab. Derselbe enthält die Literatur über diesen Gegenstand, die bisher angenommenen Theorien über ihren Ursprung und schliefslich folgende Ansichten:

1) Die Erdbeben finden an allen Orten der Erdoberfläche Statt, sowohl auf dem Festlande, als als auf dem Meere.

2) Sie ereignen sich zu allen Zeiten, in jeder Jahreszeit und zu allen Stunden des Tages und der Nacht.

3) Es ist kein hinreichender Grund vorhanden, zu glauben, dafs sie in irgend einer Periode der Vergangenheit häufiger und stärker aufgetreten seien, als in einer andern.

4) Es ist eine ungenaue Behauptung, dafs constant ein Theil der Erdoberfläche ihrer Einwirkung mehr unterworfen gewesen, als ein anderer.

5) Aber die Gegenden, welche die grofsen Mittelpunkte und

Linien der jetzigen vulkanischen Thätigkeiten umgeben, scheinen gegenwärtig mehr den Erdbeben ausgesetzt zu sein.

6) Die Erdbeben sind um so häufiger und heftiger, je stärker in diesen Gegenden die vulkanische Thätigkeit zu gewissen Zeiten ist.

7) Viele Landstriche, die weder jetzt Schauplätze vulkanischer Thätigkeit sind, noch eine Spur früherer Thätigkeit verrathen, werden häufig von Erdbeben betroffen.

8) Gegenden, wo sich erloschene Vulkane finden, scheinen den Erdbeben nicht mehr ausgesetzt zu sein als andere nicht vulkanische Bezirke.

9) Die heftigsten Erdbeben, von denen wir Kunde haben, scheinen die Gegenden verwüstet zu haben, welche in einiger Entfernung vom benachbartsten vulkanischen Centrum liegen. Indessen sind Länder mit noch thätigen Vulkanen nicht grade häufig von Erdbeben heimgesucht.

10) Im Allgemeinen haben die heftigsten Erdbeben an den Meeresküsten, und in geringer Entfernung von ihnen im Innern des Landes Statt gefunden. Nur bei einigen sehr alten Erdbeben in Asien walten hierüber Zweifel ob.

11) Erschütterungen von Erdbeben sind auf dem Ocean empfunden, und in einigen Fällen waren sie fast senkrecht auf tiefe Stellen des Meeres, ohne dafs irgend eine Erscheinung an der Oberfläche des Meeres eine unterhalb Statt findende vulkanische Thätigkeit anzeigte.

12) Die Erschütterung oder wellige Erdbewegung ist von grofser Geschwindigkeit und dauert für einen gegebenen Punkt nur sehr kurze Zeit.

13) Die ganze Dauer der Bewegung schwankt an einem bestimmten Ort zwischen noch nicht ermittelten Grenzen.

14) Der absolute, zur Zeit eines Erdbebens verwüstete Flächenraum schwankt zwischen unbestimmten Grenzen, und steht in Bezug auf seine Ausdehnung in offenbarem Verhältnifs zum Kraftmaximum der Erschütterung.

15) Die Erschütterung oder Erdwoge ist eine wirkliche Wellenbewegung der festen Erdkruste.

16) Die Undulation, welche die Erschütterung ausmacht, ist eine wirkliche sich fortpflanzende Bewegung.

17) Die Richtung der fortschreitenden Erdwelle wechselt zwischen vertikaler Erhebung und fast horizontaler Bewegung nach irgend einem Azimuth.

a) Die auf grofse Entfernung von ihrem Ursprung verspürten Erschütterungen sind fast horizontal auf ihrem Wege.

b) In einem gewissen Kreise um den Ursprung sind sie merklich geneigt.

c) Einige der zerstörendsten kamen senkrecht an.

d) Die Richtung der Fortpflanzung wechselt oft während eines und desselben Erdbebens.

e) Zwei Erschütterungen können gleichzeitig auf denselben Punkt treffen und verschiedene Fortpflanzungs-Richtungen darbieten.

18) Die Fortpflanzungsbewegung der Undulation ist geradlinig, nicht krummlinig.

19) Sie hat in allen Fällen die wahre Gestalt einer Welle an der Oberfläche, und wenn ihre Richtung horizontal ist, so schreitet der Gipfel der Welle in einer gegebenen Linie und parallel mit dieser fort.

20) Die bestimmten Ausdehnungen der Erdwelle in Höhe und Breite hängen von der Kraft des ursprünglichen Impulses ab.

21) Die Schnelligkeit ihrer Fortpflanzung ist noch nicht durch Beobachtungen ermittelt; sie ist aber erwiesener Mafsen sehr bedeutend, und hängt von der Elasticität und Dichtigkeit der Formationen ab, durch welche die Erschütterung sich fortpflanzt.

22) Richtung und Geschwindigkeit ändern sich bisweilen beim Uebergang aus der Grenze der einen Formation in eine andere.

23) Manche Erdbeben sind von entschiedenem unterirdischen Geräusch begleitet, welches sich vor, während oder nach sämmtlichen oder einigen Stöfsen bemerkbar macht. Andere selbst sehr heftige Erdbeben finden ohne jenes Geräusch statt.

24) Liegt der Mittelpunkt des Impulses zu einem Erdbeben unter dem Meere und in gewisser Entfernung vom Lande, so zieht sich im Augenblick, wo der Stofs zu Lande gefühlt wird, das Meer ein wenig zurück, kehrt aber in einem gewissen Zeitraum nach dem Stofs wieder. Dieser Zeitraum hängt, wie die Gröfse der Fortbewegungswelle, von der Entfernung des Mittelpunktes ab, von welchem der Impuls ausgeht.

So kräftig man auch die Erdbeben annehmen mag, so sind sie doch nicht im Stande, irgend eine dauernde Erhebung oder Vertiefung an der Erdoberfläche unmittelbar hervorzubringen; aber unmittelbar können sie auf verschiedene Weise Veränderungen bewirken, z. B. weite Erdfälle bilden sich, neue Seen oder Wasserströme können entstehen und alte verschwinden; es höhlen sich neue Thäler aus, öffnen sich Spalten von verschiedener Ausdehnung; im Moment der Spaltenbildung beobachtete man das Aufsteigen von Flammen und wahrscheinlich auch von Rauch; oft springt Wasser aus den Spalten; Brunnen und Quellen entstehen plötzlich.

Der Bericht des Herrn Mallet verbreitet sich ferner über die Beziehungen der Erdbeben zu andern physikalischen Erscheinungnn, zum Wetter, zum Stand des Barometers, Thermometers, Elektrometers, Magnetometers und zum Nordlicht, und schliefst mit folgenden Punkten, auf welche die Aufmerksamkeit beim jetzigen Studium der Erdbeben zu richten ist:

1) Die Ermittelung des Elasticitätsmodulus der Körper, welche die feste Erdrinde bilden.

2) Systematische und vergleichende Beobachtungen mit Seismometern, welche die Richtung und andere Elemente der Erderschütterungen registriren.

3) Direkte Versuche in Bezug auf die Geschwindigkeit des Fortschreitens durch die verschiedenen Formationen der Erdrinde, und mit künstlich hervorgebrachten Erschütterungen, die man mit Hülfe des vom Verf. angegebenen Seismoskops messen könnte.

Die Geschwindigkeit der Undulation schlägt Mallet auf folgende Weise zu messen vor (Instit. No. 833, 408.); in einer freien Ebene werden einige Pfund Schiefspulver 4—5 Fufs tief eingegraben, und mit 2 Drähten in Verbindung gesetzt, die, auf Pfählen befestigt, zu einer 1 Meile entfernten Batterie führen. Mittelst des Stroms entzündet man das Pulver, und beobachtet die entstandene Erschütterung durch eine Art Kollimator, welcher in der Nähe der Batterie steht. Derselbe besteht aus einem mit Quecksilber gefüllten Trog und 2 Fernröhren, deren eines Fadenkreuz, vom Quecksilber gespiegelt, mit dem Fadenkreuz des andern, durch welches der Beobachter sieht, zur Coincidenz gebracht wird. Die Zeit, welche verfliefst vom Moment der Explosion des Pulvers bis zur Bewegung der Quecksilberoberfläche, wird durch einen an der Batterie angebrachten Chronograph gemessen.

LERAS. Ueber ein zu Brest beobachtetes Erdbeben. C. R. XXVIII. 743.

Sonnabend den 26. Mai 10 Uhr Abends 1849 hörte LERAS ein Rollen, ähnlich dem eines beladenen Wagens (?), welches nach einigen Sekunden plötzlich aufhörte; nach einigen Minuten erneuerte sich dasselbe noch zweimal mit derselben Stärke, und ungefähr eine gleiche Zeit lang (6—10 Sekunden). Doch erfolgte keine Erschütterung. Die Luft war heifs und der Himmel sehr rein, kein Blitz am ganzen Horizont bemerkbar.

Das Rollen war in ganz Brest, in Recouvrance (an der andern Seite des Hafens) und in Guiler (3 Lieues NW. von Brest) gehört. An letzterem Orte hatte ein Marineoffizier 3 Stöfse, welche die Bewohner aus dem Schlafe weckten, und die Geräthschaften des Zimmers erschütterten, wahrgenommen, und glaubten, dafs das Geräusch von Ost nach West sich fortpflanzte. Seit 1829 ist dies das vierte Erdbeben im Departement Finisterre.

LERAS. Erdbeben am 19. Nov. 1849. C. R. XXIX. 638.

Am 17. November 1849 hörte LERAS um 4 Uhr 46 Min. ein Rollen, und fühlte im Bett eine leichte Erschütterung, welche auch im Marinehospital Jedermann gespürt hatte. Die auf Posten stehenden Soldaten hatten das Geräusch gehört, aber nur die im Schilderhaus stehenden die Erschütterung wahrgenommen. In der Wohnung des Gefangenwärters von Pontiron, unten am Hafen, war das Bett um mehre Decimeter von der Mauer bewegt worden. Das Erdbeben dauerte ungefähr 8 Sekunden und das Geräusch schien von SO. nach NW. zu gehen. Der Himmel war sehr bewölkt, und es wehte ein heftiger Wind.

Dr. *Werther*.

Nachtrag zu Seite 32.

Chr. Hansteen. Kunsten at vein (die Kunst zu wägen). Nyt. Mag. for Naturwidenstaberne. Bd. 6, p. 1.

In dieser Abhandlung zeigt der Verf., wie eine genaue Wägung einzuführen sei, welche Correctionen an den angestellten Wägungen anzubringen, und wie die constanten Fehler der Wage bestimmt und eliminirt werden können. Ferner zeigt der Verf., daſs man durch Umlegung der Gewichte und der zu wägenden Gegenstände an den Wageschalen eine gröſsere Genauigkeit bei der Wägung erreichen kann, als durch Bordas Methode der doppelten Wägung.

Prof. Dr. *Langberg.*

Namen-Register.

A.

B.

Q.

R.

S.